2015 黄河河情咨询报告

黄河水利科学研究院

黄 河 水 利 出 版 社

·郑 州·

图书在版编目(CIP)数据

2015黄河河情咨询报告/黄河水利科学研究院编著.
郑州:黄河水利出版社,2021.5
ISBN 978-7-5509-2984-5

Ⅰ.①2… Ⅱ.①黄… Ⅲ.①黄河-含沙水流-泥沙运动-影响-河道演变-研究报告-2015 Ⅳ.①TV152

中国版本图书馆CIP数据核字(2021)第084236号

组稿编辑:王路平 电话:0371-66022212 E-mail:hhslwlp@126.com

出 版 社:黄河水利出版社 网址:www.yrcp.com
地址:河南省郑州市顺河路黄委会综合楼14层 邮政编码:450003
发行单位:黄河水利出版社
发行部电话:0371-66026940、66020550、66028024、66022620(传真)
E-mail:hhslcbs@126.com
承印单位:河南新华印刷集团有限公司
开本:787 mm×1 092 mm 1/16
印张:23.5
字数:540千字
版次:2021年5月第1版 印次:2021年5月第1次印刷

定价:150.00元

《2015 黄河河情咨询报告》编委会

主 任 委 员：时明立

副主任委员：高　航

委　　　员：刘红宾　姜乃迁　江恩惠　姚文艺

　　　　　　张俊华　李　勇　史学建

《2015 黄河河情咨询报告》编写组

主　　编：时明立

副 主 编：姚文艺　李　勇

编写人员：尚红霞　郭秀吉　王　婷　孙赞盈　王万战

　　　　　李小平　黄福贵　窦身堂　李　勇　郑利民

　　　　　姜丙洲　曹惠提　丰　青　卞艳丽　张明武

　　　　　常布辉　彭　红　曲少军　韩巧兰　任智慧

　　　　　蒋思奇　樊文玲　李昆鹏　王远见　李新杰

　　　　　闫振峰　王卫红　田世民　张　敏　张晓华

　　　　　郑艳爽　张超凡　李　萍　张　辛　张　娜

技术顾问：潘贤娣　赵业安　刘月兰　王德昌　张胜利

2015黄河河情咨询报告专题设置及负责人

序号	专题名称	负责人
1	2015年黄河河情变化特点	尚红霞
2	兼顾黄河下游供水需求的汛前调水调沙对接水位	李小平　姜丙洲
3	2016年前汛期中小洪水调水调沙试验	王　婷　李小平 任智慧
4	花园口以上河段近年来河势下挫的原因及治理对策	李　勇
5	宁蒙河道减淤途径及风沙入黄量	张晓华

前　言

2000年以来,黄河流域侵蚀环境与水沙条件发生了显著改变,水沙量明显减少,上游河段冲积性河道淤积萎缩态势有所减缓,下游冲积性河段萎缩状况已大为改观。小浪底水库运用在防洪减淤、供水发电及生态环境等方面取得了巨大的社会效益和经济效益,发挥了无可替代的重大作用。特别是调水调沙使下游河道全程冲刷,解除了部分专家对"小浪底水库运用对艾山以下窄河段减淤效果不明显"的担心。

基于近年来水沙条件尤其洪水的显著变化,以及治黄工作的更高要求及长远发展的需求,迫切需要对一些新的问题及一些认识上的分歧进一步研究解决。本年度咨询工作在系统分析2015运用年上中下游水清、沙情、河情的基础上,重点结合"十二五"期间取得的相关治黄科技成果,在"宁蒙河道淤积加重的原因、黑山峡水库调水调沙与拦减粗沙在宁蒙河道减淤中的作用及相互关系""下游引水困难的原因、兼顾供水和排沙的小浪底水库汛前调水调沙异重流排沙对接水位""长期持续清水小水桃花峪—花园口河段河势下挫的原因及演变趋势"及"河口与海岸演变特点"等方面开展研究,提出了一些新的认识。同时对宁蒙河段1986年以来的风沙入黄量进行了初步探讨。

本年度咨询的专题包括:2015年黄河河情变化特点,兼顾黄河下游供水需求的汛前调水调沙对接水位、2016年前汛期中小洪水调水调沙试验、花园口以上河段近年来河势下挫的原因及治理对策、宁蒙河道减淤途径及风沙入黄量等5个专题。

2015年黄河流域处于降雨偏少、水少沙多的状况,尤其是山陕区间的降雨、径流和泥沙仍处于历史最低水平,全年干流没有出现编号洪水;潼关高程仍然处于历史低位,小浪底水库全年无排沙,库区淤积仍然集中在干流,支流门坎进一步发育;黄河下游河段继续发生冲刷,但冲刷的沿程分布发生变化,泺口以下首次无明显冲刷,孙口以下河床粗化趋于平衡,清水冲刷效率明显降低;河道排洪能力变化不大,高村以上同流量水位明显下降,游荡型河段河势坐弯现象突出,有向"畸形河湾"发展的趋势,且河势调整将向下游不断发展;自小浪底水库调水调沙以来,利津以下河段发生明显冲刷,黄河三角洲浅海海岸都是蚀退的;进入宁蒙河段河道的特粗泥沙79%来源于风沙和十大孔兑洪水产沙,近3 a石嘴山—巴彦高勒河段乌兰布和沙漠年均入黄风沙量160万t,对黄河上游泥沙治理需要多种措施相结合,尤其是对特粗泥沙的治理应以"拦"为主,对细泥沙和中泥沙以"排"为主。

参加本年度咨询研究的主要人员包括:时明立、姚文艺、李勇、尚红霞、李小平、王婷、王卫红、张晓华、田世民、丰青、曲少军、黄富贵、郭秀吉、孙赞盈、窦身堂、韩巧兰、张明武、郑艳爽、彭红、张敏、任智慧、郑利民、王万战、姜丙洲、蒋思奇、张超凡、樊文玲、曹惠提、卞艳丽、李昆鹏、李萍、张平、王远见、常布辉、李新杰、张娜、闫振峰等。

本书由姚文艺统稿和审修,并补充了部分内容。

另外,需要说明的是,在本报告的分析阶段,因还缺乏整编资料,不少数据来自于报汛资料,因此与以后的整编数据相比,可能会有一定误差,所以相关的一些认识和结论属于基于报汛资料的成果。

本年度咨询研究得到了黄河水利委员会水政水资源局、规划计划局、国际合作与科技局、黄河防汛办公室、总工办公室、水土保持局等部门的大力支持和指导;黄河水利委员会水文局、黄河上中游管理局、水资源保护局、河南黄河河务局和山东黄河河务局等单位在提供相关资料、数据和野外调研察勘条件等方面给予了多方面支持。在此,对所有给予支持、帮助的部门、单位及相关专家表示衷心的感谢!

在本书编写过程中参照了大量文献,因多方原因,除注明的参考文献外,还有一些文献未能一一列出,敬请相关作者给予谅解,在此表示歉意,并致以的感谢!

本书的出版得到了黄河水利出版社的大力支持,并对相关编辑的辛苦劳动表示感谢!

黄河水利科学研究院
黄河河情咨询项目组
2019 年 11 月

目 录

第一部分　综合咨询报告

第一章　2015年黄河河情变化特点

一、黄河流域降雨及水沙特点

（一）流域降雨偏少

2015年汛期流域降雨仍然偏少。7—10月黄河流域降雨量229 mm，较1956—2010年同期均值319 mm偏少28%，其中除兰托区间（兰州—托克托，下同）较多年均值偏少18%外，其余区间均偏少20%以上，如泾渭河（指泾河、渭河，下同）、北洛河、汾河、龙三（指龙门—三门峡，下同）干流、三小（三门峡—小浪底，下同）区间、沁河、小花（小浪底—花园口，下同）干流、黄河下游、大汶河较多年均值偏少30%以上，特别是大汶河较多年均值偏少42%（见图1-1）。与1987—2010年同期均值相比，兰州以上偏少28%，兰托区间偏少13%，山陕区间（山西—陕西区间，下同）偏少22%。

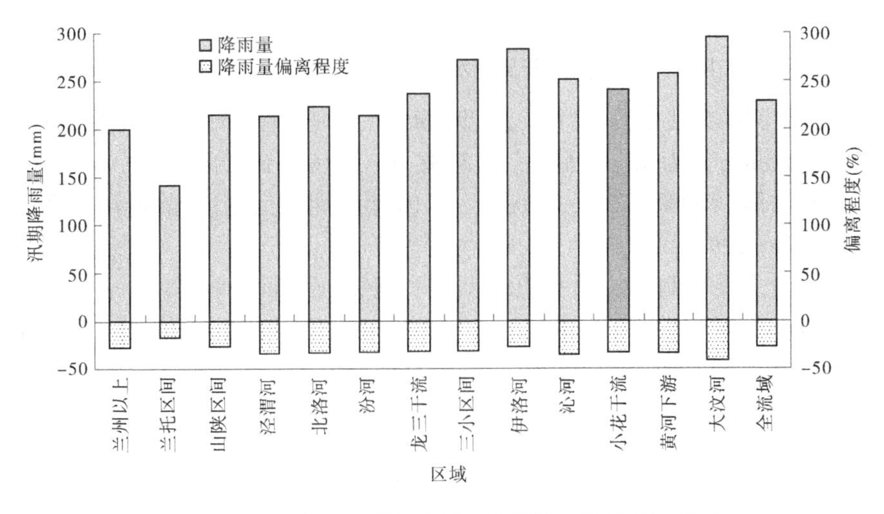

图1-1　2015年汛期黄河流域各区间降雨量及偏离程度

主汛期（7—8月）流域降雨量123.2 mm，约占汛期降雨量的54%，较多年同期均值（209 mm）偏少41%。其中，主要来水区兰州以上降雨量仅111.5 mm，泥沙主要来源区山陕区间降雨量仅106.4 mm，均为近期最小值，两区间分别较相应多年同期均值181 mm和205 mm偏少38%和48%；与1987—2010年同期均值181 mm和191 mm相比，分别偏少38%和45%。

（二）水沙仍然偏少，洪峰流量低

2015年干流主要控制水文站年径流量（运用年，下同）较多年偏少12%～52%（见图1-2），其中唐乃亥、兰州、头道拐、龙门、潼关、花园口和利津等水文站年径流量分别为157.12亿m^3、273.17亿m^3、144.79亿m^3、158.41亿m^3、198.50亿m^3、263.93亿m^3和

150.53 亿 m^3，分别偏少 21%、12%、33%、40%、42%、32%和 52%；与 1987—2010 年同期均值相比，唐乃亥、头道拐、龙门、潼关等水文站分别偏少 14%、7%、17%，兰州、花园口、利津等水文站则分别偏多 2%、3%和 2%。

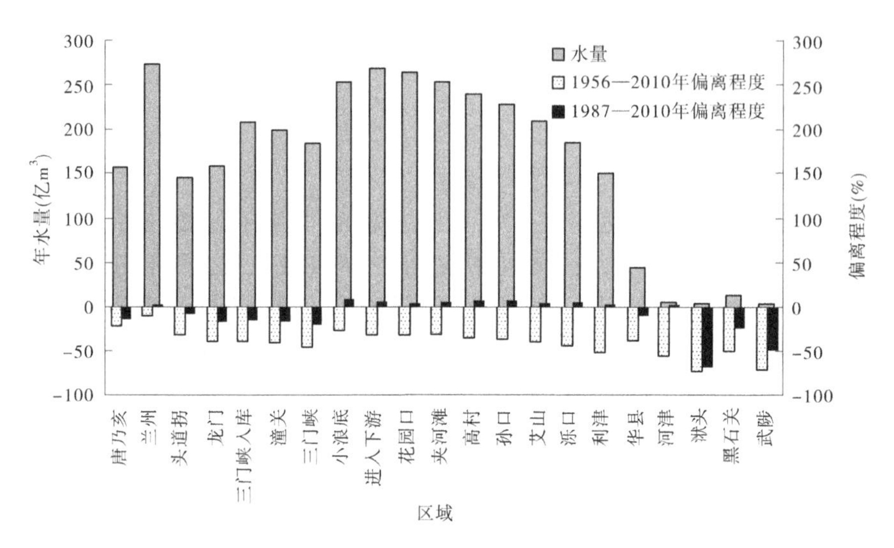

图 1-2 2015 年主要干支流水文站实测年径流量及偏离程度

主要支流控制水文站华县(渭河)、河津(汾河)、洑头(北洛河)、黑石关(伊洛河)、武陟(沁河)年径流量分别为 43.32 亿 m^3、4.71 亿 m^3、2.16 亿 m^3、13.39 亿 m^3、2.30 亿 m^3，与多年均值相比偏少 39%~72%；与 1987—2010 年同期均值相比，除河津水文站基本持平，其余偏少 9%~69%。

干流输沙量主要控制水文站头道拐、龙门、潼关、花园口和利津等站年沙量分别为 0.211 亿 t、0.469 亿 t、0.536 亿 t、0.133 亿 t 和 0.349 亿 t，较多年均值偏少 70%以上(见图 1-3)；与 1987—2010 年同期均值相比，偏少 50%以上。

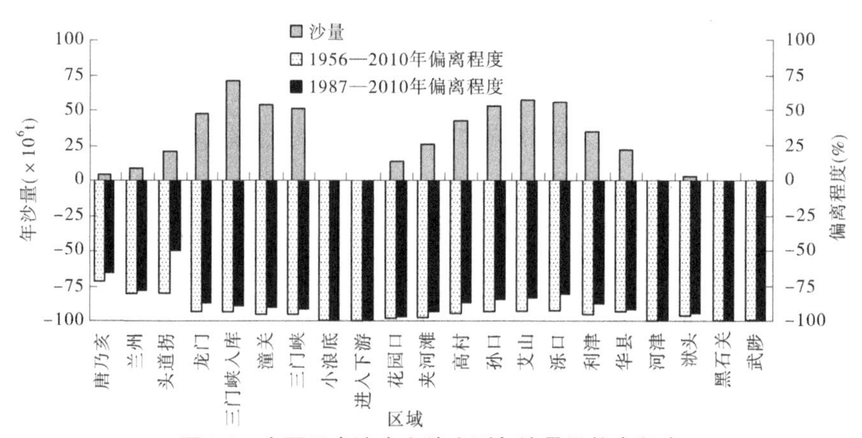

图 1-3 主要干支流水文站实测年沙量及偏离程度

支流华县(渭河)水文站年输沙量为 0.217 亿 t。潼关水文站和华县水文站年输沙量较多年均值 10.38 亿 t、3.20 亿 t 分别偏少 95%和 93%；与 1987—2010 年同期均值 5.91

亿 t、2.71 亿 t 相比，偏少 91%左右，为有实测资料以来最小值(见图 1-4)。连续 2 a 龙门水文站输沙量不足 0.5 亿 t，潼关水文站不足 1 亿 t。龙门水文站和潼关水文站悬沙中数粒径均有减小趋势(见图 1-5)。

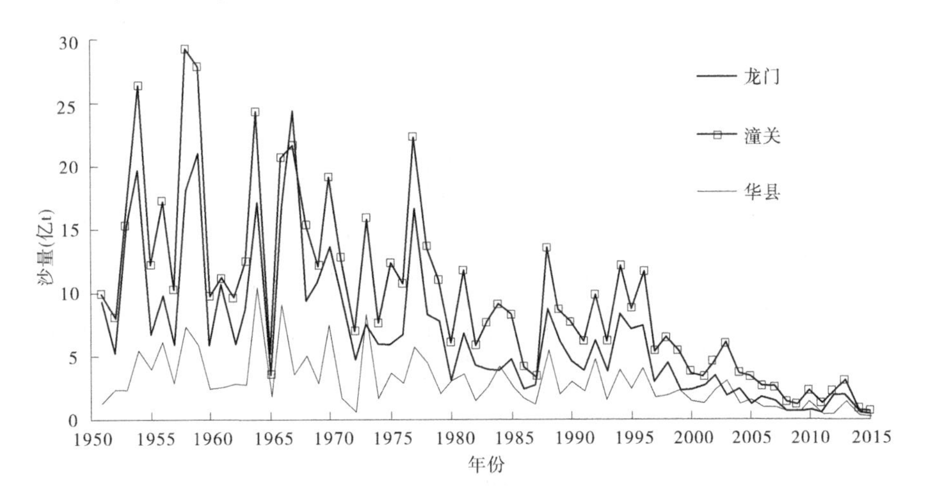

图 1-4　龙门水文站、潼关水文站和华县水文站历年实测输沙量

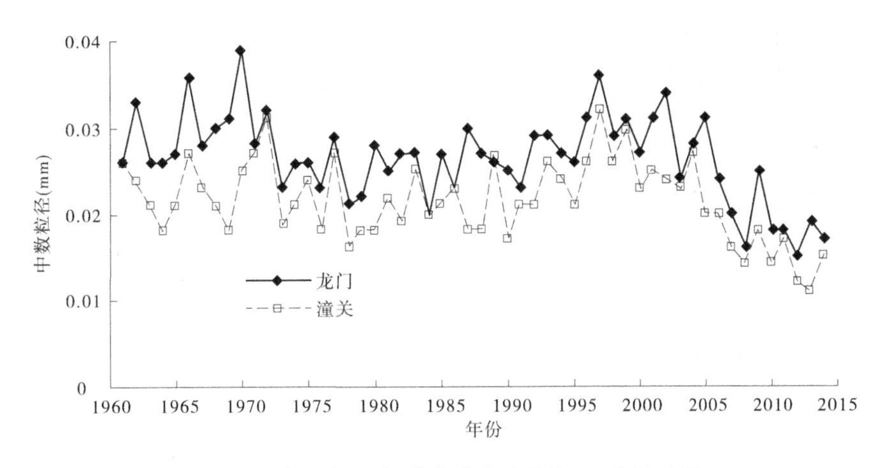

图 1-5　龙门水文站、潼关水文站悬沙 d_{50} 变化过程

2015 年干支流没有出现较大洪水，仅部分支流出现小洪水。唐乃亥、头道拐、龙门、潼关和花园口等水文站最大洪峰流量分别为 2 230 m^3/s、930 m^3/s、1 980 m^3/s、2 000 m^3/s 和 3 520 m^3/s，其中头道拐、龙门和潼关为历史最小值。主要支流华县(渭河)水文站最大洪峰流量为 675 m^3/s(见图 1-6)，也为历史最小值；河津(汾河)、洑头(北洛河)、黑石关(伊洛河)、武陟(沁河)水文站最大洪峰流量均不足 500 m^3/s。

(三)山陕区间汛期降雨、水沙处于历史较低值

2015 年汛期河龙区间(1998 年以后为河曲—龙门，1998 年以前为河口镇—龙门)降雨量 215.6 mm，实测径流量 4.10 亿 m^3，实测输沙量 0.331 亿 t，与多年同期均值相比，三者分别偏少 26%、84%和 94%；与 1987—2010 年同期相比，分别偏少 22%、80%和 88%，均处于历史较低值。

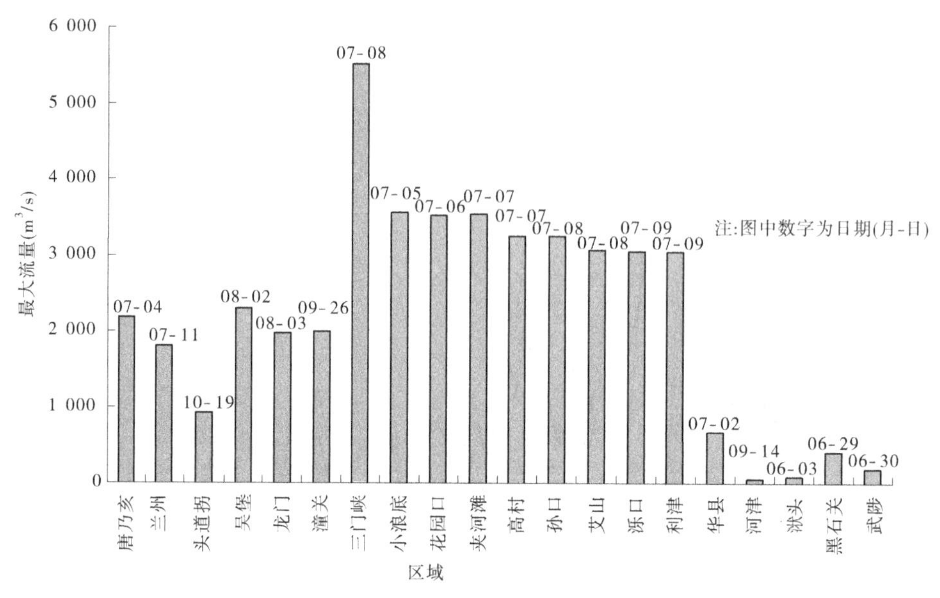

图 1-6　2015 年主要水文站全年最大洪峰流量

1969 年以前降雨—实测水量、降雨—实测沙量有着较好的相关关系(见图 1-7、图 1-8)。2000 年以后降雨量与实测水量关系改变,同一降雨量条件下,实测水量减少,沙量减少更多。2015 年水沙关系符合 2000 年以来的变化规律。

二、主要水库对干流水沙量的调蓄影响

(一)水库蓄水总量偏小

至 2015 年 11 月 1 日,黄河流域八座主要水库蓄水总量 256.39 亿 m^3(见表 1-1),其中龙羊峡水库、刘家峡水库和小浪底水库蓄水量分别为 181.54 亿 m^3、25.92 亿 m^3 和 29.87 亿 m^3,占蓄水总量的 70%、10% 和 12%。与上年同期相比,八库蓄水总量减少 77.69 亿 m^3,主要是龙羊峡水库和小浪底水库分别减少 27.89 亿 m^3 和 47.10 亿 m^3。

表 1-1　2015 年主要水库蓄水情况　　(单位:亿 m^3)

水库	2015 年 11 月 1 日		非汛期	汛期	全年	前汛期	后汛期
	水位(m)	蓄水量	蓄水变量	蓄水变量	蓄水变量	蓄水变量	蓄水变量
龙羊峡	2 581.68	181.54	-41.05	13.16	-27.89	7.55	5.61
刘家峡	1 722.94	25.92	-2.23	0.82	-1.41	1.39	-0.57
万家寨	973.35	2.71	-0.74	0.59	-0.15	-1.35	1.94
三门峡	317.89	4.57	0.07	0.18	0.25	-3.94	4.12
小浪底	243.79	29.87	-45.82	-1.28	-47.10	-18.77	17.49
东平湖老湖	40.28	1.66	-0.29	-0.58	-0.87	-0.18	-0.4
陆浑	314.95	4.91	0.58	0.03	0.61	0.02	0.01
故县	527.72	5.21	-2.39	1.26	-1.13	0.3	0.96
合计		256.39	-91.87	14.18	-77.69	-14.98	29.16

注:-为水库补水。

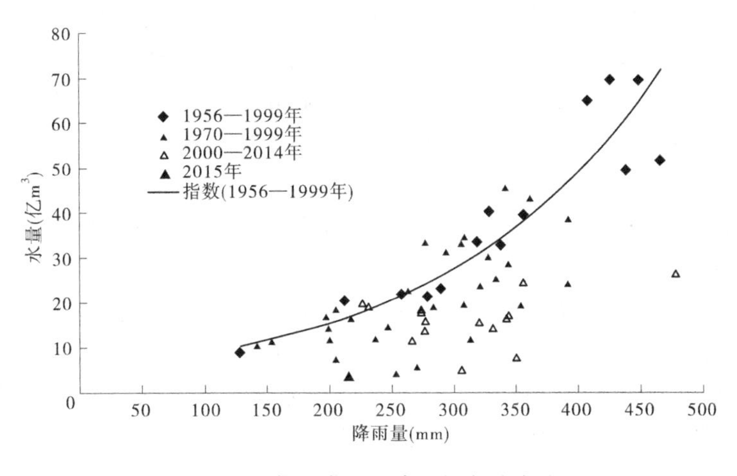

(a)汛期河龙区间降雨与水量关系

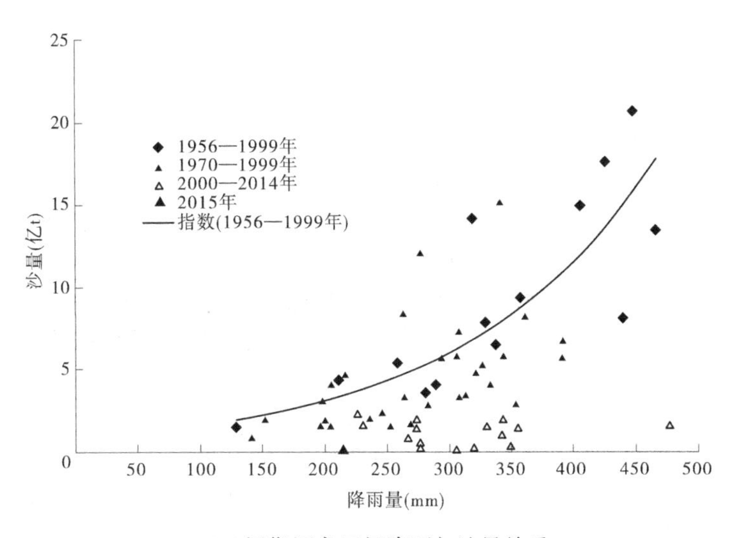

(b)汛期河龙区间降雨与沙量关系

图 1-7 汛期河龙区间降雨与水沙量关系

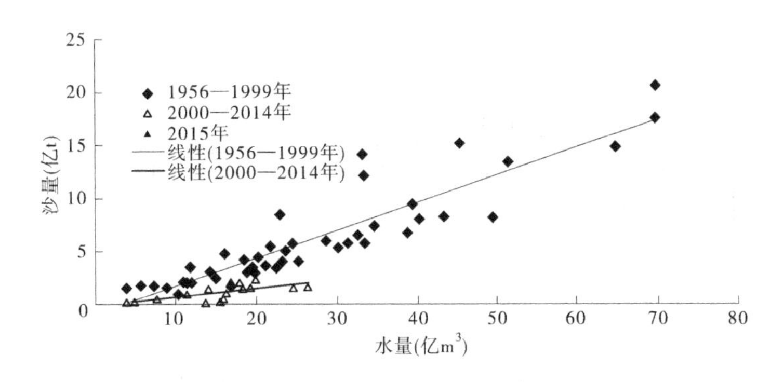

图 1-8 汛期河龙区间水沙关系

龙羊峡水库和小浪底水库汛期蓄水量减少，主要是由于兰州以上汛期降雨量只有202.2 mm，较多年同期均值275.0 mm偏少26.5%，造成唐乃亥水文站和潼关水文站汛期径流量仅有83.22亿 m^3 和61.65亿 m^3，均为2006年以来的最小值，分别较多年均值119.92亿 m^3 和184.91亿 m^3 偏少31%和67%；较1987—2010年同期均值105.3亿 m^3 和108.12亿 m^3，分别偏少20%和43%。同时，因为下游降雨量较多年均值偏少34%，造成农业用水增加，也使得小浪底水库全年补水量较大，仅次于2014年补水量48.2亿 m^3。

（二）主要水库排沙量偏小

2015年三门峡水库全年排沙量0.512亿t，均集中在汛期。汛期入库沙量0.298亿t，水库排沙比172%。其中2次敞泄排沙，5 d内共排沙0.426亿t，占汛期排沙总量的83.2%，敞泄期平均排沙比875%。小浪底水库调水调沙期，三门峡水库出库沙量为0.098亿t，占汛期排沙总量的19.1%，平均排沙比为503%。

小浪底水库全年没有排沙，入库最大流量为5 520 m^3/s，出库最大流量为3 550 m^3/s，全年最大含沙量272 kg/m^3。

三、三门峡库区冲淤及潼关高程变化

（一）潼关以下汛期冲刷量及分布

2015年潼关以下库区非汛期淤积0.524亿 m^3（见表1-2），汛期冲刷0.192亿 m^3，年内淤积0.332亿 m^3。与2014年相比，2015年汛期冲刷量小，非汛期淤积量大（见图1-9），全年是淤积的（2014运用年为冲刷）。

表1-2　潼关以下河段2015年冲淤量变化（坝址—黄淤41）　（单位：亿 m^3）

时段	坝址—黄淤12	黄淤12—黄淤22	黄淤22—黄淤30	黄淤30—黄淤36	黄淤36—黄淤41	坝址—黄淤41
非汛期	0.067	0.095	0.187	0.167	0.008	0.524
汛期	-0.105	-0.038	-0.068	0.009	0.010	-0.192
全年	-0.038	0.057	0.119	0.176	0.018	0.332

注：表中“-”表示发生冲刷，下同。

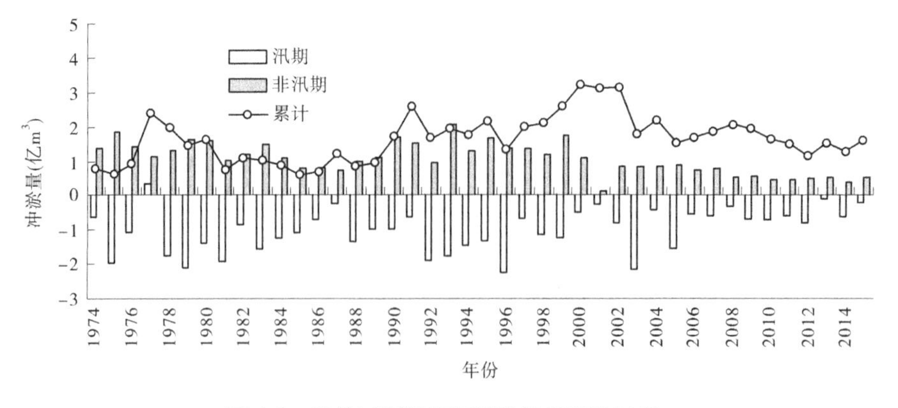

图1-9　潼关以下干流河段冲淤量变化过程

非汛期淤积强度较大的河段为黄淤27—黄淤29和黄淤33—黄淤35，单位河长淤积量约 1 000 m³/m，最大为 1 205 m³/m(见图 1-10)；汛期河段沿程冲淤交替发展，但总体上以冲刷为主，其中坝址—黄淤 8 区间冲刷强度较大，单位河长冲刷量大于 1 000 m³/m，最大为 1 593 m³/m；全年全河段以淤积为主，只有近坝段 10 km 范围内(坝址—黄淤 8)区间受汛期水库敞泄排沙的影响，表现为较强的冲刷，最大冲刷强度为 1 045 m³/m。

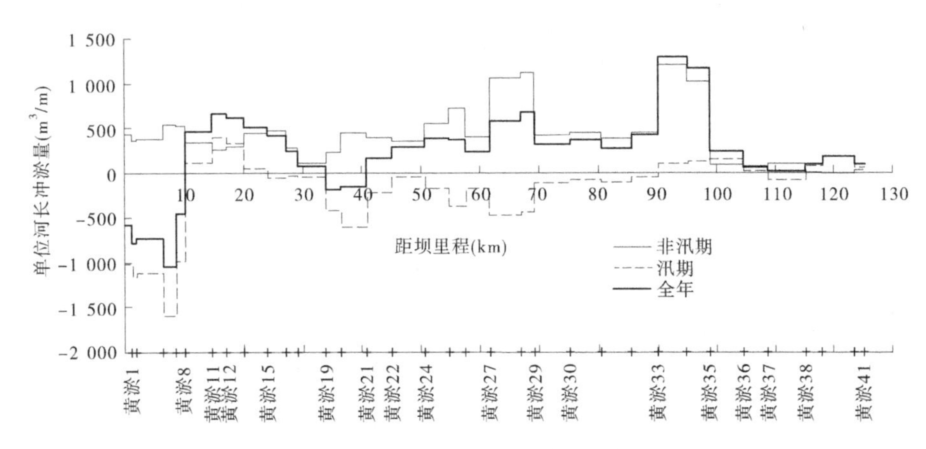

图 1-10　2015 年三门峡潼关以下库区冲淤量沿程分布

(二)小北干流非汛期冲刷量及分布

2015 年小北干流河段非汛期冲刷 0.358 1 亿 m³，汛期淤积 0.282 8 亿 m³，全年微冲 0.075 3 亿 m³(见表 1-3)。与 2014 年相比，汛期由冲变淤，非汛期冲刷量大于 2014 年(见图 1-11)，全年冲刷量偏少。

表 1-3　2015 年小北干流河段冲淤量　　(单位：亿 m³)

时段	黄淤 41—黄淤 45	黄淤 45—黄淤 50	黄淤 50—黄淤 59	黄淤 59—黄淤 68	黄淤 41—黄淤 68
非汛期	-0.000 3	-0.014 2	-0.167 9	-0.175 7	-0.358 1
汛期	0.000 9	0.037 6	0.143 5	0.100 8	0.282 8
全年	0.000 6	0.023 4	-0.024 4	-0.074 9	-0.075 3

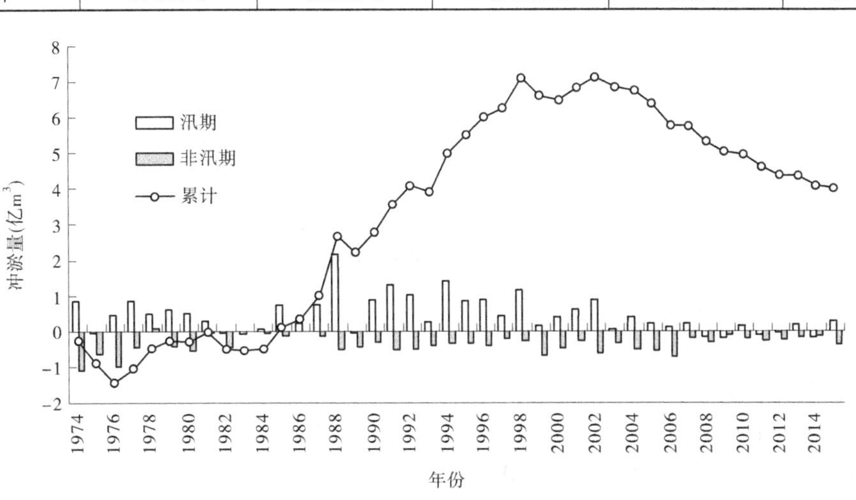

图 1-11　小北干流河段历年冲淤量(黄淤 41—黄淤 68)

由图 1-12 可以看出,非汛期冲刷主要集中在下段,黄淤 47—黄淤 50 河段冲淤变化不大;汛期与非汛期冲淤情况基本呈对称分布,全河段以淤积为主。

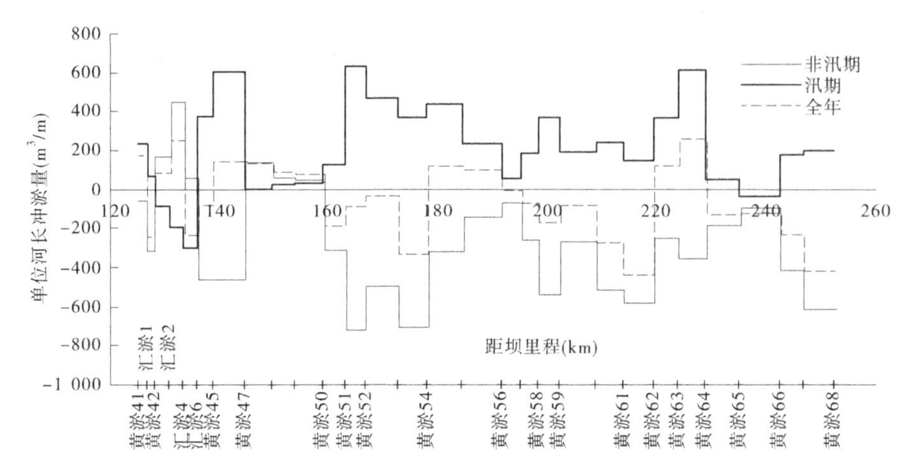

图 1-12　2015 年小北干流河段冲淤量沿程分布

(三)潼关高程仍然处于历史低位

2014 年汛后潼关高程为 327.48 m,桃汛期抬升 0.06 m,非汛期总体淤积抬升 0.48 m,汛期冲刷下降 0.30 m,运用年内潼关高程抬升 0.18 m,2015 年汛后潼关高程为 327.66 m,仍保持在较低状态(见图 1-13)。

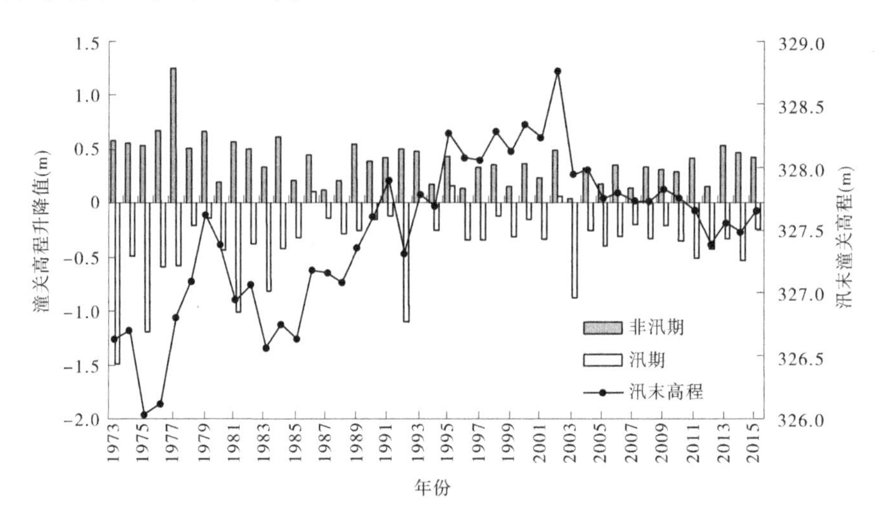

图 1-13　历年潼关高程变化

四、小浪底水库库区冲淤变化

(一)水库淤积仍然集中在干流

2015 年小浪底库区淤积量为 0.445 亿 m^3,其中干流淤积 0.329 亿 m^3,支流淤积 0.116 亿 m^3。2015 年 4—10 月,HH40(距坝 69.34 km)断面以下至大坝库段(含支流)淤积量为 0.966 亿 m^3,是淤积的主体(见图 1-14)。主要支流淤积集中在库容较大的支流,如畛水、石井河、沇西河以及近坝段的煤窑沟等。

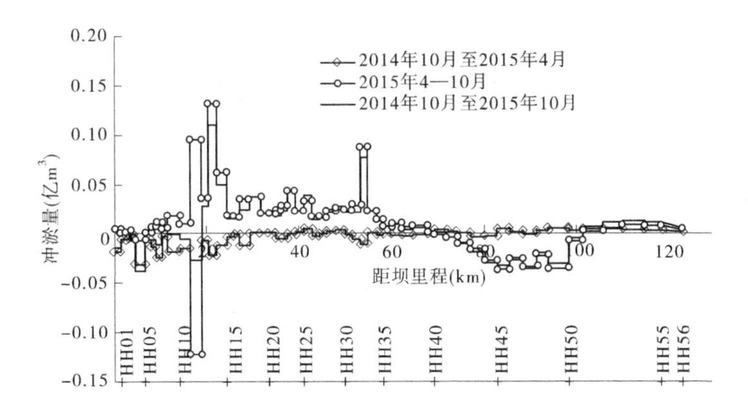

图 1-14　2015 年小浪底库区断面间冲淤量分布(含支流)

从 1999 年 9 月开始蓄水运用至 2015 年 10 月,小浪底水库入库沙量 48.26 亿 t,全库区由断面法计算的淤积量为 31.172 亿 m^3(见图 1-15),其中干流淤积量为 25.024 亿 m^3,支流淤积量为 6.148 亿 m^3,分别占库区总淤积量的 80.3%和 19.7%,占各自初始库容的 50.3%和 13.2%。

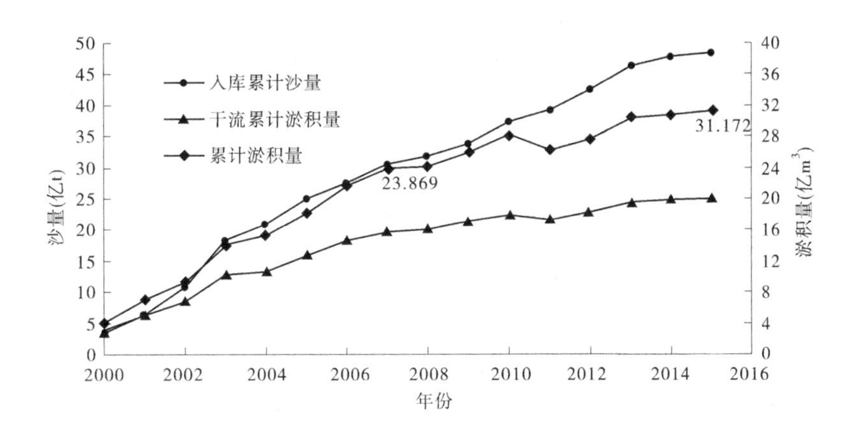

图 1-15　1999 年 9 月至 2015 年 10 月小浪底水库累计冲淤量

(二)干流淤积形态变化不大

2015 年 7—10 月,小浪底水库库区干流仍保持三角洲淤积形态,三角洲各库段比降虽有所调整,与上年度末相比,洲面比降由 2.25‱降为 1.35‱,三角洲顶点仍位于 HH11 断面(距坝 16.39 km),三角洲顶点高程下降 0.36 m,为 222.35 m。三角洲前坡段和尾部段变化不大(见表 1-4、图 1-16)。

表 1-4　干流纵剖面三角洲淤积形态主要要素

时间(年-月)	顶点		坝前淤积段	前坡段		洲面段		尾部段	
	距坝里程(km)	深泓点高程(m)	距坝里程(km)	距坝里程(km)	比降(‱)	距坝里程(km)	比降(‱)	距坝里程(km)	比降(‱)
2014-10	16. 39	222. 71	0～2. 37	2. 37～16. 39	24. 15	16. 39～105. 85	2. 25	105. 85～123. 41	11. 93
2015-10	16. 39	222. 35	0～2. 37	2. 37～16. 39	22. 9	16. 39～93. 96	1. 35	105. 85～93. 96	12. 5

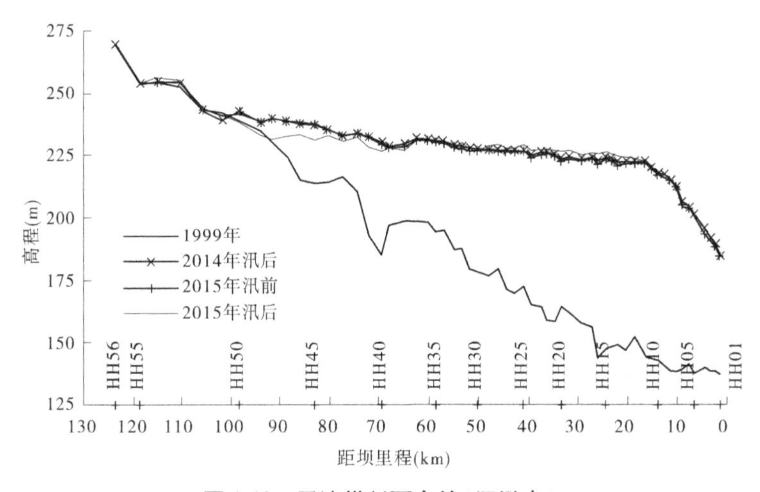

图 1-16　干流纵剖面套绘(深泓点)

(三)支流拦门沙坎进一步加剧

2015 年 10 月,畛水沟口对应干流滩面高程为 223. 45 m,而畛水内部 4 断面仅 213. 75 m,高差为 9. 7 m,与 2014 年 10 月的 9. 2 m 相比,增加了 0. 5 m。2015 年 10 月东洋河沟口对应干流滩面高程为 228. 76 m,而其 2 断面仅 224. 64 m,高差为 4. 12 m,与 2014 年 10 月的 3. 31 m 相比,增加了 0. 81 m。西阳河、沇西河拦门沙坎依然存在,大峪河沟口干流滩面高程明显高于支流内部。横断面除部分支流口门断面形态有所调整外,其他表现为平行抬升。

(四)库容变化

至 2015 年 10 月,水库 275 m 高程下总库容为 96. 289 亿 m^3,其中干流库容为 49. 757 亿 m^3,支流库容为 46. 532 亿 m^3。起调水位 210 m 高程以下库容为 1. 618 亿 m^3,三角洲顶点高程 222. 35 m,相应库容 5. 345 亿 m^3,汛限水位 230 m 以下库容为 10. 381 亿 m^3(见表 1-5)。

表 1-5　2015 年 10 月小浪底水库库容　　（单位：亿 m^3）

高程(m)	干流	支流	总库容	高程(m)	干流	支流	总库容
190	0.015	0.001	0.016	235	7.996	7.978	15.974
195	0.087	0.025	0.112	240	12.030	11.076	23.106
200	0.248	0.171	0.419	245	16.459	14.652	31.111
205	0.504	0.421	0.925	250	21.211	18.701	39.912
210	0.877	0.741	1.618	255	26.262	23.239	49.501
215	1.380	1.237	2.617	260	31.628	28.251	59.879
220	2.108	2.219	4.327	265	37.352	33.781	71.133
225	3.181	3.540	6.721	270	43.420	39.862	83.282
230	4.982	5.399	10.381	275	49.757	46.532	96.289

五、黄河下游河道持续冲刷

（一）下游河道冲淤变化

2015 年下游河道全年汊 3 以上主槽共冲刷 0.747 亿 m^3，其中非汛期（2014 年 10 月到 2015 年 4 月）、汛期（2015 年 4—10 月）冲刷量分别为 0.383 亿 m^3 和 0.364 亿 m^3（见表 1-6），分别占全年的 51% 和 49%。年冲刷量仍然集中在夹河滩以上，占总冲刷量的 81%。

表 1-6　2015 运用年下游河道断面法冲淤量　　（单位：亿 m^3）

河段	非汛期	汛期	运用年	占全下游比例(%)
西霞院—花园口	-0.097	-0.091	-0.188	25
花园口—夹河滩	-0.245	-0.170	-0.415	56
夹河滩—高村	-0.086	-0.048	-0.134	18
高村—孙口	-0.031	-0.057	-0.088	12
孙口—艾山	0.024	-0.052	-0.028	4
艾山—泺口	0.006	-0.020	-0.014	2
泺口—利津	0.050	0.025	0.075	-10
利津—汊 3	-0.004	0.049	0.045	-6
西霞院—汊 3	-0.383	-0.364	-0.747	100
占运用年比例(%)	51	49	100	

2015 年汛期泺口至汊 3（230 km）河段淤积量为 0.074 亿 m^3，这是 2000 年以来首次在汛期发生明显淤积（见图 1-17），加上非汛期的淤积，2015 运用年泺口—利津和利津—汊 3 河段淤积使断面面积平均减少了 42 m^2 和 47 m^2，淤积厚度为 0.10 m。

由于小浪底水库没有排沙，沿程一直冲刷，而河床冲起的大部分为粗颗粒泥沙，遂造成泺口以下河段淤积。

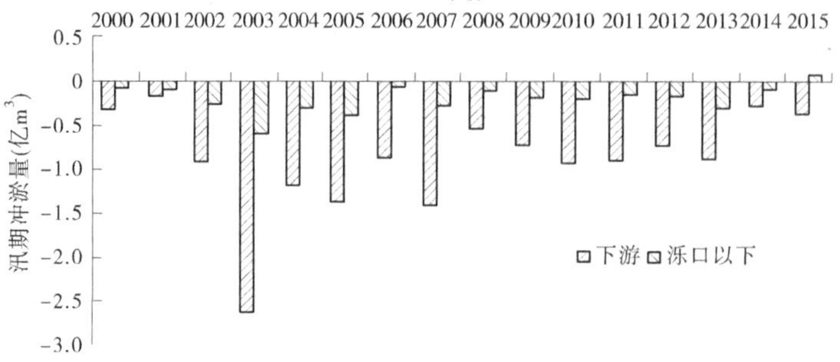

图 1-17　2000 年以来汛期冲淤量

通过计算 2014 运用年和洪水期小浪底和泺口的沙量,结果显示 2014 运用年西霞院水库出库沙量为 0.154 亿 t,全部集中在洪水期;2015 年小水期西霞院水库没有排沙,相应地,泺口水文站洪水期 2014 年和 2015 年的沙量分别为 0.223 亿 t 和 0.155 亿 t,则泺口以上小水期冲刷增加的沙量分别为 0.196 亿 t 和 0.351 亿 t,2015 年小水期泺口以上冲刷增加的沙量是 2014 年的 1.9 倍(见表 1-7)。泺口以上冲刷增加的沙量中,粗颗粒泥沙较多,2015 年进入泺口以下的粗泥沙远大于 2014 年,这是造成 2015 年泺口以下河道淤积的重要原因之一。

表 1-7　2014 年和 2015 年小水期泺口以上冲刷增加的沙量　　(单位:亿 t)

时期	运用年	西霞院	泺口	小水期泺口以上冲刷增加的沙量
运用年	2014	0.154	0.419	
	2015	0	0.506	
洪水期	2014	0.154	0.223	
	2015	0	0.155	
小水期	2014	0	0.196	0.196
	2015	0	0.351	0.351

自 1999 年小浪底水库投入运用以来到 2015 年汛后,全下游主槽共冲刷 20.076 亿 m³(见表 1-8),其中利津以上冲刷 19.421 亿 m³。冲刷主要集中在夹河滩以上河段,该河段长度占全下游的 26%,而冲刷量 11.924 亿 m³,占全下游的 59%。从 1999 年汛后以来各河段主槽冲淤面积看,夹河滩以上河段冲刷超过了 4 300 m²,而艾山以下尚不到 1 000 m²,表明各河段的冲刷强度上大下小,差别很大(见图 1-18),具有明显的沿程冲刷的不均衡性。

表 1-8　2000—2015 年下游河道累计冲淤量　　(单位:亿 m³)

时段	花园口以上	花园口—夹河滩	夹河滩—高村	高村—孙口	孙口—艾山	艾山—泺口	泺口—利津	利津以下	利津以上	全下游
非汛期	-2.831	-3.411	-1.070	-0.131	0.004	0.510	0.640	0.378	-6.289	-5.911
汛期	-2.554	-3.128	-1.292	-1.896	-0.699	-1.419	-2.144	-1.033	-13.132	-14.165
全年	-5.385	-6.539	-2.362	-2.027	-0.695	-0.909	-1.504	-0.655	-19.421	-20.076

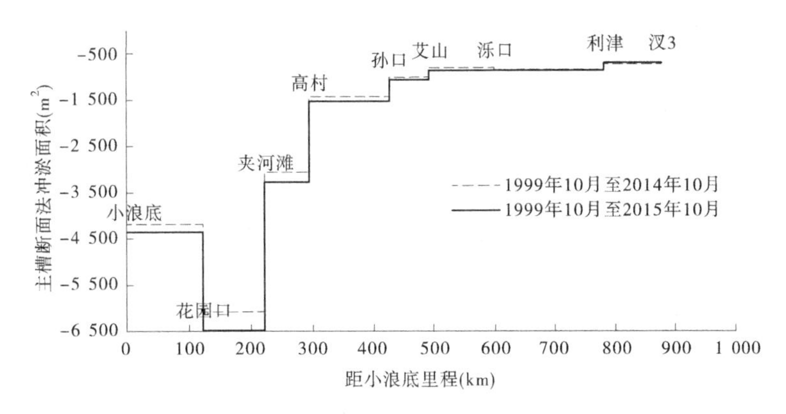

图 1-18　1999 年汛后至 2015 年汛后黄河下游各河段主槽冲淤面积

2015 年进入黄河下游的洪水仅汛前调水调沙一场,历时 13 d,进入下游总水量 30.2 亿 m^3,这期间小浪底水库和西霞院水库均未排沙。小浪底至利津河段共冲刷 0.193 亿 t,除艾山—泺口河段冲淤变化不大外,其余河段均为冲刷,其中花园口—夹河滩河段冲刷量最大,为 0.061 亿 t。

(二)河床粗化基本完成、冲刷效率明显降低

受长期小流量淤积的影响,1999 年汛后下游床沙组成较细,中数粒径上段粗下段细(见图 1-19);2015 年河床泥沙组成普遍变粗,平均粒径增加了 2~4 倍,同时沿程差别显著增大,夹河滩以上粗化程度大于以下河段。目前水沙条件下,2005 年下游河床粗化基本完成,2005 年以后河床床沙粒径组成变幅较小。

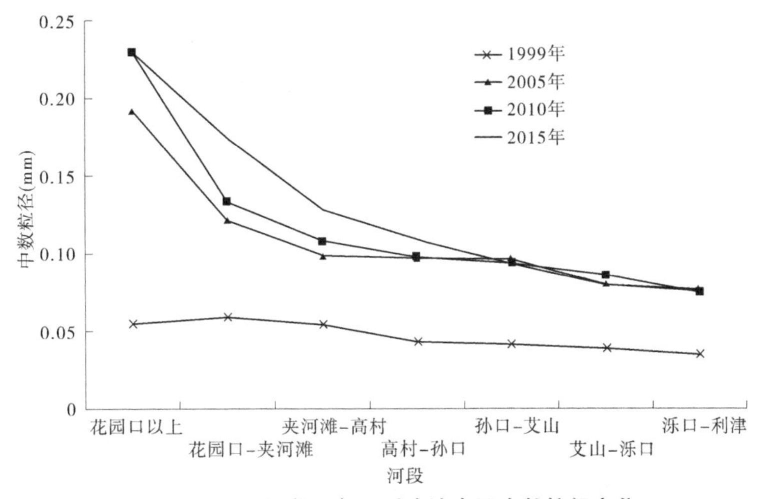

图 1-19　不同河段逐年汛后床沙表层中数粒径变化

冲刷效率是指单位水量的河段冲刷量,与含沙量单位相同,为正值时表示河段发生了淤积,称为淤积效率。2000—2002 年,由于进入下游的流量小,只有距小浪底水库近的河段发生冲刷,较远的河段发生淤积。2003 年开始,绝大部分河段都是冲刷的,但从冲刷效率的时程变化看,随着床沙沿程粗化,冲刷效率有不断降低的趋势,利津以上由 2000 年的 10.3 kg/m^3 下降到 2015 年的 4.9 kg/m^3(见图 1-20)。冲刷效率的减小有“两头减的多、中间减的少”的特点,花园口以上下降最大,由 2000 年的 6.4 kg/m³ 下降到 2015 年的 1.0 kg/m³。

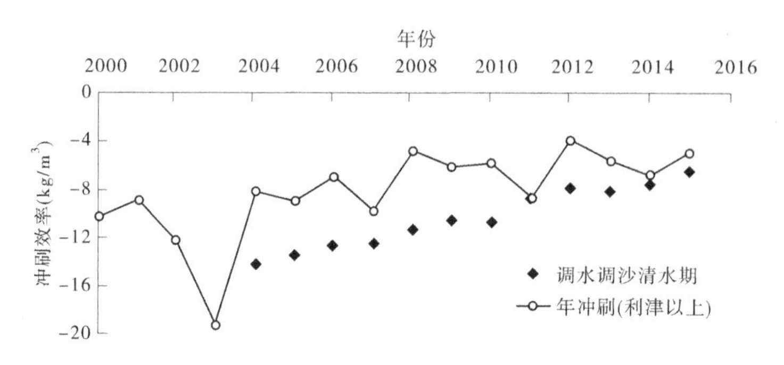

图 1-20　2000 年以来冲刷效率

调水调沙清水期的冲刷效率也明显降低。从整个下游调水调沙清水期冲刷效率看,由 2004 年的 14.3 kg/m³ 降低为 2015 年的 6.0 kg/m³。

(三)河道横向变化对游荡性河段冲淤量的影响

游荡性河段的冲淤变化一方面表现为主槽河底的冲刷下切或淤积抬升,同时与主槽展宽或缩窄、嫩滩的坍塌或淤长也具有密切的关系。系统分析花园口—夹河滩河段小浪底水库拦沙运用后 2000—2013 年的持续冲刷和小浪底水库运用前 1986—1999 年的持续淤积过程表明,2000—2013 年因主槽展宽、滩地坍塌引起的冲刷(见图 1-21)占全断面冲刷量的 60%,而 1986—1999 年滩地淤积量约占全断面淤积量的 80%。

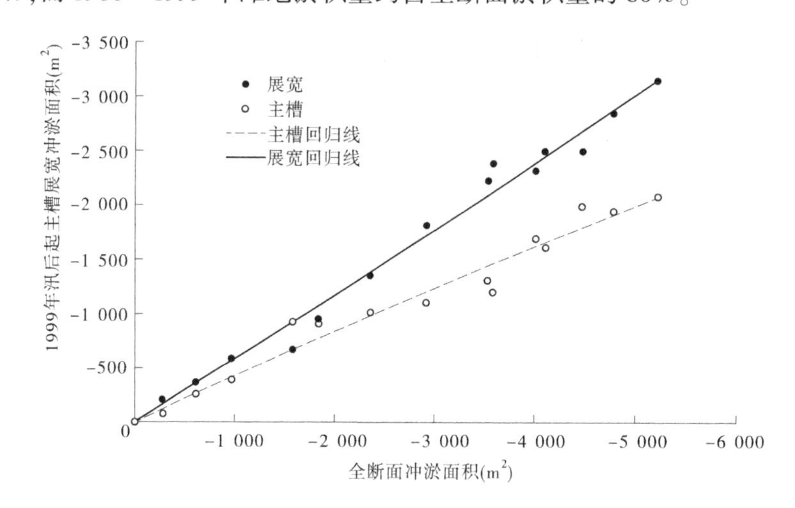

图 1-21　花园口—夹河滩河段 19999 年汛后起主槽冲淤量与全断面冲淤量关系

(四)过流能力变化不大

2015 年调水调沙洪水和 2014 年调水调沙洪水相比,各水文站 3 000 m³/s 流量水位有升有降,总体变化不大(见表 1-9)。2015 年调水调沙洪水和 1999 年洪水相比,各水文站水位均显著下降,其中花园口、夹河滩和高村的降低幅度最大,超过了 2 m,孙口及其以下水文站的同流量水位降幅在 1.29~1.76 m。点绘黄河下游花园口—利津七个水文站 1950 年以来的 3 000 m³/s 同流量水位(见图 1-22)可以看到,2015 年花园口—高村的水位基本恢复至 20

世纪 60 年代末、70 年代初水平，孙口—利津恢复至 20 世纪 80 年代水平。

表 1-9 同流量 3 000 m^3/s 水位变化值 （单位：m）

时段	花园口	夹河滩	高村	孙口	艾山	泺口	利津
2014—2015 年	-0. 28	-0. 31	-0. 07	+0. 1	+0. 17	-0. 02	+0. 18
1999—2015 年	-2. 40	-2. 66	-2. 35	-1. 60	-1. 53	-1. 76	-1. 29

注："-"为下降。

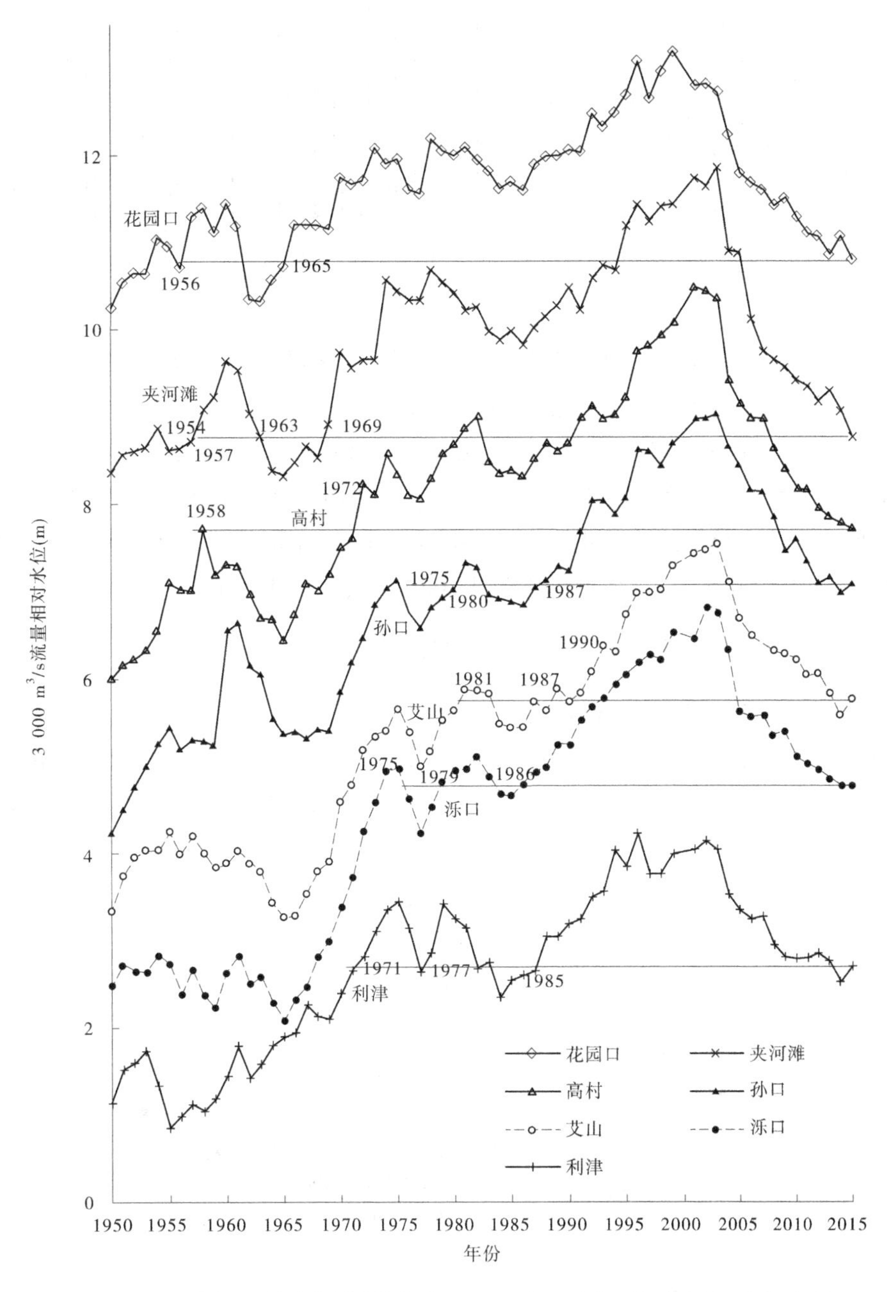

图 1-22 黄河下游水文站历年汛初 3 000 m^3/s 水位（相对水位）变化过程

下游河道水文站断面最小平滩流量也由 1 800 m^3/s 抬高到 4 200 m^3/s(见图 1-23)。

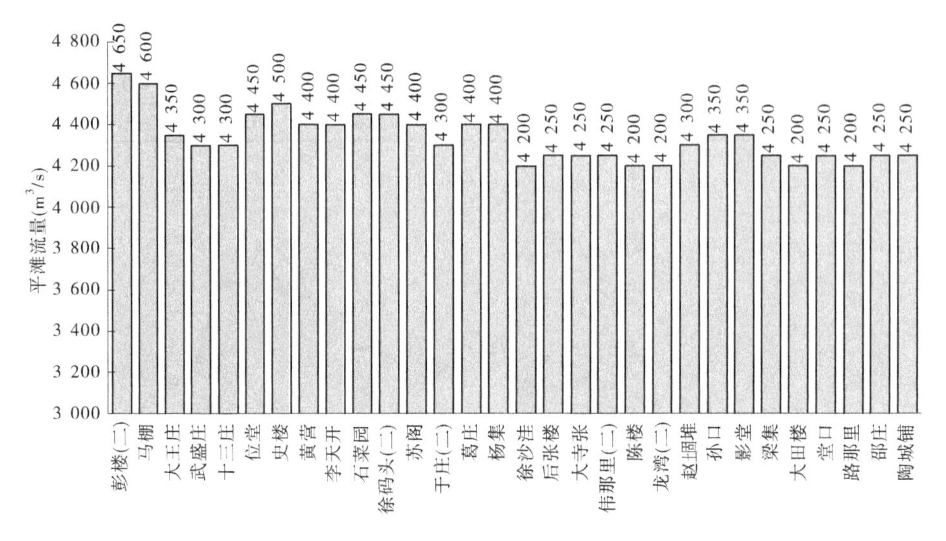

图 1-23　2016 年汛初彭楼—陶城铺河段平滩流量沿程变化

2016 年汛初各水文站的平滩流量分别为 7 200 m^3/s(花园口)、6 800 m^3/s(夹河滩)、6 100 m^3/s(高村)、4 350 m^3/s(孙口)、4 250 m^3/s(艾山)、4 600 m^3/s(泺口)和 4 650 m^3/s(利津),与 2015 年汛初相比没有明显变化。不考虑生产堤的挡水作用,孙口上下的彭楼—陶城铺河段主槽平滩流量仍为全下游最小的河段,平滩流量较小的断面有徐沙洼、陈楼、龙湾、大田楼、路那里,平滩流量均为 4 200 m^3/s(见图 1-23)。

六、小浪底水库运用以来黄河河口海岸演变特点

(一)黄河河口河道河势、河长变化

从小浪底水库开始运行的 1999 年 10 月到 2015 年,利津年均水量 155 亿 m^3、沙量 1.3 亿 t。2000 运用年、2001 运用年水沙量很小,含沙量低,2002 年实施调水调沙,水沙量增加,年均含沙量开始增加,2003 年约 10 kg/m^3(见图 1-24)。

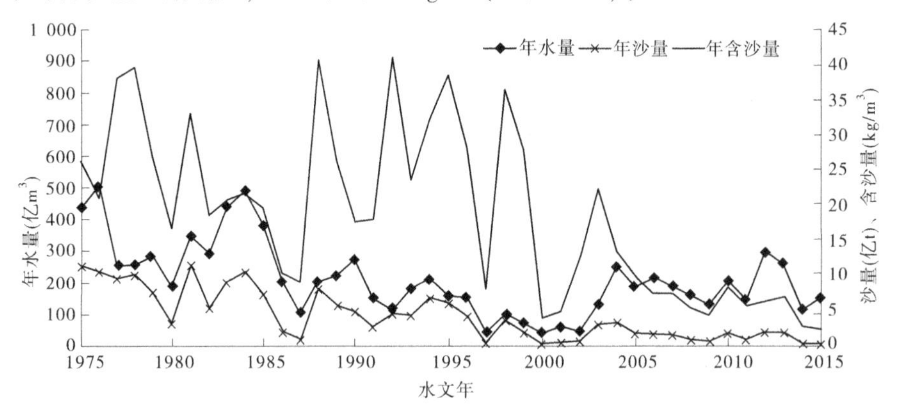

图 1-24　利津年水量、沙量、含沙量变化过程

黄河河口1976年改道清水沟流路，1996年8月实施清8改汊，至2015年汛后，河势有3次较大的变化（见图1-25），分别为2004年6月向右（东）摆动，2008年10月向左（北）摆动，2011年对汊1附近的弯道进行了人工裁弯取直。

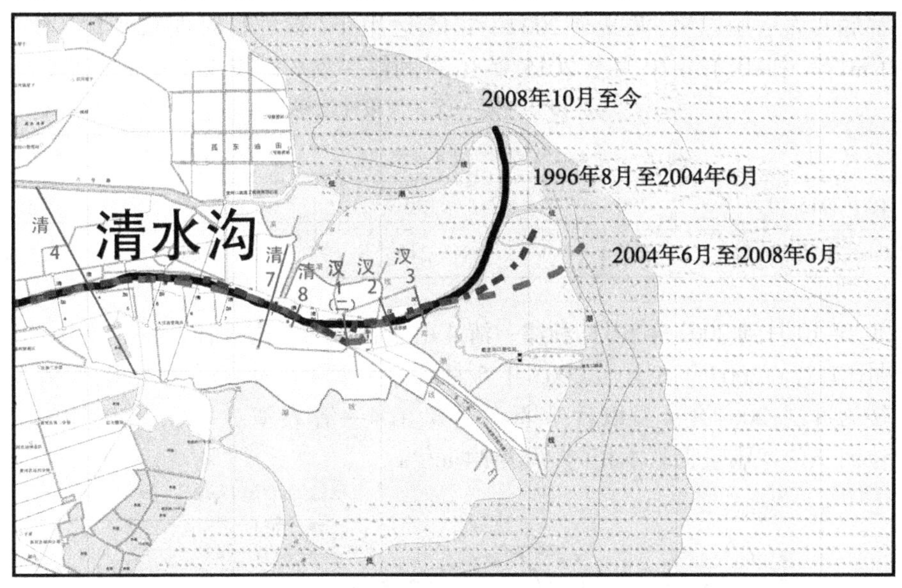

图1-25　黄河河口清4以下河势

小浪底水库运用后，由于入海泥沙较少，年均约为1.3亿t，黄河口门平均延伸速度为0.3 km/a，最大为1.0 km/a，明显小于小浪底水库运用前的延伸速度1.4 km/a（见图1-26）。2015年利津以下河长约为109 km，比1996年8月改汊前的最大河长113 km短4 km。按照目前的延伸速率，约需10 a到达1996年8月改汊前的河长。

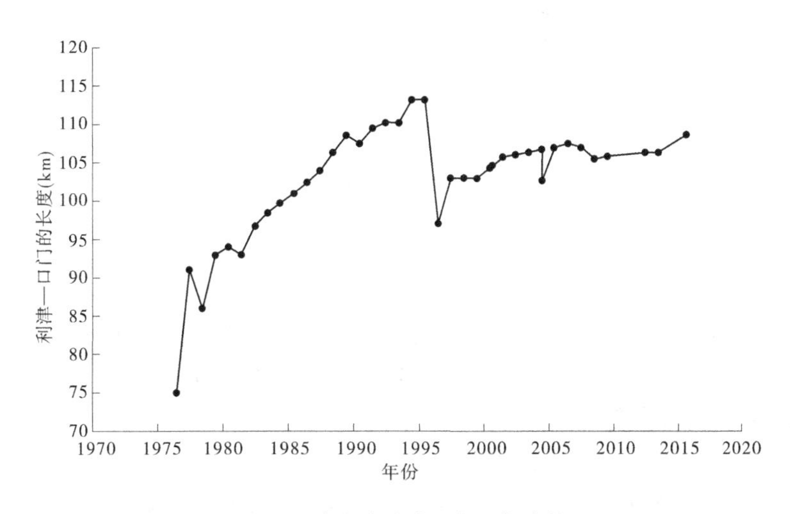

图1-26　清水沟流路河长逐年变化

（二）黄河河口河道冲淤变化

黄河河口以清4、清7为界，把利津—汊3河道分为三段，清7断面附近是规划北汊汊河的起点，清水沟潮区界约在清 4 附近。利津—清 4 河段不受潮汐影响，主要受上游水沙条件的影响；清 4—清 7 河段、清 7—汉 3 河段不仅受水沙条件影响，而且受潮汐影响，其中清 4—清 7 河段主槽河宽较上下游宽一些，汉 3 断面测验资料从 2004 年开始计算。

小浪底水库运用以来，尤其是 2004—2015 运用年（有资料时期），利津—汉 3 冲刷 3 666 万 m^3，其中 2014 年 10 月至 2015 年 10 月利津—汉 3 淤积 453 万 m^3（见表 1-10）。

表 1-10　利津—汉 3 河段冲淤量　（单位：万 m^3）

时段(年-月)	利津—清 4	清 4—清 7	清 7—汉 3	利津—汉 3
2014-10—2015-10	290	109	54	453
2004-04—2015-10	-3 314	-219	-133	-3 666

1999 年 10 月到 2002 年 5 月，利津—清 4 由淤积转为冲刷，而清 4—清 7 由冲刷转为淤积（见图 1-27）；2002 年 5 月至 2003 年 5 月利津—清 4 由冲刷转为淤积，而清 4—清 7 由淤积转为冲刷；2004 年 4 月以后，利津—清 4、清 4—清 7、清 7—汉 3 均为冲刷，单位时间内单位河长的冲刷量也基本相同，约为 34 m^2/a。

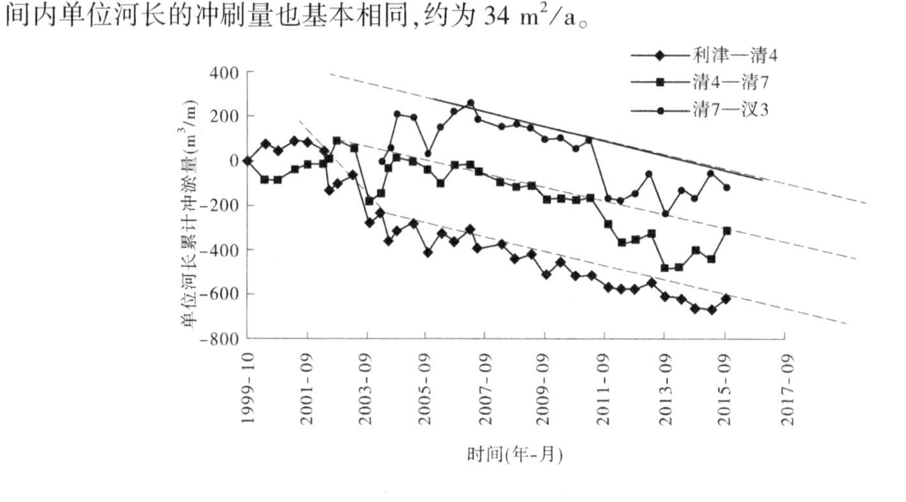

注：冲淤量计算初始时间利津—清 4、清 4—清 7 均为 1999 年 10 月，清 7—汉 3 为 2004 年 4 月

图 1-27　利津—汉 3 河段单位河长累计冲淤量逐年变化

（三）黄河河口河道水位变化

小浪底水库运用以来，一号坝、西河口同流量水位分别下降 1.02 m、0.92 m，2014—2015 年稍有抬升。目前水位相当于 1985/1986 年水平（见图 1-28）。

（四）三角洲海岸演变

黄河三角洲海岸存在几个突出的部位：①东营港附近，主要是刁口河、神仙沟流路形成的突出海岸；②1996 年 8 月人工改走清 8 汊河后遗弃的清水沟河口附近的海岸；③近年来清 8 改汊后形成的小沙嘴，包括 2004 年、2008 年摆动形成的新旧沙嘴。比较而言，2004 年沙嘴较小。由图 1-29 可以看出，2000—2015 年河口附近海岸淤积，沙嘴延伸约 4 km，而不行河的河口附近海岸蚀退，其中清水沟老沙嘴蚀退约 8 km。

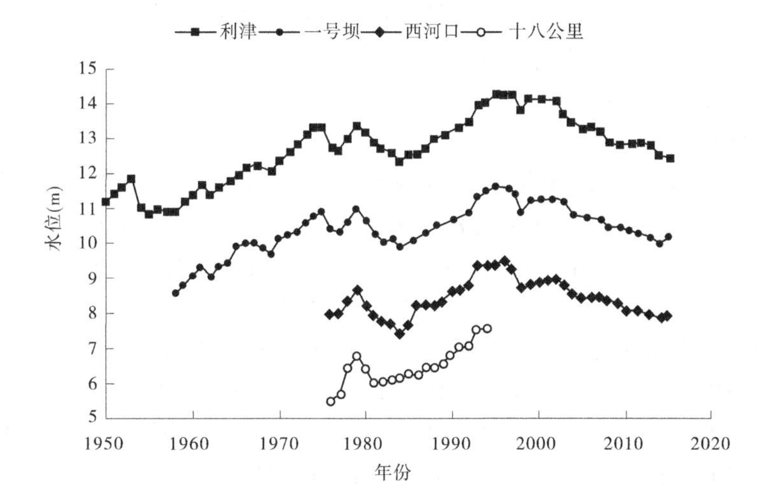

图 1-28　同流量 3 000 m³/s 相应水位变化过程

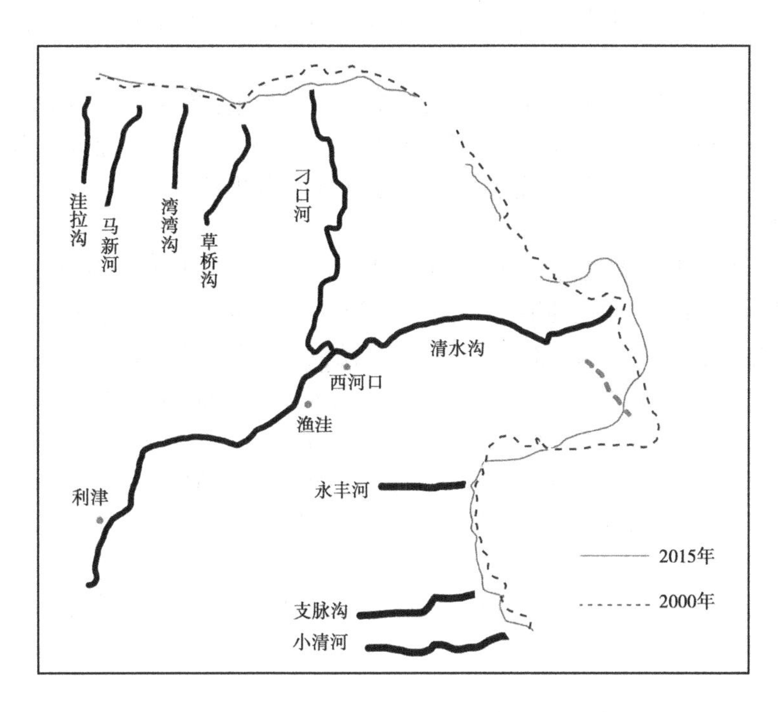

图 1-29　2000—2015 年三角洲附近海域-2 m 等深线

七、认识与建议

(一)主要认识

(1)2015 年汛期黄河流域降雨量较多年平均偏少 28%,水量偏少 12%~70%,沙量偏少 70%以上。潼关年沙量为 0.536 亿 t,为历史最小值,已经连续 2 a 不足 1 亿 t。山陕区间汛期降雨量偏少,水沙量均位于历史较低位置。

(2)截至 2015 年 11 月 1 日,流域八座主要水库蓄水总量 256.39 亿 m³,较上年同期减少 77.69 亿 m^3。蓄水量较少主要是汛期降雨量偏少、入库水量减少造成的。

(3)2015 年三门峡水库排沙量 0.512 亿 t,为历史最小值;潼关以下库区、小北干流河段分别淤积 0.332 亿 m^3 和冲刷 0.075 亿 m^3;年内潼关高程抬升 0.18 m,2015 年汛后为 327.66 m,仍处于历史低位。

(4)小浪底水库库区 2015 年淤积量为 0.446 亿 m^3,至 2015 年 10 月累计淤积为 31.171 亿 m^3,其中干流占总淤积量的 80.3%;275 m 高程下总库容为 96.289 亿 m^3,210 m 高程下总库容为 1.618 亿 m^3。2015 年 10 月三角洲顶点高程为 222.35 m,相应库容 5.345 亿 m^3,距坝 16.39 km;支流畛水等拦门沙坎依然存在,与沟口滩面高差达到 9.7 m。

(5)2015 年黄河下游西霞院—汊 3 河道冲刷 0.747 亿 m^3,其中调水调沙期冲刷 0.193 亿 t,泺口以下河段汛期出现淤积 0.074 亿 m^3,为 2000 年首次淤积。小浪底水库运用以来下游利津以上主槽累计冲刷 19.421 亿 m^3;夹河滩以上冲刷面积超过 4 300 m^2,而艾山以下不到 1 000 m^2,高村以上主槽展宽和滩地坍塌所引起的冲刷量约占全断面冲刷量的 60%。床沙粗化,冲刷效率明显降低。和 1999 年相比,2015 年各水文站流量 3 000 m^3/s 水位下降 1.29 m(利津)~2.66 m(夹河滩),2016 年汛前黄河下游最小平滩流量为 4 200 m^3/s。

(6)小浪底水库运用以来黄河河口河道以冲刷为主,利津以下冲刷速率约为 34 m^2/a。2000—2015 年河口沙嘴淤积延伸,突出的海岸(如刁口河、神仙沟流路附近海岸、老清水沟河口附近海岸等)仍在蚀退,其中清水沟老沙嘴蚀退约 8 km。

(二)建议

小浪底水库运用以来,利津年均沙量不足 2 亿 t,现行河口口门淤积延伸速率仍为 0.3 km/a,但河口海岸总体呈蚀退趋势,年均蚀退约 7.1 km^2。考虑到黄河三角洲有 74% 中度和重度盐碱地(2004 年观测数据)、三角洲防潮堤前海岸蚀退降低了防潮堤防潮能力、黄河河口入海水沙所到之处生态较好等情况,如果今后能够对泥沙进行多途径处理(如放淤改良三角洲盐碱地,或把泥沙分散到蚀退海岸段以充分利用海岸动力输沙等),则有可能进一步降低黄河河口淤积延伸速率,进而进一步减少对其上游河道冲淤演变的不利影响,同时可能产生较大的生态经济效益、提高防潮堤防御能力等社会效益,因此建议开展黄河河口泥沙多途径处理方式研究。

同时,建议开展维持河口三角洲淤蚀相对平衡的来沙阈值研究,以满足河口三角洲生态系统稳定、海岸安全对最低水沙量的需求。

第二章　兼顾黄河下游供水需求的汛前调水调沙排沙对接水位

一、继续开展汛前调水调沙的必要性

小浪底水库自 2002 年首次开展调水调沙以来，已经开展了 19 次，其中自 2004 年以来，已连续开展了 12 次汛前调水调沙，在冲刷下游河道、恢复平滩流量，增加水库排沙、减少库区淤积，满足下游灌溉需求，增加生态补水等多方面起到显著作用。

黄河下游是著名的“地上悬河”，有些河段甚至是“二级悬河”，即滩地高于大堤外的地面，主槽（或嫩滩）高于滩地。一旦发生较大洪水，大堤偎水，防洪形势严峻，对黄河两岸广阔的华北大平原构成重大威胁。

随着水利、水土保持等多项措施的开展，特别是 1998 年国家开始实施封禁政策以来，黄河流域植被得到不断恢复，水土流失大为减轻，进入黄河干流的泥沙显著减少。另外，1999 年 10 月小浪底水库投入运用以来，水库的拦沙运用和持续开展的汛前调水调沙，使得近 10 多年来黄河下游河道发生了持续冲刷。下游主槽的河底高程显著降低，过流能力显著增大，使下游防洪形势得到改善。但是，悬河和“二级悬河”局面依然存在。因此，从黄河下游的长治久安需求来看，汛前调水调沙仍需要坚持开展，进一步冲刷下游河道，减轻黄河下游的大洪水威胁。

从下游河道冲刷和水库减淤的角度来看，汛前调水调沙最主要的作用有两个方面：一方面增加了下游河道的冲刷、扩大了下游河道的过流能力，下游最小平滩流量已经达到了 4 250 m^3/s；另一方面，显著增加了小浪底水库的排沙量，延缓水库淤积速率，增加水库的综合运用能力与拦沙周期。

（一）汛前调水调沙显著增大下游过流能力

汛前调水调沙可划分为 2 个阶段（见图 2-1）：第一阶段为清水大流量泄放，对下游河道冲刷，尤其对艾山—利津窄河段的冲刷具有较大的作用；第二阶段为人工塑造异重流排沙，对小浪底水库减淤作用显著，且对下游河道淤积影响不大。

2004—2014 年，进入黄河下游水量共 3 073 亿 m^3，全下游冲刷泥沙 13.85 亿 t。其中，汛前调水调沙清水阶段下泄水量 437 亿 m^3，下游冲刷泥沙 4.75 亿 t，分别占全年水量的 14%和全下游冲刷量的 34%（见图 2-2）。可见，汛前调水调沙的冲刷效率较高。

汛前调水调沙对艾山—利津河段的作用更为显著。2004—2014 年汛前调水调沙清水阶段花园口以上河段冲刷量占全年的 42%，花园口—高村河段占 19%，高村—艾山河段占 40%，艾山—利津河段占 84%（见图 2-3）。可见，汛前调水调沙对山东窄河道的冲刷起着至关重要的作用。

（二）汛前调水调沙可显著增大水库排沙量

2004—2014 年小浪底水库入库沙量共 29.928 亿 t，出库沙量共 8.211 亿 t，其中汛前

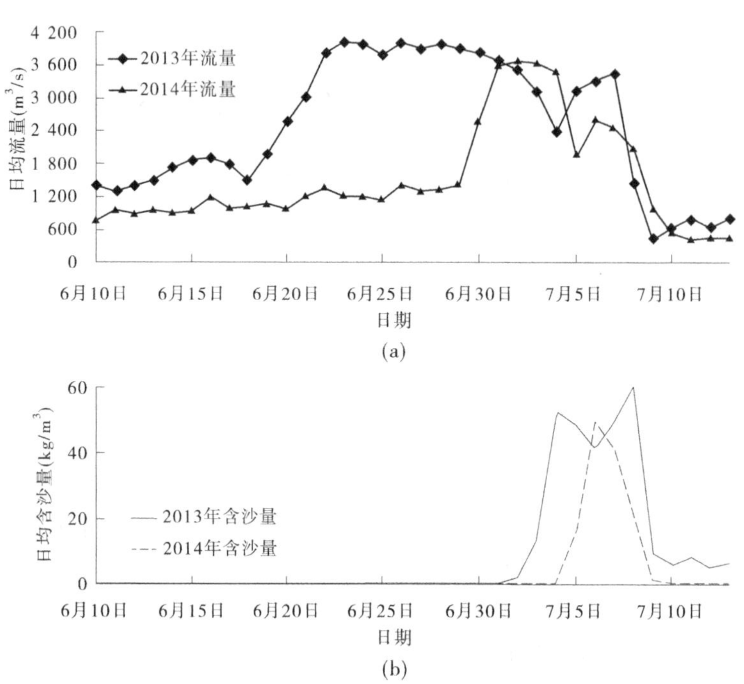

图 2-1　小浪底水库汛前调水调沙出库流量及含沙量过程

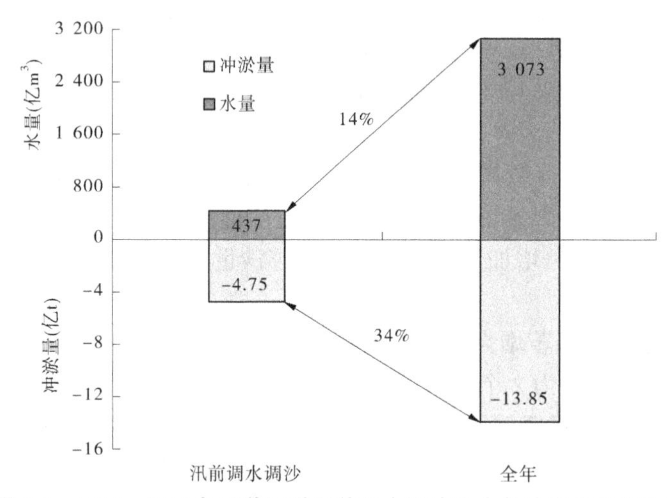

图 2-2　2004—2014 年下游河道汛前调水调沙和全年冲刷量及其比例

调水调沙期入库沙量 5. 292 亿 t,出库沙量 3. 223 亿 t,分别占全年的 18%和 39%[见图 2-4(a)]。2008—2014 年汛前调水调沙期入库沙量占全年比例变化不大,为 20%,而出库沙量占全年的比例增加到了 55%[见图 2-4(b)]。汛前调水调沙异重流排沙量已经超过全年排沙量的一半,成为小浪底水库主要排沙时段。

(三)汛前调水调沙模式

小浪底水库运用以来以拦沙运用为主。目前,黄河下游最小平滩流量已从 2002 年汛前的不足 1 800 m^3/s 增加到 4 250 m^3/s(见图 2-5)。随着冲刷的持续发展,下游河床发生不同程度的粗化(见图 2-6),冲刷效率明显降低(见图 2-7)。从小浪底投入运用的初期到

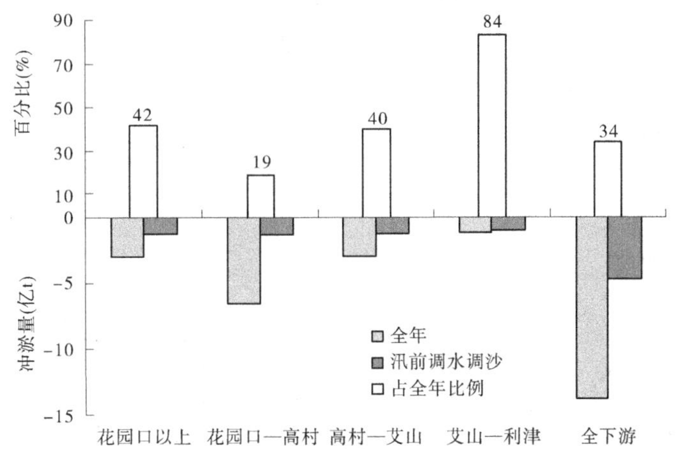

图 2-3 2004—2014 年下游河道汛前调水调沙和全年冲刷量及占全年的比例

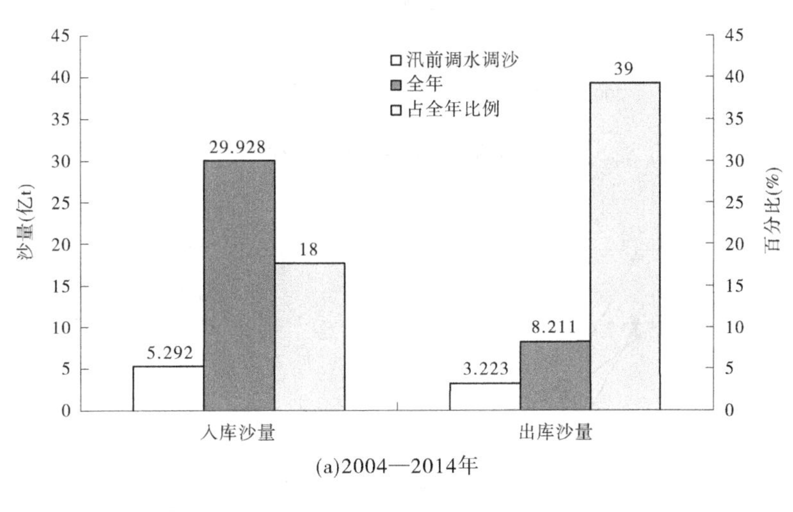

(a)2004—2014年

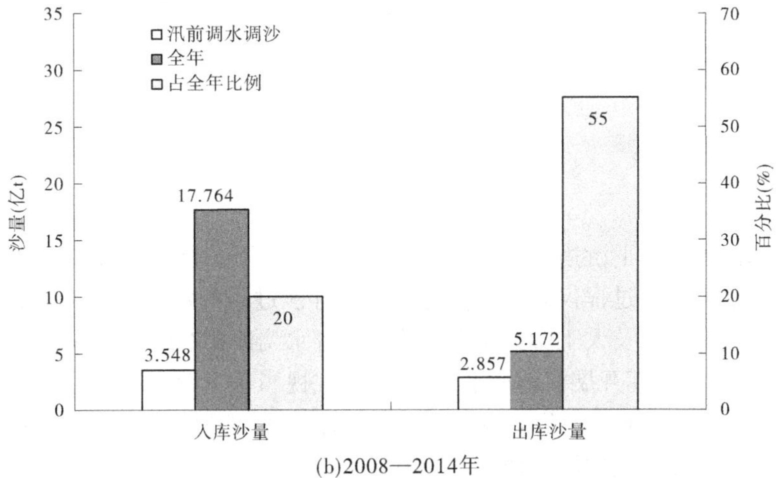

(b)2008—2014年

图 2-4 小浪底水库入库和出库沙量及比例

现在,花园口以上河段床沙中数粒径从 0.06 mm 粗化到 0.25 mm,花园口—高村河段从 0.06 mm 粗化到 0.16 mm,高村—艾山河段从 0.05 mm 粗化到 0.1 mm,艾山—利津河段从 0.04 mm 粗化到 0.1 mm。

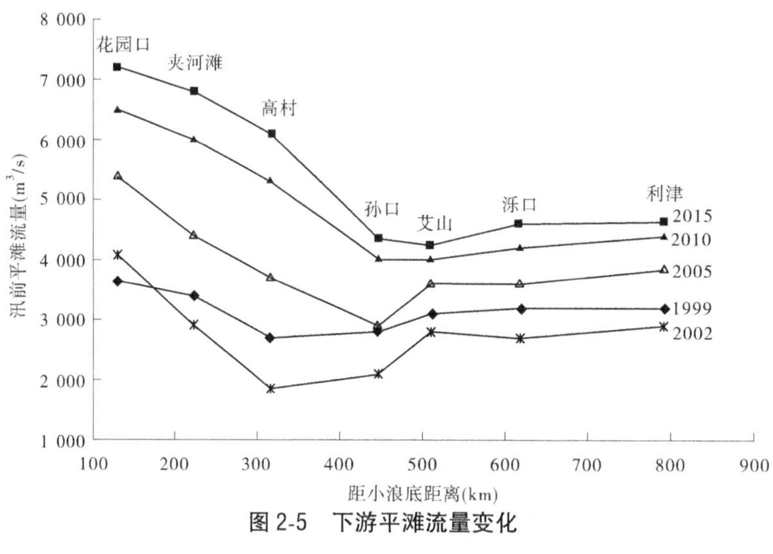

图 2-5 下游平滩流量变化

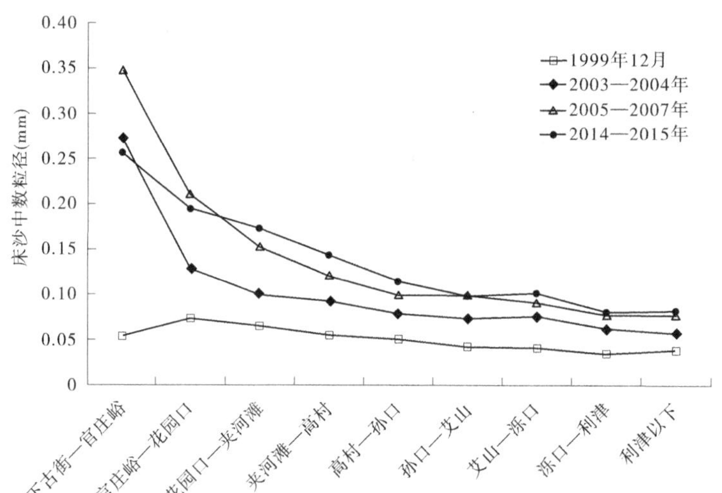

图 2-6 下游河床床沙粒径变化

在新的水沙条件和下游边界条件及水资源需求形势下,近期汛前调水调沙模式为:定期开展没有清水大流量过程仅有人工塑造异重流排沙过程的汛前调水调沙,与不定期开展带有清水大流量过程及人工塑造异重流的汛前调水调沙相结合的模式。

也就是说,每年定期开展汛前调水调沙,其模式视当年下游过流能力而定:

(1)当下游最小平滩流量在 4 000 m^3/s 以上时,其模式为:没有清水大流量过程仅有人工塑造异重流排沙过程的汛前调水调沙模式。

(2)当下游最小平滩流量低于 4 000 m^3/s 时,其模式为:带有清水大流量过程及人工塑造异重流的汛前调水调沙模式,清水流量以接近下游最小平滩流量为好,水量以下游需要扩大的平滩流量大小而定。

清水下泄过程中,下游冲刷效率与流量大小关系密切,随着平均流量的增加而增大(见图 2-7),总冲刷量随着下泄清水水量的增加而增大(见图 2-8)。因此,建议清水大流量的泄放流量在 3 500~4 000 m^3/s,水量视水库前期蓄水量大小,尽量大一些。

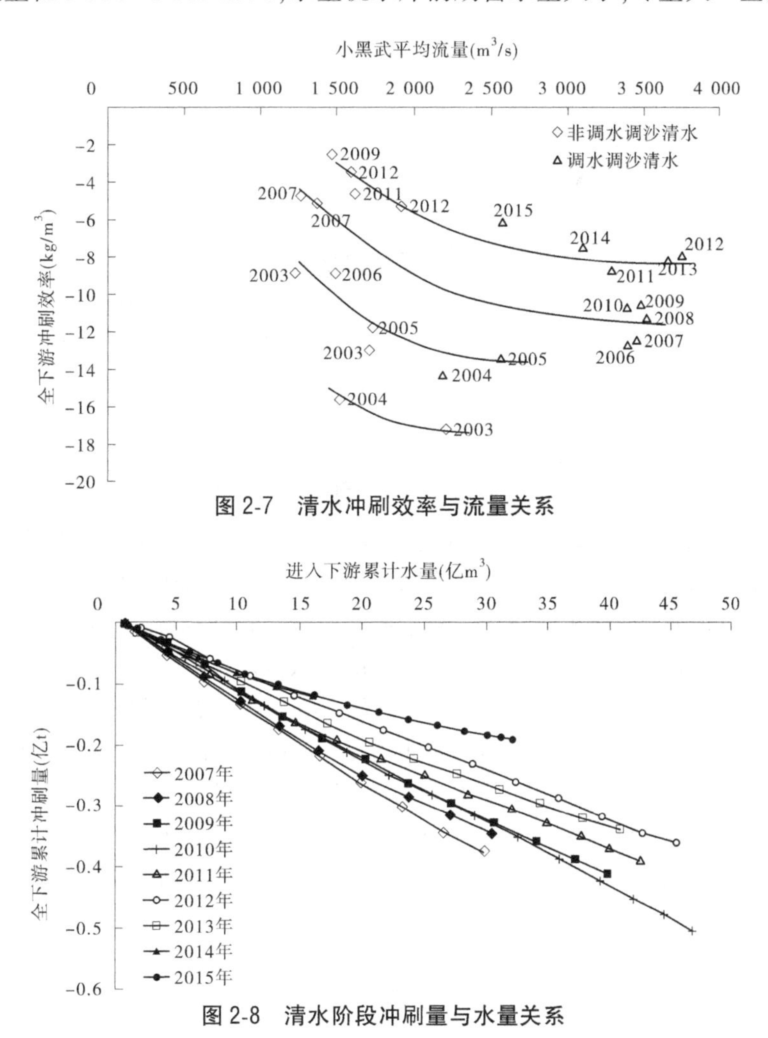

图 2-7 清水冲刷效率与流量关系

图 2-8 清水阶段冲刷量与水量关系

异重流排沙期对接水位直接关系到浑水阶段的排沙效果。随着对接水位的降低,排沙比增大,低于三角洲顶点后,三角洲顶点以上河道发生溯源冲刷,排沙比明显增大。因此,从增大水库排沙、减小水库淤积的角度来讲,应保持较低水位排沙。异重流排沙的对接水位又直接影响水库汛前调水调沙之后的可调水量,关系到前汛期下游的供水安全问题。

汛前调水调沙异重流排沙对接水位主要受排沙效果的要求以及下游前汛期供水需求两个方面的制约。下面将分别从这两个方面研究各自对排沙水位的要求。

二、前汛期下游引水对对接水位的需求

下游的引水需求包括农业用水和非农业用水,与农业灌溉面积、作物种植结构、降水、

地下水、人口及社会经济发展状况等有关。

(一)黄河下游前汛期引黄需水研究

根据前汛期(7 月 11 日至 8 月 20 日)下游地区降水情况(见图 2-9),将灌区用水需求分为三种类型:特大干旱年、干旱年和平水年,相应时段降雨频率分别为 95%、75%和50%。

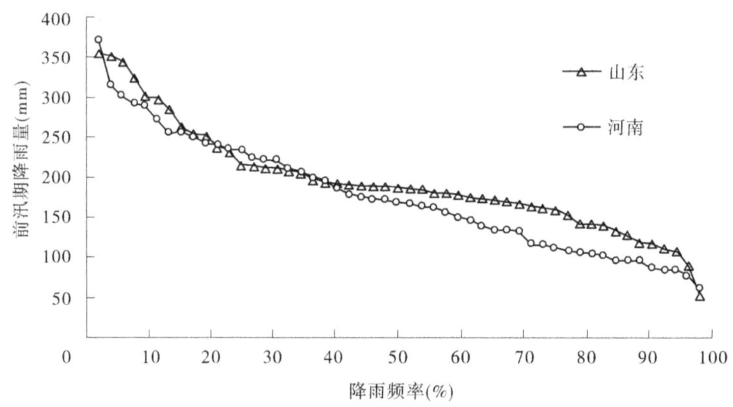

图 2-9　黄河下游灌区前汛期降雨频率

引黄灌溉需水量根据灌区作物需水亏缺量(以 mm 计),扣除当地地下水灌溉水量,再乘以灌溉面积,转换为灌区灌水量后除以灌溉水利用系数即可得到。作物需水亏缺量等于作物需水量减去有效降水量与作物利用地下水量之和,作物需水量采用参考作物需水量法计算,参考作物需水量利用 Penman-Monteith 公式推求。

非农业引黄需水量根据 2013—2015 年黄河下游实际非农引黄水量分析计算。

黄河下游前汛期引黄需水量为引黄灌区灌溉需水量与非农业需水量之和。经计算得到黄河下游不同干旱年型前汛期逐旬引黄需水量,见图 2-10,各河段逐旬引黄需水流量见表 2-1。正常年份前汛期需水量 5.96 亿 m^3,其中 7 月下旬需水量为 2.08 亿 m^3,折算引水流量 218.80 m^3/s;特大干旱年需补水量 23.10 亿 m^3,其中 7 月下旬需补水 7.46 亿 m^3,折算引水流量 785.22 m^3/s。

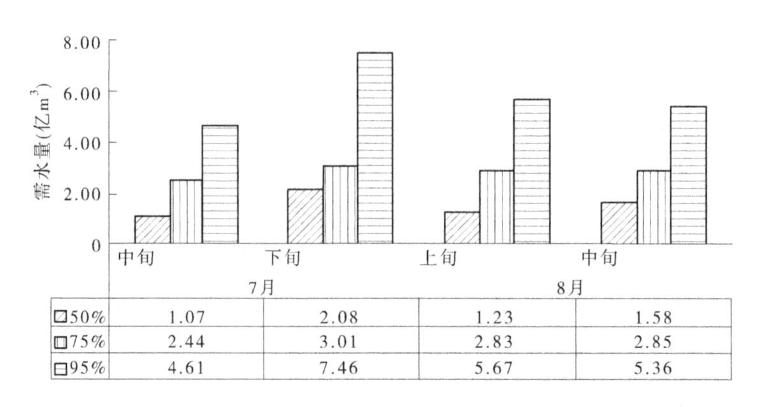

	7月中旬	7月下旬	8月上旬	8月中旬
50%	1.07	2.08	1.23	1.58
75%	2.44	3.01	2.83	2.85
95%	4.61	7.46	5.67	5.36

图 2-10　黄河下游不同干旱年型前汛期逐旬引黄灌溉需水量

表 2-1　黄河下游各河段前汛期逐旬引黄需水流量成果　　(单位:m^3/s)

灌溉年型	河段	7月		8月	
		中旬	下旬	上旬	中旬
50%	小浪底—花园口	10.25	17.27	19.40	13.01
	花园口—夹河滩	13.39	14.79	15.47	14.02
	夹河滩—高村	7.48	26.46	21.89	19.49
	高村—孙口	5.42	23.01	20.21	16.10
	孙口—艾山	28.71	37.52	28.45	38.58
	艾山—泺口	16.56	33.82	10.47	28.34
	泺口—利津	36.50	57.91	23.75	47.31
	利津以下	5.34	8.02	2.54	5.56
	合计	123.65	218.80	142.18	182.41
75%	小浪底—花园口	13.77	24.47	28.01	22.86
	花园口—夹河滩	23.47	24.87	26.71	25.54
	夹河滩—高村	30.71	47.28	53.67	48.71
	高村—孙口	22.00	39.21	45.41	39.66
	孙口—艾山	56.32	49.06	57.02	57.89
	艾山—泺口	47.76	46.85	42.75	50.17
	泺口—利津	77.62	75.09	66.29	76.08
	利津以下	10.61	10.22	7.99	9.24
	合计	282.26	317.06	327.85	330.15
95%	小浪底—花园口	29.02	38.69	32.86	30.34
	花园口—夹河滩	67.23	64.73	68.11	67.53
	夹河滩—高村	85.92	122.86	105.16	99.20
	高村—孙口	57.27	91.83	74.14	68.49
	孙口—艾山	83.16	124.10	109.98	100.31
	艾山—泺口	78.08	131.62	102.58	98.08
	泺口—利津	117.59	186.84	145.16	139.24
	利津以下	15.73	24.55	18.10	17.34
	合计	534.01	785.22	656.09	620.53

(二)黄河下游引黄涵闸引水能力分析

1. 黄河下游涵闸引水现状

黄河下游引黄涵闸共94处，2015年引水条件较好的涵闸共有17处，引水条件中等的涵闸共38处，引水困难的涵闸共34处(包括从文岩渠引水的涵闸3处)，停用涵闸5处(见表2-2)。

表 2-2　黄河下游引黄涵闸引水情况统计

省份	引水条件好		引水条件中等		引水困难		停用		合计	
	数量	占比(%)	数量	占比(%)	数量	占比(%)	数量	占比(%)	数量	占比(%)
河南	6	6.4	12	12.8	17	18.1	3	3.2	38	40.4
山东	11	11.7	26	17.0	17	18.1	2	2.1	46	59.6
合计	17	18.1	38	40.4	34	36.2	5	5.3	94	100.0

引黄涵闸引水能力变化的主要原因有四方面：一是涵闸滩区引渠过长，淤积严重；二是河床下切，同流量条件下大河水位下降；三是河道游荡性没有得到完全控制，河势变化，造成引水口门脱流；四是灌区工程不配套，渠道淤积。对引水困难引黄涵闸中的32处（不包括从文岩渠引水涵闸3处）的分析表明：由引渠淤积影响引水的涵闸9处；由河势变化影响引水的涵闸9处，主要集中在孙口水文站以上河段；因河道下切造成引水困难的涵闸有7处（见表2-3）。

表2-3　黄河下游引水困难涵闸影响原因统计

范围	引水困难原因				合计
	引渠淤积	河势变化	河道下切	灌区渠道淤积、配套差	
河南河段（个）	2	6	4	2	14
山东河段（个）	7	3	3	5	18
黄河下游（个）	9	9	7	7	32
占总数(%)	28	28	22	22	100

2. 河段引水能力

利用2015年下游各河段实际引水资料，同大河流量建立相关关系（见图2-11），取其上包线建立各河段引水能力与大河流量关系式。河段引水能力采用分河段分别计算，自小浪底开始逐河段递推，同时考虑了河段支流加入量（伊洛河、沁河加入流量按124.26 m^3/s）和蒸发渗漏损失。

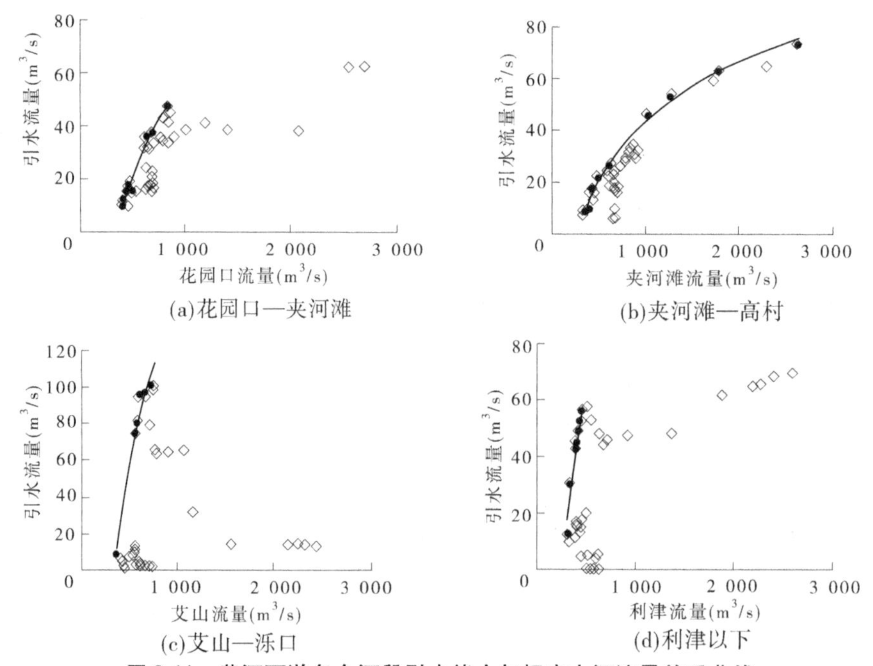

图2-11　黄河下游各个河段引水能力与相应大河流量关系曲线

2004—2015 年,黄河下游前汛期(7 月 11 日至 8 月 20 日)平均引水量为 5.74 亿 m^3,折合引水流量为 162 m^3/s。引水量呈逐年增大趋势,并在 2014 年、2015 年达到新高,由 2004 年的 1.10 亿 m^3(31 m^3/s)增大到 2014 年的 11.9 亿 m^3(337 m^3/s)、2015 年的 11.3 亿 m^3(319 m^3/s)(见图 2-12)。

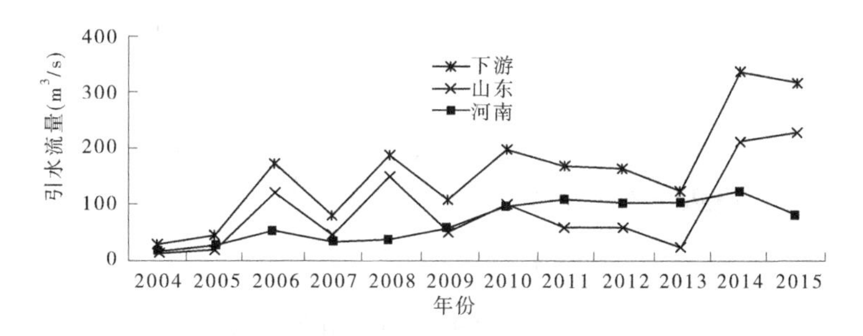

图 2-12 黄河下游前汛期引水年际变化

黄河下游引水能力与河道径流关系密切,随着黄河来水量的增大而增大。小浪底水库下泄不同流量下黄河下游引水能力见表 2-4 和图 2-13。

表 2-4 小浪底水库下泄不同流量下黄河下游引水能力 (单位: m^3/s)

小浪底水库下泄流量	300	400	500	600	700	800	900	1 000	1 100	1 200
小花间	12.37	16.42	19.56	22.12	24.29	26.17	27.82	29.31	30.65	31.87
花夹间	16.14	25.40	33.08	39.63	45.34	47.78	48.72	49.67	50.62	51.56
夹高间	12.13	19.62	25.94	31.38	36.15	40.49	44.42	47.95	51.17	54.11
高孙间	4.86	12.06	18.26	23.66	28.43	32.79	36.74	40.30	43.54	46.52
孙艾间	0	1.96	4.79	7.74	10.79	14.00	17.30	20.64	24.01	27.40
艾泺间	0	20.42	46.76	70.11	90.95	101.15	102.47	103.80	105.14	106.49
泺利间	39.25	79.20	112.63	146.09	178.51	214.35	250.59	282.91	312.04	323.72
利津以下	30.63	32.47	35.04	38.53	42.75	48.25	54.60	57.23	57.60	58.10
全下游	115.38	207.55	296.06	379.26	457.21	524.98	582.66	631.81	674.77	699.77
引水/来水(%)	38	52	59	63	65	66	65	63	61	58

计算结果表明,当小浪底水库下泄流量分别为 400 m^3/s 和 700 m^3/s(伊洛沁来水 124 m^3/s)时,下游引水能力为 207.55 m^3/s 和 457.21 m^3/s。

(三)小浪底水库下泄流量对下游供水保证率的影响

将需水满足率定义为下游需水量和小浪底水库下泄不同流量下涵闸引水能力的比值,并据此计算出黄河下游在不同干旱程度、小浪底水库下泄流量条件下的需水满足率(见表 2-5)。

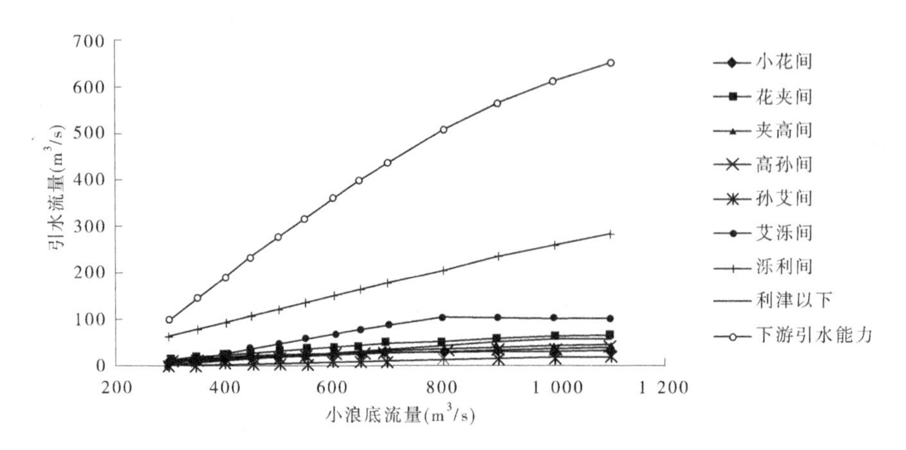

图 2-13　小浪底下泄流量与下游引水能力关系

表 2-5　小浪底下泄不同流量下黄河下游需水满足率

大河流量(m^3/s)	引水情况	平水年(50%)	干旱年(75%)	特大干旱年(95%)
300	引水流量(m^3/s)	115.4	115.4	115.4
	需水满足率(%)	69	37	18
400	引水流量(m^3/s)	207.5	207.5	207.5
	需水满足率(%)	100	66	32
500	引水流量(m^3/s)	296.0	296.0	296.0
	需水满足率(%)	100	94	45
600	引水流量(m^3/s)	379.3	379.3	379.3
	需水满足率(%)	100	100	58
700	引水流量(m^3/s)	457.2	457.2	457.2
	需水满足率(%)	100	100	70
800	引水流量(m^3/s)	525.0	525.0	525.0
	需水满足率(%)	100	100	80
900	引水流量(m^3/s)	582.7	582.7	582.7
	需水满足率(%)	100	100	89
1 000	引水流量(m^3/s)	631.8	631.8	631.8
	需水满足率(%)	100	100	97
1 100	引水流量(m^3/s)	674.8	674.8	674.8
	需水满足率(%)	100	100	100

对于黄河下游某一干旱年，随着小浪底水库下泄流量的增大，需水满足率逐步增加；在小浪底水库下泄流量一定时，下游地区越干旱需水满足率越低。在正常年份，小浪底水库下泄 400 m^3/s 即可满足黄河下游需水；在干旱年份，小浪底水库需要下泄 600 m^3/s 才可满足黄河下游需水；在特大干旱年份，小浪底水库需要下泄 1 100 m^3/s 才能满足黄河下游需水。小浪底水库不同下泄流量下黄河下游不同降雨频率年需水满足率见图 2-14。

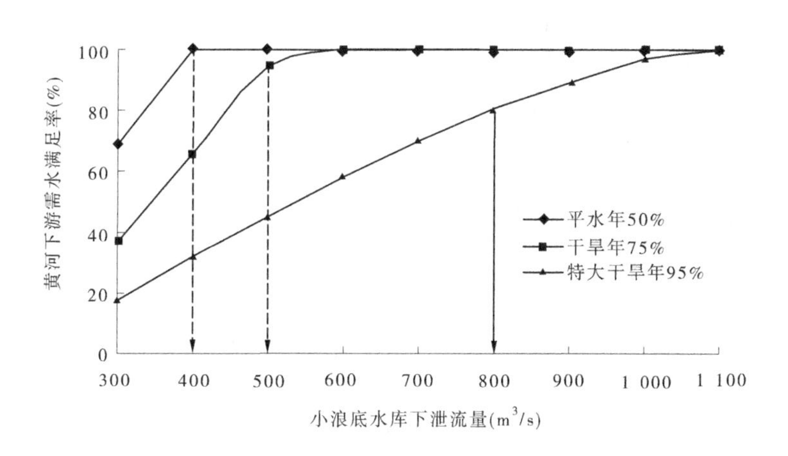

图 2-14 小浪底水库不同下泄流量下黄河下游需水满足率

三、2016 年汛前调水调沙排沙对接水位与排沙效果研究

汛前小浪底水库人工塑造异重流一般分两个阶段:第一阶段为小浪底库水位降至对接水位,三门峡水库开始下泄大流量清水过程,冲刷小浪底水库回水末端以上库段的淤积物,使得水流含沙量增加,浑水进入小浪底水库回水末端,形成异重流并向库区下游运行。本阶段小浪底水库异重流运行及排沙情况主要取决于三门峡水库的前期蓄水量,以及从加大流量至泄空期间的潼关断面来水、小浪底水库对接水位以及前期地形条件。

第二阶段为三门峡库水位降至对接水位,万家寨水库下泄大流量过程进入三门峡水库,使三门峡水库产生溯源冲刷和沿程冲刷,产生较高的含沙水流进入小浪底水库,为第一阶段形成的异重流提供后续动力。本阶段小浪底水库排沙及异重流运行情况主要取决于三门峡水库泄空后的潼关来水情况、三门峡水库冲刷情况及小浪底水库运用水位。

(一)异重流排沙影响因子分析

汛前调水调沙期小浪底水库排出的泥沙主要由两部分组成,一是异重流第一阶段排出的三门峡水库大流量清水冲刷的小浪底水库库区的淤积物,二是异重流第二阶段排出的三门峡水库下泄的泥沙。第一阶段出库沙量与回水长度呈负相关关系(见图 2-15),随着回水长度增加,出库沙量减少,当回水长度超过 40 km 时,出库沙量均低于 0.05 亿 t。

第一阶段排出的泥沙为小浪底水库库区前期淤积物,因此第一阶段出库沙量不仅与回水长度有关,还与前期地形条件密切相关。而淤积物分布能够很清楚地展现地形情况,回水末端以上淤积量能够很好地反映异重流排沙第一阶段小浪底水库库区可冲刷的淤积物。图 2-16 给出了汛前调水调沙期异重流第一阶段出库沙量与回水末端上段淤积量的关系。

根据 2015 年汛后地形,点绘出对接水位与库区回水长度及回水末端以上淤积量的关系(见图 2-17)。2016 年汛前调水调沙期,在三门峡水库汛限水位 305 m 以上蓄水量大于 3.0 亿 m^3 时,要想保证异重流第一阶段排沙出库,需要满足小浪底水库回水长度不大于 50 km,回水末端以上可冲刷淤积物不小于 2.0 亿 m^3。据此推算,小浪底水库对接水位需降至 226 m。

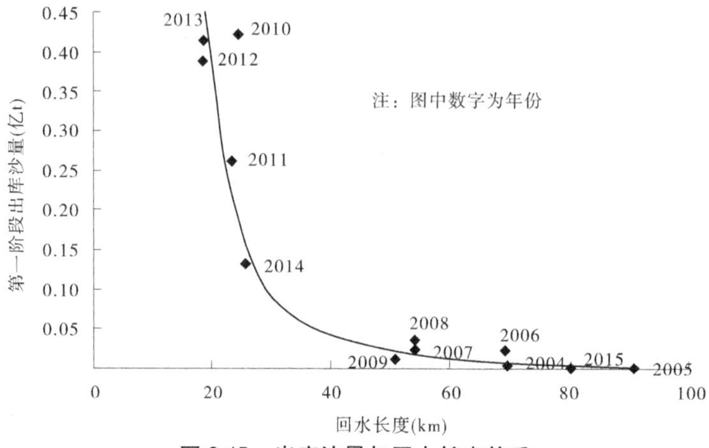

图 2-15　出库沙量与回水长度关系

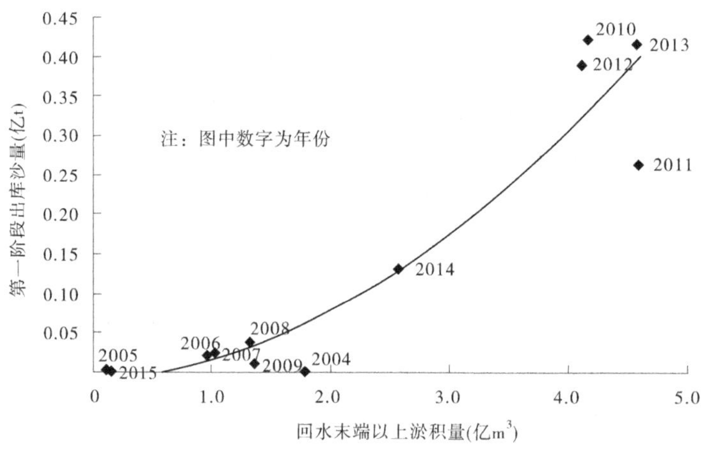

图 2-16　出库沙量与回水末端以上淤积量关系

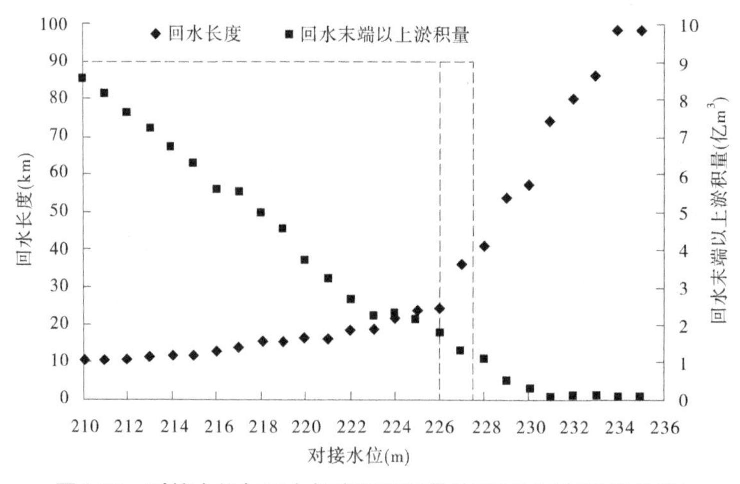

图 2-17　对接水位与回水长度及淤积量关系(2015 年汛后地形)

第二阶段小浪底水库排沙及异重流运行情况主要取决于三门峡水库泄空后的潼关来水情况、三门峡水库的冲刷情况以及小浪底水库运用水位。下面主要从这几个方面对第二阶段排沙情况进行分析。

第二阶段排沙比与回水长度呈负相关关系(见图2-18),即随着回水长度增加,排沙比减少。当回水长度超过42 km时,排沙比均低于20%,对应的出库沙量均小于0.05亿t。

第二阶段排出的主要为三门峡水库下泄的泥沙,因此第二阶段排沙比与入库沙量有较大关系(见图2-19)。在排沙比大于20%且出库沙量大于0.05亿t时,入库沙量均超过0.25亿t。

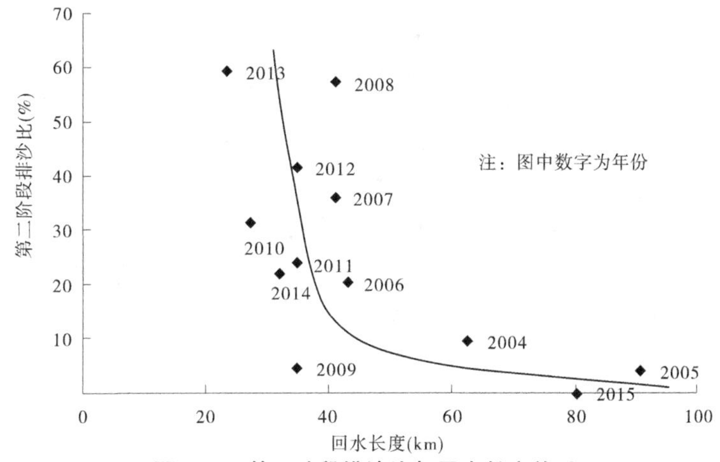

图2-18 第二阶段排沙比与回水长度关系

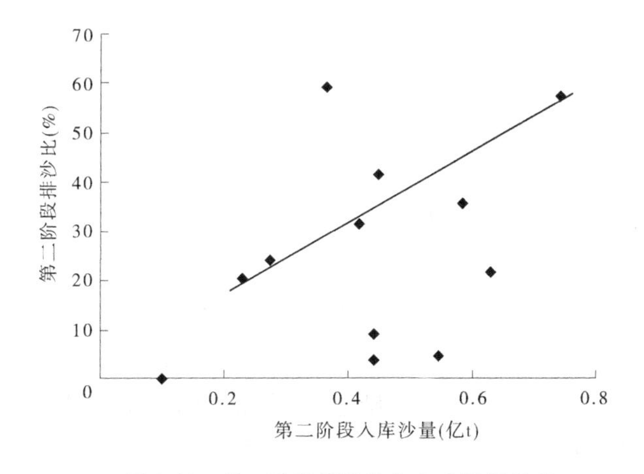

图2-19 第二阶段排沙比与入库沙量关系

可见,要想保证异重流第二阶段取得一定的排沙效果(排沙比大于20%,或者出库沙量大于0.05亿t),需要满足小浪底水库入库水量大于2.5亿m^3、入库沙量大于0.25亿t、回水长度不大于42 km的条件,据此推算,2016年汛前调水调沙异重流第二阶段小浪底水库运用水位需降至228 m(见图2-17)。

根据第一阶段和第二阶段异重流排沙影响因素分析,在2014年汛后地形基础上,

2016 年汛前调水调沙发生明显排沙，小浪底水库对接水位需降至 226 m。

(二)对接水位对排沙效果的影响

为了研究 2016 年不同排沙对接水位下水库的排沙效果，利用小浪底水库一维水沙动力学模型，开展了不同水沙条件下的方案计算。

1. 模型验证

采用小浪底水库 2014 年调水调沙水沙过程及 2015 年汛前地形，对模型进行验证。

图 2-20 给出了调水调沙期间小浪底水库计算调水过程与进出库水沙过程对比，可见计算出库含沙量基本为 0，整个调水调沙过程基本不出沙，与实际过程一致。

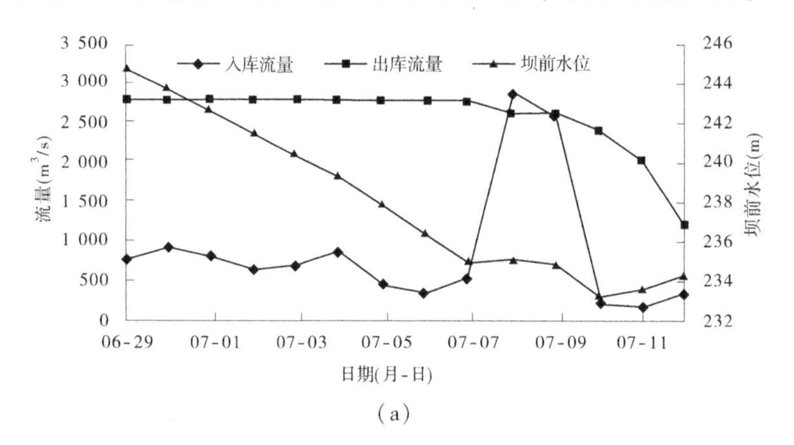

(a)

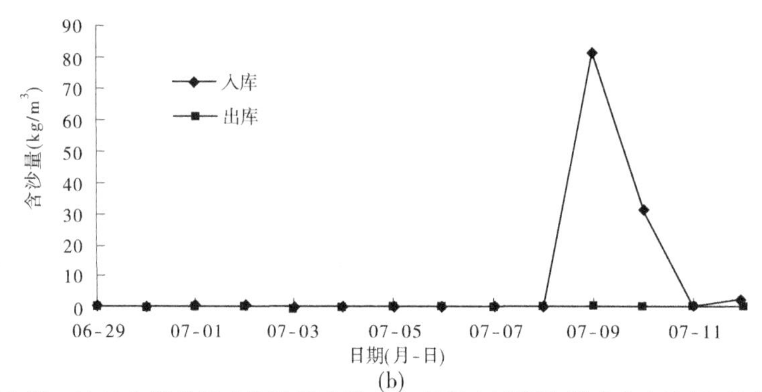

(b)

图 2-20　2015 年汛前调水调沙期小浪底水库调水过程和进出库含沙量(计算)

2. 方案计算

在 2015 年汛后实测干支流地形的基础上，分别采用两种水沙过程：①2014 年调水调沙排沙阶段水沙过程(2014 年 7 月 5—9 日)；②2015 年调水调沙水沙过程(2015 年 6 月 29 日至 7 月 12 日)。调控原则为：通过调整清水下泄阶段的出库流量，调控异重流排沙对接水位，排沙阶段维持原进出库流量，且水位不低于 210 m。

1)2014 年汛前调水调沙水沙过程

图 2-21 为 2015 年汛后地形，2014 年汛前调水调沙水沙过程、水库调度过程和水库排沙比随对接水位的变化。

计算表明，当对接水位为 222.5 m 时，2014 年汛前调水调沙的排沙比约为 50%；当对

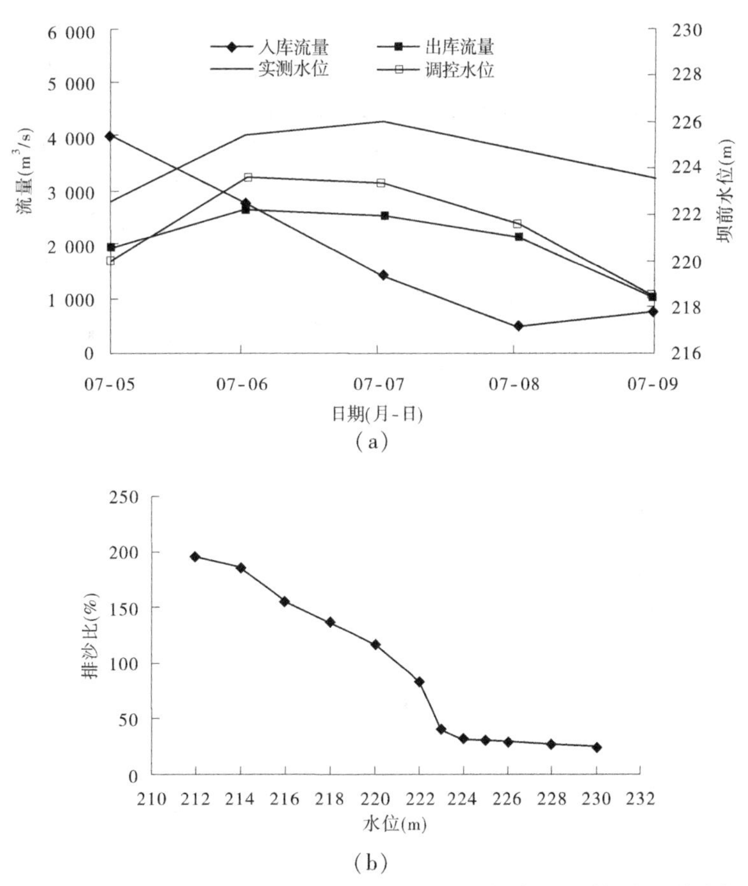

图 2-21　2014 年水沙过程、水库调度过程和水库排沙比随对接水位的变化

接水位为 221 m 时,水库排沙比为 100%左右。当对接水位降低至 210 m 时,水库排沙比可达到 202%。

2)2015 年汛前调水调沙水沙过程

针对 2015 年调水调沙排沙过程,设定不同对接水位,从 235 m 逐级降至 210 m,计算该水沙过程条件下对接水位对排沙比影响(见图 2-22)。计算表明,要使排沙比大于 50%,则对接水位不高于 221 m;要使得排沙比大于 100%,则对接水位不高于 216 m;当对接水位降低至 210 m 时,水库排沙比可达到 177%。

四、基于水库排沙和下游供水需求的对接水位分析

(一)黄河中游来水情况

中游来水情况对下游供水保证率具有较大的影响。以潼关水文站日均流量过程作为中游来水过程。根据潼关 1990—2015 年日均流量,统计计算各年前汛期平均流量发现,平均流量小于 700 m^3/s 和大于 700 m^3/s 的年份相同(见表 2-6),均为 13 d,其中小于 400 m^3/s 的仅 1 a。据此,将中游来水情况分为三种类型:700 m^3/s 左右为平水年、小于 400 m^3/s 为特枯年、400~550 m^3/s 为偏枯年。

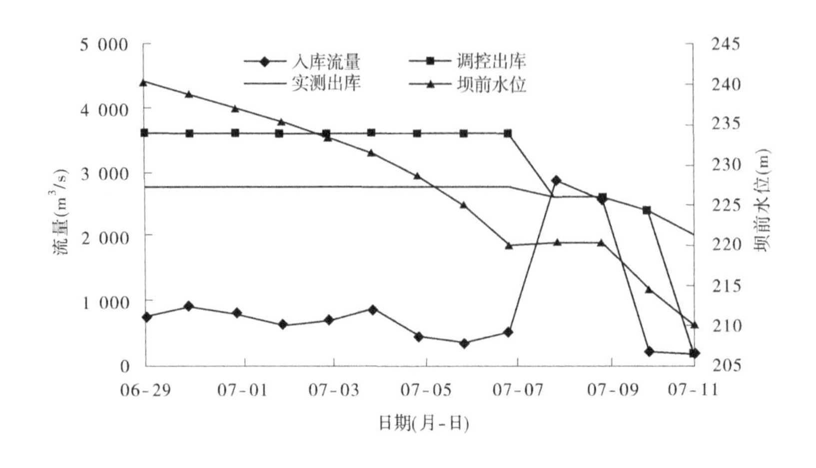

(a)

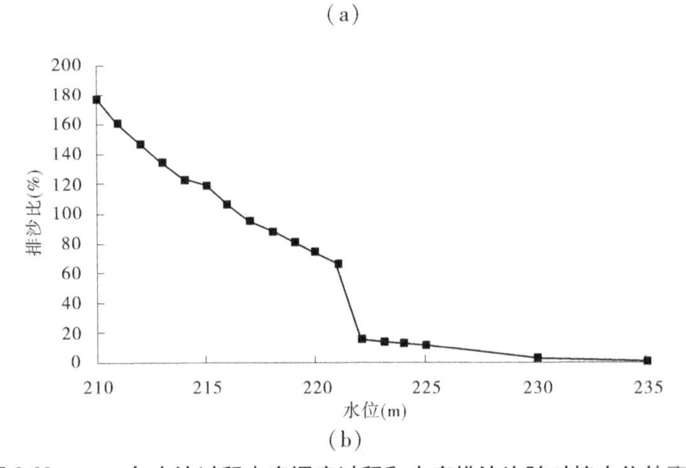

(b)

图 2-22　2015 年水沙过程水库调度过程和水库排沙比随对接水位的变化

表 2-6　1990—2015 年潼关水文站前汛期平均流量

流量级(m^3/s)	<400	400～500	500～600	600～700	700～800	800～900
出现年数(a)	1	3	1	8	0	0
流量级(m^3/s)	900～1 000	1 000～1 100	1 100～1 200	1 200～1 300	>1 300	小计
出现年数(a)	1	0	1	3	8	26

(二)来水及下游干旱程度与对接水位关系分析

根据小浪底水库 2015 年汛后库容曲线,可以推求不同对接水位下的可调水量、相应对接水位下的排沙比。

1. 下游平水年

下游需水较少,依靠中游来水,即可满足下游的灌溉用水需求。汛前调水调沙对接水位取决于排沙比的要求(见图 2-23)。当对接水位为 221 m 时,水库排沙比可达到 100%;当对接水位降低到 220 m、215 m 和 210 m 时,排沙比可分别达到 116%、173%和 202%。

2. 下游一般干旱年

视中游来水情况和水库排沙比需求而定(见图 2-24)。

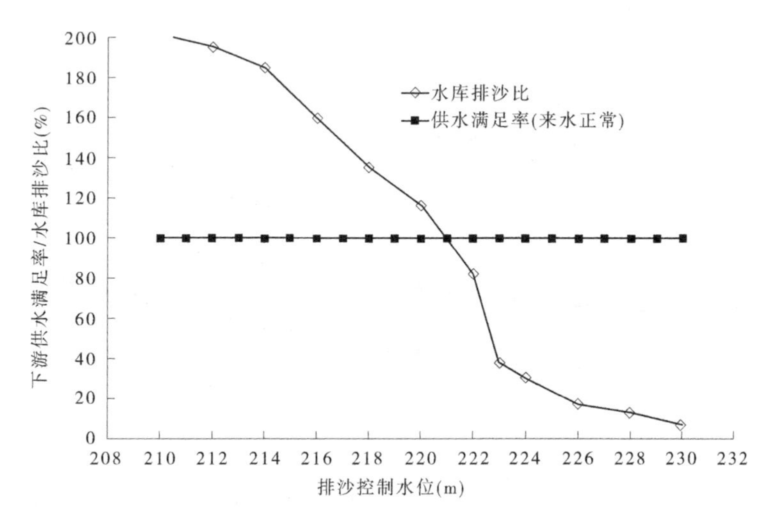

图 2-23　下游平水年型供水满足率和排沙比与对接水位的关系

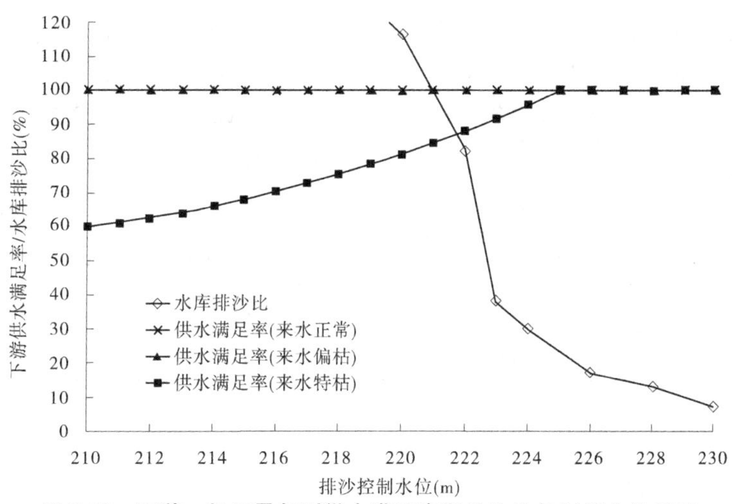

图 2-24　下游一般干旱年型供水满足率和排沙比与对接水位关系

在下游平水年条件下,当中游来水正常或偏枯时,对接水位按排沙比要求而定。

当中游来水特枯时,为达到下游供水满足率不低于 90%,推荐对接水位 222. 5 m,此时排沙比约为 60%。

3. 下游特大干旱年

下游需要引水较多,水库对接水位主要取决于下游供水需求和排沙需求(见图 2-25)。

当中游来水正常时,推荐对接水位 222. 5 m,下游供水满足率达到 80%,水库排沙比约为 50%。

当中游来水偏枯时,推荐对接水位 227 m,下游供水满足率达到 70%,水库排沙比约为 15%。

当中游来水特枯时,因受水库汛限水位的限制,对接水位为 230 m,下游供水满足率仅能达到 60%,水库排沙比很小,基本不排沙。

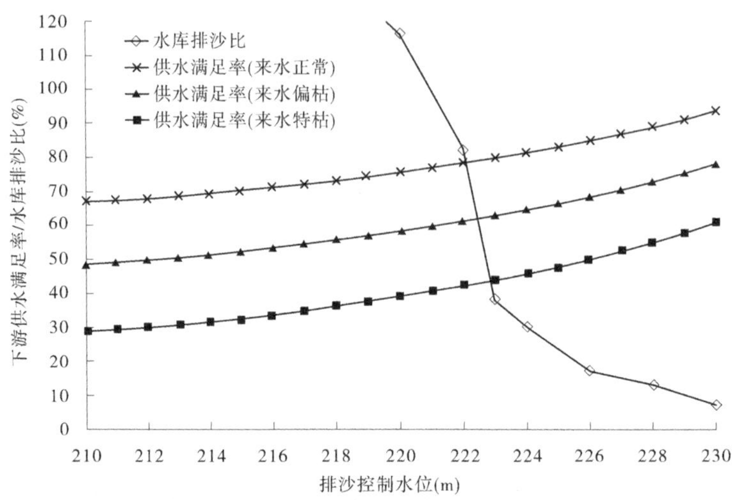

图 2-25 下游特大干旱年型供水满足率和排沙比与对接水位关系

下游不同降雨水平年和中游不同来水年型可以组合成 9 种情形,各情形所能够满足的下游供水需求和实现的排沙比要求不同。各情形推荐排沙对接水位详见表 2-7。

表 2-7 下游不同降雨水平年和中游不同来水条件下汛前调水调沙推荐对接水位

降雨水平年	不同水平年对接水位(m)		
	平水年	偏枯年	特枯年
平水	<221(100%,100%)	<221(100%,100%)	<221(100%,100%)
干旱	<221(100%,100%)	<221(100%,100%)	222.5(60%,90%)
特大干旱	222.5(60%,80%)	227(15%,70%)	230(*,60%)

注:括号中第一个数字表示排沙比,第二个数字表示供水满足率。

五、2016 年汛前调水调沙对接水位推荐

利用数学模型对黄河下游河南、山东引黄灌区 1964—2014 年前汛期降雨量进行模拟,模拟值与实测值比较接近(见图 2-26、图 2-27),在此基础上预测 2015 年、2016 年前汛期降雨量。2016 年预测河南引黄灌区前汛期降雨量为 198 mm,山东引黄灌区前汛期降雨量为 218 mm。

根据河南、山东引黄灌区历年前汛期降雨量频率分析成果,2016 年河南引黄灌区前汛期降雨量对应频率为 36%,山东对应频率为 28%,因此 2016 年前汛期降雨较丰沛。由于气象因素的随机性和不确定性,预测结果存在一定的风险,考虑到下游引黄灌区的用水需求和保证程度,从供水安全出发,推荐 2016 年河南、山东引黄灌区前汛期的需水量按 50%年型即正常年考虑。黄河下游 2016 年 7 月中下旬、8 月上中旬的需水流量分别为 123.65 m^3/s、218.80 m^3/s、142.18 m^3/s、182.41 m^3/s(见表 2-8)。

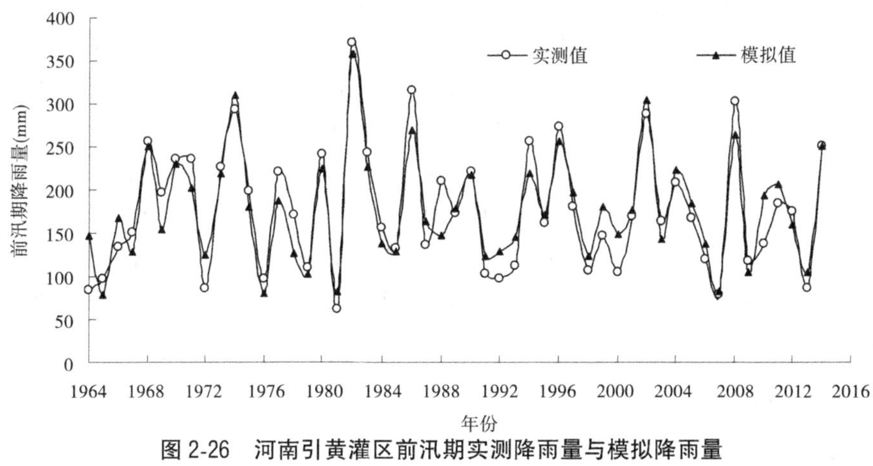

图 2-26　河南引黄灌区前汛期实测降雨量与模拟降雨量

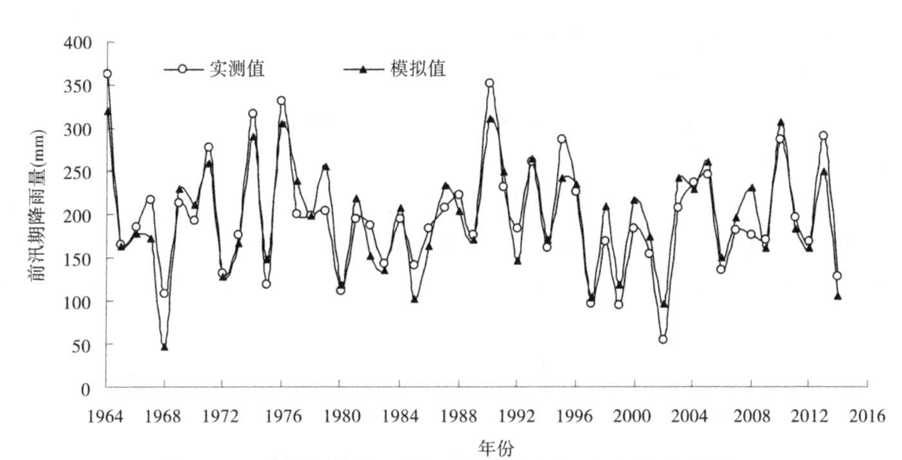

图 2-27　山东引黄灌区前汛期实测降雨量与模拟降雨量

表 2-8　黄河下游各河段 2016 年前汛期逐旬引黄需水流量　（单位：m^3/s）

干旱年型	河段	7月		8月	
		中旬	下旬	上旬	中旬
50%	小浪底—花园口	10.25	17.27	19.40	13.01
	花园口—夹河滩	13.39	14.79	15.47	14.02
	夹河滩—高村	7.48	26.46	21.89	19.49
	高村—孙口	5.42	23.01	20.21	16.10
	孙口—艾山	28.71	37.52	28.45	38.58
	艾山—泺口	16.56	33.82	10.47	28.34
	泺口—利津	36.50	57.91	23.75	47.31
	利津以下	5.34	8.02	2.54	5.56
	合计	123.65	218.80	142.18	182.41

在正常年份，小浪底水库下泄流量 400 m^3/s，下游地区前汛期供水满足率可以达到100%。因此，从满足黄河下游用水需求的角度，建议 2016 年前汛期小浪底水库按 400 m^3/s 下泄水量。由于前汛期潼关来水平均流量基本都在 400 m^3/s 以上，在小浪底水库不补水情况下，仅靠中游来水也基本能够满足下游的供水需求。

因此，2016 年汛前调水调沙对接水位的确定，主要取决于水库排沙比的要求。建议 2016 年汛前调水调沙小浪底水库对接水位可按 221 m 以下控制，水库排沙比可达到100%以上。当对接水位控制在 220 m、215 m 和 210 m 时，排沙比分别为 116%、173%和202%。随着下游降雨情况变化，若下游用水需求较小，可考虑进一步降低排沙水位，实现水库多排沙。

六、认识与建议

（一）主要认识

（1）根据黄河下游地区前汛期降水情况，灌区用水需求有三种类型，即特大干旱年（95%）、干旱年（75%）和平水年（50%）。三种降雨水平的下游需水平均流量分别为 168 m^3/s、314 m^3/s 和 652 m^3/s，前汛期 41 d 不同水平年下游需引水量分别为 5.96 亿 m^3、11.13 亿 m^3 和 23.10 亿 m^3。

（2）影响异重流排沙效果的主要因素是回水长度、水库前期淤积量、入库水沙条件。2016 年汛前调水调沙期若要发生明显排沙，则运用水位对应的回水长度均小于 42 km，入库水量均大于 2.5 亿 m^3，入库沙量均在 0.25 亿 t 以上，小浪底水库对接水位应不高于 226 m。

（3）对应于下游降雨平水、干旱和特大干旱三种水平，中游来水情况可分为平水、偏枯和特枯三种，相应的汛前调水调沙对接水位推荐如下：

①当下游降雨为平水年时，依靠中游来水即可满足下游灌溉用水 100%需求，推荐水库排沙对接水位控制在 221 m 以下，水库排沙比超过 100%。

②当下游降雨为干旱年时，若中游来水为平水和偏枯，依靠中游来水也可满足下游灌溉用水 100%需求，因此推荐水库排沙对接水位也控制在 221 m 以下，水库排沙比超过100%。若中游来沙特枯，推荐对接水位为 222.5 m，下游供水满足率达到 90%，水库排沙比达到 60%。

③当下游降雨为特大干旱年时，若中游来水正常，推荐对接水位 222.5 m，下游供水满足率达到 80%，水库排沙比约为 60%；若中游来水偏枯，推荐对接水位 227 m，下游供水满足率达到 70%，水库排沙比约为 15%；若中游来水特枯，因受水库汛限水位的限制，对接水位为 230 m，下游供水满足率仅能达到 60%，水库排沙比很小，基本不排沙。

（4）预测 2016 年下游降雨为平水年，前汛期仅靠中游来水即可满足下游的供水需求。2016 年汛前调水调沙对接水位主要取决于排沙要求，对接水位 221 m 控制。

（二）建议

2016 年汛前调水调沙小浪底水库对接水位按 221 m 左右控制，可实现水库排沙比100%。同时，视下游实际需水情况，可考虑进一步降低排沙对接水位，实现水库多排沙。

第三章　2016年前汛期中小洪水调水调沙试验

2007年小浪底水库运用进入拦沙后期，水库运用方式有所调整，在汛期的洪水期，由拦沙初期以拦为主逐渐向排沙为主的调度阶段转变。但由于缺少洪水，调水调沙机会少，水库的排沙效果仍然较低，年均排沙比为28.2%，包括在下游河道输沙能力较强的细泥沙、中泥沙，其排沙比分别约为41.4%和18.0%，在一定程度上降低了水库拦沙、拦粗排细运用对下游河道减淤的作用。

鉴于黄河水沙变化和水库淤积情况，依据《小浪底水利枢纽拦沙后期（第一阶段）运用调度规程》（简称《调度规程》），遵循“合理拦沙尽可能延长小浪底水库拦沙运用年限的同时，通过对出库水沙过程的调节，尽可能减少下游河道主河槽的淤积，增加并维持河道主槽的过流能力”的原则，系统总结了小浪底水库运用以来库区分组泥沙冲淤特点，深化了对水库排沙规律的认识，提出了长期缺少洪水条件下，在主要来沙阶段前汛期（7月11日至8月20日）开展中小洪水调水调沙过程的建议。

一、小浪底水库进出库水沙及分组泥沙冲淤特性

（一）入库水沙条件

小浪底水库运用以来黄河枯水少沙（见图3-1）。小浪底水库拦沙初期（1999年）年均入库水量、沙量分别为183.76亿m^3和3.911亿t，与龙羊峡水库（1986年10月蓄水）运用后的1987—1999年相比，水量减少27.6%，沙量减少50.4%。2007年以来，年均入库水量、沙量分别为249.79亿m^3、2.320亿t，与1987—1999年相比，水量减少不明显，但沙量减少81%；与水库拦沙初期（1999—2006年）相比，入库水量有所增加，但入库沙量进一步减小（见表3-1）。

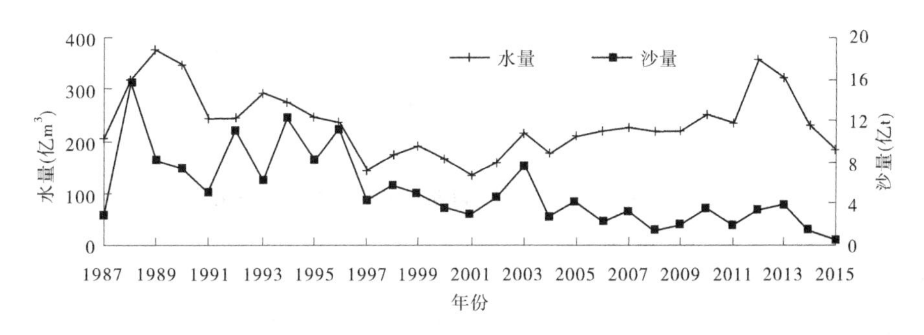

图3-1　小浪底水库1987—2015年入库水沙量变化过程

表 3-1 三门峡站不同时段年均水沙特征统计

时段	水量(亿 m^3)			汛期占全年(%)	沙量(亿 t)			汛期占全年(%)
	非汛期	汛期	全年		非汛期	汛期	全年	
1987—1999 年	137.93	116.02	253.95	45.7	0.409	7.479	7.888	94.8
2000—2006 年	101.34	82.42	183.76	44.9	0.273	3.638	3.911	93.0
2007—2015 年	129.11	120.68	249.79	48.3	0.177	2.143	2.320	92.4
2000—2015 年	116.96	103.94	220.90	47.1	0.219	2.797	3.016	92.7

(二)水库冲淤及排沙特点

1.库区冲淤

小浪底水库从 1999 年 9 月蓄水运用至 2015 年 10 月,入库沙量 48.256 亿 t,出库沙量 10.381 亿 t,输沙率法计算的库区淤积泥沙 37.875 亿 t,年均淤积 2.367 亿 t。进出库沙量及淤积量年际差别较大。小浪底水库运用以来,年内最大来沙量为 7.564 亿 t(2003 年),相应地,淤积量也是最大的一年,年内淤积量为 6.358 亿 t;2015 年为入库沙量最少的年份,仅 0.501 亿 t,虽然全年水库未排沙,淤积量仍为运用以来最小值(见图 3-2)。

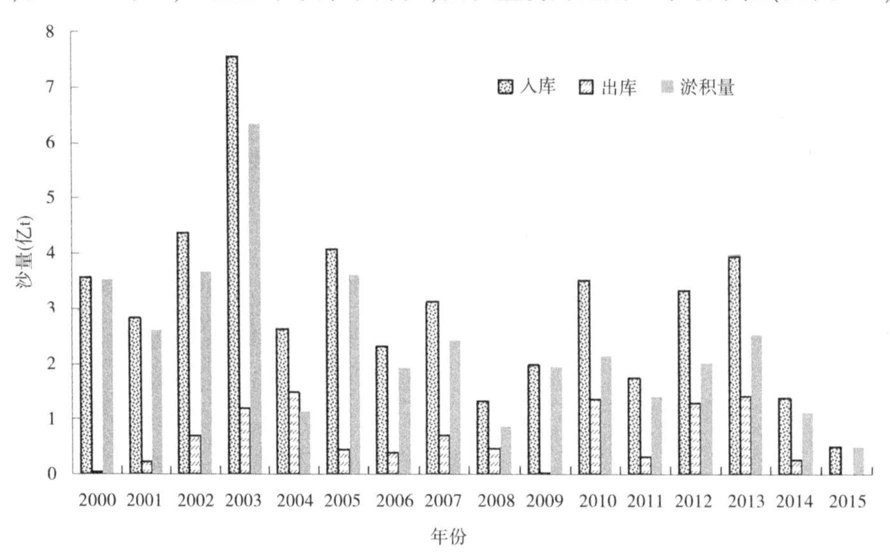

图 3-2 小浪底水库运用以来进出库沙量及淤积量

2.进出库泥沙及淤积物组成

1)小浪底水库运用以来总体冲淤情况

小浪底水库运用以来,累计入库沙量 48.256 亿 t,其中细泥沙(细颗粒泥沙,$d \leq 0.025$ mm,下同)、中泥沙(中颗粒泥沙,0.025 mm$<d\leq$0.05 mm,下同)、粗泥沙(粗颗粒泥沙,$d>0.05$ mm,下同)分别为 23.017 亿 t、12.331 亿 t、12.908 亿 t,分别占入库沙量的 47.7%、25.6%和 26.7%(见表 3-2)。

累计出库沙量 10.381 亿 t,其中细泥沙、中泥沙、粗泥沙分别为 8.267 亿 t、1.270 亿 t 和 0.844 亿 t,分别占出库沙量的 79.6%、12.2%和 8.2%。出库细泥沙占排沙总量的

79.6%,说明排出库外的绝大部分是细泥沙。

表 3-2　2000—2015 年小浪底水库库区淤积物及排沙组成

粒径组	入库沙量（亿 t）		出库沙量（亿 t）		淤积量（亿 t）		全年入库泥沙组成（%）	全年排沙组成（%）	全年淤积物组成（%）	全年排沙比（%）
	汛期	全年	汛期	全年	汛期	全年				
细泥沙	21.678	23.017	7.833	8.267	13.845	14.750	47.7	79.6	38.9	35.9
中泥沙	11.263	12.331	1.221	1.270	10.042	11.061	25.6	12.2	29.2	10.3
粗泥沙	11.813	12.908	0.818	0.844	10.995	12.064	26.7	8.2	31.9	6.5
全沙	44.754	48.256	9.872	10.381	34.882	37.875	—	—	—	21.5

库区累计淤积量为 37.875 亿 t。其中,细泥沙、中泥沙、粗泥沙分别为 14.750 亿 t、11.061 亿 t、12.064 亿 t,细泥沙、中泥沙、粗泥沙分别占淤积物总量的 38.9%、29.2%和 31.9%。

2000—2015 年水库年均排沙比为 21.5%,即水库淤积比为 78.5%,说明进入水库的泥沙绝大部分没有排泄出库,而是淤积在水库中。细泥沙的排沙比为 35.9%,中泥沙、粗泥沙排沙比分别为 10.3%、6.5%,这说明大部分中粗颗粒泥沙淤积在水库的同时,入库细泥沙的 64.1%也落淤在了水库中。

2)2007 年以来分组泥沙冲淤情况

2007 年以来,累计入库沙量 20.878 亿 t,其中细泥沙、中泥沙、粗泥沙分别为 10.796 亿 t、4.474 亿 t、5.608 亿 t,分别占入库沙量的 51.7%、21.4%、26.9%(见表 3-3),与 2000—2006 年相比稍偏细。

表 3-3　2007—2015 年小浪底库区淤积物及排沙组成

粒径组	入库沙量（亿 t）		出库沙量（亿 t）		淤积量（亿 t）		全年入库泥沙组成（%）	全年排沙组成（%）	全年淤积物组成（%）	全年排沙比（%）
	汛期	全年	汛期	全年	汛期	全年				
细泥沙	10.205	10.796	4.136	4.469	6.069	6.327	51.7	76.0	42.2	41.4
中泥沙	4.050	4.474	0.765	0.806	3.285	3.668	21.4	13.7	24.4	18.0
粗泥沙	5.032	5.608	0.581	0.602	4.451	5.006	26.9	10.3	33.4	10.7
全沙	19.287	20.878	5.482	5.877	13.805	15.001	100.0	100.0	100.0	28.1

累计出库沙量 5.877 亿 t,其中细泥沙、中泥沙、粗泥沙分别为 4.469 亿 t、0.806 亿 t、0.602 亿 t,分别占出库沙量的 76.0%、13.7%、10.3%,与 2000—2006 年相比稍偏粗。

库区累计淤积量为 15.001 亿 t,其中细泥沙、中泥沙、粗泥沙分别为 6.327 亿 t、3.668 亿 t、5.006 亿 t,分别占淤积物总量的 42.2%、24.4%和 33.4%,与 2000—2006 年相比细泥沙、粗泥沙稍偏多,中泥沙偏少一些。

2007 年以来水库排沙比 28.1%,即水库淤积比为 71.9%,说明进入水库的泥沙绝大部分没有排泄出库，而是淤积在水库中。细颗粒泥沙淤积较多，细泥沙排沙比 41.4%，对下游不会造成大量淤积的细泥沙淤积在水库中，减少了拦沙库容，降低了水库拦沙对下游河道的减淤效益。

3. 2007 年以来泥沙进出库时段分析

1）年内分配

小浪底水库进出库泥沙主要集中在汛前调水调沙期和汛期*（汛期*指汛期扣除汛前调水调沙期，下同），汛前调水调沙期和汛期*来沙量占年入库沙量的 99.2%（见表 3-4）。其中，汛前调水调沙期和汛期*年均来沙分别为 0.460 亿 t、1.843 亿 t，分别占全年的 19.8%、79.4%；其他时期只有 0.017 亿 t，占全年来沙量 2.320 亿 t 的 0.8%。可见，汛期是来沙的主要时段。

表 3-4　小浪底水库 2007—2015 年不同时段年均进出库沙量

时段	入库沙量（亿 t）	出库沙量（亿 t）	入库占全年（%）	出库占全年（%）	排沙比（%）
汛前调水调沙期	0.460	0.343	19.8	52.5	74.6
汛期*	1.843	0.310	79.4	47.5	16.8
全年	2.320	0.653	—	—	28.1

汛前调水调沙期和汛期*年均出库沙量分别为 0.343 亿 t、0.310 亿 t，分别占全年排沙总量的 52.5%、47.5%。全年出库沙量全部集中在这两个时段。另外，汛前调水调沙期排沙量略高于汛期*。

汛前调水调沙期和汛期*排沙比分别为 74.6%、16.8%。虽然汛前调水调沙期水库排沙比达到 74.6%，但是由于汛前调水调沙期入库沙量仅占年入库沙量的 19.8%，而汛期*入库沙量相对较多，而排沙比仅 16.8%，所以小浪底水库年均排沙比较低，仅 28.1%。因此，除进行汛前调水调沙外，增加汛期排沙机会是减少小浪底水库淤积的有效途径。

2）汛期分配

依据《调度规程》，8 月 21 日起水库蓄水位可以向后汛期汛限水位 254 m 过渡。2007—2015 年小浪底水库 8 月下旬库水位均超过前汛期汛限水位，库水位相对较高。因此，8 月 21 日之后，水库排沙机会较少。

汛期*年均进出库沙量分别为 1.843 亿 t、0.310 亿 t，其中 7 月 11 日至 8 月 20 日年均进出库沙量分别为 0.993 亿 t、0.229 亿 t，分别占汛期*进出库沙量的 50.5%、96.5%（见表 3-5），说明 7 月 11 日至 8 月 20 日是汛期*排沙的主要时段。

表 3-5　2007—2015 年进出库沙量及排沙比

时段	入库沙量（亿 t）	出库沙量（亿 t）	入库占汛期*（%）	出库占汛期*（%）	排沙比（%）
7 月 11 日至 8 月 20 日	0.993	0.229	50.5	96.5	32.1
汛期*	1.843	0.310	—	—	16.8

虽然 7 月 11 日至 8 月 20 日是水库的主要排沙时段，但该时段排沙比仅为 32.1%，而

该时段入库沙量占汛期*入库沙量的 50.5%，因此汛期*排沙比不高，仅 16.8%。要想提高汛期*排沙效果，需要提高该时段排沙比。计算表明，若要使得汛期*排沙比达到 50% 和 70%，则该时段排沙比需达到 96% 和 134%。

（三）2007 年以来水库运用情况

2007 年以来，以满足黄河下游防洪、减淤、防凌、防断流以及供水等需求为主要目标，小浪底水库进行了防洪和春灌蓄水、汛前调水调沙、汛期调水调沙及供水等一系列调度（见图 3-3）。小浪底水库运用一般可划分为四个时段：

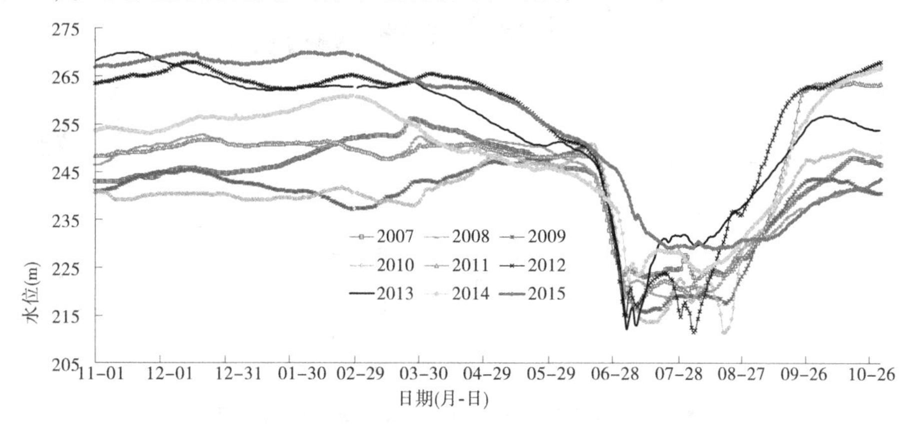

图 3-3　2007—2015 年小浪底库水位

第一阶段为当年 11 月 1 日至次年汛前调水调沙前（一般在 6 月 19 日或 6 月 29 日），该期间包括防凌、春灌蓄水期和春灌泄水期，其间水库主要任务是保证黄河下游工农业生产、城市生活及生态用水，水库向下游补水，总体处于高水位运行，水位整体变化不大。本阶段主要是下游长期清水小水河势调整及“上冲下淤”问题。

第二阶段为汛前调水调沙生产运行期，一般从 6 月下旬至 7 月上旬。该期间又分为小浪底水库清水下泄阶段和小浪底水库排沙阶段，库水位大幅度下降。本阶段主要关注的是“异重流排沙对接水位问题”。合理确定对接水位，既要保证水库具有较好的排沙效果，又能保证满足 7 月 11 日至 8 月 20 日下游的用水需求。

第三阶段为前汛期防洪运用及汛期调水调沙期，一般从 7 月中旬至 8 月中旬。由于受汛前调水调沙的影响，初期水位一般较低，随着水库蓄水，水位逐渐靠近汛限水位，水位在汛限水位至排沙水位之间变动。在利用洪水进行汛期调水调沙的 2007 年、2010 年以及 2012 年，7 月 11 日至 8 月 20 日进行过降低水位排沙，其他年份水库蓄水至汛限水位附近后基本维持在汛限水位附近。调水调沙调度期最低水位均出现在该时段，本阶段主要是如何在长期缺少洪水的条件下，进一步加大排沙比的问题。

第四阶段为后汛期防洪运用及水库蓄水运用。依据《调度规程》，8 月 21 日起库水位可向后汛期汛限水位 254 m 过渡。2007 年以来实测资料表明，8 月下旬库水位均超过前汛期汛限水位。本阶段主要是如何使水库蓄水达到正常应用水位，保证更多的兴利水量。

（四）2007 年以来水库淤积形态

2007—2012 年，小浪底水库干流淤积仍为三角洲淤积，三角洲顶点不断向坝前推进，顶点高程不断下降，其中 2007—2009 年三角洲洲面不断抬升；2010—2012 年调水调沙期，由于运用水位相对较低，三角洲洲面冲刷剧烈，洲面高程有所下降。2012 年以后，由于蓄水位较高，三角洲顶点不断抬升并且向上游移动，三角洲洲面逐渐抬高。至 2015 年汛后，淤积三角洲顶点位于距坝 16. 39 km 的 HH11 断面，三角洲顶点高程 222. 35 m，坝前淤积面高程约 185. 32 m（见图 3-4）。

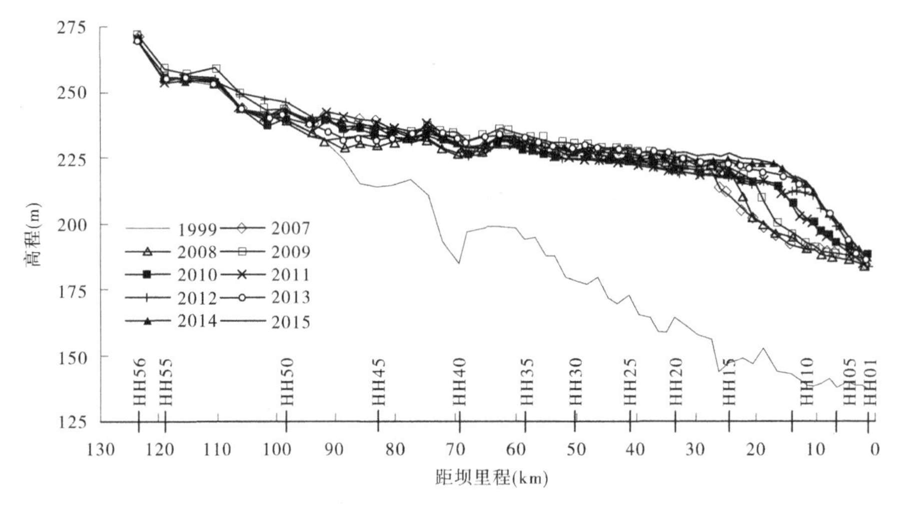

图 3-4　2007 年以来小浪底水库干流淤积纵剖面

总体来讲，小浪底水库运用以来，黄河枯水少沙。相对于来水来沙、库区淤积泥沙较多，尤其是细颗粒泥沙淤积较多，淤积比较大。因此，为适应新形势下的水沙条件，提高水库拦沙减淤效益，延长水库的拦沙年限，建议优化前汛期主排沙阶段小浪底水库运用方式。

二、2007—2015 年小浪底水库来水来沙

（一）7 月 11 日至 8 月 20 日潼关站水沙

按照小浪底水库拦沙后期防洪减淤运用方式研究成果，通过水库调水调沙减少下游河道淤积主要有四种基本方式：①当小浪底水库可调节水量大于等于 13 亿 m^3 时，小浪底水库“蓄满造峰”。②当潼关水文站、三门峡水文站平均流量大于等于 2 600 m^3/s 且小浪底水库可调节水量大于等于 6 亿 m^3 时，小浪底水库“相机凑泄造峰”。③当潼关流量大于等于 2 600 m^3/s 且入库含沙量大于等于 200 kg/m^3 时，进入“高含沙水流调度”。④当预报花园口洪峰流量大于 4 000 m^3/s 时，转入防洪运用。

2007—2015 年潼关站日均流量大于等于 2 600 m^3/s 的洪水出现机会较少，仅 2012 年和 2013 年出现过，分别为 4 d 和 9 d，共出现 13 d（见图 3-5、表 3-6）。潼关站流量大于 2 600 m^3/s 时，含沙量一般不超过 50 kg/m^3，最大含沙量为 52. 8 kg/m^3（2013 年 7 月 25 日）。潼关流量大于等于 4 000 m^3/s 的洪水仅 2013 年出现过 1 d。

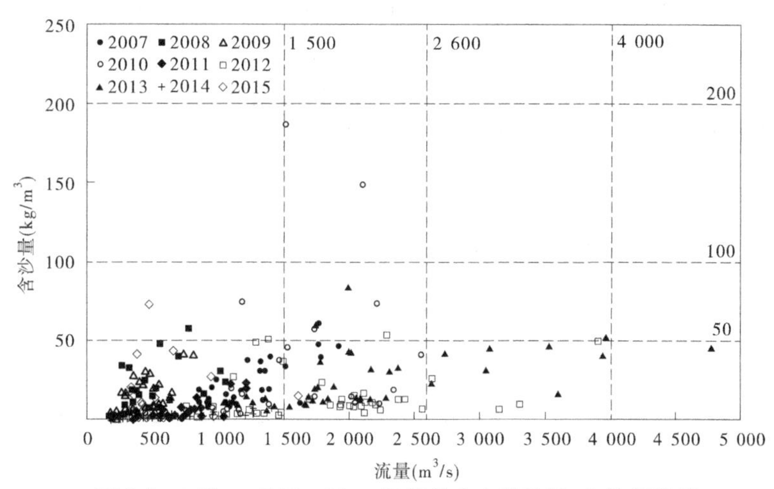

图 3-5　7 月 11 日至 8 月 20 日潼关水文站流量、含沙量关系

表 3-6　7 月 11 日至 8 月 20 日潼关水文站流量、含沙量级出现天数

年份	$Q_{潼}$<1 500 m³/s			1 500 m³/s≤$Q_{潼}$<2 600 m³/s			$Q_{潼}$≥2 600 m³/s		
	天数(d)	$S_{潼}$≥50 kg/m³	$S_{潼}$≥100 kg/m³	天数(d)	$S_{潼}$≥50 kg/m³	$S_{潼}$≥100 kg/m³	天数(d)	$S_{潼}$≥50 kg/m³	$S_{潼}$≥100 kg/m³
2007	35	0	0	6	1	0	0	0	0
2008	41	1	0	0	0	0	0	0	0
2009	41	0	0	0	0	0	0	0	0
2010	30	1	0	11	4	2	0	0	0
2011	41	0	0	0	0	0	0	0	0
2012	16	1	0	21	1	0	4	0	0
2013	8	0	0	24	2	0	9	1	0
2014	41	0	0	0	0	0	0	0	0
2015	40	1	0	1	0	0	0	0	0
年均	32.6	0.4	0	7.0	0.9	0.2	1.4	0.1	0

根据三门峡水库运用要求，当潼关流量大于 1 500 m³/s 时，三门峡水库敞泄排沙。按 1 500 m³/s 流量进行控制，潼关流量大于 1 500 m³/s 的小洪水共出现 76 d，其中潼关含沙量大于等于 50 kg/m³ 的洪水共出现 9 d，分别为 2007 年 1 d、2010 年 4 d、2012 年 1 d、2013 年 3 d。除 2013 年 7 月 25 日潼关水文站流量达到 3 960 m³/s，其他 8 d 潼关水文站流量均介于 1 500~2 600 m³/s。

(二)7 月 11 日至 8 月 20 日三门峡水文站水沙

三门峡水库汛期平水期 305 m 低水位发电运用，潼关 1 500 m³/s 流量敞泄运用对日均流量大于等于 2 600 m³/s 的洪水影响不大，出现天数与潼关相同，分别为 2012 年 4 d，

2013 年 9 d,共出现 13 d(见图 3-6、表 3-7)。但三门峡水文站流量大于 2 600 m^3/s 且含沙量超过 50 kg/m^3 的洪水出现 5 d,比潼关水文站多了 4 d,最大含沙量为 103 kg/m^3,未出现流量大于等于 2 600 m^3/s 且含沙量大于等于 200 kg/m^3 的洪水。三门峡流量大于等于 4 000 m^3/s 的洪水仅 2013 年出现过 2 d。

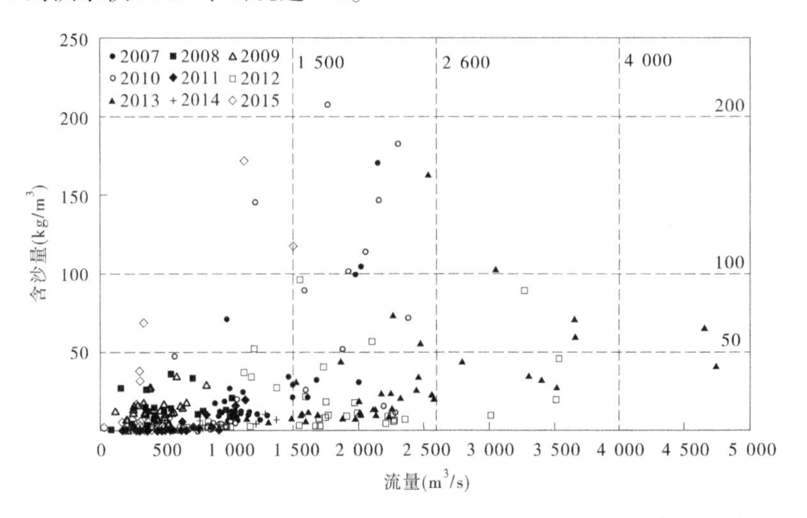

图 3-6　2007—2015 年 7 月 11 日至 8 月 20 日三门峡站流量、含沙量关系

表 3-7　7 月 11 日至 8 月 20 日三门峡站不同流量、含沙量级出现天数

年份	$Q_{三}$<1 500 m^3/s			1 500 m^3/s≤$Q_{三}$<2 600 m^3/s			$Q_{三}$≥2 600 m^3/s		
	天数(d)	$S_{三}$≥50 kg/m^3	$S_{三}$≥100 kg/m^3	天数(d)	$S_{三}$≥50 kg/m^3	$S_{三}$≥100 kg/m^3	天数(d)	$S_{三}$≥50 kg/m^3	$S_{三}$≥100 kg/m^3
2007	34	1	0	7	3	3	0	0	0
2008	41	0	0	0	0	0	0	0	0
2009	41	0	0	0	0	0	0	0	0
2010	30	1	1	11	8	5	0	0	0
2011	41	0	0	0	0	0	0	0	0
2012	14	1	0	23	3	1	4	1	0
2013	3	0	0	29	3	1	9	4	1
2014	41	0	0	0	0	0	0	0	0
2015	40	2	1	1	1	1	0	0	0
年均	31.7	0.6	0.2	7.9	2.0	1.2	1.4	0.6	0.1

汛期当潼关流量大于等于 1 500 m^3/s 时,由于三门峡水库敞泄冲刷,三门峡水文站沙量一般增加(见图 3-7)。相同含沙量级的天数,三门峡水文站也有所增加(见表 3-7)。

2007—2015 年 7 月 11 日至 8 月 20 日三门峡站流量大于等于 1 500 m^3/s 且含沙量大于等于 50 kg/m^3 的洪水共出现 23 d,使潼关 1 500~2 600 m^3/s 流量增加了 8 d,同时含沙量大于 50 kg/m^3 的天数增加了 10 d,分别为 2007 年 3 d、2010 年 8 d、2012 年 4 d、2013 年 7 d、2015 年 1 d。

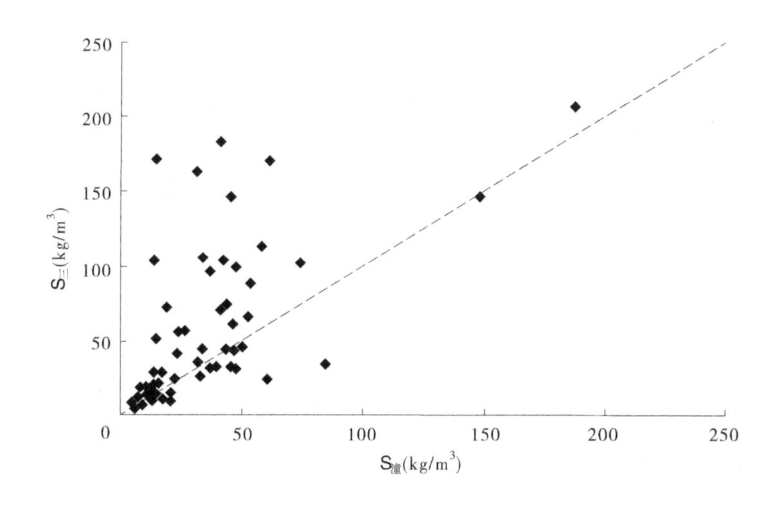

图 3-7　潼关站、三门峡站含沙量关系($Q_{潼} \geq 1\ 500\ m^3/s$)

(三)7 月 11 日至 8 月 20 日潼关水文站、三门峡水文站水沙

7 月 11 日至 8 月 20 日潼关水文站年均水量为 33.51 亿 m^3;三门峡水文站水量与潼关基本一致,为 33.32 亿 m^3(见表 3-8)。7 月 11 日至 8 月 20 日潼关、三门峡年均沙量分别为 0.665 亿 t、0.932 亿 t(见表 3-9)。

泥沙主要集中在洪水期,该时段潼关日均流量大于等于 1 500 m^3/s 时,潼关沙量 0.474 亿 t,占时段的 71.2%。由于三门峡水库敞泄排沙,三门峡水文站沙量明显增加,为 0.767 亿 t,占该时段的 82.3%。其中,潼关 1 500~2 600 m^3/s 量级洪水时潼关年均来沙量为 0.325 亿 t,占时段的 48.8%;三门峡站为 0.561 亿 t,占时段的 60.2%。进一步分析发现,在潼关出现流量 1 500~2 600 m^3/s 且含沙量大于 50 kg/m^3 洪水的年份,潼关沙量基本均超过 0.3 亿 t,而三门峡沙量更大,均在 0.8 亿 t 以上(见图 3-8)。

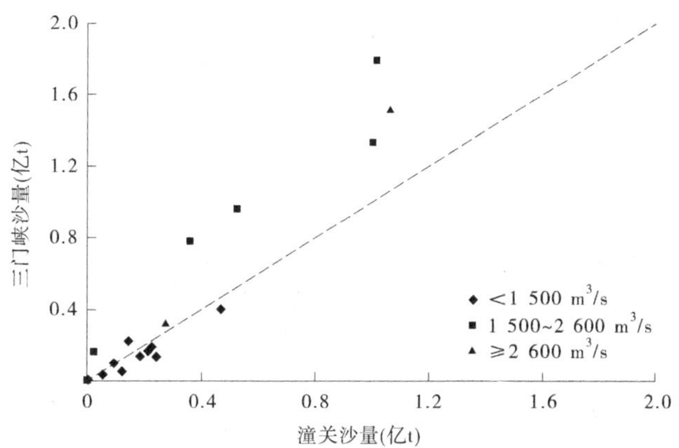

图 3-8　7 月 11 日至 8 月 20 日潼关、三门峡沙量关系

表 3-8 7 月 11 日至 8 月 20 日潼关水文站各流量级下潼关、三门峡水文站水量

年份	$Q_{潼}<1\ 500\ m^3/s$			$1\ 500\ m^3/s \leq Q_{潼}<2\ 600\ m^3/s$				$Q_{潼} \geq 2\ 600\ m^3/s$				合计		
	出现天数(d)	水量(亿 m^3)		天数(d)		水量(亿 m^3)		天数(d)		水量(亿 m^3)		出现天数(d)	水量(亿 m^3)	
		潼关	三门峡	出现	持续	潼关	三门峡	出现	持续	潼关	三门峡		潼关	三门峡
2007	35	27.67	27.33	6	3	8.94	9.61	0	0	0	0	41	36.61	36.94
2008	41	13.94	13.57	0	0	0	0	0	0	0	0	41	13.94	13.57
2009	41	14.62	14.90	0	0	0	0	0	0	0	0	41	14.62	14.9
2010	30	19.52	17.72	11	4	18.99	18.77	0	0	0	0	41	38.51	36.49
2011	41	21.82	19.74	0	0	0	0	0	0	0	0	41	21.82	19.74
2012	14	12.60	12.29	21	17	37.51	36.60	4	2	11.22	10.50	39	61.33	59.39
2013	8	8.55	11.08	24	7	40.11	44.57	9	7	27.03	28.03	41	75.69	83.68
2014	41	20.99	19.62	0	0	0	0	0	0	0	0	41	20.99	19.62
2015	40	16.73	14.60	1	1	1.39	0.98	0	0	0	0	41	18.12	15.57
年均	32.3	17.38	16.76	7.0	—	11.88	12.28	1.44	—	4.25	4.28	40.8	33.51	33.32

注:表中 2012 年扣除汛前调水调沙。

表 3-9 7 月 11 日至 8 月 20 日潼关水文站各流量级下潼关、三门峡水文站沙量

年份	$Q_{潼}<1\ 500\ m^3/s$				$1\ 500\ m^3/s \le Q_{潼}<2\ 600\ m^3/s$				$Q_{潼} \ge 2\ 600\ m^3/s$				合计(亿 t)	
	潼关		三门峡		潼关		三门峡		潼关		三门峡		潼关	三门峡
	沙量(亿 t)	占合计(%)	沙量(亿 t)	占合计(%)	沙量(亿 t)	占合计(%)	沙量(亿 t)	占合计(%)	沙量(亿 t)	占合计(%)	沙量(亿 t)	占合计(%)		
2007	0.466	56.3	0.408	34.2	0.362	43.7	0.783	65.7	0	0	0	0	0.828	1.191
2008	0.238	100	0.138	100	0	0	0	0	0	0	0	0	0.238	0.138
2009	0.210	100	0.179	100	0	0	0	0	0	0	0	0	0.210	0.179
2010	0.219	17.7	0.194	9.7	1.016	82.3	1.798	90.3	0	0	0	0	1.235	1.992
2011	0.123	100	0.056	100	0	0	0	0	0	0	0	0	0.123	0.056
2012	0.182	18.6	0.146	10.1	0.521	53.2	0.965	67.1	0.276	28.2	0.328	22.8	0.979	1.439
2013	0.092	4.3	0.101	3.4	1.001	46.4	1.333	45.0	1.065	49.4	1.525	51.5	2.158	2.959
2014	0.053	100	0.040	100	0	0	0	0	0	0	0	0	0.053	0.040
2015	0.144	87.3	0.224	57.1	0.021	12.3	0.168	42.9	0	0	0	0	0.165	0.392
年均	0.192	28.8	0.165	17.7	0.325	48.8	0.561	60.2	0.149	22.4	0.206	22.1	0.665	0.932

2007 年以来 7 月 11 日至 8 月 20 日潼关共出现 5 场流量大于 1 500 m^3/s 且含沙量大于 50 kg/m^3 的洪水(见表 3-10)。2007—2015 年潼关、三门峡沙量分别为 5. 989 亿 t、8. 386 亿 t,潼关流量大于 1 500 m^3/s 且含沙量超过 50 kg/m^3 的洪水过程中两水文站沙量分别为 4. 177 亿 t、6. 639 亿 t,即潼关出现上述洪水过程时小浪底水库入库沙量占 7 月 11 日至 8 月 20 日入库沙量的 79. 1%。潼关出现上述洪水的 2007 年、2010 年、2012 年和 2013 年,洪水期间入库沙量占 7 月 11 日至 8 月 20 日的 70. 0%以上。潼关未出现该洪水过程的 2008 年、2009 年、2011 年 7 月 11 日至 8 月 20 日小浪底入库沙量也较小,分别为 0. 138 亿 t、0. 179 亿 t、0. 056 亿 t。因此,潼关站出现流量大于 1 500 m^3/s 且含沙量超过 50 kg/m^3 的洪水过程时,应开展以小浪底水库减淤为目的的汛期调水调沙。

表 3-10 潼关流量大于 1 500 m^3/s 且含沙量大于 50 kg/m^3 时各水文站沙量

年份	时段 (月-日)	潼关沙量 (亿 t)	三门峡沙量 (亿 t)	占 7 月 11 日至 8 月 20 日比例(%)	
				潼关	三门峡
2007	07-11—08-20	0. 828	1. 191		
	07-29—08-08	0. 369	0. 834	44. 6	70. 0
2008	07-11—08-20	0. 238	0. 138		
2009	07-11—08-20	0. 210	0. 179		
2010	07-11—08-20	1. 235	1. 992		
	07-24—08-03	0. 469	0. 901	38. 0	45. 2
	08-11—08-20	0. 738	1. 079	59. 8	54. 2
2011	08-11—08-20	0. 123	0. 056		
2012	07-11—08-20	0. 979	1. 439		
	07-24—08-06	0. 683	1. 152	69. 8	80. 1
2013	07-11—08-20	2. 158	2. 959		
	07-11—08-05	1. 918	2. 673	88. 9	90. 3
2014	07-11—08-20	0. 053	0. 040		
2015	07-11—08-20	0. 165	0. 392		
合计	07-11—08-20	5. 989	8. 386		
	洪水期	4. 177	6. 639	69. 7	79. 1

7 月 11 日至 8 月 20 日潼关、三门峡平均流量大于等于 2 600 m^3/s 的洪水仅出现 12 d,分别为 2012 年 4 d,2013 年 8 d,集中出现在 4 场洪水。同时满足水库可调节水量大于等于 6 亿 m^3 进行相机凑泄造峰的洪水仅有 2 场。由此可见,2007—2015 年 7 月 11 日至 8 月 20 日水库凑泄造峰机会也不多。

三、小浪底水库调控方式

(一)小浪底水库输沙方式

小浪底水库运用以来,随着库区淤积的发展,三角洲顶点不断向坝前推进。至 2015 年汛后,淤积三角洲顶点位于距坝 16. 39 km 的 HH11 断面,三角洲顶点高程 222. 35 m(见图 3-9)。三角洲顶点以下库容为 5. 345 亿 m^3,起调水位 210 m 以下库容 1. 618 亿 m^3,前汛期汛限水位 230 m 以下为 10. 381 亿 m^3(见表 3-11)。

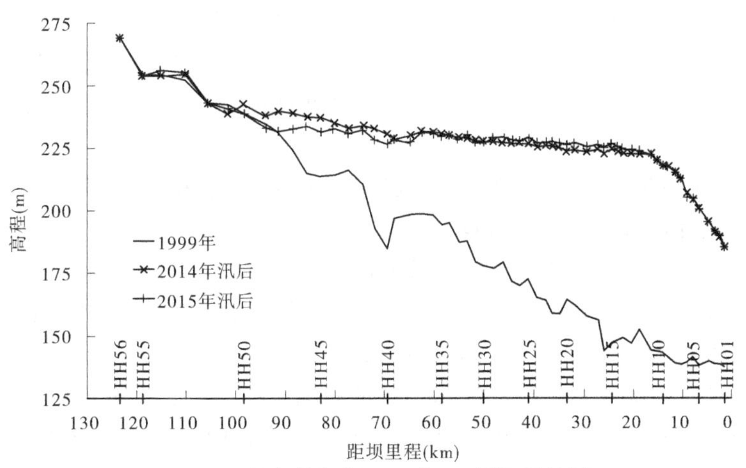

图 3-9　小浪底水库 2015 年 10 月汛后地形

表 3-11　2015 年 10 月各特征水位及对应库容

高程(m)	210	215	220	222.35	225	230	248	275
库容(亿 m^3)	1.618	2.617	4.327	5.345	6.721	10.381	36.295	96.289

根据水库不同的运用方式,淤积三角洲洲面输沙流态为壅水明流输沙、溯源冲刷及沿程冲刷。从淤积形态及目前运用方式分析,2016 年小浪底水库排沙方式仍为异重流排沙。洪水期当水库运用水位接近或低于 222 m 时,形成的异重流在三角洲顶点附近潜入,由于回水较短(见图 3-10),形成异重流之后很容易排沙出库,同时三角洲洲面发生溯源冲刷,洲面冲刷能够大量补充形成异重流的沙源,增大水库排沙效果;当水库运用水位较高时,三角洲洲面发生壅水明流输沙,入库泥沙会在洲面产生淤积,对水库排沙不利。因此,汛期水库产生异重流时,建议库水位降至 222 m,甚至更低,以增大水库排沙效果。

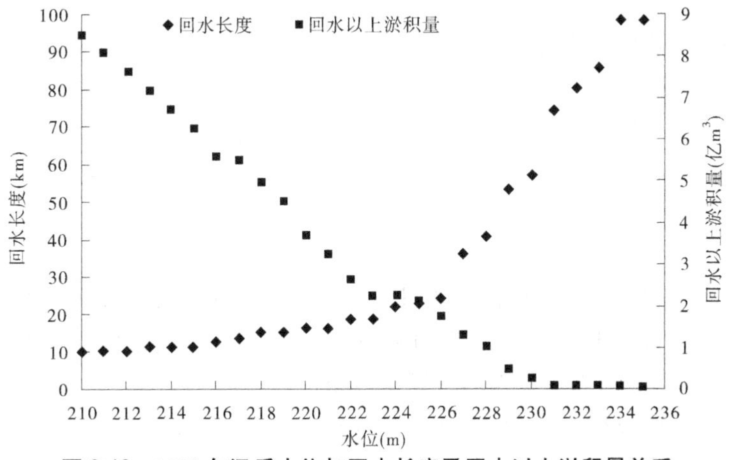

图 3-10　2015 年汛后水位与回水长度及回水以上淤积量关系

(二)小浪底水库调控方式

鉴于目前水库淤积情况,结合近期来水来沙特点及水库排沙影响因素分析,依据《调

度规程》,提出7月11日至8月20日小浪底水库中小洪水运用方式:

当预报潼关水文站流量大于等于1 500 m^3/s 持续2 d、含沙量大于50 kg/m^3 时,小浪底水库开始进行调水调沙,塑造有利于下游输沙塑槽的洪水过程。小浪底水库按控制花园口站流量等于4 000 m^3/s 提前2 d开始预泄。

若2 d内预泄到控制水位,根据来水情况控制出库流量:①来水小于等于4 000 m^3/s,按出库流量等于入库下泄。②来水大于4 000 m^3/s,控制花园口流量4 000 m^3/s 运用。

若预泄2 d后未到控制水位,根据来水情况控制出库流量:①来水小于等于4 000 m^3/s,仍凑泄花园口流量等于4 000 m^3/s,直至达到控制水位后,按出库流量等于入库流量下泄。②来水大于等于4 000 m^3/s,控制花园口流量4 000 m^3/s 运用。

根据后续来水情况尽量将三门峡水库敞泄时间放在小浪底水库降至低水位以后。三门峡水库敞泄排沙时小浪底水库维持低水位排沙。当潼关流量小于1 000 m^3/s 且三门峡水库出库含沙量小于50 kg/m^3 时,或者小浪底水库保持低水位持续4 d且三门峡水库出库含沙量小于50 kg/m^3 时,水库开始蓄水,小浪底水库按满足灌溉、发电用水并考虑下游河道生态用水要求,控制出库流量(见图3-11)。

按上述运用方式,小浪底水库出库水沙过程初始是大流量清水过程,对维持下游河槽过流能力有利,后期是小水高含沙过程,会在黄河下游河道淤积,主要是淤积在花园口水文站以上河段,可待下次汛前调水调沙期将淤积泥沙冲走。

调节指令见图3-11。

四、小浪底水库排沙效果

(一)小浪底水库一维水动力学模型

小浪底水库一维水动力学模型是在综合分析现有水库水沙动力学模型优缺点及实用性的基础上,针对多沙河流水库含沙量高、变化范围大,沿程输沙特性复杂的特点,引入最新的悬移质挟沙级配理论及床沙交换理论等研究成果构建的。

模型可用于计算库区水沙输移、干流倒灌淤积支流形态、库区异重流产生及输移变化过程、库区河床形态变化过程等,对出库水流、含沙量、级配过程等做出预测分析。模型在历年小浪底水库调水调沙、年度咨询及库区形态优化项目中得到广泛应用,表明其性能良好,计算结果精度高、速度快。

(二)方案设置

1. 水沙条件

从小浪底水库进入拦沙后期以来7月11日至8月20日潼关水文站出现的流量大于等于1 500 m^3/s 持续2 d、含沙量大于50 kg/m^3 的洪水过程中,选取入库水沙相对较大的2013年7月11—22日洪水过程作为计算水沙条件。

2013年7月11—22日,小浪底水库进出库水量分别为22.97亿 m^3、12.76亿 m^3,进出库沙量分别为1.267亿t、0.260亿t;最大入库流量3 050 m^3/s,最大含沙量164 kg/m^3(见图3-12)。

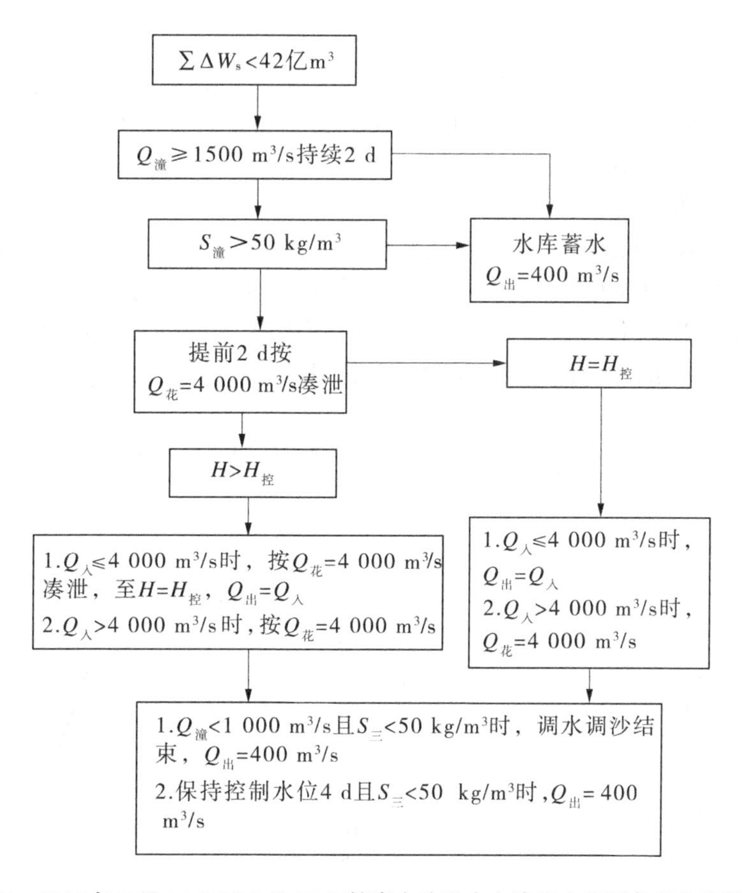

图 3-11　2016 年 7 月 11 日至 8 月 20 日较高含沙洪水小浪底水库调节指令执行框图

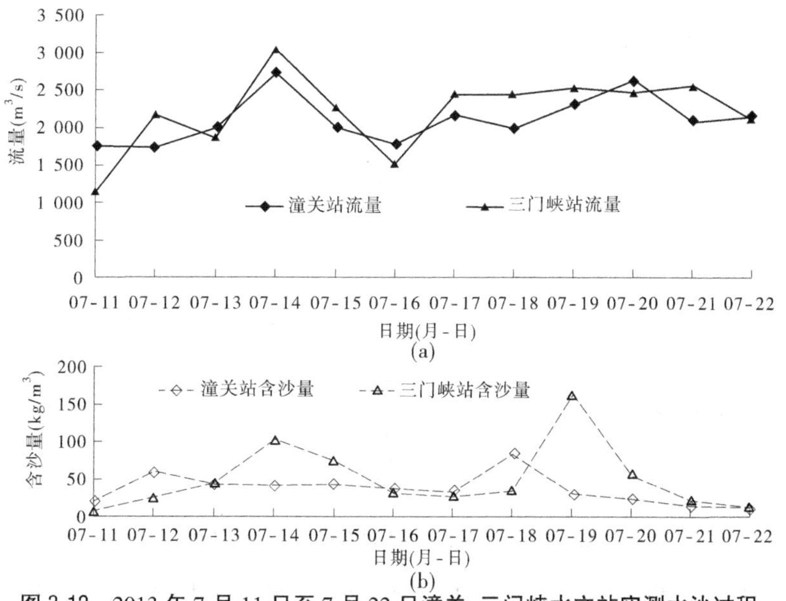

图 3-12　2013 年 7 月 11 日至 7 月 22 日潼关、三门峡水文站实测水沙过程

2. 边界条件

选用小浪底水库 2015 年汛后地形作为本次计算的初始条件。为了对比不同调度方案下小浪底水库排沙情况，设定控制水位 230 m、225 m、220 m、215 m、210 m 进行优化方案计算，初始水位设定为 230 m。

(三) 计算结果

根据选取的入库水沙过程和推荐的水库调控方式，通过计算，得到不同方案出库流量、含沙量过程(见图 3-13)。由于控制水位不同，洪水初期各方案出库流量差别较大。当水位达到控制水位，各方案基本保持进出库平衡运用，直至调控结束，水库蓄水运用，水位升高。随着控制水位的降低，出库含沙量逐渐升高。

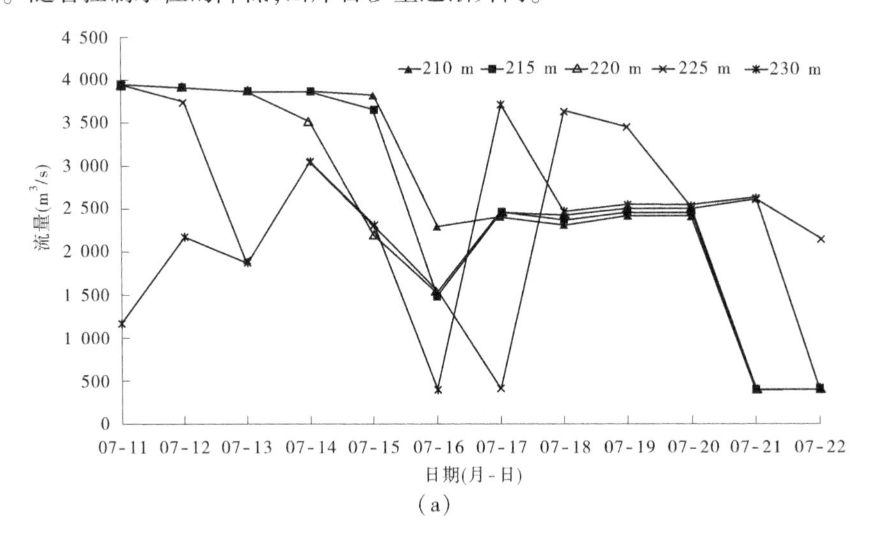

(a)

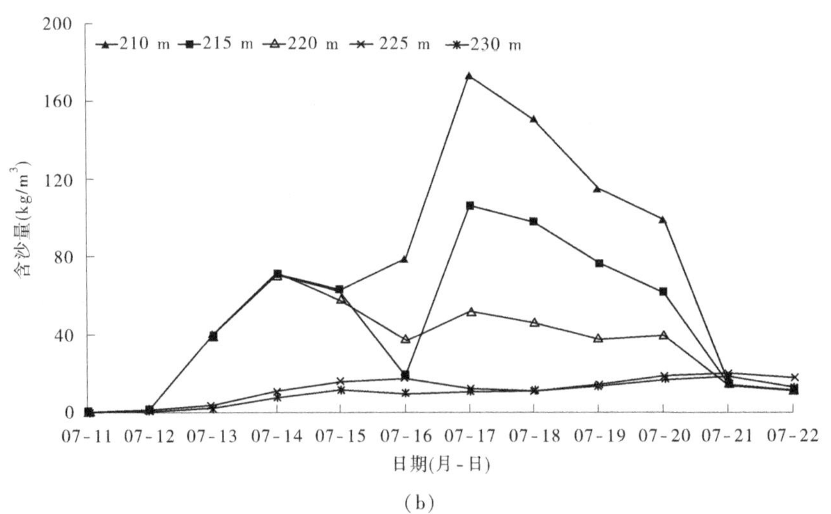

(b)

图 3-13 不同方案出库流量、含沙量过程

洪水期间，水库排沙效果与控制水位密切相关，随着水位降低，出库沙量不断增加(见表 3-12)。尤其是 210~225 m 方案，在出库水量增加不大的情况下，出库沙量迅速增加,从 0.294 亿 t 增加至 1.857 亿 t,排沙比由 23.2%提高至 146.5%。可见,洪水期降低水位运用,能够有效减缓水库淤积,提高水库排沙效果。

表 3-12 不同方案进出库水沙统计

控制水位(m)	入库水量(亿 m^3)	出库水量(亿 m^3)	入库沙量(亿 t)	出库沙量(亿 t)	排沙比(%)
210	22.97	27.68	1.267	1.856	146.5
215		27.00		1.325	104.5
220		25.61		0.895	70.6
225		26.99		0.294	23.2
230		21.88		0.221	17.4

从表 3-13、图 3-14、图 3-15 可以得到,随着控制水位的降低,各分组泥沙出库沙量、排沙比均呈不断增加趋势。其中细泥沙增加幅度最快,中泥沙次之,粗泥沙最缓。此外,细泥沙出库沙量增加较快,这也说明随着水库排沙效果的提高,水库拦粗排细效益得到体现。因此,建议当出现类似洪水时,小浪底水库尽可能降低水位排沙,以减少水库淤积。

表 3-13 分组泥沙排沙比

方案水位(m)	入库沙量(亿 t)			出库沙量(亿 t)				排沙比(%)			
	细泥沙	中泥沙	粗泥沙	全沙	细泥沙	中泥沙	粗泥沙	全沙	细泥沙	中泥沙	粗泥沙
210	0.804	0.263	0.200	1.856	1.685	0.137	0.034	146.5	209.6	52.1	16.8
215				1.325	1.182	0.113	0.030	104.5	147.0	42.9	15.0
220				0.895	0.769	0.096	0.030	70.6	95.7	36.5	15.0
225				0.294	0.275	0.018	0.001	23.2	34.2	6.8	0.6
230				0.221	0.214	0.007	0	17.4	26.6	2.7	0

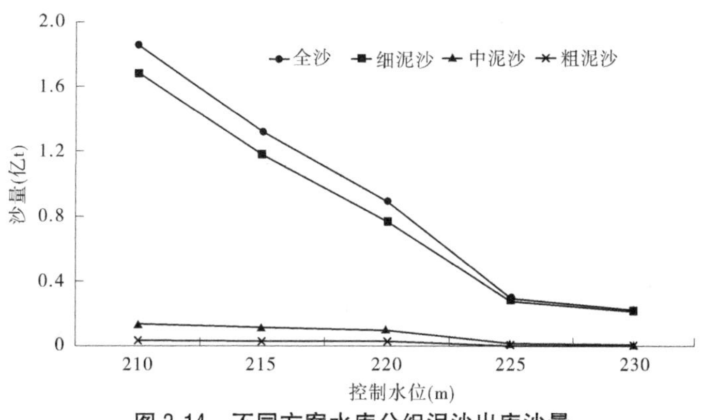

图 3-14 不同方案水库分组泥沙出库沙量

五、黄河下游河道冲淤计算

(一)黄河下游一维非恒定流水沙数学模型

黄河下游一维非恒定流水沙演进数学模型,吸收了国内外最新的建模思路和理论,对模型

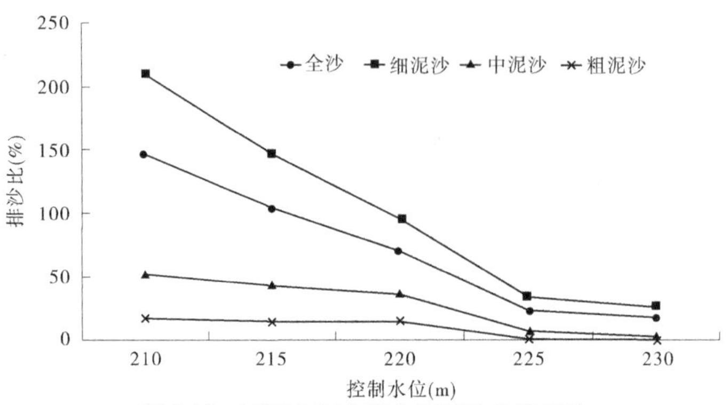

图 3-15　不同方案水库分组泥沙排沙对比

进行了标准化设计,注重泥沙成果的集成,引入最新的悬移质挟沙级配理论等研究成果,在继承优势模块和水沙关键问题处理方法等基础上,增加了近年来黄河基础研究的最新成果。

同时,该模型在整体设计中引入软件工程理念,对于水流构件重新进行了标准化改造,增加了能适用于复杂流态模拟的侧向通量格式、MC 格式等,并选择水力学中的水跃试验对水动力学模型进行测试。

近年来模型主要应用于:①汛前调水调沙方案及后评估计算;②汛前防御大洪水方案计算;③进行长系列验证计算;④科研项目。

(二)方案设置

1. 水沙条件

为了对比下游河道冲淤情况,选取小浪底水库控制水位为 230 m、220 m、210 m 三种方案的出库水沙过程以及 2013 年 7 月 12—22 日实测水沙过程作为进入下游河道的水沙过程(见图 3-16、图 3-17)。表 3-14 给出了各方案进入下游的水沙量。

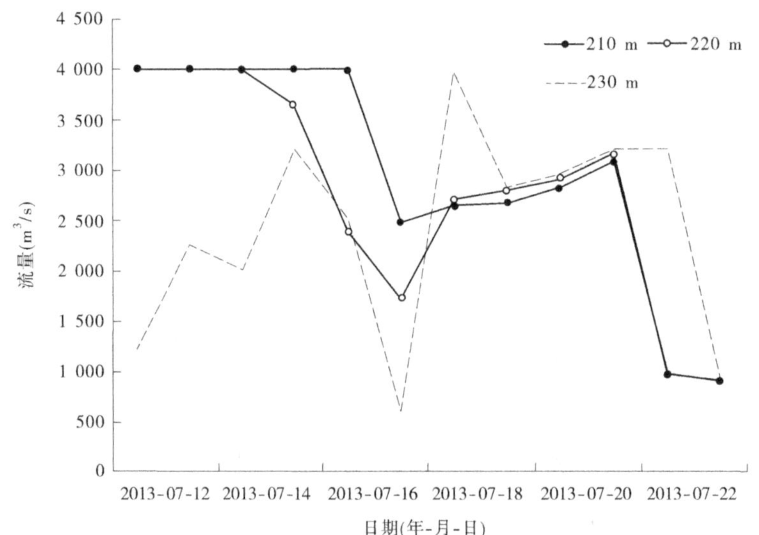

图 3-16　进入下游各方案流量过程

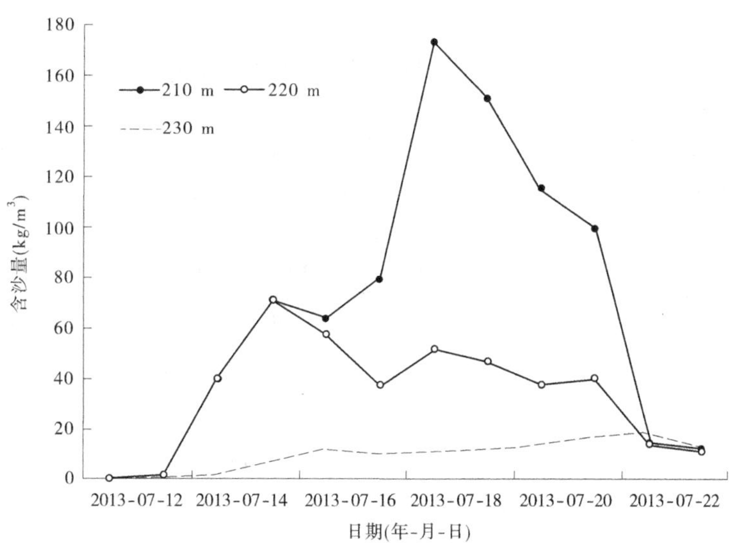

图 3-17　进入下游各方案含沙量过程

表 3-14　各方案水沙量统计

方案	小浪底水库水量(亿 m^3)	黑武水量(亿 m^3)	沙量(亿 t)
210 m	27.68	3.03	1.857
220 m	25.61	3.03	0.895
230 m	21.88	3.03	0.221

各河段引水流量采用 2015 年该河段实测资料(见表 3-15)。利津站水位—流量关系采用 2015 年排洪能力设计计算成果。

表 3-15　黄河下游各河段引水流量　　(单位:m^3/s)

时间(年-月-日)	小浪底—花园口	花园口—夹河滩	夹河滩—高村	高村—孙口	孙口—艾山	艾山—泺口	泺口—利津
2015-07-12	30.90	42.59	75.35	36.20	0	14.08	263.35
2015-07-13	21.30	38.19	64.93	46.44	0	15.00	299.00
2015-07-14	21.53	39.24	59.72	46.98	46.7	14.11	351.17
2015-07-15	17.36	41.09	59.14	46.78	32.4	14.58	346.23
2015-07-16	14.00	38.42	53.81	42.87	23.8	33.34	332.53
2015-07-17	13.77	34.83	40.64	38.28	14.6	66.4	323.32
2015-07-18	14.25	33.90	33.49	36.66	7.3	65.21	307.02
2015-07-19	14.82	34.70	33.26	36.05	0	64.61	260.66
2015-07-20	14.24	41.55	31.46	31.08	0	66.06	228.99
2015-07-21	14.24	41.55	31.46	31.08	0	66.06	228.99
2015-07-22	14.24	41.55	31.46	31.08	0	66.06	228.99
2015-07-23	14.24	41.55	31.46	31.08	0	66.06	228.99

2. 地形条件

选用黄河下游 2015 年汛后地形资料概化作为计算边界条件。

(三)计算结果

表 3-16、图 3-18 给出了各方案下游河道冲淤情况。210 m 方案全下游河道呈淤积状态,淤积量为 1 014 万 t。淤积以小浪底—夹河滩河段为主,淤积量为 1 476 万 t,夹河滩—艾山河段发生冲刷,冲刷量为 610 万 t,艾山以下发生少量淤积。

表 3-16　黄河下游各河段冲淤量统计　(单位:万 t)

河段	210 m 方案	220 m 方案	230 m 方案
小浪底—花园口	1 190	251	-426
花园口—夹河滩	286	-176	-364
夹河滩—高村	-382	-132	-239
高村—孙口	-137	-119	-264
孙口—艾山	-91	-121	-148
艾山—泺口	92	18	-36
泺口—利津	56	-45	-109
全下游	1 014	-324	-1 586

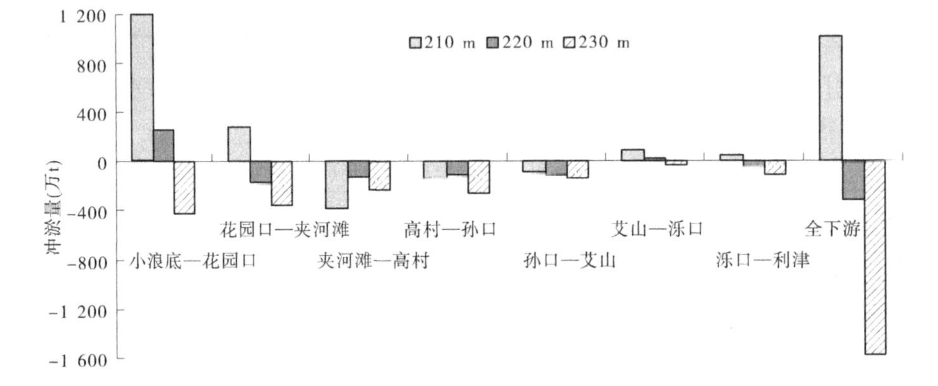

图 3-18　各方案下游各河段冲淤量分布

220 m 方案全下游河道处于微冲状态,冲刷量为 324 万 t。淤积主要集中在小浪底—花园口河段,淤积量为 251 万 t,花园口以下河段,除艾山—泺口河段发生少量淤积外,其他均出现冲刷。

230 m 方案全下游各河段均呈冲刷状态,全下游冲刷量为 1 586 万 t。

六、推荐调控方式控制水位 210 m 运用效果综合分析

对于选定的洪水过程,控制水位 210 m 时,数学模型计算结果表明:小浪底水库出库沙量 1.857 亿 t,排沙比 146.5%,有效地减缓了水库淤积;全下游河道呈淤积状态,淤积量

为 1 014 万 t;小浪底—夹河滩河段是淤积的主体,淤积量为 1 476 万 t,夹河滩—艾山河段发生冲刷,冲刷量为 610 万 t,艾山以下发生少量淤积。

小浪底水库运用以来以拦沙运用为主,通过水库拦沙和汛前调水调沙运用,进入下游的水流以清水为主,下游河道发生持续冲刷。目前,黄河下游最小平滩流量已从 2002 年汛前的不足 1 800 m^3/s 增加到 4 250 m^3/s。特别是高村以上河段,平滩流量已经达到 6 000 m^3/s 以上,夹河滩以上平滩流量更大。因此,短时间内,下游河道尤其是夹河滩以上河段具有一定的滞沙能力,能承受一定程度的淤积。

小浪底水库清水下泄过程中,下游河道冲刷效率与流量大小关系密切(见图 3-19),随着平均流量的增加而增大。随着冲刷的发展,下游河床发生显著粗化,清水冲刷效率明显降低。2004 年汛前调水调沙清水下泄过程下游河道的冲刷效率为 14 kg/m^3 左右,2015 年汛前调水调沙冲刷效率降低为 6.0 kg/m^3 左右,不足 2004 年的一半。因此,要想提高清水冲刷效率,需要补充河道可冲刷泥沙。换句话说,就是洪水期淤积到河道的泥沙,在下次汛前调水调沙或者小浪底水库清水下泄过程中,是能够冲刷并向下游输送的。

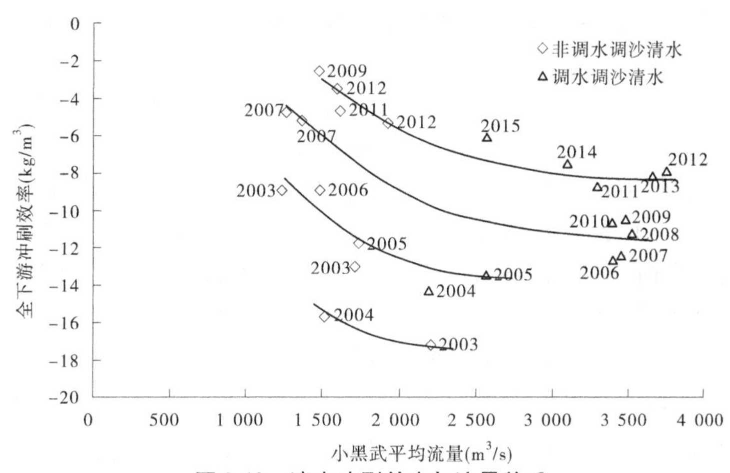

图 3-19　清水冲刷效率与流量关系

此外,水利部公益性行业科研专项“小浪底水库淤积形态的优选与调控”提出三角洲淤积形态,可使调节库容前移,在优化出库水沙过程、支流库容有效利用、拦粗排细效果、长期保持有效库容等方面更优于锥体淤积形态(见图 3-20)。结合水库输沙规律的研究,提出了小浪底水库拦沙后期“适时延长或拓展相机降水冲刷”的水库优化方式。并通过数学模型计算与实体模型试验证明,优化调控方式可达到预期效果,即减少库区淤积,保持库区三角洲淤积形态,增大或保持防洪库容和近坝段库容,同时对下游河道冲淤影响不大。

七、认识及建议

(一)结论

(1)1999 年 11 月至 2015 年 10 月库区累计淤积泥沙 37.875 亿 t,淤积比为 78.5%。2007 年以后小浪底水库进入拦沙运用后期,2007—2015 年入库沙量 20.878 亿 t,库区淤

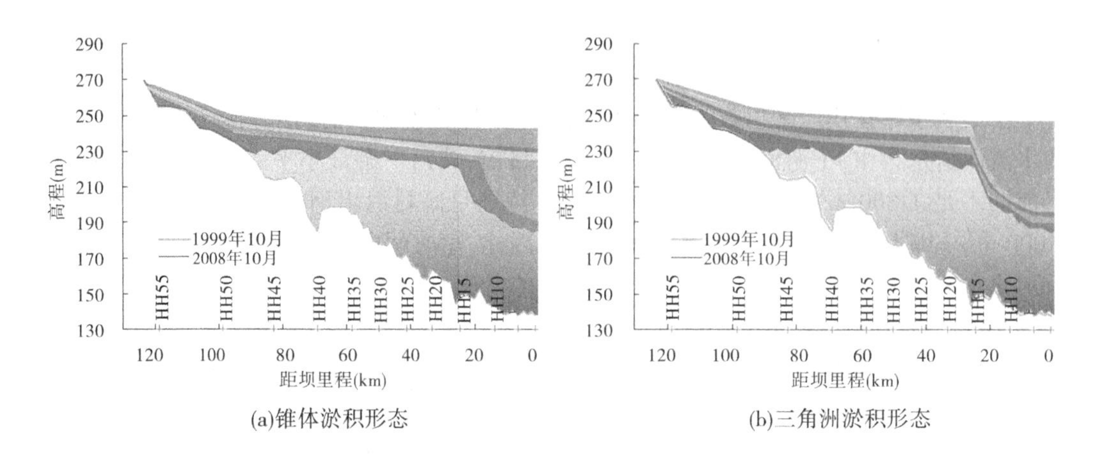

图 3-20　不同形态淤积过程与蓄水体示意图

积 15.001 亿 t,淤积比为 71.9%,进入水库的泥沙绝大部分淤积在库区中。淤积物中细泥沙、中泥沙、粗泥沙分别占 42.2%、24.4%、33.4%。尤其是细泥沙和中泥沙淤积较多,占淤积物的 2/3。

(2)按照现有小浪底水库运用方式,汛前调水调沙和前汛期(7 月 11 日至 8 月 20 日)是水库汛期排沙的 2 个主要时段。其中,汛前调水调沙期进出库沙量分别占年沙量的 19.8%和 52.6%,排沙比为 74.6%。前汛期平均进出库沙量分别为 0.993 亿 t、0.229 亿 t,分别占年沙量的 42.8%、35.1%,占汛期沙量的 50.5%、96.5%,但排沙比较低仅 32.1%。因此,提高前汛期排沙比,有利于显著提高汛期排沙效果和全年排沙效果。

(3)2007—2011 年前汛期来水来沙条件及边界条件已很难满足现有水库运用方式中开展汛前调水调沙的条件。2007—2015 年潼关未出现过流量大于等于 2 600 m^3/s 且含沙量大于等于 200 kg/m^3 的洪水;2016 年汛前汛限水位以下水库可调节水量不足 13 亿 m^3,因此不具备水库蓄满造峰和高含沙洪水调水调沙的条件。同时,潼关、三门峡平均流量大于等于 2 600 m^3/s,同时满足水库可调节水量大于等于 6 亿 m^3 时的洪水仅出现 2 场,因此水库进行相机凑泄造峰的机会也较少。

(4)小浪底水库前汛期入库沙量集中出现在潼关流量 $Q \geq 1\ 500\ m^3/s$ 且 $S \geq 50\ kg/m^3$ 的洪水。2007—2015 年前汛期该量级洪水出现了 5 场,5 场洪水期间小浪底水库入库沙量 6.639 亿 t,占前汛期入库沙量的 79.1%。

(5)根据推荐调控方式及选定洪水过程,当潼关出现流量大于等于 1 500 m^3/s 持续 2 d、含沙量大于 50 kg/m^3 的洪水时,开展汛期调水调沙运用。当小浪底库水位降至 220 m、210 m 时,出库沙量分别为 0.90 亿 t、1.86 亿 t,排沙比分别为 70.6%、146.5%,其中细泥沙排沙比分别为 95.7%、209.6%。

小浪底水库控制水位 220 m、210 m 时下游河道分别淤积 0.032 亿 t、0.101 亿 t,主要淤积在夹河滩以上河段;艾山—利津河段有少量淤积,分别为 0.003 亿 t、0.015 亿 t。因此,低水位控制方案能够有效减缓水库淤积,同时并不明显增加下游河道淤积,不明显减小下游河道平滩流量。

（二）建议

鉴于2007—2015年小浪底水库年均淤积比71.9%，细泥沙淤积比58.6%的水库淤积情况，结合近期来水来沙特点及水库运用情况，依据《调度规程》，建议前汛期当潼关出现流量大于等于1 500 m^3/s 持续2 d、含沙量大于50 kg/m^3 的洪水时，小浪底水库尝试开展中小洪水调水调沙试验。

第四章　花园口以上河段近年来河势下挫的原因及治理对策

2000 年以来下游河道持续清水小水下泻、河床冲刷，游荡性河段河势总体趋于规划治导线方向发展，尤其黑岗口以下河段河道整治工程相对较为完善，能够较好地适应近年来新的水沙条件。黑岗口以上河段现有河道整治工程对水流的控制作用稍差一些，出现了河势下挫、脱河等现象，对防洪及沿黄引水造成了一定的影响。在资料分析、概化模型试验的基础上，本章分析了近年来河势变化的原因及发展趋势，提出了相应的治理对策与建议。

一、河道整治工程对小浪底水库运用的适应性

（一）对长期持续清水小水过程的适应性

借鉴陶城铺以下窄河段、高村—陶城铺过渡性河段的成功治理经验，游荡性河道“微弯型”整治在“控制河势游荡摆动范围、确保大堤安全、保障沿黄引水、减少滩地坍塌、保护临河村庄”等方面取得了良好的效果。同时，随着河势游荡摆动特性的减弱，河道平面形态、断面形态也都得到了一定程度的改善。小浪底水库投入运用以来，游荡性河段河势总体趋于规划治导线方向发展（见图 4-1），能够较好地适应长期持续清水、小水的水沙条件。

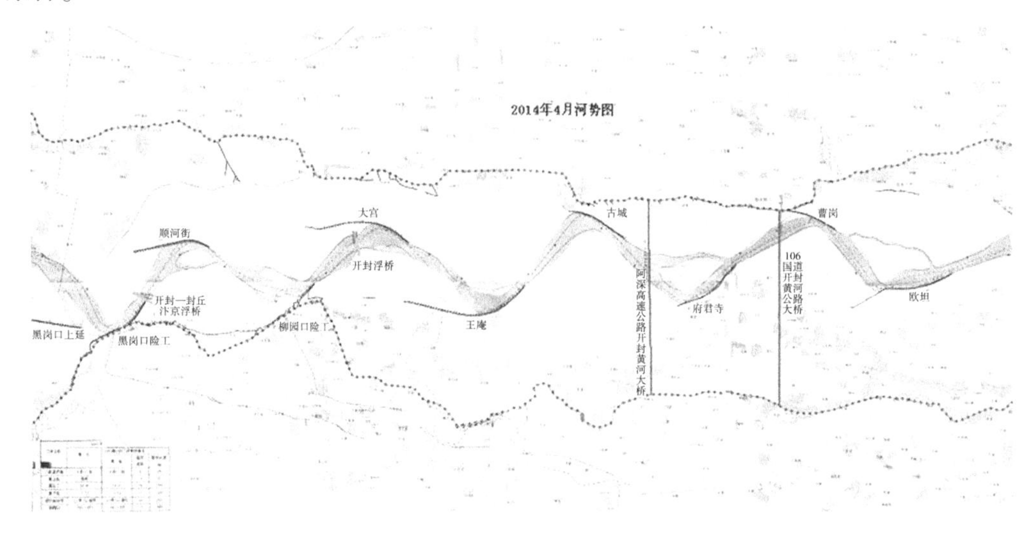

图 4-1　黑岗口—夹河滩河段河势

部分控导工程较为完善的河段（如来童寨附近）河势基本稳定（见图 4-2）、断面较为窄深（见图 4-3），主槽河宽自 1992 年以来基本稳定在 600 m 左右（见图 4-4）。

分析 1960 年以来各河段平均主溜摆动幅度的变化过程（见图 4-5）可以看出，随着河

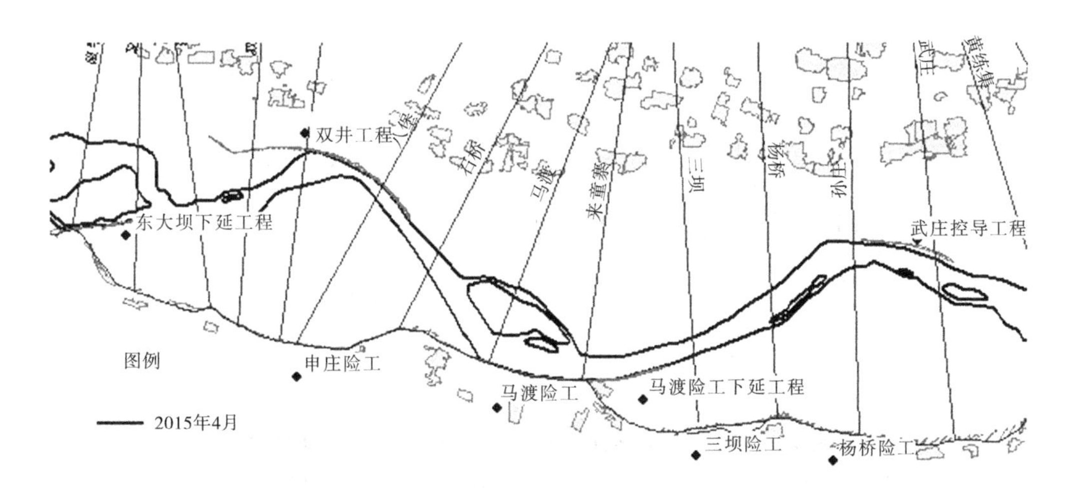

图 4-2　来童寨附近 2015 年河势

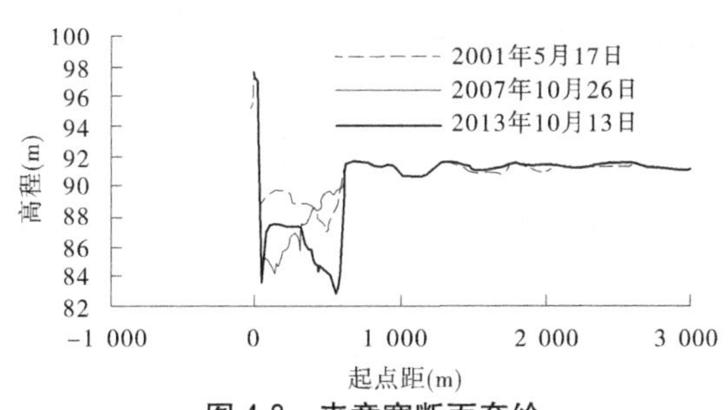

图 4-3　来童寨断面套绘

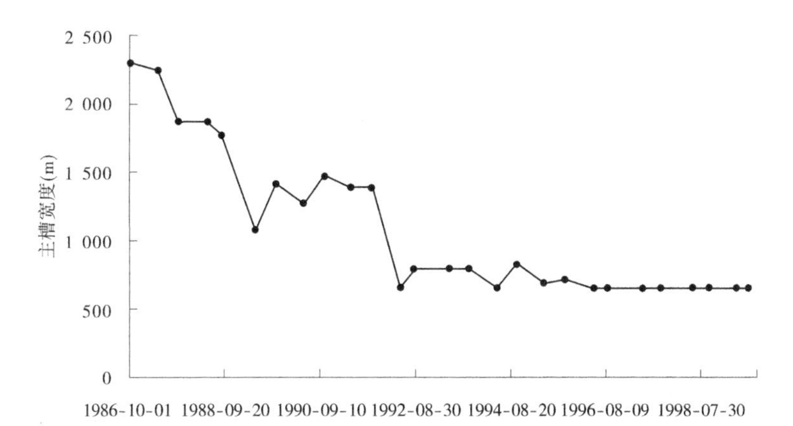

图 4-4　来童寨断面主槽宽度变化过程

道整治工程的不断完善,主槽最大摆动幅度已由 1992 年前的约 1 500 m 减少到 2010 年前后的约 500 m。铁谢—伊洛河口、黑岗口—夹河滩、夹河滩—高村河段平均摆幅基本控制在 400 m、400 m、200 m 范围以内,有效地防止了堤防的冲决。

(二)控制河势的模式

按照“微弯整治”思路,黄河下游河道整治在控制河势方面取得了良好的效果,大部分河段已形成了“一弯导一弯”的格局,实际河势与规划治导也较为一致。系统分析游荡

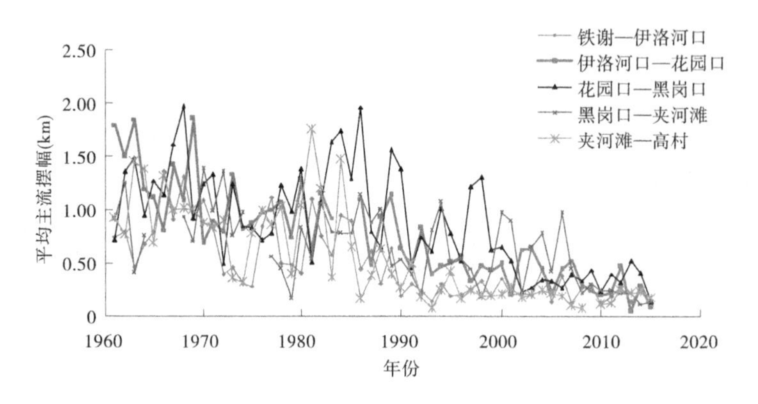

图 4-5 铁谢—高村各河段 1985 年以来主溜摆幅变化过程

性、过渡性河段的河势演变特点,梳理出了“大弯整治(禅房—堡城)”“小弯整治(铁谢—伊洛河口、黑岗口—夹河滩)”“辅助工程送溜整治(李桥—郭集—吴老家—苏阁)”“顺直整治(影堂—国那里)”等 4 种控制河势的典型模式。

1. 大弯整治模式

例如,禅房—堡城(见图 4-6)即为这种模式。该河段对岸工程间距约 6 km,同岸整治工程间距约 12 km,治导线弯曲系数为 1. 24。

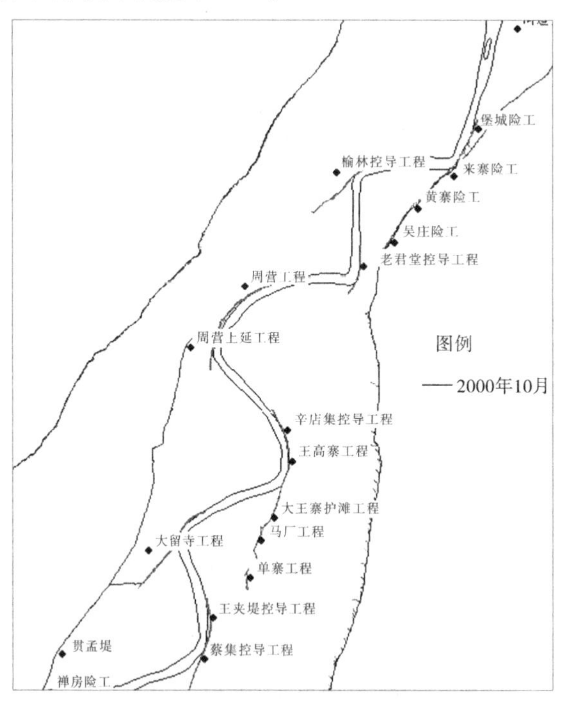

图 4-6 禅房—堡城河段整治模式

2. 小弯整治模式

例如,铁谢—伊洛河口河段(见图 4-7)和黑岗口—夹河滩河段(见图 4-8)就是这种模式。该河段对岸工程间距 4. 5~5 km,同岸工程间距约 10 km,治导线弯曲系数 1. 2。

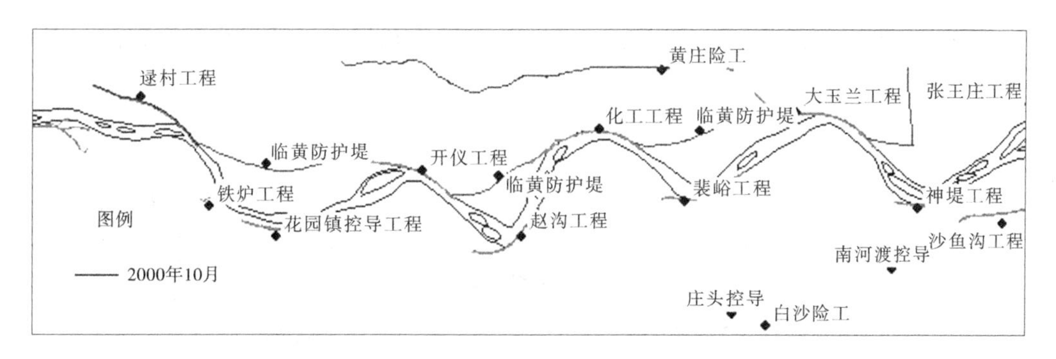

图 4-7　铁谢—伊洛河口河段整治模式

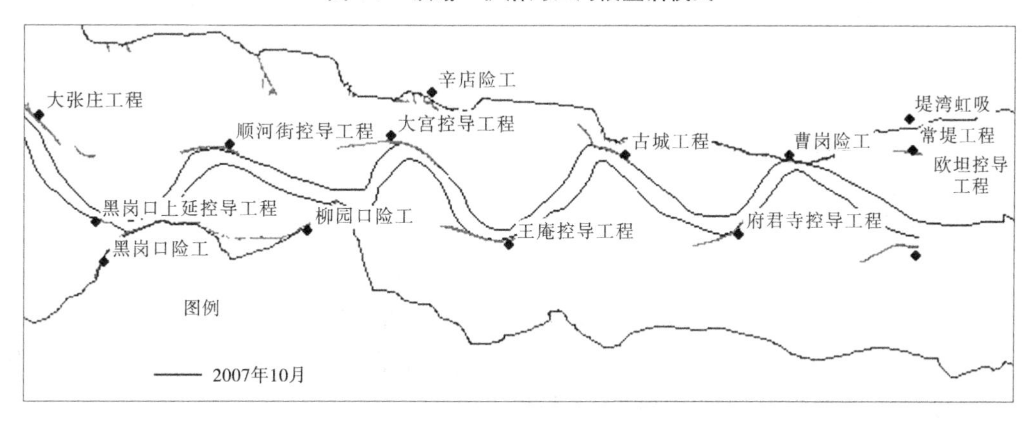

图 4-8　黑岗口—夹河滩河段整治模式

3. 辅助工程送溜整治

例如,“李桥—郭集—吴老家—苏阁”河段就是这种模式(见图 4-9)。该河段对岸整治工程间距约 6 km,弯曲系数为 1.08。郭集、吴老家工程起着辅助送溜作用。

图 4-9　“李桥—郭集—吴老家—苏阁”河段整治模式

4. 顺直整治模式

影堂—国那里河段(见图 4-10)即为这种模式。在影堂—国那里 12 km 顺直河段内,中间有 2 处工程辅助送溜(每工程间距 3.33 km),即为长河段辅助送溜顺直整治。弯曲系数约 1.03。

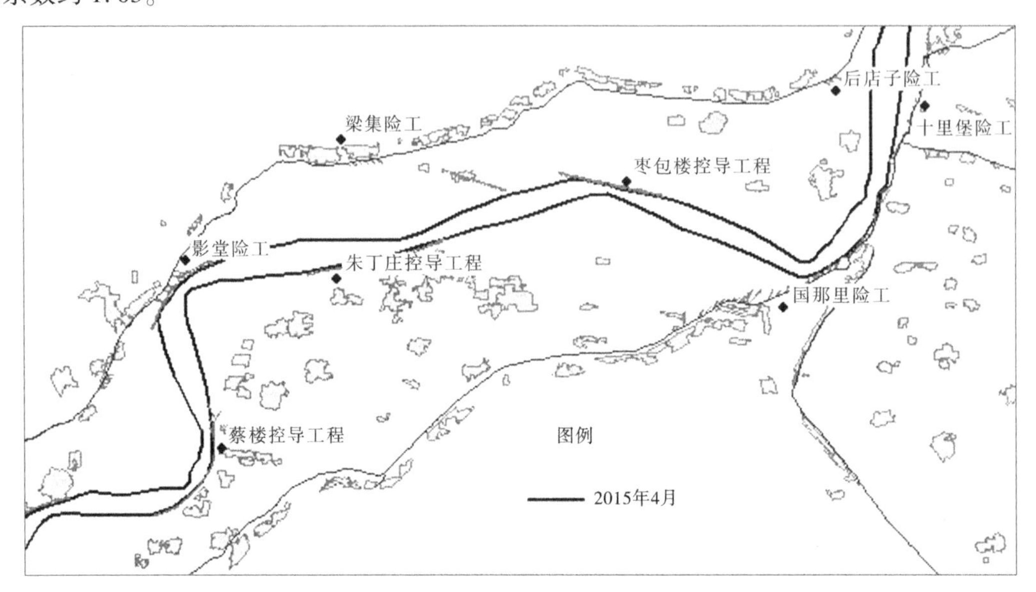

图 4-10　影堂—国那里河段整治模式

到 2016 年汛前,只有“大玉兰—金沟”“桃花峪—花园口”“三官庙—黑岗口”等三个河段河势变化仍较大,与规划治导线存在较大差距。

与其他大江大河以“双岸顺直整治”为主的指导思想不同,黄河下游游荡性河段“单岸微弯整治”的目标是:通过在同一河段的单岸修建控导工程,促使原较为不稳定的河势(弯曲系数 1.08)趋于微弯、稳定的方向(弯曲系数 1.20)发展。微弯型整治最大的优势在于:只在同一河段的单岸修建控导工程,即可减少河势(主槽)的游荡摆动幅度、摆动范围,防止大堤冲决,减少了塌滩;同时为洪水期主槽展宽、行洪能力增大等留出了较大的余地和空间,在控导工程对岸,对洪水水位的影响较小。

欧洲的莱茵河、美国的密西西比河、我国的汉江中下游等广泛采用的对口丁坝双岸顺直整治在同一河段的两岸同时做控导工程,显著缩窄了主槽宽度,并限制了洪水期主槽的冲刷展宽,对洪水水位的影响较大。

二、花园口以上河段河势变化的主要现象

小浪底水库 2000 年投入运用以来长期持续清水、小水下泻,与微弯型整治设计条件(中水、含沙量较高)差异很大,同时由于河道整治工程情况不同,下游河段河势变化也具有不同的特点。黑岗口以上河段总体表现为河势下挫,黑岗口以下河段总体表现为河势上提、趋弯,其中花园口以上河段河势下挫的现象更加明显。

铁谢—花园口河段处于游荡性河道的上段,河势变化受水沙条件的影响相对更大(见图 4-11),在河道整治工程逐步完善的条件下,河势经历了较为明显的“顺直(1992 年前)—弯曲—河势下挫、趋直—外形轮廓顺直框架下的不规则小湾”等 4 个阶段,弯曲系数也经历了“明显增大(1993—2000 年)—明显减小(2001—2010 年)—再有所增大(2011—2015 年)”

的 3 个变化过程，在一定程度上也反映了流量、含沙量及河道冲淤对河势的影响。

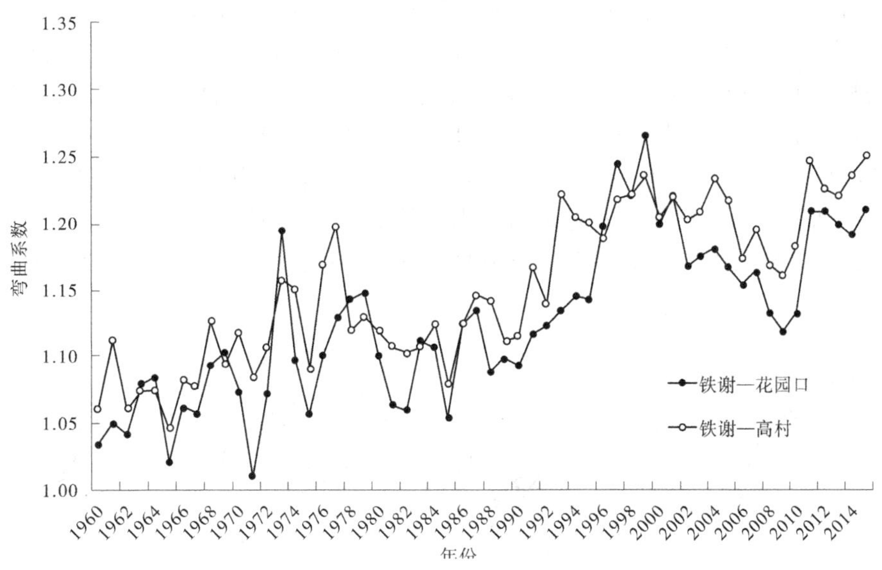

图 4-11 游荡性河段历年弯曲系数变化过程

同时受京汉铁路桥桥墩阻水的影响，桃花峪—花园口河段 2000 年以来河势趋于顺直，老田庵、保合寨、马庄、花园口等工程脱河。

(一) 小浪底水库运用前河势演变特点

1. 1960—1992 年河势

1960—1992 年游荡性河段河道整治工程较少，以自然演变为主，随着径流量的减少尤其洪水的减少和含沙量的增高，同时随着部分控导工程的建设，弯曲系数呈略增大的趋势但增幅较小。铁谢—高村河段由 1960 年前后的 1.08 增大为 1992 年前后的 1.14，其中铁谢—花园口由 1.04 增大为 1.12；弯曲系数与年水量之间总体上也具有一定的正相关趋势，随着年水量的减小，弯曲系数呈增大趋势(见图 4-12)。

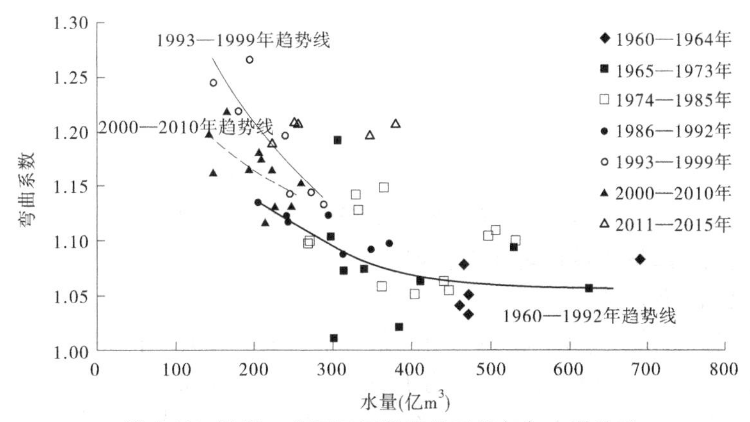

图 4-12 铁谢—花园口河段弯曲系数与年水量关系

2. 1993—1999 年河势

随着控导工程逐渐增多,尤其温孟滩移民安置区控导工程逐步完善(1995 年河道整治工程长度已达到河长的 95%),同时受 1988 年、1992 年高含沙洪水截支(汊)强干(主槽)、塑槽作用较强的影响,铁谢—花园口河段河势明显趋于弯曲性方向发展,弯曲系数由 1993 年的 1.12 增大到 1999 年的 1.26,是各历时时期中最大的(见图 4-11);由于控导工程的促进作用,弯曲系数—流量相关关系总体上位于相关图的左上方(见图 4-12)。

因此,河道整治工程能够较好地适应当时的水沙条件,控制河势的作用相对明显,铁谢—伊洛河口(见图 4-13)、孤柏嘴—花园口(见图 4-14)河段河势与规划治导线基本一致。

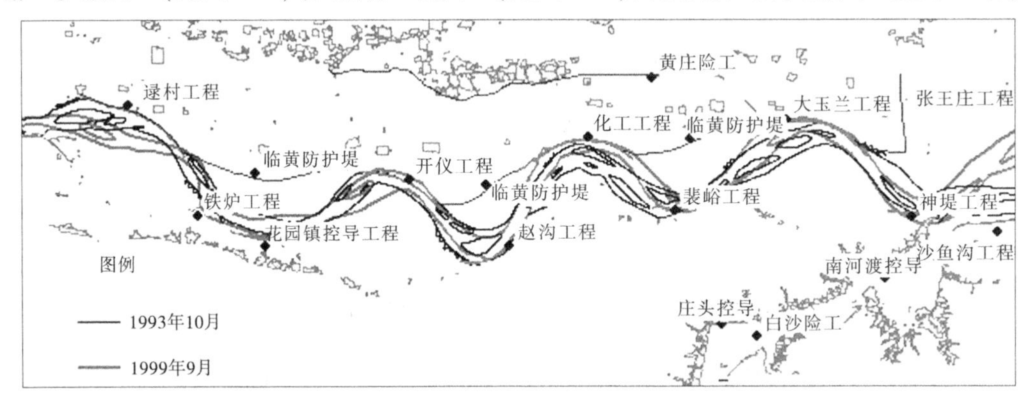

图 4-13 铁谢—伊洛河口河段 1993 年、1999 年河势

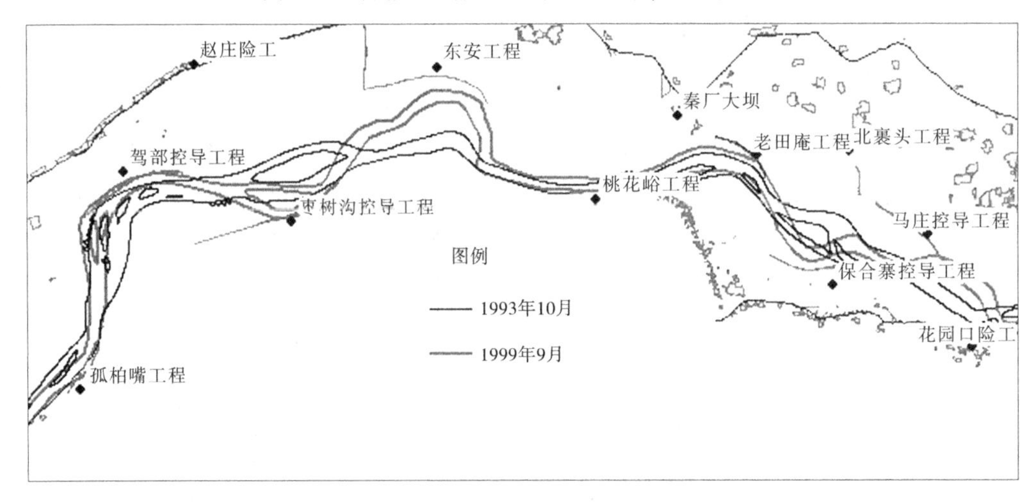

图 4-14 孤柏嘴—花园口河段 1993 年、1999 年河势

(二)小浪底水库运用后河势演变特点

1. 2000—2010 年河势

在前期河槽淤积萎缩、河势较为弯曲的条件下,2000—2010 年长期清水小水,河床发生持续冲刷,花园口以上河段河势总体趋于顺直方向发展,弯曲系数由 1999 年的 1.26 减小为 1.12,与 1992 年前后较为接近(见图 4-11)。同流量条件下的弯曲系数较 1993—1999 年也有较为明显的降低(见图 4-12)。同期铁谢—高村河段的弯曲系数也由 1999 年的 1.24 减小为 1.16,与 1992 年前后较为接近。

河势趋直、控导工程附近河势下挫也较为明显。温孟滩移民安置区河段位于游荡段的上段，在控导工程较为完善(1995 年整治工程已达河长的 95%)的情况下，除赵沟工程河势有所上提外，其他工程都有一定程度的下挫(见图 4-15)。

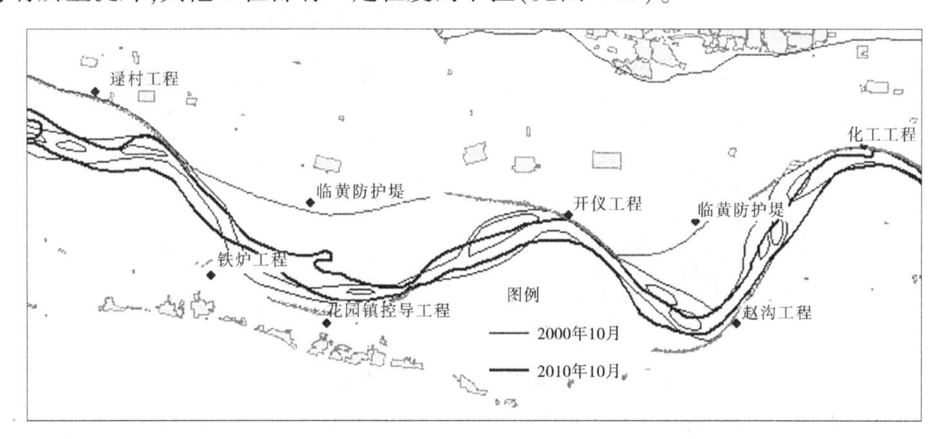

图 4-15　逯村—化工河势

桃花峪—花园口河段河势趋直的现象更加明显。在小浪底水库运用前以浑水为主的条件下，按照微弯型整治的思路，建成了较为完善的“桃花峪—老田庵—保合寨(南裹头)—马庄—花园口(东大坝)”控导工程体系，取得了“一弯导一弯”的良好效果，并曾被称为治理的“模范河段”(见图 4-16)。但小浪底水库运用后，长期持续清水小水，河势持续趋直、下挫，目前自桃花峪工程下首至花园口(东大坝)下首，河势基本演变成了长约 15 km 的顺直河段，老田庵、保合寨、马庄、花园口等连续四处控导工程脱河，保合寨(南裹头)下游右侧路堤 2010 年被冲塌(见图 4-17)。

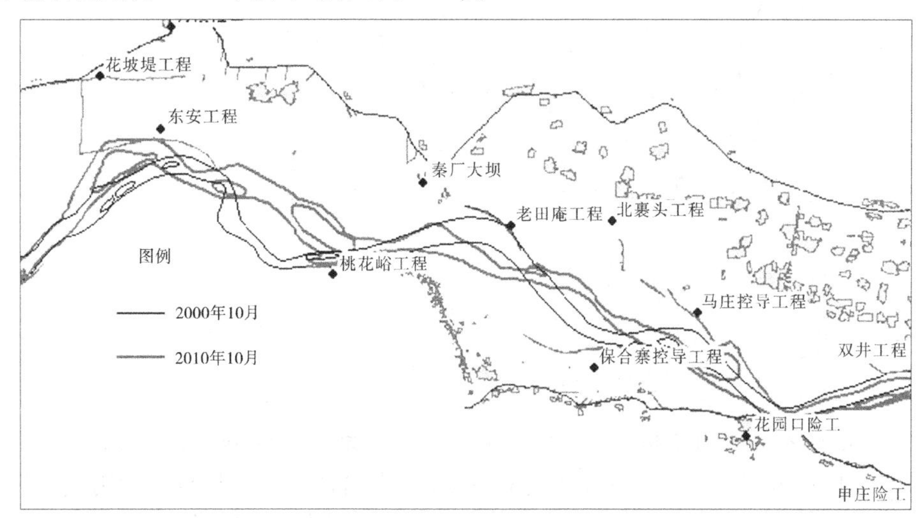

图 4-16　桃花峪—花园口河段河势

2. 2011—2015 年河势

花园口以上河段在 2010 年以前受清水冲刷的影响更加明显，河势总体表现为趋直的趋势。2011—2015 年受小水趋弯的影响更加明显，河势总体上趋于“小湾”方向发展。主

图 4-17　南裹头工程下游 2010 年路基塌滩

要表现为长期持续小水（800 m^3/s 流量级以下历时明显增长），部分河段送溜不力，在两岸控导工程之间长约 5 km 的顺直河段又出现了不规则的或者呈小 S 形的河湾，弯曲系数再次趋于增大方向发展。2015 年铁谢—高村、铁谢—花园口河段弯曲系数分别增大为 1.24 和 1.21（见图 4-11）。

顺直河段不规则或者呈小 S 形的河湾部分出现在顺直河段的中部，弯曲程度较轻时，导致下游控导工程附近河势下挫（见图 4-18）。当长期小水下泄时，河湾持续发展，加之缺少漫滩洪水"裁弯取直"的机会时，则存在逐步发展成"S 形、畸形河湾"的可能，如 2015 年东安—桃花峪河段"畸形河势"的雏形（见图 4-19）。

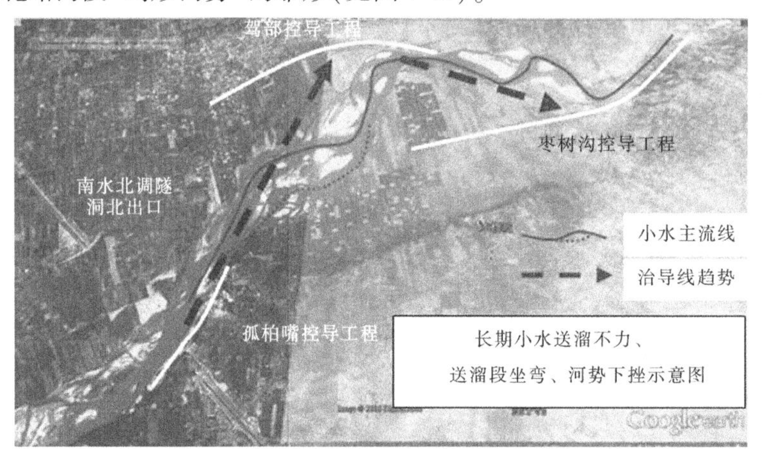

图 4-18　2011 年孤柏嘴—驾部—枣树沟控导工程之间顺直河段的小 S 形河湾

部分河段小 S 形河湾的出现位置更靠近下游，常出现在下游控导工程附近。从温孟滩河段 2015 年河势变化（见图 4-20）看，由于小水送溜不力，开仪、裴峪、大玉兰控导工程附近均表现 2 次靠河，尤其开仪和裴峪控导工程两次出现靠河的趋势，但并没有靠上主溜，都是依靠在工程下游出现的（滩区）弯道导流，进一步降低了对其下游河势的控导作用和导溜能力。

总体上看，花园口以上河段 2015 年河势仍被约束在两岸控导工程之间，对河道防洪

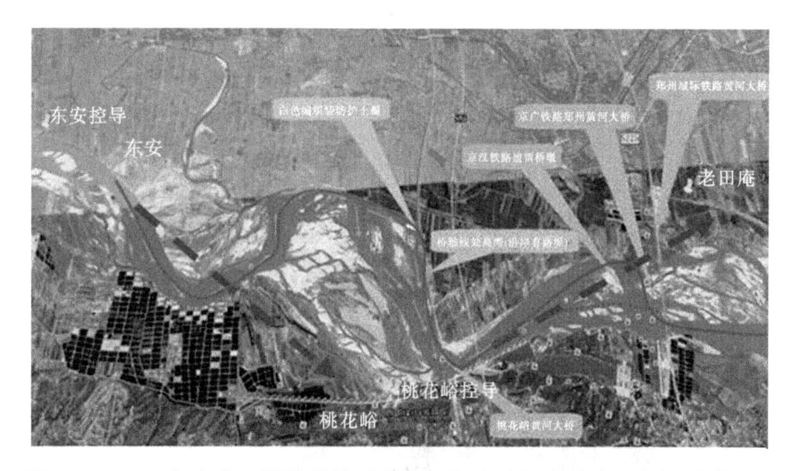

图 4-19　2016 年东安—桃花峪控导工程之间顺直河段的小 S 形河湾的发展

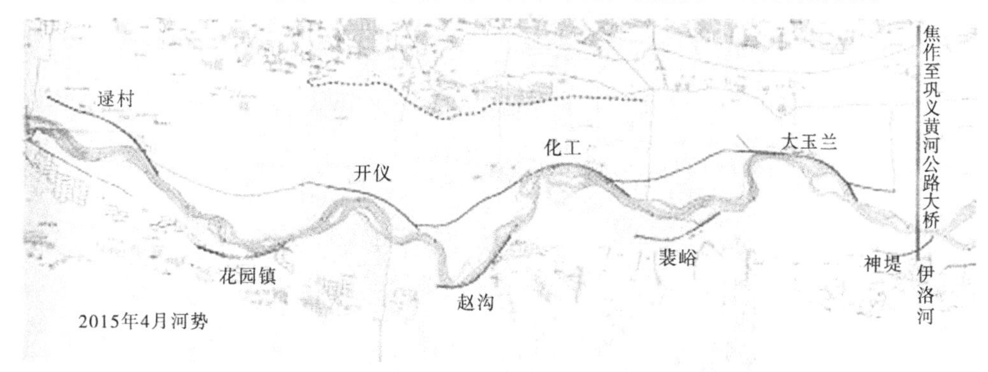

图 4-20　温孟滩河段 2015 年河势及控导工程前小 S 形河湾

影响不大,但部分控导工程河势下挫甚至脱河时有发生。同时,温孟滩移民安置区河段开仪、裴峪控导工程附近,东安—桃花峪河段等 3 处 S 形河湾存在进一步向“畸形河湾”发展的可能性,对移民围堤、滩区安全将构成一定的威胁,需要加强防范。

三、长期清水小水条件下河势下挫原因及趋势

(一)不同含沙量级洪水河势演变规律

通过实测资料分析了小浪底水库运用前后花园口以上河段河势的演变特点。但由于河势演变影响因素多,规律复杂,除河床边界条件外,河势与水流含沙量也具有一定的关系。为揭示含沙量因子变化对河势的影响,开展了不同含沙量级洪水河势演变(弯曲系数)规律(对比)概化模型试验(见图 4-21)。试验结果表明:

(1)在河道冲淤基本平衡(控制洪水期来沙系数 $S/Q=0.014$)的条件下,弯曲系数随着流量、河床比降减小呈明显的增大趋势,河势趋于弯曲性方向发展,反映了“小水趋弯”“下游更易于趋弯”的机制(见图 4-22 中的点划线)。

(2)在相同河床边界条件和流量条件下,与浑水水流相比,低含沙(清水)洪水河势更加趋直,河道弯曲程度有所降低,相同流量下弯曲系数减小(见图 4-22 中的虚线)。

(二)花园口以上河段河势下挫原因及趋势

小浪底水库 2000 年投入运用以来,黄河枯水少沙,下游长期清水小水,河道持续冲

图 4-21　河势演变规律概化模型试验场景

刷。总体上看,2010 年以前,黑岗口尤其花园口以上河段受清水趋直的影响更加明显,河势总体趋于趋直方向发展。在 2011 年以后,受小水趋弯的影响更加明显,河势总体上趋于“小湾”方向发展。黑岗口以下河段总体上受小水趋弯的影响更加明显,河势向着趋弯、上提方向发展。

结合实测资料分析,将花园口以上河段河势下挫的原因归纳为:

(1)2000—2010 年长期清水(低含沙),河势易于趋直下挫。“大水趋直、小水坐弯”是冲积性河道河势演变的基本规律。与一般含沙水流相比,低含沙(清水)洪水涨水阶段大水趋直、塌滩(岸滩冲刷)和打尖(凸岸滩唇冲刷)的作用更加强烈;落水阶段则由于没有足够的泥沙塑造河床,控导工程下首的滩地、弯顶对面的滩尖都得不到及时淤积,显著影响了“小水(入袖)坐弯”,从而导致河势更易于向趋直、下挫方向发展。

(2)2011 年之后持续小水,水流送溜不力,在前期较为顺直的河槽内,部分河段出现了不规则的河湾,进一步加剧了河势下挫的局面。

(3)滩岸坍塌、河槽相对宽浅,河岸对水流约束作用降低,进一步加剧了河势变化。下游河道主槽持续冲刷,在冲深下切的同时,滩岸坍塌、主槽展宽,河势变化的随机性增

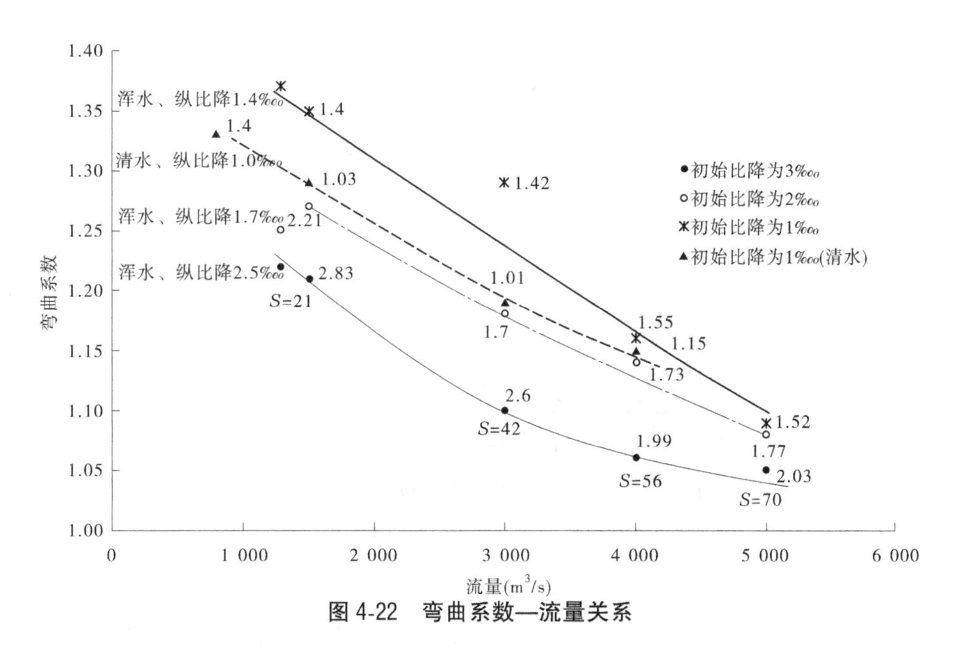

图 4-22　弯曲系数—流量关系

大。小水多弯(不出槽)流路的发展又进一步加剧了河岸的坍塌,易于形成“长期小水、不规则河湾形成—河岸塌滩加剧—小水河湾发展”的恶性循环。

(4)废弃的老京汉铁路桥桥墩对桃花峪—花园口河段河势有一定影响。长期持续清水小水,河床下切,老京汉铁路桥桥墩及抛石更加明显地高出水面,到 2015 年抛石高程已高出上游水面(枯水流量约 400 m^3/s)约 1.5 m(见图 4-23),形成较为明显的局部侵蚀基面,上下游水位差约 0.7 m(见图 4-24),对河势产生了一定的影响。

图 4-23　废弃的京汉铁路桥桥墩

长期枯水条件下的京汉铁路桥附近的河势在很大程度上取决于桥墩及抛石的分布情况,由于抛石高程在横断面分布上较为均匀,目前河势主要集中在右岸(南岸)0.9 km 范围内,水流较为均匀地下泄(见图 4-25)。

现场查勘还表明,在老京汉铁路桥下游约 400 m(见图 4-25),原京广铁路桥桥墩及抛石在枯水条件下也已经露出水面(见图 4-26),壅水作用增强,对河势演变具有一定的不利影响。

图 4-24　400 m^3/s 情况下水位差达到 0.7 m

(a)老京汉铁路桥

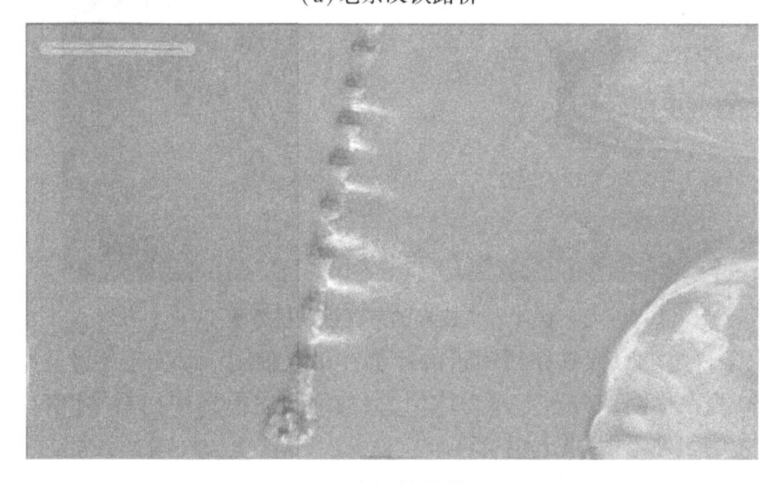

(b)京汉铁路桥

图 4-25　京汉铁路桥桥墩及抛石对枯水(400 m^3/s)流量的梳篦作用

图 4-26 原京广铁路桥桥墩及抛石枯水(400 m^3/s)期露出水面的情况

小浪底水库运用 15 a 来,花园口以上河段长期持续清水小水,河势下挫,滩地坍塌,并存在出现畸形河湾的可能性。随着清水小水的持续冲刷,这种现象总体上具有逐渐加剧的趋势。

四、加强游荡性河段河道整治的对策建议

(1)黄河下游游荡性河段采用“微弯型”整治取得了减少河势游荡摆动范围的效果,总体上对长期持续清水小水也具有较好的适应性。小浪底水库运用之前特别是 1993—1999 年,花园口以上河段控导工程控制河势较好,河势与规划治导线基本一致,弯曲系数约 1.26;2000—2010 年,花园口以上河段河势发生了较大变化,其中 2000—2010 年河势总体趋直,部分河段工程脱河,弯曲系数降为约 1.12;2011 年之后,两岸控导工程之间的部分顺直河段又出现了不规则或者呈小 S 形的河湾,部分河湾存在逐步发展为“畸形河湾”的可能性,若进一步发展可能会对开仪工程、移民围堤和滩区安全构成威胁。

为进一步稳定河势,减少塌滩,同时有利于下游引水,有利于艾山以下窄河段减淤和沿程冲刷的均衡发展,有利于提高调水调沙期的控制流量,建议进一步加强河道整治工程建设。针对长期清水小水送溜不力、河势下挫、控导工程靠溜部位偏下,河势趋直、部分控导工程脱河等情况,采用不同的对策措施。

(2)在长期持续清水小水条件下,针对工程送溜不力,河势下挫的问题,拟在现有微弯型整治工程的基础上,以下延潜坝为主,增加控导工程对清水小水河势的送溜长度,促进河势更加趋于治导线方向发展,避免出现“顺直河段范围内再出现小 S 形河湾、河势下挫甚至工程脱河”的不利局面。

(3)对河势趋直,部分控导工程脱河的“桃花峪—花园口”河段需采取综合措施:

首先,进一步全面掌握老京汉铁路桥、原京广铁路桥桥墩及抛石的情况,分析其对河势的影响。若既有废弃桥墩和抛石对河势具有重大甚至决定性影响,可考虑在治导线范围内对阻水桥墩及抛石进行彻底清理,初步解决桃花峪—老田庵河段入溜(龙头)河势的

突出问题。

同时，加强对长期持续清水小水条件下该河段及“大玉兰—金沟”“三官庙—黑岗口”等河势较为散乱河段治理方案的研究工作。通过系统的模型试验对“现有规划微弯型整治”、提出的“单岸辅助送溜整治”“对口丁坝双岸整治”等方案进行综合比选，立足于控制小水河势，减少塌滩，使重要防洪工程（花园口、黑岗口）靠河，改善引水条件为主要目标，并兼顾输沙减淤，减缓“上冲下淤”及“沿程冲刷不均衡性”、生态环境与景观需求，提出相对较优的实施方案。

第五章　宁蒙河道减淤途径及风沙入黄量

黄河上游已修建的龙羊峡、刘家峡两座干流大型调蓄水库(简称龙刘水库)在供水、水电开发和防洪防凌等方面取得了一定的经济社会效益。但是在龙刘水库1986年联合运用后到20世纪末,在流域径流量减少和引水量增加的背景下,水库下游的宁蒙河道出现河床不断淤积抬高等问题,不仅直接威胁到河段的洪凌安全,而且影响到该地区的经济社会持续发展及西部大开发战略实施的进程。与此同时,黑山峡河段开发方式之争已历经几十年,一直由于关键争议未得到解决,开发方式的分歧依然很大而且日趋尖锐,黑山峡河段的开发搁置多年,使国家损失了大量的水电资源,同时不利于黄河流域丰富的油气能源开发,因此迫切需要在关键争议问题上取得突破,达成共识。

在黑山峡开发方案中,关于泥沙问题的争议在于两点:①入黄风沙量及宁蒙河道淤积主因;②粗泥沙输送能力及洪水过程的作用大小。这两个问题是相互关联的,有的认为宁蒙河道入黄风沙量大且泥沙粗,是河道淤积的主体,而且由于泥沙颗粒粗,水流难以冲刷,因此通过水库调节大流量不能起到冲刷宁蒙河道淤积的粗泥沙的作用,黑山峡河段没必要修建高坝大库调节水流,而是要加强沙漠治理减少入黄风沙;有的认为,泥沙依靠水流输送,水流输沙能力是与流量大小密切相关的,龙刘水库联合运用削减了流量,是宁蒙河道淤积加重的主要原因,需要在黑山峡河段建设具有较大调节能力的高坝大库作为反调节水库,恢复一定大流量过程减淤,同时对维持中下游河道泥沙输送也是非常重要的。

可以看到,争议的产生是对宁蒙河段的泥沙属性、输移规律及河床演变的认识还不够清楚造成的。针对上述关键问题,黄河水利科学研究院连续多年开展了宁蒙河道泥沙和河道演变的研究工作,澄清了部分看法。主要认识包括:①冲积性河道泥沙主要依靠输送泥沙而不是冲刷淤积的泥沙,水库调水调沙效果取决于输送泥沙量的大小而不是冲刷量;②宁蒙河道淤积问题主要集中于三湖河口—头道拐河段,该河段泥沙输送与水沙条件关系非常密切,只有大流量低含沙才发生冲刷,平水小流量期存在“上冲下淤”现象;③龙刘水库运用对三湖河口—头道拐河段泥沙输移具有双重不利影响,洪水期降低流量导致输沙量减少,平水期历时增长造成上冲下淤加剧,这是宁蒙河道1987—1999年淤积加重的主要原因;④宁蒙河道泥沙较粗、水流输沙能力低,需要大力加强粗泥沙来源治理。

本章在前期多年研究的基础上,着重针对宁蒙河道争议的焦点——粗泥沙问题,研究了宁蒙河道主要河段不同粒径泥沙的时空分布及其与水沙条件的定量关系,在揭示宁蒙河道不同粒径泥沙冲淤调整机制的基础上,剖分了“宁蒙河道淤积的原因”和“淤积加重的原因”,从而科学化解了黑山峡河段开发争议的焦点问题,进而提出宁蒙河道“拦粗排细”综合治理的建议,并根据研究成果运用数学模型模拟分析了各种措施的治理效果。

一、宁蒙河道减淤途径

(一)宁蒙河道来沙及淤积特点

根据黄河泥沙特点,将其划分为粒径小于0.025 mm的细泥沙,粒径为0.025~0.05 mm的中泥沙,粒径为0.05~0.1 mm的较粗泥沙,粒径大于0.1 mm的特粗泥沙。较粗泥沙和特粗泥沙合称为粗泥沙。

1.泥沙来源及组成

以宁蒙河道干流进口控制水文站下河沿输沙量为上游来沙,加上下河沿—头道拐区间的支流来沙和风沙,作为宁蒙河道的总来沙量,根据各来源泥沙的组成,计算出总来沙量的泥沙组成(见表5-1)。宁蒙河道多年平均(1959—2012年)来沙量为1.760亿t,其中大部分来自下河沿以上地区,约1.050亿t,占总量约60%;其次来自区间支流(清水河、苦水河等),年均0.357亿t,约占20%;其他为十大孔兑来沙和风沙,分别为0.197亿t和0.156亿t,约各占宁蒙河道总来沙量的10%。

表5-1　宁蒙河道泥沙来源及分组构成

泥沙参数	区间	分组泥沙量				
		全沙	细泥沙(<0.025 mm)	中泥沙(0.025~0.05 mm)	较粗泥沙(0.05~0.1 mm)	特粗泥沙(>0.1 mm)
沙量(亿t)	宁蒙	1.760	0.952	0.334	0.222	0.252
	下河沿	1.050	0.654	0.227	0.122	0.047
	支流	0.357	0.219	0.082	0.050	0.006
	孔兑	0.197	0.079	0.025	0.027	0.066
	风沙	0.156	0	0	0.023	0.133
分组泥沙比例(%)	宁蒙	100	54.1	19.0	12.6	14.3
	下河沿	100	62.3	21.6	11.6	4.5
	支流	100	61.4	23.0	14.0	1.6
	孔兑	100	39.9	12.8	13.6	33.7
	风沙	100	0	0	15.0	85.0
各来源区分组泥沙占宁蒙分组沙比例(%)	宁蒙	100	100	100	100	100
	下河沿	59.6	68.8	68.0	55.0	18.7
	支流	20.3	23.0	24.6	22.5	2.4
	孔兑	11.2	8.2	7.4	12.2	26.2
	风沙	8.9	0	0	10.3	52.8

宁蒙河道总来沙中细泥沙约1亿t,占总量的54.1%,是来沙的主体;其次是中泥沙,为0.334亿t,占总量的19.0%;较粗泥沙和特粗泥沙来量较少,分别为0.222亿t和

0.252 亿 t，占总量的 12.6%和 14.3%。

宁蒙河道不同粒径泥沙来源比较分明。细泥沙和中泥沙和较粗泥沙主要来自下河沿以上干流和部分支流（清水河、苦水河等），这两部分来源的细泥沙比例在 60%以上，细泥沙量合计占宁蒙河道细泥沙总来沙量的 91.8%；这两部分来源的中泥沙比例在 20%以上，中泥沙量合计占宁蒙河道总中泥沙量的 92.6%；这两部分来源的较粗泥沙比例在 10%以上，较粗泥沙量合计占宁蒙河道总较粗泥沙量的 77.5%。特粗泥沙则主要来源于十大孔兑和风沙，尤其是风沙中特粗泥沙含量达到 85%，十大孔兑和风沙中的特粗泥沙分别占宁蒙河道总特粗泥沙量的 26.2%和 52.8%，两者合计占 79%。

2. 淤积时空分布

宁蒙河道 1952—2013 年长时期为淤积，共淤积 23.920 亿 t，年均淤积 0.386 亿 t（见表 5-2），淤积比为 20%。除 1961—1968 年冲刷 3.149 亿 t 外，各时期都是淤积的，其中 1952—1960 年和 1987—1999 年淤积最多，分别淤积 10.623 亿 t 和 11.805 亿 t，分别占总淤积量的 44.4%和 49.4%，年均淤积达 1.180 亿 t 和 0.909 亿 t。

表 5-2　宁蒙河道不同时段冲淤量

淤积量	1952—1960 年	1961—1968 年	1969—1986 年	1987—1999 年	2000—2013 年	1952—2013 年
淤积总量（亿 t）	10.623	-3.149	1.732	11.805	2.909	23.920
占总量比例（%）	44.4	-13.2	7.2	49.4	12.2	100.0
年均淤积量（亿 t）	1.180	-0.394	0.096	0.909	0.209	0.386
年均来沙量（亿 t）	3.176	2.691	1.720	1.924	0.954	1.942
淤积比（%）	37	-15	6	47	22	20

与 1952—1960 年相比，1987—1999 年宁蒙河道淤积加重，表现在来沙量年均减少 1.252 亿 t，而淤积量年均仅减少 0.272 亿 t，河道淤积比由 37%增加到 47%。2000—2013 年在来沙量不足 1 亿 t 的条件下年均淤积 0.208 亿 t，淤积比也达到 22%。

从冲淤的空间分布来看，淤积最严重的河段为三湖河口—头道拐河段，长时期和 1987—1999 年、2000—2013 年平均淤积量高达 0.196 亿 t、0.374 亿 t、0.135 亿 t，分别占宁蒙河道总淤积量的 50.9%、41.1%和 64.6%（见表 5-3）。

表 5-3　宁蒙河道不同河段冲淤量

河段	长时期(1952—2013 年)		1987—1999 年		2000—2013 年	
	年均冲淤量(亿 t)	占总量比例(%)	年均冲淤量(亿 t)	占总量比例(%)	年均冲淤量(亿 t)	占总量比例(%)
下河沿—青铜峡	0.054	13.7	0.043	4.7	0.056	26.8
青铜峡—石嘴山	0.021	5.5	0.142	15.6	-0.031	-14.8
石嘴山—巴彦高勒	0.065	16.9	0.085	9.4	0.040	19.1
巴彦高勒—三湖河口	0.050	13.0	0.265	29.2	0.009	4.3
三湖河口—头道拐	0.196	50.9	0.374	41.1	0.135	64.6
下河沿—头道拐	0.386	100.0	0.909	100.0	0.209	100.0

3. 巴彦高勒—头道拐河段淤积泥沙构成

宁蒙河道观测资料比较缺乏，根据资料情况，本次以宁蒙河道主要冲淤调整段巴彦高勒—头道拐河段 1959—2012 年分组泥沙的冲淤变化来分析宁蒙河道分组泥沙的冲淤特点。

河段长时期年均来沙量 1.185 亿 t(见表 5-4)，年均淤积 0.203 亿 t，淤积比为 17.1%。不同粒径泥沙输送差异非常大，细泥沙和中泥沙易于输送，淤积比很小，来沙中分别只有 4.1%和 9.2%的泥沙淤积下来，因此这两部分泥沙在淤积物中的比例也较低，分别仅占淤积总量的 12.6%和 10.6%。较粗泥沙淤积比稍大一些为 24.5%，在淤积物中所占比例为 20.6%。最难以输送的是特粗泥沙，虽然年均仅来沙 0.158 亿 t，但淤积量达到 0.114 亿 t，有 72.1%的来沙淤积下来，在淤积物中的比例高达 56.2%。因此，从长时期来看，宁蒙河道淤积的大部分是粗泥沙，其中又以特粗泥沙为主。

表 5-4　巴彦高勒—头道拐河段 1959—2012 年分组泥沙冲淤量

泥沙参数		全沙	细泥沙(<0.025 mm)	中泥沙(0.025~0.05 mm)	较粗泥沙(0.05~0.1 mm)	特粗泥沙(>0.1 mm)
来沙量(亿 t)	总量	64.046	33.757	12.553	9.203	8.533
	年均	1.185	0.625	0.232	0.170	0.158
来沙量构成(%)		100.0	52.7	19.6	14.4	13.3
冲淤量(亿 t)	总量	10.940	1.378	1.157	2.257	6.148
	年均	0.203	0.026	0.021	0.042	0.114
冲淤量构成(%)		100.0	12.6	10.6	20.6	56.2
淤积比(%)		17.1	4.1	9.2	24.5	72.1

注：来沙量构成=分组泥沙量/总沙量(%)；冲淤量构成=分组冲淤量/总冲淤量(%)；淤积比=分组冲淤量/分组来沙量(%)。

从全沙和分组泥沙的累计冲淤量可以看到(见图5-1),长时期河段全沙淤积量随水沙条件变化比较大,随着来水来沙的变化有不同的冲淤演变趋势,1969—1987年总体处于微冲的趋势,1987—2003年淤积趋势十分明显。而特粗泥沙淤积则表现为长期、持续,其持续淤积的趋势基本不随其他因素的改变而变化,说明特粗泥沙是河段淤积的主体,长系列特粗泥沙淤积量占全沙淤积量的56.2%。同时可以看到,在一些年份特粗泥沙淤积量出现"台阶"状的抬升,分析发现这些年份基本上都是孔兑来沙量较大的时期,说明孔兑来沙对特粗泥沙的淤积影响比较大。与特粗泥沙不同的是,细泥沙、中泥沙甚至是较粗泥沙随水沙条件的变化表现为不同的调整趋势,冲淤调整的方向与全沙变化趋势基本一致,说明细泥沙和中泥沙的冲刷在很大程度上决定了河段冲淤程度和发展方向。

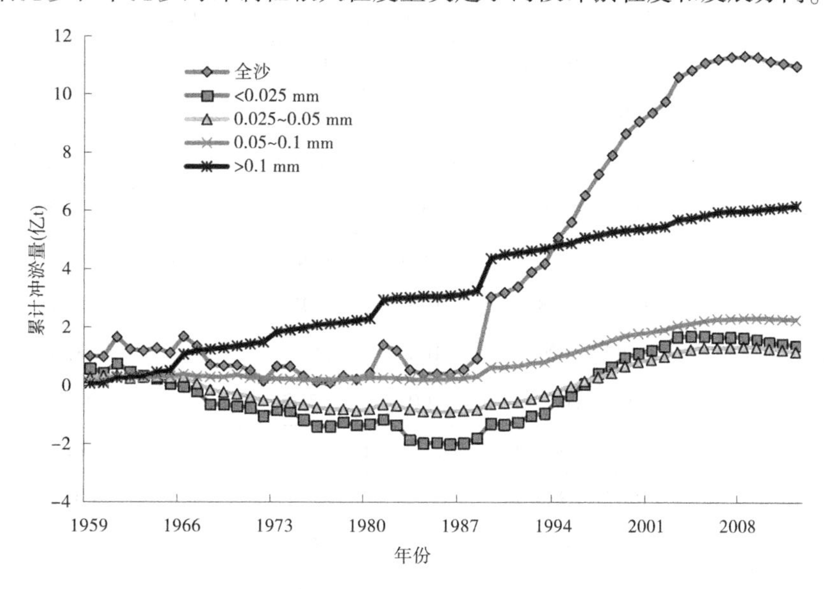

图5-1 巴彦高勒—头道拐河段分组泥沙累计冲淤量过程

(二)龙刘水库联合运用后分组泥沙淤积特点及原因

1959—1968年仅在1961年后修建了青铜峡水库和三盛公水利枢纽,对研究河段水沙在短时期内变化有一定影响,但不影响时段的泥沙冲淤特点,可看作大型水库修建前自然时期,将1987—1999年和2000—2012年冲淤与其对比分析,可阐明龙刘水库联合运用后河道淤积特点并探求发生原因。

1.龙刘水库联合运用后分组泥沙淤积特点

巴彦高勒—头道拐河段1959—1968年平均来沙量2.162亿t(见表5-5),年均淤积0.070亿t,淤积比仅3.2%;分组泥沙差别较大,细泥沙和中泥沙是冲刷的,较粗泥沙和特粗泥沙发生淤积,尤其是特粗泥沙虽然年均仅来沙0.179亿t,但淤积比例高达68.7%。而在龙刘水库联合运用后的1987—1999年和2000—2012年,来沙量尽管分别减少到1.098亿t和0.633亿t,但淤积比却高达58.2%和28.0%;最显著的差别在于原本冲刷的细泥沙和中泥沙变为淤积,两时期细泥沙的淤积比分别为43.7%和10.7%,占总淤积量的35.8%和17.6%,中泥沙的淤积比也分别达到60.3%和29.9%,占总淤积量的18.8%和21.5%;因此从淤积增加量构成来看,龙刘水库运用后增加的淤积量主要是细泥沙、中泥沙的淤积,尤其是细泥沙占 50%以上。对比来看自然时期冲刷的细泥沙、中泥沙在龙刘水库运用后不仅转为淤积,而且在 1987—1999 年甚至超过粗泥沙成为淤积的主体,因而也是增淤的主体。

表 5-5　巴彦高勒—头道拐河段各时期全年分组泥沙冲淤情况

泥沙参数		时期	全沙	细泥沙	中泥沙	较粗泥沙	特粗泥沙
来沙量(亿 t)		1959—1968 年	2.162	1.285	0.428	0.270	0.179
		1987—1999 年	1.098	0.524	0.199	0.178	0.197
		2000—2012 年	0.633	0.289	0.127	0.110	0.107
来沙量构成(%)		1959—1968 年	100.0	59.4	19.8	12.5	8.3
		1987—1999 年	100.0	47.7	18.1	16.2	18.0
		2000—2012 年	100.0	45.7	20.0	17.4	16.9
冲淤量(亿 t)		1959—1968 年	0.070	-0.065	-0.016	0.028	0.123
		1987—1999 年	0.639	0.229	0.120	0.115	0.175
		2000—2012 年	0.177	0.031	0.038	0.043	0.065
冲淤量构成(%)		1959—1968 年	100	-93	-23	39.9	176.1
		1987—1999 年	100	35.8	18.8	18.0	27.4
		2000—2012 年	100	17.6	21.5	24.3	36.5
淤积比(%)		1959—1968 年	3.2	-5.1	-3.8	10.4	68.7
		1987—1999 年	58.2	43.7	60.3	64.6	88.8
		2000—2012 年	28.0	10.7	29.9	39.1	60.7
与 1959—1968 年相比	冲淤量变化量(亿 t)	1987—1999 年	0.569	0.294	0.136	0.087	0.052
		2000—2012 年	0.107	0.096	0.054	0.015	-0.058
	冲淤量变化量构成(%)	1987—1999 年	100	52.2	24.2	15.0	8.6
		2000—2012 年	100	89.7	50.6	14.0	-54.3

注:来沙量构成=分组泥沙量/总沙量(%);冲淤量构成=分组冲淤量/总冲淤量(%);淤积比=分组冲淤量/分组来沙量(%);冲淤量变化量构成=分组冲淤量变化量/总冲淤量变化量(%)。

2. 原因分析

刘家峡水库自 1968 年投入运用后改变了年内水沙过程,但由于调节能力不大其影响相对有限,主要是水库拦沙作用较大,形成 1968—1986 年宁蒙河道自然情况下难以出现的连续冲刷过程。龙羊峡水库自 1986 年与刘家峡水库联合运用后,对水流过程影响巨大,导致整个年内的泥沙输移和冲淤调整特点,尤其是与水流强度关系密切的细泥沙、中泥沙冲淤特性发生了质的改变。

黄河上游年内水沙过程可划分为如下 3 个时段(见图 5-2):

(1)主汛期 7—8 月洪水较大,大流量持续时间较长,此时段正是流域面上的来沙时期,水流含沙量较高(见图 5-3),因此主汛期是输沙的主要时期,大部分细泥沙和中泥沙、少量的粗泥沙被送走，而大部分粗泥沙难以输送，淤积下来(见表 5-6)。

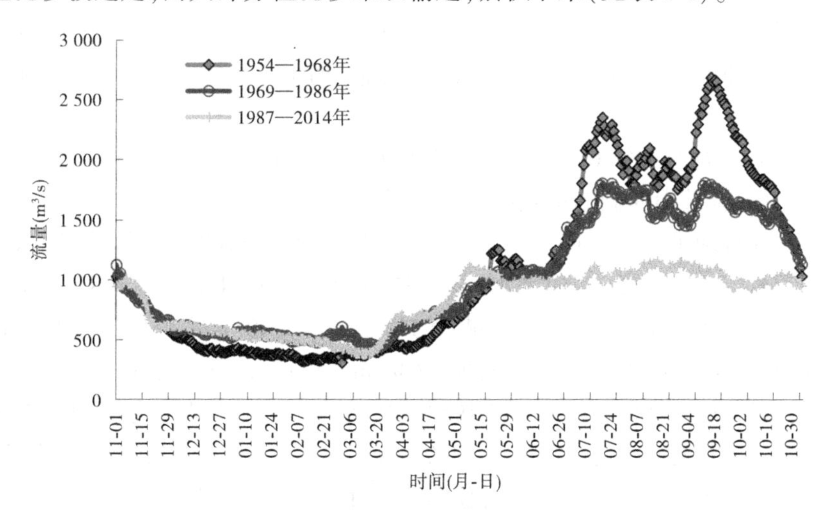

图 5-2　下河沿各时期平均流量过程

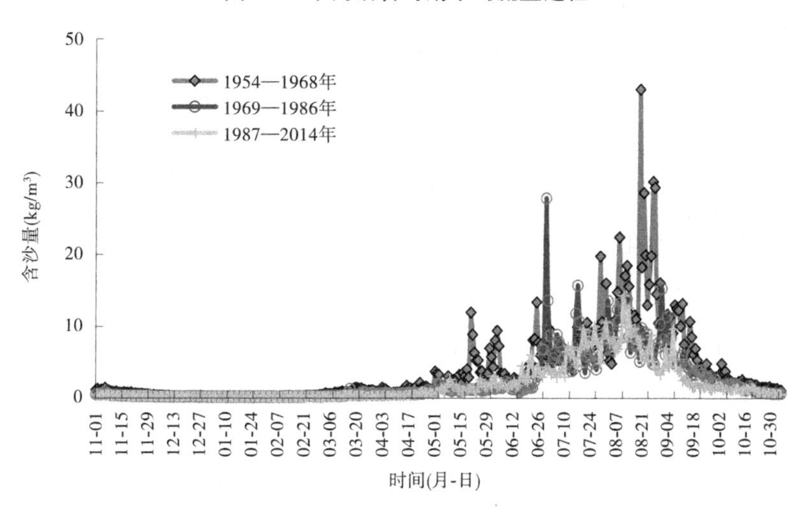

图 5-3　下河沿各时期含沙量过程

表 5-6　宁蒙河道水库修建前后年内冲淤调整状态对比

水沙态势		11 月至翌年 6 月	主汛期 7—8 月	秋汛期 9—10 月
来沙情况		风沙、上游冲刷物	上游、支流、孔兑	上游冲刷物
水库修建前	水沙关系/输沙状态	小水少沙/基本平衡	大水大沙/超饱和输沙	大水少沙/次饱和输沙
	冲淤状态	全沙微冲微淤	粗泥沙淤积为主	中细泥沙冲刷
水库修建后	水沙关系/输沙状态	平水少沙/上冲下淤	平水大沙/超饱和输沙	平水少沙/上冲下淤
	冲淤状态	全沙增淤	全沙淤积，中细泥沙为主	全沙增淤

(2)秋汛期9—10月,由于上游经常有秋汛洪水,因此流量也较大,水量基本与主汛期相当,但是由于此时流域来沙较少,因此这一时段河道以冲刷为主,不仅将前期淤积的细泥沙和中泥沙冲走,而且由于流量大可以冲刷部分粗泥沙,对河道起到了很好的恢复作用。

(3)非汛期11月至翌年6月,流域来沙很少,同时流量也很小,冲淤调整微弱,基本是微冲,但是由于流量小冲刷的仍是细泥沙,粗泥沙淤积。

分析年内各时期水量变化可以看到(见表5-7),1954—1968年主汛期、秋汛期水量分别为105.2亿m^3、104.3亿m^3,而到水库运用之后的1969—1986年、1987—2014年两个时期,水量显著减少,主汛期水量分别减少18.6亿m^3、48.3亿m^3,流量相应减少347 m^3/s和901 m^3/s;秋汛期水量也分别减少22亿m^3、51.3亿m^3,流量相应减少417 m^3/s和973 m^3/s;非汛期水量有所增加,较1954—1968年,两个时期分别增加17.3亿m^3、15.4亿m^3,平均流量相应增加82 m^3/s和73 m^3/s。在上述变化的流量条件下,巴彦高勒—头道拐河段年内各时期分组泥沙冲淤特点发生了很大变化。

表5-7 不同时期下河沿站年内各时段径流量变化

<table>
<tr><th>径流</th><th>时段</th><th>参数</th><th>1954—1968年</th><th>1969—1986年</th><th>1987—2014年</th></tr>
<tr><td rowspan="6">水量
(亿m^3)</td><td rowspan="2">主汛期
7—8月</td><td>水量</td><td>105.2</td><td>86.6</td><td>56.9</td></tr>
<tr><td>变化量</td><td></td><td>-18.6</td><td>-48.3</td></tr>
<tr><td rowspan="2">秋汛期
9—10月</td><td>水量</td><td>104.3</td><td>82.3</td><td>53.0</td></tr>
<tr><td>变化量</td><td></td><td>-22.0</td><td>-51.3</td></tr>
<tr><td rowspan="2">非汛期
11月至翌年6月</td><td>水量</td><td>132.2</td><td>149.5</td><td>147.6</td></tr>
<tr><td>变化量</td><td></td><td>17.3</td><td>15.4</td></tr>
<tr><td rowspan="6">平均流量
(m^3/s)</td><td rowspan="2">主汛期
7—8月</td><td>流量</td><td>1 963</td><td>1 616</td><td>1 062</td></tr>
<tr><td>变化量</td><td></td><td>-347</td><td>-901</td></tr>
<tr><td rowspan="2">秋汛期
9—10月</td><td>流量</td><td>1 979</td><td>1 562</td><td>1 007</td></tr>
<tr><td>变化量</td><td></td><td>-417</td><td>-973</td></tr>
<tr><td rowspan="2">非汛期11月
至翌年6月</td><td>流量</td><td>629</td><td>712</td><td>703</td></tr>
<tr><td>变化量</td><td></td><td>82</td><td>73</td></tr>
</table>

注:变化量为各时期与1954—1968年相比。

首先是主汛期分组泥沙冲淤特点的变化(见表5-8)。1959—1968年全沙的淤积比为27.3%,其中特粗泥沙的淤积比非常大,达到85.3%,其他组泥沙淤积比在30%以下,因此特粗泥沙在淤积物中占27.4%,中泥沙和较粗泥沙仅分别占10%左右,而细泥沙由于该时期漫滩洪水造成淤积量较大,占总量的51.7%。对比1987—1999年和2000—2012年,虽然主汛期来沙量减少,但淤积比显著增高,分别高达72.0%和52.2%;最大的变化是细泥沙、中泥沙淤积比的增高,由30%以下分别增加到60%以上和45%以上,因此也成为淤积量的主体,细泥沙的淤积量占总量的比例分别达到42.1%和51.7%;两个时期与

1959—1969 年相比一个是增淤一个是减淤，但是可以看到在冲淤量变化量构成中细泥沙的比例分别为 24.3%和 51.7%，说明细泥沙的冲淤决定了主汛期的淤积量大小。

表 5-8 巴彦高勒—头道拐河段主汛期分组泥沙冲淤量

泥沙量	时期	全沙	细泥沙	中泥沙	较粗泥沙	特粗泥沙
来沙量(亿 t)	1959—1968 年	1.157	0.733	0.199	0.123	0.102
	1987—1999 年	0.675	0.333	0.110	0.108	0.124
	2000—2012 年	0.214	0.117	0.037	0.031	0.029
来沙量构成(%)	1959—1968 年	100.0	63.4	17.2	10.6	8.8
	1987—1999 年	100.0	49.3	16.3	16.0	18.4
	2000—2012 年	100.0	54.7	17.3	14.5	13.5
冲淤量(亿 t)	1959—1968 年	0.317	0.164	0.03	0.036	0.087
	1987—1999 年	0.486	0.205	0.079	0.084	0.118
	2000—2012 年	0.112	0.058	0.017	0.017	0.020
冲淤量构成(%)	1959—1968 年	100.0	51.7	9.5	11.4	27.4
	1987—1999 年	100.0	42.1	16.3	17.2	24.4
	2000—2012 年	100.0	51.7	15.1	15.1	18.1
淤积比(%)	1959—1968 年	27.3	22.4	15.0	29.3	85.3
	1987—1999 年	72.0	61.6	71.8	77.8	95.2
	2000—2012 年	52.3	49.6	45.9	54.8	69.0
与 1959—1968 年相比 冲淤量变化量(亿 t)	1987—1999 年	0.169	0.041	0.049	0.048	0.031
	2000—2012 年	-0.205	-0.106	-0.013	-0.019	-0.067
与 1959—1968 年相比 冲淤量变化量构成(%)	1987—1999 年	100	24.3	29.0	28.4	18.3
	2000—2012 年	100	51.7	6.3	9.3	32.7

注：来沙量构成=分组泥沙量/总沙量(%)；冲淤量构成=分组冲淤量/总冲淤量(%)；淤积比=分组冲淤量/分组来沙量(%)；冲淤量变化量构成=分组冲淤量变化量/总冲淤量变化量(%)。

其次是秋汛期的冲淤变化。由表 5-9 可见，1959—1968 年秋汛期是冲刷的，冲刷的主要是细泥沙、中泥沙和较粗泥沙，而特粗泥沙尽管来沙量较少但仍然是淤积的，淤积比达到 31.4%。对比 1987—1999 年和 2000—2012 年，来沙量大量减少，但是河道转为淤积和基本冲淤平衡，细泥沙和中泥沙也基本变为淤积。与 1959—1968 年相比两时期都是增淤的，而且增淤量中 75%以上和 20%以上是细泥沙和中泥沙。

表 5-9　巴彦高勒—头道拐河段秋汛期分组泥沙冲淤量

项目	时期	全沙	细泥沙	中泥沙	较粗泥沙	特粗泥沙
来沙量(亿 t)	1959—1968 年	0. 660	0. 379	0. 158	0. 095	0. 028
	1987—1999 年	0. 110	0. 071	0. 017	0. 013	0. 009
	2000—2012 年	0. 130	0. 074	0. 026	0. 019	0. 011
来沙量构成(%)	1959—1968 年	100. 0	57. 4	24. 0	14. 4	4. 2
	1987—1999 年	100. 0	65. 4	15. 2	11. 5	7. 9
	2000—2012 年	100. 0	56. 6	20. 2	14. 4	8. 8
冲淤量(亿 t)	1959—1968 年	-0. 174	-0. 136	-0. 038	-0. 009	0. 009
	1987—1999 年	0. 011	0. 009	0	-0. 002	0. 004
	2000—2012 年	-0. 002	-0. 005	0. 002	0. 001	0
冲淤量构成(%)	1959—1968 年	100	78. 2	21. 8	5. 2	-5. 2
	1987—1999 年	100	81. 8	0	-18. 2	36. 4
	2000—2012 年	100	250. 0	-100. 0	-50. 0	0
淤积比(%)	1959—1968 年	-26. 4	-35. 8	-23. 7	-9. 3	31. 3
	1987—1999 年	10. 0	12. 7	0	-15. 4	44. 4
	2000—2012 年	-1. 5	-6. 8	7. 7	5. 3	0
与 1959—1968 年相比 冲淤量变化量(亿 t)	1987—1999 年	0. 185	0. 145	0. 038	0. 007	-0. 005
	2000—2012 年	0. 172	0. 131	0. 040	0. 010	-0. 009
与 1959—1968 年相比 冲淤量变化量构成(%)	1987—1999 年	100	78. 4	20. 5	3. 8	-2. 7
	2000—2012 年	100	76. 2	23. 2	5. 8	-5. 2

注:来沙量构成=分组泥沙量/总沙量(%);冲淤量构成=分组冲淤量/总冲淤量(%);淤积比=分组冲淤量/分组来沙量(%);冲淤量变化量构成=分组冲淤量变化量/总冲淤量变化量(%)。

再看非汛期的冲淤变化(见表 5-10)。1959—1968 年冲淤特点与秋汛期相似,全沙是冲刷的,而且冲刷的是细泥沙和中泥沙,特粗泥沙的 55. 9%都淤积下来了。1987—1999 年和 2000—2012 年全沙都转为淤积,而且除 2000—2012 年细泥沙冲刷外,两个时期的细泥沙和中泥沙均发生淤积。因此,两时期与 1959—1968 年相比都是增淤的,而且增加的淤积量中 50%以上是细泥沙。

综合 1987—1999 年、2000—2012 年与 1959—1968 年三个时期分组泥沙的冲淤情况对比可见,水流过程变化导致年内各时期不同粒径组的泥沙输移发生改变,总体来看,各粒径组泥沙淤积比都增大,但是最大的变化是细泥沙和中泥沙输送困难,由冲刷转为淤积,成为淤积的主体,这也是龙刘水库运用后河道淤积加重的主要原因。

表 5-10 巴彦高勒—头道拐河段各时期非汛期分组泥沙冲淤量

项目	时期	全沙	细泥沙	中泥沙	较粗泥沙	特粗泥沙
来沙量(亿 t)	1959—1968 年	0.344	0.173	0.070	0.052	0.049
	1987—1999 年	0.312	0.119	0.072	0.057	0.064
	2000—2012 年	0.288	0.098	0.064	0.060	0.066
来沙量构成(%)	1959—1968 年	100.0	50.2	20.4	15.1	14.3
	1987—1999 年	100.0	38.1	23.1	18.3	20.5
	2000—2012 年	100.0	34.0	22.2	20.8	23.0
冲淤量(亿 t)	1959—1968 年	-0.073	-0.093	-0.008	0.001	0.027
	1987—1999 年	0.135	0.015	0.040	0.031	0.049
	2000—2012 年	0.067	-0.022	0.019	0.026	0.044
冲淤量构成(%)	1959—1968 年	100	127.4	11.0	-1.4	-37.0
	1987—1999 年	100	11.1	29.6	23.0	36.3
	2000—2012 年	100	-32.5	28.5	38.2	65.8
淤积比(%)	1959—1968 年	-21.2	-53.8	-11.4	1.9	55.1
	1987—1999 年	43.3	12.9	55.6	54.4	76.6
	2000—2012 年	23.3	-22.4	29.7	43.3	66.7
与 1959—1968 年相比 冲淤量变化量(亿 t)	1987—1999 年	0.210	0.109	0.049	0.030	0.022
	2000—2012 年	0.140	0.071	0.027	0.025	0.017
与 1959—1968 年相比 冲淤量变化量构成(%)	1987—1999 年	100.0	52.0	23.3	14.3	10.4
	2000—2012 年	100.0	50.9	19.6	17.6	11.9

注:来沙量构成=分组泥沙量/总沙量(%);冲淤量构成=分组冲淤量/总冲淤量(%);淤积比=分组冲淤量/分组来沙量(%);冲淤量变化量构成=分组冲淤量变化量/总冲淤量变化量(%)。

(三)减缓宁蒙河道淤积措施

与解决黄河下游河道淤积问题一样,要根治宁蒙河道泥沙淤积问题同样需要采取多途径综合治理。

1. 减缓淤积加重的措施

1987 年以后河道淤积加重主要是细泥沙和中泥沙由冲转淤造成的,这部分泥沙与水流强度关系较好,最适宜的治理措施为“排和调”,即通过调节水流过程多排沙,减少河道淤积,尤其是中细泥沙的淤积。

1)恢复汛期大流量过程

细泥沙和中泥沙的输移与流量大小关系非常密切,提高大流量能够高效地提高这两部分泥沙的输沙能力。以细泥沙为例(见图 5-4),随流量增大,淤积效率(单位水量的淤积量)迅速降低或冲刷效率增加,说明在大流量时细泥沙能够输送至下游,减少本河段淤积,小流量时细泥沙也发生淤积。

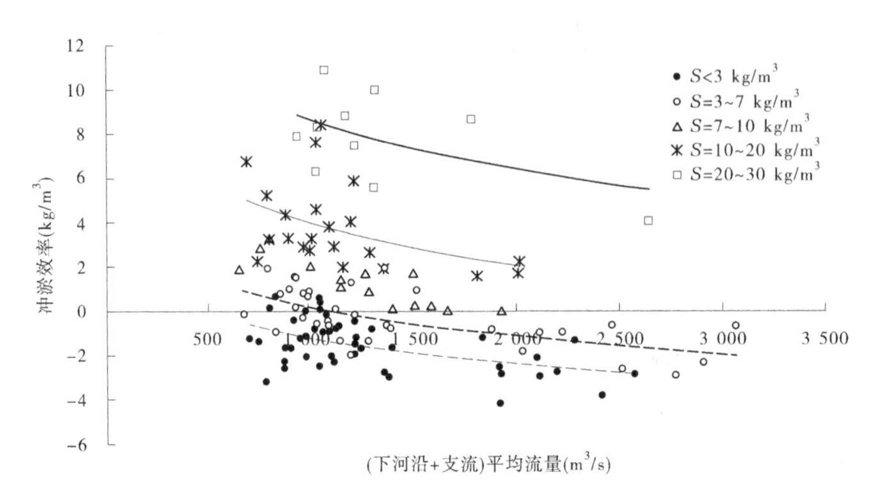

图 5-4　宁蒙河道洪水期细泥沙冲淤与水沙关系

随着流量的增大,粗泥沙、特粗泥沙冲淤效率也具有降低的趋势(见图 5-5),但变化幅度较小。

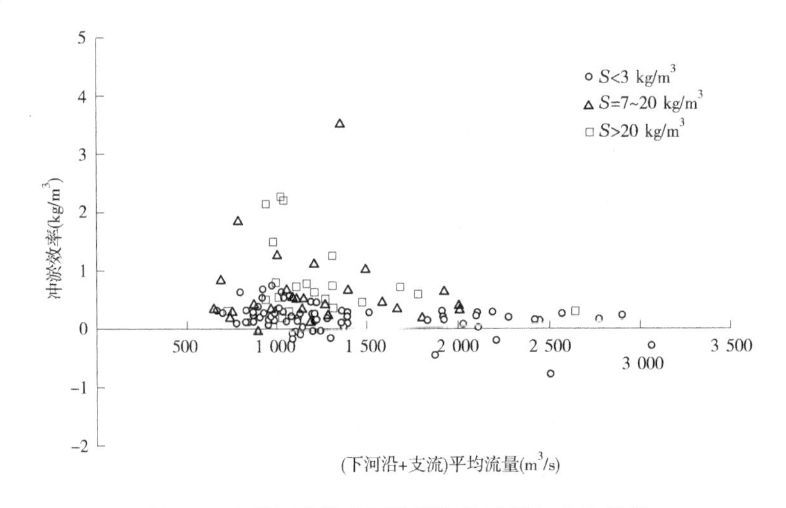

图 5-5　宁蒙河道洪水期特粗泥沙冲淤与水沙关系

根据实测资料分析计算得到水流含沙量较低时不同流量条件下分组泥沙的冲淤量,见表 5-11。洪水期平均流量从 1 000 m^3/s 增加到 2 500 m^3/s 时冲淤效率明显降低,全沙从淤积 0.54 kg/m^3 变为冲刷 2.82 kg/m^3,减少淤积 3.36 kg/m^3。各分组泥沙冲淤效率随着流量的增大,也都是降低的,其中细泥沙减淤更加明显,占总减少量的 52%;其次为中泥沙,占 27%;较粗泥沙和特粗泥沙比较小,分别占 15%和 6%。

表 5-11　洪水期平均流量的冲淤效率(全沙含沙量 3~7 kg/m^3)　(单位:kg/m^3)

冲淤计算参数	全沙	细泥沙	中泥沙	较粗泥沙	特粗泥沙
1 000 m^3/s	0.54	0.15	0.09	0.07	0.23
2 500 m^3/s	-2.82	-1.60	-0.82	-0.42	0.02
冲淤效率变化	-3.36	-1.74	-0.91	-0.49	-0.22
分组泥沙变化量占全沙变化量的比例(%)	100	52	27	15	6

水流含沙量较高时,随着流量增大减淤效果更为显著(见表 5-12)。当洪水期平均含沙量为 20~30 kg/m^3 时,从 1 000 m^3/s 增加到 2 500 m^3/s,全沙冲淤效率降低 4.75 kg/m^3,其中细泥沙减淤的比例明显较低含沙量时增高,细泥沙减淤 3.04 kg/m^3,占总减淤量的 63%。而其他分组泥沙与低含沙相比变化不大。

表 5-12　洪水期平均流量的冲淤效率(全沙含沙量 20~30 kg/m^3)　(单位:kg/m^3)

冲淤计算参数	全沙	细泥沙	中泥沙	较粗泥沙	特粗泥沙
1 000 m^3/s	14.45	8.66	3.37	1.56	0.86
2 500 m^3/s	9.70	5.62	2.39	1.2	0.49
冲淤效率变化	-4.75	-3.04	-0.98	-0.36	-0.37
分组沙变化量占全沙变化量的比例(%)	100	63	21	8	8

上述分析说明,提高流量对细泥沙减淤效果非常显著。同时由表 5-1 可知,宁蒙河道细泥沙有 2 个特点非常有利于调节水流高效输送:一是输沙量比较大,年均 0.952 亿 t,占总来沙量的 54.1%,控制了细泥沙的淤积就能起到显著的减淤效果;二是来源区集中,细泥沙中 68.8%来自下河沿以上,23.0%来自清水河等支流,因此便于调节流量集中输送。

2)压减非汛期流量

对于巴彦高勒以下河段尤其是三湖河口—头道拐河段,水流变化导致淤积增加的另一原因是非汛期流量的增加。由于地处宁蒙河道的尾部段,其冲淤演变与上游河段冲淤调整密切相关,存在小水期“上冲下淤”的现象。“上冲下淤”为低含沙小流量时,输沙能力不足,引起上游河段冲刷、下游河段淤积的现象,一般发生在平水期。由图 5-6 可见,流量在 1 500 m^3/s 以下时三湖河口以上河段冲刷、三湖河口—头道拐淤积,淤积最大的流量级在 500~1 000 m^3/s。流量小于 500 m^3/s 和 500~1 000 m^3/s 时,三湖河口以上冲刷量的 45%和 77%淤积在三湖河口—头道拐河段,明显增加了该河段淤积(见表 5-13)。龙刘水库非汛期兴利需要增大平水期流量、增长平水期历时,500~1 000 m^3/s 流量历时达到 229 d,占全年的 63%,加剧了“上冲下淤”的现象。

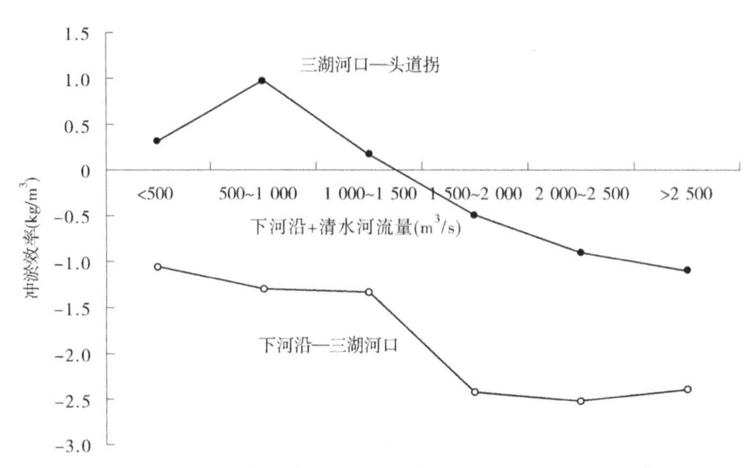

图 5-6　低含沙条件下河段冲淤效率与流量关系

表 5-13　宁蒙河道“上冲下淤”冲淤效率　　(单位:kg/m³)

河段	<500 m³/s	500~1 000 m³/s
下河沿—三湖河口	-1.1	-1.3
三湖河口—头道拐	0.5	1.0
下淤占上冲比例(%)	45	77

因此,总体来看,依靠调节流量过程,汛期恢复一定历时的大流量,非汛期减少下泄流量,可以在很大程度上减少细泥沙和中泥沙的淤积,遏制淤积的加重。

2. 减缓淤积的根本措施

由表 5-1 可知,宁蒙河道粗泥沙特别是特粗泥沙主要来源于风沙和十大孔兑,分别占总特粗泥沙量的 52.8%和 26.2%,因此控制住这两部分来沙就能在很大程度上控制河道的根本淤积。而风沙是沿黄进入的,具有不集中的特点,水流很难集中输送。同时由图 5-7 可见,风沙主要在非汛期 3—5 月比较大,而此时期正是干流流量较小的时期,水流也难以输送。

因此,针对风沙和孔兑流经的沙漠地区来沙的治理,应以“拦”为主,减少其进入河道的机会。同时,对孔兑高含沙洪水还可采取放淤等多种措施。

(四)宁蒙河道减淤措施方案

为量化不同治理措施的效果并探求宁蒙河道不淤积的可能性,利用宁蒙河道一维水动力学模型对设置的各类方案进行了计算分析。河道地形为 2012 年汛后地形。

1. 计算方案

根据前述对宁蒙河道淤积物构成、淤积加重原因的分析,以现状方案 1990—2012 年实测水沙系列为基础,增加各类泥沙治理的减淤措施,共设置了 5 个计算方案,进行对比计算分析(见表 5-14)。

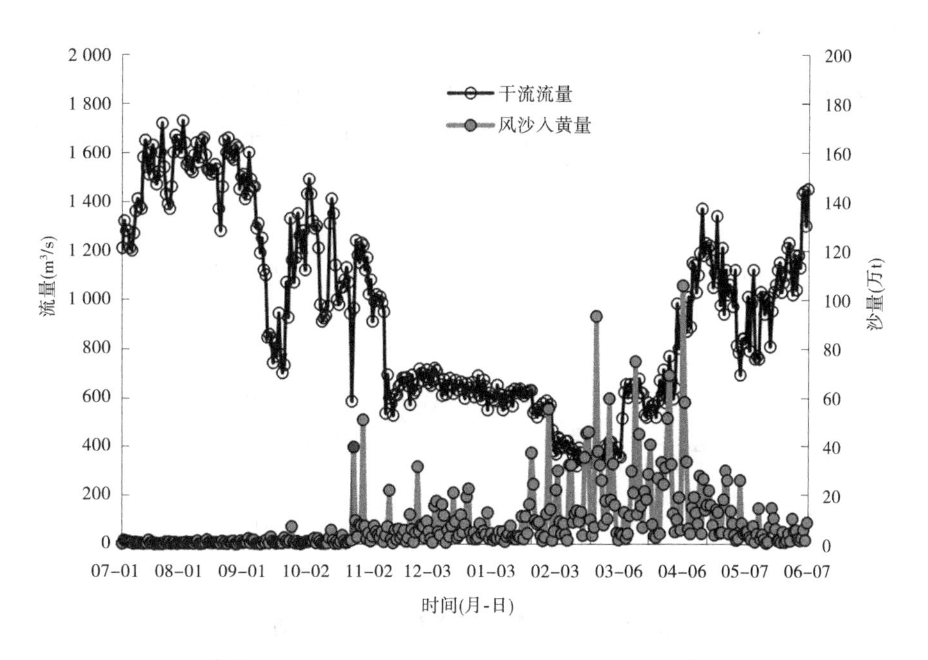

图 5-7　宁蒙河道年内干流流量过程和风沙过程

表 5-14　不同计算方案水沙条件

方案编号	方案说明	下河沿		区间支流	孔兑	风沙量(亿 t)	引水引沙	
		水量(亿 m^3)	沙量(亿 t)	沙量(亿 t)	沙量(亿 t)		水量(亿 m^3)	沙量(亿 t)
现状方案	现状	249.4	0.630	0.393	0.114	0.155 9	127.0	0.392
方案 0	水库调节 2 000 m^3/s 方案	249.6	0.662	0.393	0.114	0.155 9	127.0	0.392
方案 1	水库调节加粗泥沙治理	249.6	0.662	0.393	0.017 5	0.043 2	127.0	0.392
方案 2	水库调节加粗细泥沙治理	249.6	0.389	0.158	0.017 5	0.043 2	127.0	0.128
方案 3	粗细泥沙治理	249.4	0.370	0.158	0.017 5	0.043 2	127.0	0.128

其中水库调节方案为根据 1990—2012 年刘家峡水库实测入库水沙系列开展水库调控计算，水库地形选取 2012 年汛后地形，通过数学模型计算刘家峡水库的出库水沙条件。一方面，考虑干支流来沙特性，调整龙刘水库现状运用方式，使其在来沙较多时期能够加大下泄流量，以利于宁蒙河道的输沙，在沙峰期过后的 9 月和 10 月进行蓄水，以此弥补 7 月和 8 月损失的发电效益。另一方面，考虑宁蒙河道的平滩流量为 2 500 m^3/s。2012 年宁蒙河道大洪水过后，宁蒙河道水文站的平滩流量基本达到了 2 200 m^3/s 左右。将此优化方案设计为沙峰期通过水库调控，使得宁蒙河道在沙峰期的平均流量维持在 2 000

m^3/s 左右(按兰州水文站控制),平均增加洪水期水量约 28 亿 m^3。考虑水库蓄水较多的时期以及来沙集中的时期在 7 月下旬至 8 月中旬,因此优化调控时段为 7 月 20 日至 8 月 20 日(见图 5-8)。与现状方案相比,方案 0 水库调节方案,主要年内水流过程发生了改变。

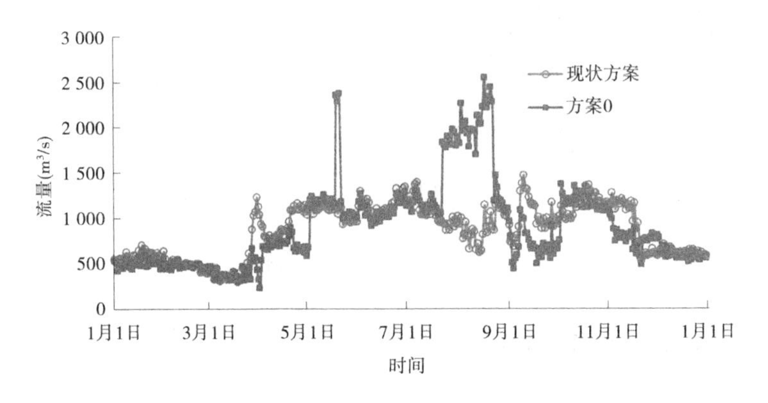

图 5-8 宁蒙河段进口断面下河沿流量过程

在水利水土保持和风沙治理措施方案中,考虑以近期来沙较少的 2008—2012 年平均值为目标,即能够实现的减沙量,相应引沙量也有所变化。风沙变化以观测和研究较多的石嘴山—巴彦高勒段乌兰布和沙漠观测为参考,综合近期河段入黄风沙量研究成果,基本在 200 万 t 左右。进行沙量的同倍比缩小得到水土保持措施和风沙治理后的方案水沙系列。方案 1 为在水库调控基础上增加粗泥沙治理(孔兑和风沙治理),在方案 0 的基础上十大孔兑和风沙量分别减少到 0.017 5 亿 t 和 0.043 2 亿 t,分别减少 84.6%和 72.3%;方案 2 为在方案 1 的基础上进一步增加细泥沙治理(下河沿以上和支流治理),因此下河沿水文站年均沙量减少到 0.389 亿 t,与现状方案相比减少 38.2%,区间支流沙量减少到 0.158 亿 t,同时引沙量相应减少到 0.128 亿 t,减少 67.2%;方案 3 为单纯的减沙方案,即在现状基础上进行全沙治理而不进行水库调控,方案 3 与方案 2 的差别只有下河沿的水沙过程不同,所有的水沙量都基本相同,这两个方案可比较在减少来沙条件下水库调控的效果。

2. 计算结果分析

各方案宁蒙河道冲淤状况见表 5-15。

从全河段来看,进行调水调沙后(方案 0)淤积量有所减少,年均淤积 0.343 亿 t,与现状方案相比年均减淤 0.125 亿 t。对粗泥沙来源区进行治理,减少来沙 0.209 亿 t 后(方案 1),河道年均淤积量进一步减至 0.202 亿 t,减淤 0.142 亿 t,与现状方案相比年均减淤 0.266 亿 t。再进一步进行细泥沙来源区治理减沙 0.508 亿 t 后(方案 2),宁蒙河道转淤为微冲,年均冲刷 0.024 亿 t,与现状方案相比年均来沙减少 0.716 亿 t,年均减淤 0.492 亿 t。方案 3 的来沙条件与方案 2 相同,即减沙 0.716 亿 t,但是无水库调峰,可见全河段仍年均淤积 0.114 亿 t,但是与现状方案相比减淤效果也较好,达到 0.354 亿 t。需要说明的一点是,在细泥沙来源区泥沙减少的情况下,干流引沙也相应减少了 0.263 亿 t,增加了河道淤积。从全宁蒙河段来看,任何一种单项治理措施都不能够将河道变为不淤积,减淤效果都是有限的,只有“调”和“拦”综合治理,才能达到不淤积的目标。同时,对比减粗泥沙来源区和细泥沙来源区沙量的减淤效果,同样减 1 亿 t 泥沙,前者减少河道淤积 0.68 亿 t,后者为 0.44 亿 t,拦减粗泥沙减淤效果更好。

表 5-15 宁蒙河道不同计算方案各河段冲淤量变化

项目	方案	各河段冲淤量(亿 t)					
		下河沿—青铜峡	青铜峡—石嘴山	石嘴山—巴彦高勒	巴彦高勒—三湖河口	三湖河口—头道拐	全河段
年均	现状方案	0.065	−0.008	0.077	0.132	0.202	0.468
	方案 0	0.043	−0.025	0.074	0.094	0.157	0.343
	方案 1	0.043	−0.042	0.041	0.070	0.090	0.202
	方案 2	−0.127	−0.095	0.051	0.061	0.086	−0.024
	方案 3	−0.106	−0.080	0.057	0.105	0.138	0.114
与现状方案相比年均变化量	方案 0	−0.022	−0.017	−0.003	−0.038	−0.045	−0.125
	方案 1	−0.022	−0.034	−0.036	−0.062	−0.112	−0.266
	方案 2	−0.192	−0.087	−0.026	−0.071	−0.116	−0.492
	方案 3	−0.171	−0.072	−0.02	−0.027	−0.064	−0.354
与现状方案相比变化幅度(%)	方案 0	−33.8	212.5	−3.9	−28.8	−22.3	−26.7
	方案 1	−33.9	425.0	−46.8	−47.0	−55.4	−56.8
	方案 2	−295.4	1 087.5	−33.8	−53.8	−57.4	−105.1
	方案 3	−263.1	900.0	−26.0	−20.5	−31.7	−75.6
各河段减少量占总量比例(%)	方案 0	17.6	13.6	2.4	30.4	36.0	100.0
	方案 1	8.3	12.8	13.5	23.3	42.1	100.0
	方案 2	39.0	17.7	5.3	14.4	23.6	100.0
	方案 3	48.3	20.3	5.7	7.6	18.1	100.0

由于宁蒙河道淤积的重点是三湖河口—头道拐河段,因此需要着重分析各方案对该河段的作用如何。从各河段的淤积分布来看,各方案下淤积较严重的均为三湖河口—头道拐河段。相对现状方案,方案 0~方案 3 中该河段的淤积逐步减轻,由现状的年均淤积 0.202 亿 t 减少到全部措施应用后的 0.086 亿 t,年均减淤 0.116 亿 t。但是与全河段不同的是,各方案下该河段均发生淤积,没有冲刷。说明该河段恢复 7—8 月 2 000 m^3/s 流量过程增加水量 28 亿 m^3,再加上减沙 0.716 亿 t,仍淤积 0.086 亿 t。要想维持该河段不淤积,这些措施仍是不够的,需要采取西线南水北调等进一步的治理措施。

对比减沙方案(方案 3)和水库调峰方案(方案 0)可见,对三湖河口—头道拐河段来说,河道淤积量和减淤量相差不大,但是从该河段减淤量占全河段比例可见,水库调峰方案的减淤量中该河段占 36.0%,也就是说 1/3 以上的减淤集中于该河段,而单纯减沙方案该河段减淤量仅占全河的 18.1%，不到 1/5。对比说明，针对三湖河口—头道拐河段减淤，调节大流量过程更为有效。因此，如果要进一步解决三湖河口—头道拐河段的淤积问题，增加调控大流量的水量更为有利。

二、宁蒙河段风沙入黄量研究进展

针对风沙入黄量的争议，黄河水利科学研究院在乌兰布和沙漠沿黄实地观测资料的基础上，利用国家“973”项目“黄河上游沙漠宽谷段风沙水沙过程与调控机理”建立的风沙模型，对黄河宁蒙河段 1986—2014 年的风沙入黄量进行了估算，获得了具有较高时空分辨率和可信度的风沙入黄过程。

（一）乌兰布和沙漠风沙入黄量观测成果

1. 典型沙丘监测

根据对乌兰布和沙漠黄河段沿岸 48 个沙丘的调查，研究区沙丘平均高度 5.2 m，基于此，在乌兰布和沙漠黄河段刘拐沙头选取了 2 个与沙丘平均高度相近的典型沙丘，利用全站仪于 2012—2015 年两次进行测量。经计算，1#沙丘 2012—2015 年移动量为 897.56 m^3，输沙量为 22.44 t/(m·a)；2#沙丘 2012—2015 年移动量为 1 305.29 m^3，输沙量为 29.01 t/(m·a)。

石嘴山—巴彦高勒河段流动沙丘紧邻黄河的长度为 4.05 km，分布在刘拐沙头和阎王背沙窝附近，且均无大堤，因此沙丘移动进入滩地，移动量可计入风沙入黄量，取 2 个沙丘输沙量的平均值 25.73 t/(m·a)，则每年由沙丘移动引起的入黄沙量为 10.42 万 t。

2. 不同立地条件下的输沙量

根据 2013 年和 2014 年观测资料，针对研究区流动沙丘、半固定(半流动)沙丘、固定沙丘 3 种不同的土地利用类型，选择地形相近的典型区域建立标准观测小区，利用 1 m 高的旋转梯度集沙仪进行观测，得到研究区不同立地条件下的年均输沙量，再根据石嘴山—巴彦高勒河段各类立地长度可计算得到年风沙入黄量(见表 5-16)。可见，石嘴山—巴彦高勒河段年风沙入黄量为 148.38 万 t。

表 5-16　石嘴山—巴彦高勒河段不同立地条件风沙入黄量

立地条件	长度(km)	平均输沙量[t/(m·a)]	年均输沙量(万 t)
流动沙丘	46.35	28.79	133.44
半固定(半流动)沙丘	12.10	12.16	14.71
固定沙丘	3.97		0.23
合计	62.42		148.38

而根据沙丘移动和风沙入黄量计算，石嘴山—巴彦高勒河段近 3 a 风沙入黄量平均约为 160 万 t，较上述计算多 7.8%，基本接近。

（二）1986—2014 年系列风沙入黄量计算成果

根据风蚀模型的计算特点，分别利用 IWEMS 模型和 RWEQ 模型针对黄河宁蒙河段流域内的非农业用地和农业用地的风蚀模数和风沙入黄(河)量进行估算。在本次研究中，利用2011年和2012年在黄河宁蒙河段风沙活动的实测数据对模型进行率定。利用2013年11月至2014年12月在乌兰布和沙漠刘拐沙头的实测风沙入黄数据对模型进行验证，发现在该河段模拟结果的相对误差在20%以内，说明风沙入黄模型模拟结果较好，可以应用该模型对风沙入黄过程进行模拟和预测。

利用1986—2014年气象数据、土壤数据、植被数据、DEM（数字高程模型）数据、TM卫星影像和不同时期的土地利用数据，计算得到1986—2014年间下河沿—三湖河口4个河段的风沙入黄量（见表5-17），三湖河口—头道拐段的风沙入黄量主要是库布齐沙漠风沙通过十大孔兑洪水入黄，已有控制站控制，因此未计入干流风沙入黄量。1986—2014年平均风沙入黄量为694万t。从1986—1989年的平均867万t减少到2010—2014年的532万t，减少了335万t，减幅为38.6%。

表5-17 宁蒙河道1986—2014年各时期风沙入黄量 （单位：万t）

时期	下河沿—青铜峡	青铜峡—石嘴山	石嘴山—巴彦高勒	巴彦高勒—三湖河口	三湖河口—头道拐	全河段
1986—1989年	76	140	365	286	0	867
1990—1999年	66	95	435	193	0	789
2000—2009年	62	78	301	169	0	610
2010—2014年	32	34	267	199	0	532
1986—2014年	60	85	350	199	0	694

（三）风沙入黄影响因子变化特征

由图5-9可见，宁蒙河道风沙入黄量各河段都表现出减小的趋势。初步分析认为是气候（包括风速和降雨）条件和下垫面条件（包括植被和堤防条件）都较有利造成的。

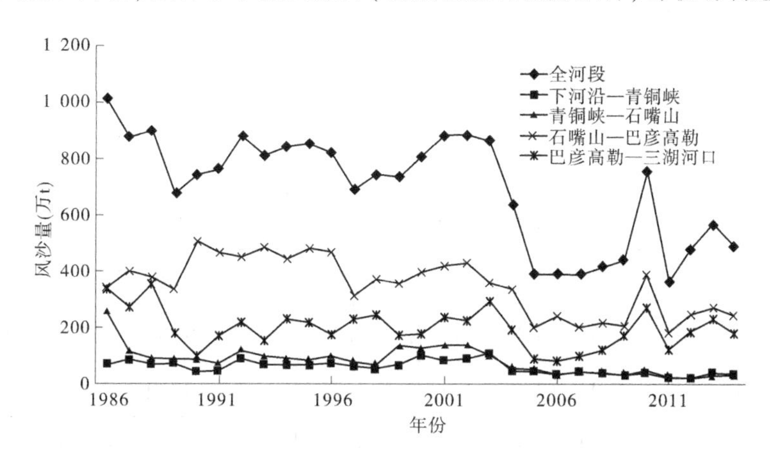

图5-9 宁蒙河段风沙入黄量逐年过程

1. 堤防概况

根据黄河上游石嘴山—托克托1:50 000地形图（1991年绘制），1991年除三盛公库区围堤和导流堤外，整个河段基本上没有堤防，仅在个别河段有一些零星路堤。

现状石嘴山—巴彦高勒研究区域内的堤防工程明显增多，左岸堤防主要分布在海勃湾枢纽—三盛公枢纽区间，属于阿拉善盟阿拉善左旗，堤防长度33.806 km。右岸堤防主要分布在乌海市和鄂尔多斯市，在乌海市海勃湾区的下海勃湾分布有堤防9.438 km，鄂尔多斯市鄂托克旗那林套海和阿尔巴斯境内分布有堤防12.403 km。此外，海勃湾库区内还有堤防22.244 km，其中左岸有堤防17.961 km，右岸有堤防4.283 km，现已被水库蓄水淹没。

2. 气候变化

相对来说，风速对风沙量的影响要大于降雨。统计宁蒙河道风沙区代表气象站长时期风速变化可知，与1989年6月前相比，各站年平均风速和最大风速均有所减小，尤其是2000年以后减小相对较多(见表5-18)。

表5-18　宁蒙河道代表气象站风速变化　（单位：m/s）

时期	陶乐		时期	惠农		时期	乌海	
	平均风速	最大风速		平均风速	最大风速		平均风速	最大风速
1959—1969年	2.53		1957—1969年	2.96		1961—1969年	2.62	
1970—1979年	2.70	15.83	1970—1979年	2.81	22.76	1970—1979年	2.90	
1980—1989年	2.43	16.53	1980—1989年	2.76	21.62	1980—1989年	2.88	6.86
1990—1999年	2.73	14.98	1990—1999年	3.48	22.08	1990—1999年	3.11	7.51
2000—2013年	1.93	11.44	2000—2013年	2.49	17.32	2000—2010年	2.71	7.08
时期	磴口		时期	临河		时期	包头	
	平均风速	最大风速		平均风速	最大风速		平均风速	最大风速
			1957—1959年	3.10		1951—1959年	2.96	
1961—1969年	2.25		1960—1969年	3.12		1960—1969年	3.33	
1970—1979年	3.00	6.73	1970—1979年	2.50		1970—1979年	3.62	19.84
1980—1989年	3.01	6.56	1980—1989年	2.25	11.77	1980—1989年	2.45	17.47
1990—1999年	2.73	5.93	1990—1999年	1.75	10.57	1990—1999年	2.09	13.09
2000—2010年	2.75	5.99	2000—2013年	1.93	11.42	2000—2013年	1.54	10.06

3. 地表植被变化

植被盖度的变化是气候变化与人类活动共同作用的结果，能够直接而显著地影响风蚀量和风沙入黄量的变化，为此利用遥感数据(SPOT-NDVI数据集和NOAA-AVHRR数据集)对宁蒙河段植被盖度的变化进行了分析。图 5-10 显示了 1986 年以来 3 个时段,宁蒙河段植被盖度的空间变化。由图 5-10 可知,3 个时期石嘴山—巴彦高勒段的植被盖度最小,其次是巴彦高勒—三湖河口段的右岸,而这两个河段的风沙入黄量在 3 个时期均大于其他河段。3 个时期宁蒙河段最大植被盖度是逐渐增加的,3 个时期宁蒙河段平均植被盖度分别为 0.109、0.131 和 0.165,也是逐渐增加的,这与宁蒙河段风沙入黄量逐渐降低趋势恰好是相反的。

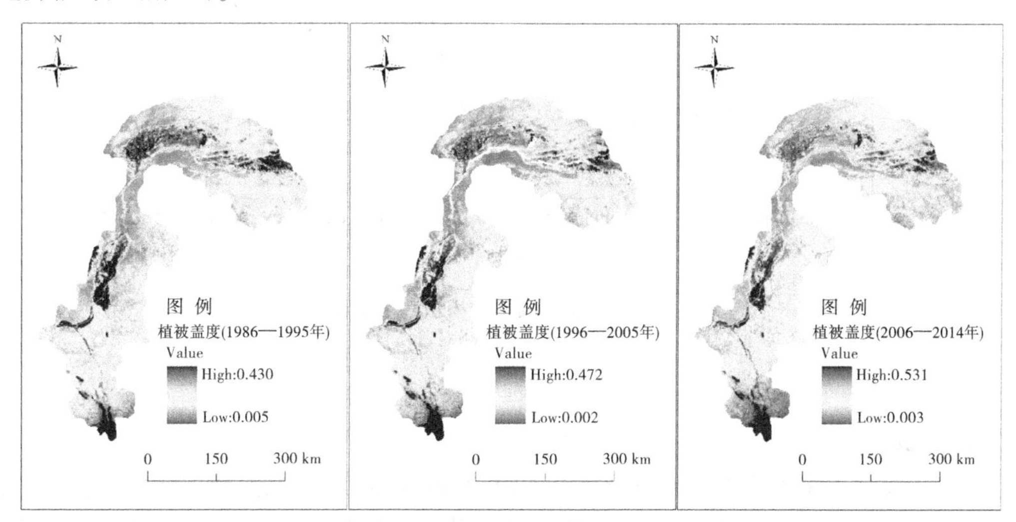

图 5-10 黄河宁蒙河段流域内 3 个时期植被盖度空间分布

按照植被盖度的分类标准,植被盖度小于 0.1 属于裸地,0.1~0.3 为低覆盖度植被,0.3~0.45 属于中低覆盖度植被,0.45~0.6 属于中覆盖度植被,大于 0.6 属于高覆盖度植被。3 个时期植被盖度的变化见表 5-19,反映出裸地所占比例随时间的变化逐渐减小,低覆盖度植被、中低覆盖度植被和中覆盖度植被所占比例逐渐增大。1996—2005 年,黄河宁蒙河段流域内才出现中覆盖度植被,其所占比例在 2006—2014 年增大到 0.3%,说明黄河宁蒙河段植被条件是逐渐好转的。

表 5-19 不同时期黄河宁蒙河段不同植被盖度土地所占比例(%)

植被覆盖度分级	不同时期所占比例		
	1986—1995 年	1996—2005 年	2006—2014 年
裸地	55.64	34.16	18.41
低覆盖度植被	43.70	63.04	77.27
中低覆盖度植被	0.66	1.21	4.01
中覆盖度植被	0	0.03	0.30

利用 SPOT-NDVI 数据集和 NOAA-AVHRR 数据集统计得到 1986—2014 年黄河宁蒙河段平均植被盖度的年际变化,可见平均植被盖度由基本上在 10%以下增加到 2010 年以后的 15%以上(见图 5-11)。

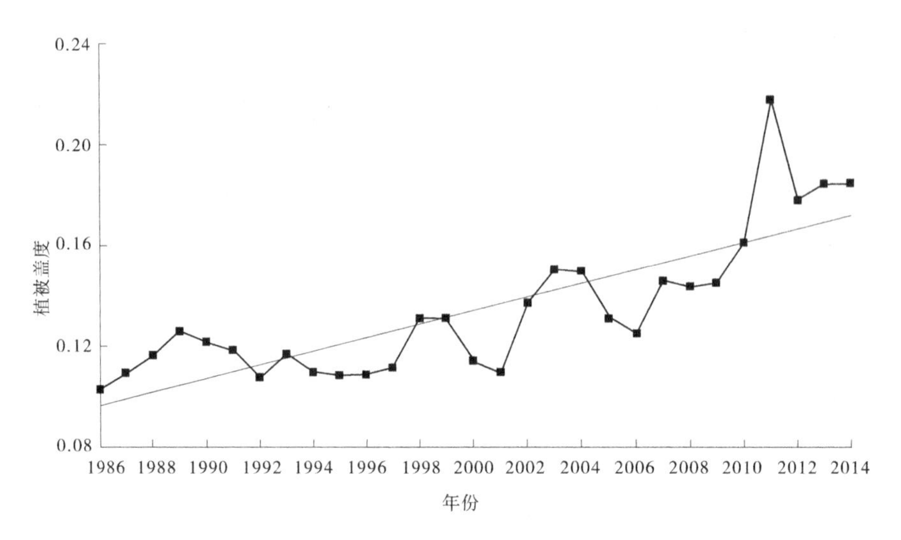

图 5-11　黄河宁蒙河段平均植被盖度年际变化

三、认识与建议

（一）认识

（1）宁蒙河道来沙集中在下河沿以上干流，约占 60%，中细泥沙是来沙的主体，约占 54.1%，特粗泥沙比例为 14.3%。细泥沙中 90%以上来源于下河沿以上和清水河等支流，特粗泥沙的 79%来源于风沙和十大孔兑。

（2）宁蒙河道淤积的大部分是粗泥沙，其中又以特粗泥沙为主。通过沙漠与孔兑治理拦减特粗泥沙，是减少宁蒙河段淤积的重要措施之一。

（3）龙刘水库联合运用大幅度削减了洪水过程，细泥沙和中泥沙由冲转淤，并成为淤积的主体。变化原因主要在于流量过程的改变导致年内分组泥沙冲淤调整机制变化；汛期（7—10 月）洪水减少、输沙能力减弱，细泥沙和中泥沙淤积量明显增加。同时，非汛期流量增大又加剧了"上冲下淤"现象，加重了三湖河口—头道拐河段的淤积。因此，细泥沙和中泥沙的增淤是龙刘水库运用后河道淤积加重的主要原因。因此，通过调水调沙增加洪水过程，是减少宁蒙河段淤积尤其中细泥沙淤积的重要措施之一。

（4）上游泥沙治理需要通过多种综合治理措施，对粗泥沙尤其是特粗泥沙应以"拦"为主，对细泥沙和中泥沙以"排和调"为主。

恢复 7—8 月 2 000 m^3/s 流量过程，增加水量 28 亿 m^3，再加上拦减粗泥沙、细泥沙 0.716 亿 t，宁蒙河道可达到微冲状态，但是三湖河口—头道拐河段仍然是淤积的，淤积泥沙 0.086 亿 t。

（5）根据沙丘移动量推算，石嘴山—巴彦高勒河段乌兰布和沙漠近 3 a 平均风沙入黄量约 160 万 t，与按不同立地条件下小区观测资料推算的 148.38 万 t 较为接近。

（6）1986—2014 年宁蒙河道干流年均风沙入黄量 694 万 t，风沙量随时间呈显著减少的特点，2010 年以来年均仅 532 万 t。造成风沙入黄量减少的主要因素是风速的降低、大堤的修建以及地表植被盖度的提高。

(二)建议

(1)1987—2005 年宁蒙河道淤积严重、防洪防凌问题突出,但随着流域来沙量减少以及上游来水量的恢复,尤其是 2012 年大漫滩洪水的淤滩刷槽作用,河道淤积形势有所缓解,年均淤积量显著降低。近期连续几年出现了全河道总量冲刷,甚至冲刷最为困难的三湖河口—头道拐河段也在个别年份出现了冲刷。因此,对宁蒙河道泥沙的治理需进一步研究以下问题:

一是治理目标应该如何确定。一定的治理目标配合一定的治理措施和规模,宁蒙河道,尤其内蒙古河段历史上是微淤的,未来治理目标是河道不淤,还是维持主槽一定的淤积水平,需要进一步确定。二是如何看待未来的水沙形势。近年来来沙量减少,一部分是可以长期维持的,另一部分(如水库拦沙)只在一定时间段内起作用。近期上游来沙量的减少有很大一部分是上游干支流新增了许多水库,那么在拦沙作用减弱后,上游来沙形势会如何,也关系到治理措施和规模。

(2)风沙入黄量确定涉及多方面因素,尤其是大量连续、系统的实地观测资料,以及对历史地表状况资料的获取,建议长期支持相关研究,搞清楚风沙入黄量的时间变化过程,为上游开发治理提供基础支撑。

第二部分　专题研究报告

第一专题　2015 年黄河河情变化特点

2015 年是小浪底水库开展调水调沙的第 14 a，使进入黄河下游河道的水沙过程及河床演变都产生了很大的累积影响。分析 2015 年黄河水沙情势，了解下游河道及河口演变情况，对于深化认识黄河调水调沙的作用及下游河道演变的响应机制都有很大意义。为此，专题在分析 2015 年黄河流域降雨、水沙情势的基础上，重点分析了 2015 年小浪底水库、三门峡水库在调水调沙期的库区冲淤量与空间分布，下游河道沿程冲淤调整及平滩流量的恢复水平，黄河河口流路延伸速率调整等，同时还分析了潼关高程的调整过程，并提出了对策建议。

第一章　黄河流域降雨及水沙特点

一、流域降雨

(一)汛期降雨量偏少,幅度分布不均

2015 年 6 月黄河流域降雨量为 74.2 mm,与多年(1956—2010 年,下同)均值相比偏多 35%,其中兰州以上偏多 16%,龙三干流、三小区间偏多 84%,伊洛河、小花干流偏多 110%左右,黄河下游偏多 35%;山陕区间、汾河偏少 10%左右,大汶河偏少 30%;兰托区间、泾渭洛河、沁河与多年均值持平(见表 1-1)。

2015 年汛期(7—10 月,下同)流域降雨时空分布极不均。根据黄河水情报汛资料统计,黄河流域降雨量 229.0 mm,较多年同期均值 319 mm 偏少 28%。除兰托区间较多年均值偏少 18%外,其余区间均偏少 20%以上,其中泾渭河、北洛河、汾河、龙三干流、三小区间、沁河、小花干流、黄河下游、大汶河较多年均值偏少 30%以上,特别是大汶河较多年均值偏少 42%(见图 1-1)。与 1987—2010 年同期均值相比,兰州以上偏少 28%,兰托区间偏少 13%,山陕区间偏少 22%。

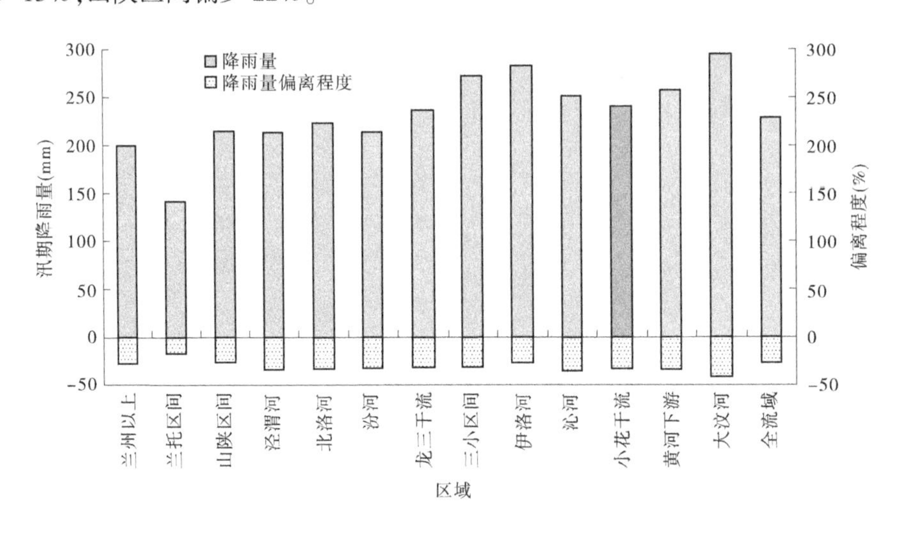

图 1-1　2015 年汛期黄河流域各区间降雨量及偏离程度

2015 年汛期降雨量最大值在黄河下游的支流伊洛河张坪,降雨量为 601 mm(见表 1-1)。

表 1-1 2015 年黄河流域区间降雨量

区域	6月				汛期各月降雨量(mm)				汛期			
	雨量(mm)	距平(%)	最大雨量		7月	8月	9月	10月	汛期雨量(mm)	距平(%)	最大雨量	
			量值(mm)	地点							量值(mm)	地点
兰州以上	79.7	16	304.8	安曲	63.3	48.2	70.6	18.1	200.2	-27	351.5	吉迈
兰托区间	30.1	-1	110.9	哈拉哈少	38.2	19.9	70.7	12.2	141.0	-18	238.3	店上村
山陕区间	45.7	-11	180.6	大柳塔	51.1	55.3	77.7	31.5	215.6	-26	419.6	杏河
泾渭河	61.8	3	170.8	大峪	35.4	67.9	73.3	35.4	212.0	-34	579.5	大峪
北洛河	61.5	0	123	黄龙	51.8	62.5	63.2	44.9	222.4	-34	498.6	黄陵
汾河	51.4	-9	98.2	静乐	43.6	60.5	67.7	41.7	213.5	-33	272.2	义棠
龙三干流	115.2	84	180.5	犁牛河	36.4	64.2	71.9	63.2	235.7	-32	388.6	三门峡
三小区间	116.9	84	190.8	石寺	34.3	94.3	54.9	89.3	272.8	-32	376.6	横河
伊洛河	144.7	119	261.4	张坪	57.8	101.9	63.0	60.2	282.9	-27	601	张坪
沁河	70.3	-2	123.4	民兴	66.9	91.8	39.3	52.0	250.0	-36	421.2	追山
小花干流	121.4	106	139.2	灵山	51.7	76.7	29.8	82.0	240.2	-34	396	紫院
黄河下游	96.4	35	134.5	大车集	107.9	117	16.6	16.2	257.7	-34	429.2	孙口
大汶河	69.4	-30	102	金斗	119.9	152.9	13.7	8.2	294.7	-42	473	彭家峪
全流域	74.2	35	304.8	安曲	52.1	71.1	66.1	39.7	229.0	-28	601	张坪

(二)主汛期降雨量减幅大

2015 年主汛期(7—8 月)降雨量明显偏少,流域降雨量 123.2 mm,较多年同期 209 mm 偏少 41%[见图 1-2(a)],占汛期降雨量的 54%。7 月降雨量 52.1 mm,较多年同期偏少 52%[见图 1-2(b)],其中兰州以上、兰托区间偏少约 30%,山陕区间、北洛河、沁河、大汶河偏少 50%左右,泾渭河、汾河、伊洛河、小花干流均偏少 60%左右,龙三干流偏少 69%,三小区间偏少 78%,黄河下游偏少 36%。

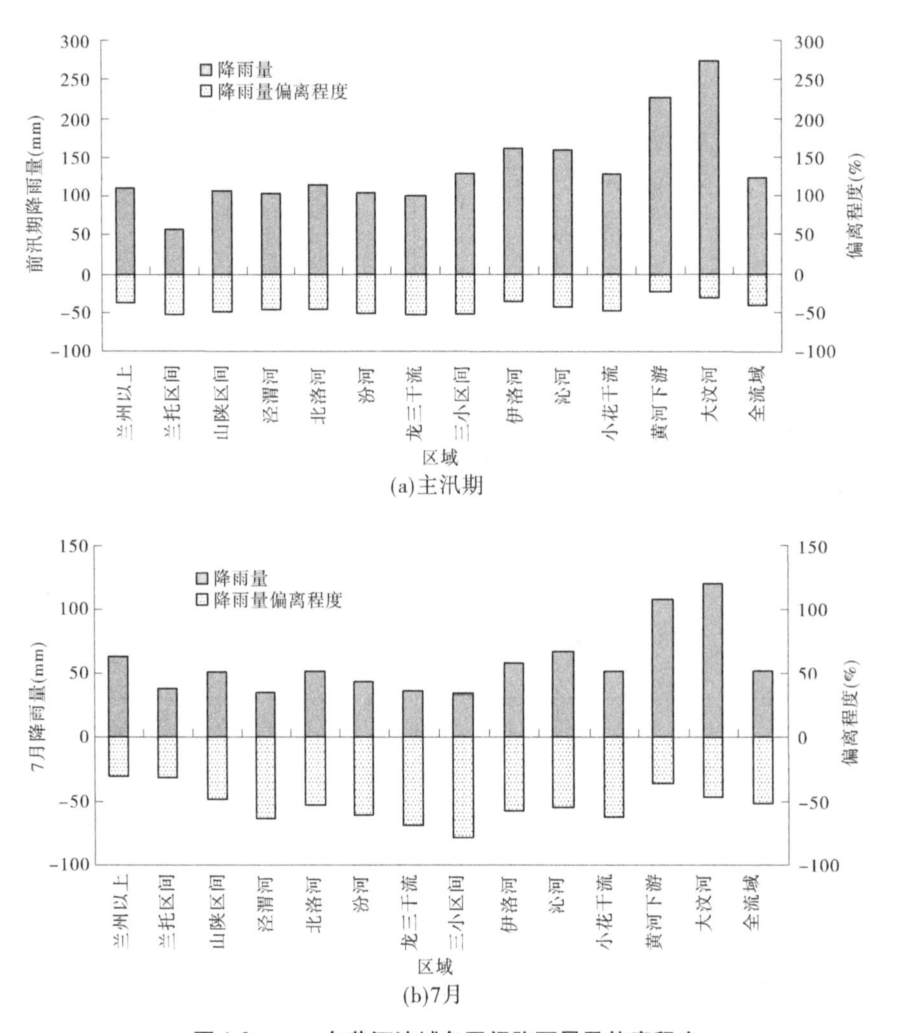

图 1-2　2015 年黄河流域各区间降雨量及偏离程度

2015 年主汛期主要来水区在兰州以上,但降雨量仅 111.5 mm;主要来沙区山陕区间降雨量仅 106.4 mm,均为近期最小值(见图 1-3),分别较多年同期均值 181 mm 和 205 mm 偏少 38%和 48%。与 1987—2010 年同期均值 181 mm 和 191 mm 相比,分别偏少 38%和 44%。

2015 年流域秋汛期(9—10 月)降雨量 105.8 mm,较多年同期偏少 3%,占汛期降雨量的 46%。10 月流域降雨量 39.7 mm,较多年同期偏多 3%,黄河上游和下游地区降雨偏

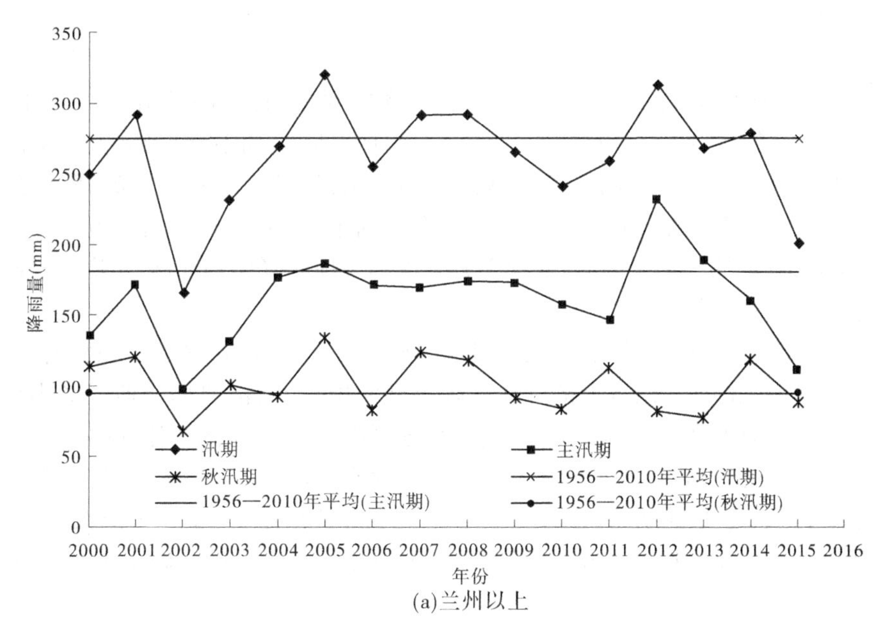

(a)兰州以上

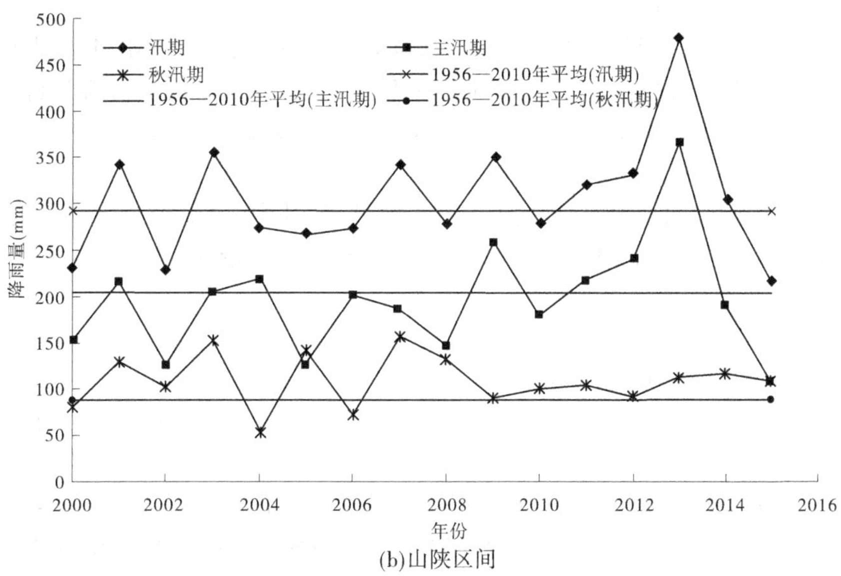

(b)山陕区间

图 1-3　主汛期及秋汛期降雨量

少,黄河中游除泾渭河降雨偏少外,其他地区均偏多,其中兰托区间、泾渭河降雨较多年均值偏少约 20%,兰州以上较多年均值偏少 34%,黄河下游较多年均值偏少 50%,大汶河较多年均值偏少 79%;山陕区间、北洛河、伊洛河较多年均值偏多 10%~20%,汾河、龙三干流、沁河较多年均值偏多 30%左右,三小区间、小花干流较多年均值偏多 100%左右。

(三)降雨过程

2015 年 6—10 月,黄河流域发生了 4 次较明显的降雨过程。

1.6 月 22—24 日降雨过程

6 月 22—24 日黄河流域有一次明显的降雨过程，主要降雨区分布在黄河中游龙门—花园口区间和黄河下游。22 日泾渭河大部地区降中到大雨，局部暴雨。23 日泾渭洛河（指泾河、渭河和洛河，下同）、汾河、龙三干流大部地区降小到中雨，局部大到暴雨；三花区间（指三门峡至花园口，下同）大部地区降中到大雨，局部暴雨；下游局部降中到大雨。24 日泾渭洛河部分地区、汾河、龙三干流局部降小到中雨，部分站大到暴雨；三花区间部分地区降小到中雨，局部大到暴雨；黄河下游干流部分地区降中到大雨，个别站暴雨。

2.6 月 26—28 日降雨过程

6 月 26—28 日黄河上中游有一次明显的降雨过程，主要降雨区分布在黄河中游泾渭洛河和三花区间。26 日兰州以上部分地区降小到中雨；泾渭洛河部分地区降小到中雨，个别雨量站大到暴雨；龙三干流、三花区间部分地区降中到大雨，个别雨量站暴雨。27 日泾渭河、北洛河部分地区降小到中雨，局部地区降大到暴雨；龙三干流、三小区间、伊洛河、小花干流部分地区降大雨，个别雨量站降暴雨。28 日兰州以上、龙三干流大部地区降小到中雨；伊洛河大部地区降小到中雨，局部降大到暴雨；三小区间、小花干流大部地区降小到中雨。

3.8 月 1—2 日降雨过程

8 月 1—2 日山陕区间部分地区出现一次强降雨过程，局部日降雨量达到暴雨量级，如湫水河程家塔雨量站 68.4 mm，秃尾河高家堡水文站 55.6 mm，清凉寺河师庄雨量站 85.2 mm，窟野河温家川水文站 90.8 mm，无定河白家川水文站 71.6 mm。

4.8 月 11 日降雨过程

8 月 11 日泾渭洛河部分地区出现一次降雨过程，其中泾河局部日雨量达到暴雨量级，如红河雨量站 73.0 mm，张河雨量站 72.5 mm，樊家川雨量站 67.6 mm。

二、流域水沙及洪水

（一）水沙量仍然偏少

2015 年主要干流控制水文站年水量与多年均值相比，偏少程度在 12%～52%[见图 1-4(a)]，其中唐乃亥、兰州、头道拐、龙门、潼关、花园口和利津等水文站年水量（运用年，下同）分别为 157.12 亿 m^3、273.17 亿 m^3、144.79 亿 m^3、158.41 亿 m^3、198.50 亿 m^3、263.93 亿 m^3 和 150.53 亿 m^3（见表 1-2），偏少 12%～52%。与 1987—2010 年同期均值相比，唐乃亥、头道拐、龙门、潼关水文站分别偏少 14%、7%、17%、17%，兰州、花园口、利津水文站则偏多 2%～3%。水量偏少主要发生在汛期[见图 1-4(b)]，偏少程度在 31%～74%，其中唐乃亥、头道拐、潼关和花园口站分别偏少 31%、58%、67%和 68%。

2015 年主要支流控制水文站华县（渭河）、河津（汾河）、洑头（北洛河）、黑石关（伊洛河）、武陟（沁河）来水量分别为 43.32 亿 m^3、4.71 亿 m^3、2.16 亿 m^3、13.39 亿 m^3 和 2.30 亿 m^3，与多年平均相比，偏少 39%～72%。与 1987—2010 年同期均值相比，除河津基本持平，其余偏少 9%～69%。特别是汛期较多年同期偏少 70%以上[见图 1-4(b)]。

表 1-2　2015 年黄河流域主要控制站水沙量

水文站	全年		汛期		汛期占年(%)	
	水量(亿 m^3)	沙量(亿 t)	水量(亿 m^3)	沙量(亿 t)	水量	沙量
唐乃亥	157.12	0.037	83.22	0.026	53	70
兰州	273.17	0.081	107.05	0.068	39	84
头道拐	144.79	0.211	48.05	0.105	33	50
吴堡	152.34	0.324	47.42	0.298	31	92
龙门	158.41	0.469	51.59	0.409	33	87
三门峡入库	208.59	0.712	67.03	0.587	32	82
潼关	198.50	0.536	61.65	0.298	31	56
三门峡	183.80	0.512	56.02	0.512	30	100
小浪底	253.04	0	63.74	0	25	
进入下游	268.72	0	68.37	0	25	
花园口	263.93	0.133	70.67	0.043	27	32
夹河滩	252.56	0.255	69.14	0.111	27	44
高村	239.19	0.421	66.51	0.146	28	35
孙口	226.86	0.528	65.11	0.171	29	32
艾山	209.41	0.579	63.49	0.193	30	33
泺口	185.61	0.557	58.94	0.190	32	34
利津	150.53	0.349	50.82	0.190	34	54
华县	43.32	0.217	13.52	0.167	31	77
河津	4.71	0	1.17	0	25	
洑头	2.16	0.026	0.75	0.011	35	42
黑石关	13.39	0	4.06	0	30	
武陟	2.30	0	0.57	0	25	

注:三门峡入库为龙门+华县+河津+洑头,进入下游为小浪底+黑石关+武陟。

干流沙量主要控制站头道拐、龙门、潼关、花园口和利津水文站年沙量分别为 0.211 亿 t、0.469 亿 t、0.536 亿 t、0.133 亿 t 和 0.349 亿 t(见表 1-2),较多年均值偏少 70%以上(见图 1-5),与 1987—2010 年同期均值相比,偏少 50%以上。

2015 年主要支流控制站华县(渭河)年沙量为 0.217 亿 t。潼关和华县年沙量较多年同期偏少 95%和 93%;与 1987—2010 年同期均值 5.91 亿 t、2.71 亿 t 相比,偏少 91%左右,为有实测资料以来最小值(见图 1-6)。

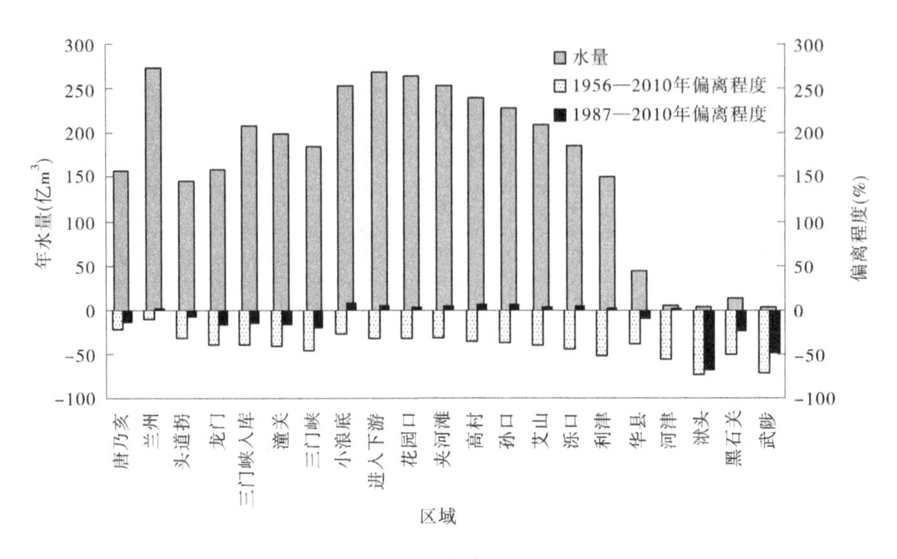

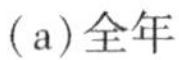

(a)全年

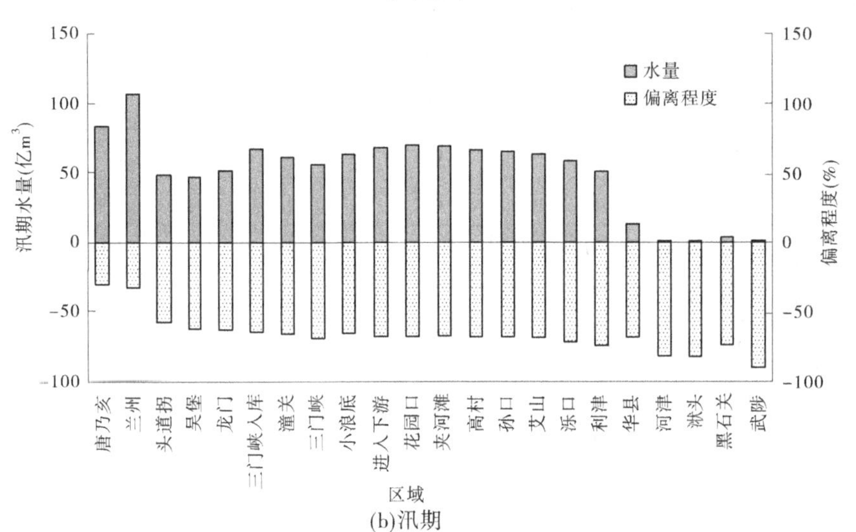

(b)汛期

图 1-4　2015 年主要干支流控制水文站实测水量及偏离程度

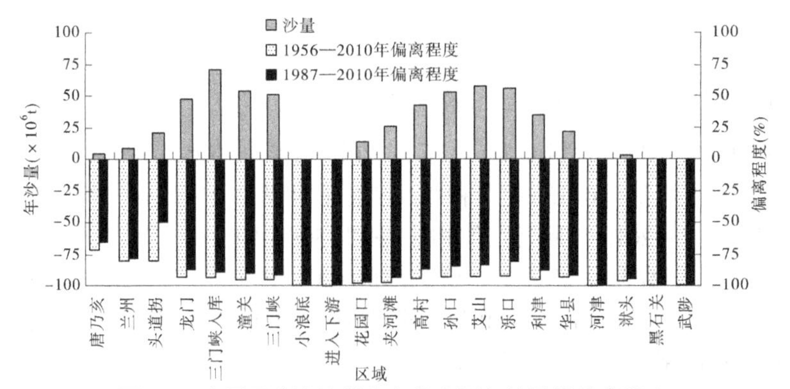

图 1-5　主要干支流控制水文站实测年沙量及偏离程度

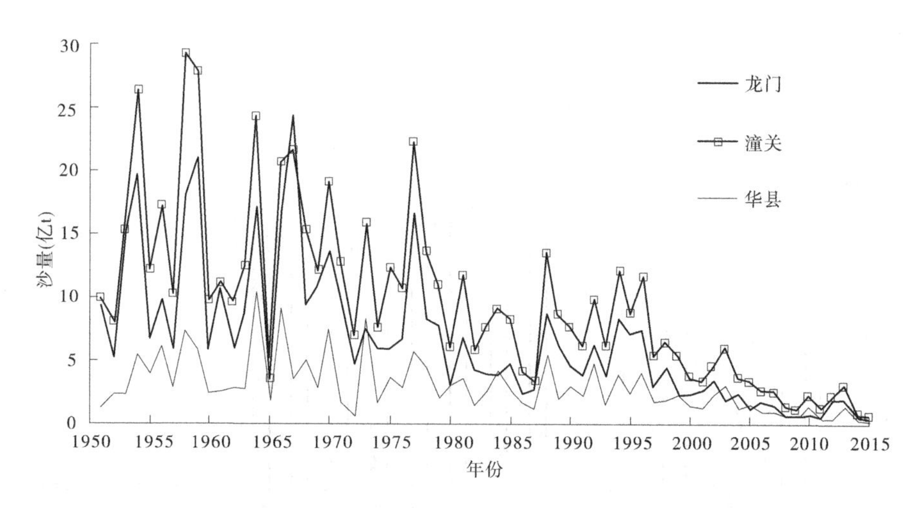

图 1-6　龙门、潼关和华县水文站历年实测沙量

龙门水文站沙量连续 2 a 不足 0.5 亿 t,潼关不足 1 亿 t。龙门和潼关水文站悬沙 d_{50} 均有减小趋势(见图 1-7)。小浪底水库入库沙量三门峡水文站年沙量仅 0.512 亿 t,全年没有排沙。

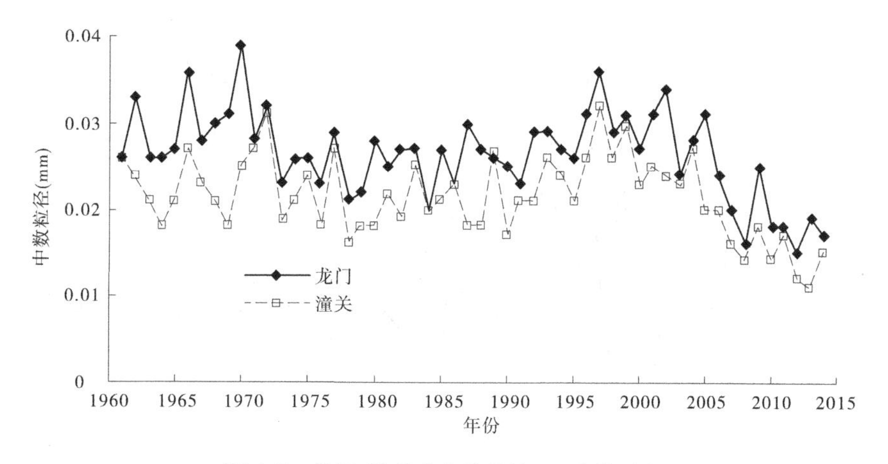

图 1-7　龙门、潼关水文站悬沙 d_{50} 变化过程

年沙量偏少幅度大于年水量,汛期水沙量偏少幅度均大于年水沙量。从汛期水量占年比例看,干支流除唐乃亥站为 53%,其余均不足 40%。

(二)干支流未出现编号洪水

2015 年干支流没有出现较大洪水,仅部分支流出现小洪水,唐乃亥、头道拐、龙门、潼关和花园口最大洪峰流量分别为 2 230 m^3/s、930 m^3/s、1 980 m^3/s、2 000 m^3/s、3 520 m^3/s(见图 1-8),其中头道拐、龙门和潼关为历史最小值(见图 1-9),主要支流控制水文站华县(渭河)最大洪峰流量为 675 m^3/s,也为历史最小值,河津(汾河)、洑头(北洛河)、黑石关(伊洛河)、武陟(沁河)最大洪峰流量均不足 500 m^3/s。

1. 黄河上游

受持续降雨影响,黄河上游发生一次洪水过程,唐乃亥水文站 7 月 4 日 13 时洪峰流

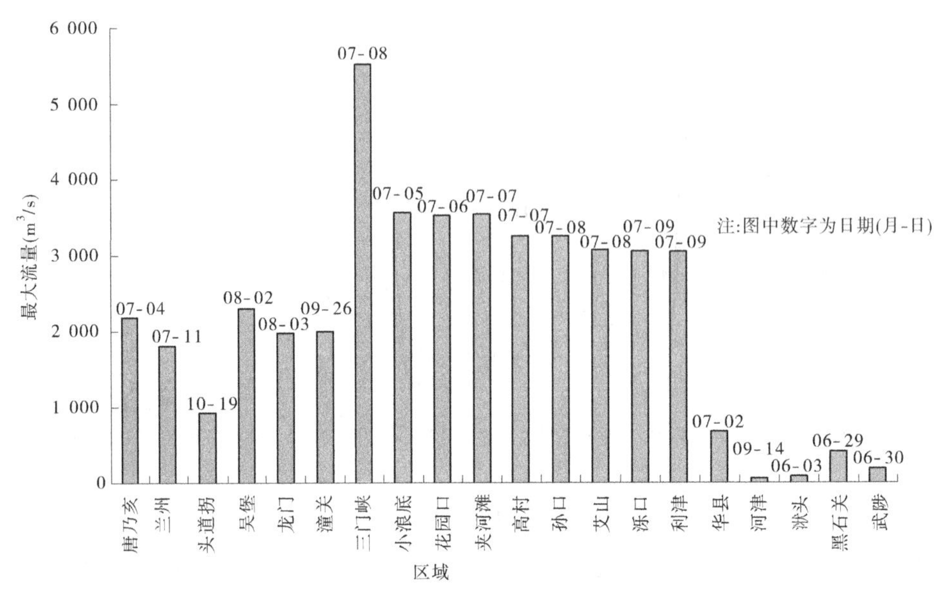

图 1-8　2015 年主要水文站全年最大流量

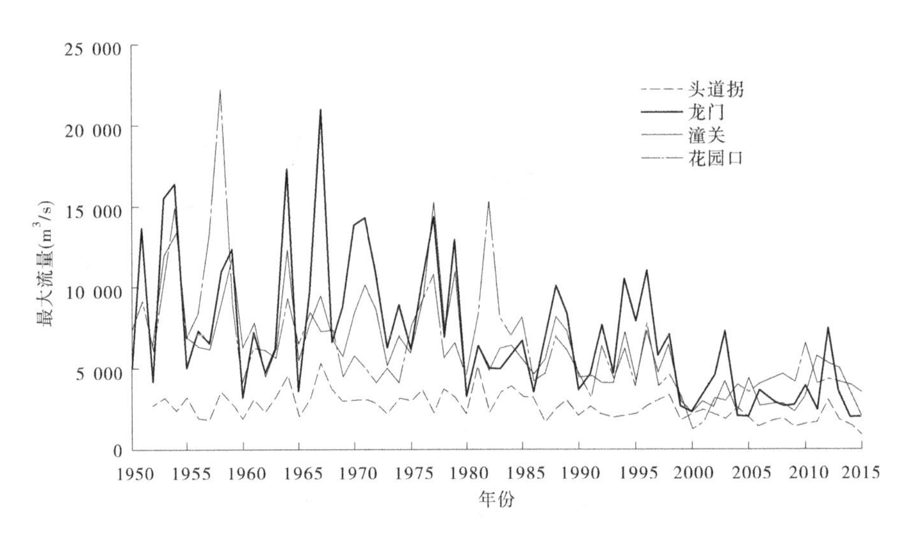

图 1-9　2015 年主要水文站最大流量

量 2 230 m³/s,7 月 6 日 8 时回落到 1 860 m³/s 后再次缓慢上涨,7 月 9 日 14 时洪峰流量 2 140 m³/s。之后,该站流量逐步回落,7 月 19 日回落至 1 000 m³/s 以下。从 6 月 15 日开始起涨至 7 月 31 日,总水量 45.93 亿 m³。

受降雨影响,兰托区间红柳沟鸣沙洲水文站 8 月 8 日 18 时 35 分洪峰流量 334 m³/s,为 1981 年建站以来历史第二位,仅次于 2010 年 8 月 11 日的 430 m³/s。

2. 黄河中游

受降雨影响,渭河魏家堡 6 月 30 日 7 时 6 分洪峰流量 339 m³/s,咸阳 7 月 1 日 10 时洪峰流量 485 m³/s,临潼 7 月 1 日 15 时 12 分洪峰流量 562 m³/s,华县 7 月 2 日 14 时洪峰流量 630 m^3/s。

受降雨影响，湫水河林家坪水文站 8 月 2 日 6 时 24 分洪峰流量 1 400 m^3/s。黄河吴堡水文站 8 月 2 日 9 时 12 分洪峰流量 2 280 m^3/s，最大含沙量 241 kg/m^3。该洪水与其下游支流加水共同演进至龙门，8 月 3 日 4 时 30 分洪峰流量 1 980 m^3/s，8 月 4 日 14 时潼关出现洪峰流量 2 000 m^3/s，为该水文站本年度最大洪峰。

受 8 月 11 日降雨影响，泾河支流马莲河及北洛河发生一次洪水过程，马莲河洪德水文站 11 日 20 时洪峰流量 690 m^3/s，庆阳水文站 12 日 5 时 54 分洪峰流量 560 m^3/s，雨落坪水文站 12 日 14 时 54 分洪峰流量 610 m^3/s，泾河景村水文站 12 日 23 时 48 分洪峰流量 646 m^3/s，泾河张家山水文站 13 日 10 时洪峰流量 666 m^3/s，最大含沙量 702 kg/m^3；桃园站 13 日 13 时 48 分洪峰流量 662 m^3/s，最大含沙量 700 kg/m^3。北洛河吴旗水文站 12 日 2 时 30 分洪峰流量 608 m^3/s，刘家河水文站 12 日 11 时 48 分洪峰流量 610 m^3/s。

受降雨影响，渭河南山支流部分及洛河上游出现小洪水过程。沣河秦渡镇水文站 9 月 11 日 7 时 30 分洪峰流量 102 m^3/s，灞河罗李村水文站 9 月 11 日 6 时 30 分洪峰流量 104 m^3/s，马渡王水文站 9 月 11 日 8 时 5 分洪峰流量 250 m^3/s；洛河卢氏水文站 9 月 11 日 19 时 30 分洪峰流量 149 m^3/s。

受万家寨水库及天桥水电站调节影响，9 月 23—26 日黄河中游出现一次洪水过程。府谷 9 月 23 日 12 时洪峰流量 2 570 m^3/s，吴堡 9 月 24 日 14 时 12 分洪峰流量 1 910 m^3/s，龙门 9 月 25 日 5 时 54 分洪峰流量 1 950 m^3/s，潼关 9 月 26 日 12 时洪峰流量 1 940 m^3/s，三门峡水库调节后，出库最大洪峰流量不足 1 000 m^3/s（见图 1-10）。

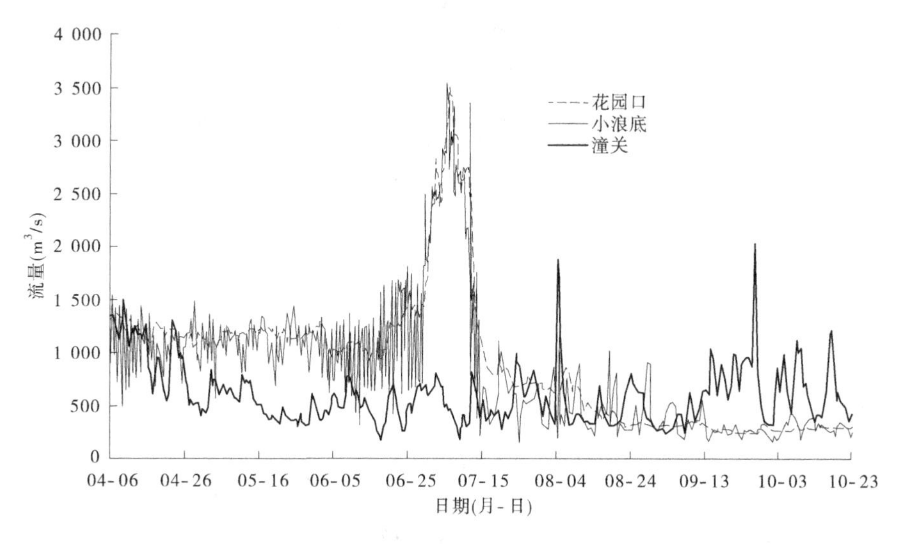

图 1-10　2015 年潼关站和花园口站流量过程

3. 黄河下游

受降雨影响，洛河卢氏 6 月 28 日 8 时 40 分洪峰流量 197 m^3/s，受故县水库调蓄和区间加水的影响，宜阳水文站 6 月 28 日 10 时洪峰流量 358 m^3/s，白马寺 6 月 28 日 22 时 12 分洪峰流量 399 m^3/s。伊洛河黑石关站 6 月 29 日 6 时 30 分洪峰流量 410 m^3/s。

受河口村水库泄水影响，沁河出现连续的小洪水过程。沁河五龙口 6 月 28 日 12 时

36 分最大流量 329 m^3/s,武陟 6 月 30 日 7 时 50 分最大流量 193 m^3/s。

2015 年花园口仅一场洪水(见图 1-10),出现在小浪底水库调水调沙期,洪峰流量为 3 520 m^3/s,主要为小浪底水库泄水。

三、汛期山陕区间降雨及水沙量

2015 年河龙区间汛期降雨量 215.6 mm,实测径流量 4.10 亿 m^3,实测输沙量 0.331 亿 t,与多年平均(1956—2010 年)相比,分别偏少 26%、84%、94%;与 1987—2010 年同期相比,分别偏少 22%、80%、88%,均处于历史较低值。

1969 年以前降雨—实测水量、降雨—实测沙量有着较好的相关关系,实测水量和沙量均随着降雨量的增减而增减(见图 1-11)。2000 年以后降雨量与实测水量关系改变,同一降雨量条件下,实测水量减少,沙量也减少;而且随着降雨量增加,实测水量增加很少。相同降雨量条件下,2015 年水量较 1969 年以前明显减少。

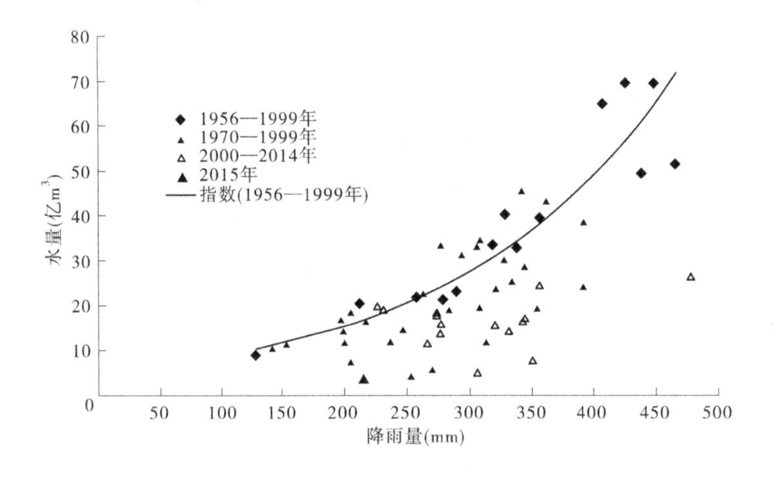

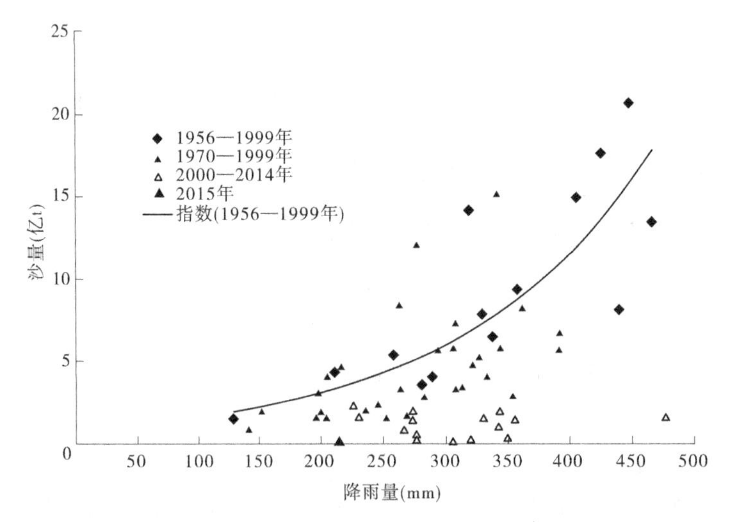

图 1-11 汛期河龙区间降雨与水沙量关系

2000 年以前河龙区间实测水沙关系基本在同一趋势带，但 2000 年以后实测则明显分带，相同水量条件下沙量显著减少（见图 1-12）。2015 年水沙关系仍然符合 2000 年以来的变化规律。

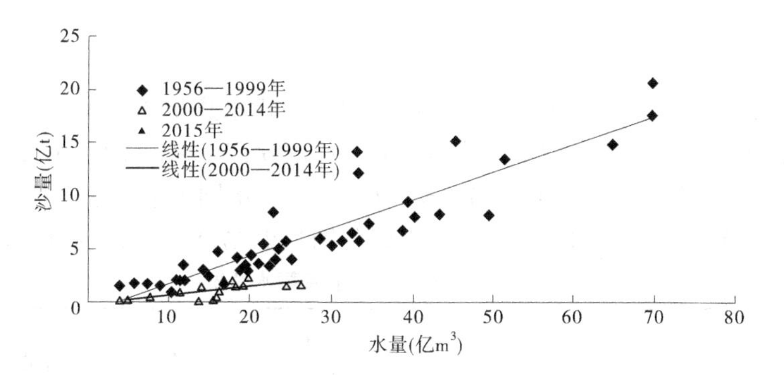

图 1-12　汛期河龙区间水沙关系

第二章　主要水库调蓄对干流水沙量的影响

截至 2015 年 11 月 1 日，黄河流域八座主要水库蓄水总量 256.39 亿 m^3（见表 2-1），其中龙羊峡水库、刘家峡水库和小浪底水库蓄水量分别为 181.54 亿 m^3、25.92 亿 m^3 和 29.87 亿 m^3，占蓄水总量的 70%、10% 和 12%。与上年同期相比，八库蓄水总量减少 77.69 亿 m^3，主要是龙羊峡水库和小浪底水库分别减少 27.89 亿 m^3 和 47.10 亿 m^3。

表 2-1　2015 年主要水库蓄水情况　（单位：亿 m^3）

水库	2015 年 11 月 1 日		非汛期蓄水变量	汛期蓄水变量	全年蓄水变量	主汛期蓄水变量	秋汛期蓄水变量
	水位（m）	蓄水量					
龙羊峡	2 581.68	181.54	-41.05	13.16	-27.89	7.55	5.61
刘家峡	1 722.94	25.92	-2.23	0.82	-1.41	1.39	-0.57
万家寨	973.35	2.71	-0.74	0.59	-0.15	-1.35	1.94
三门峡	317.89	4.57	0.07	0.18	0.25	-3.94	4.12
小浪底	243.79	29.87	-45.82	-1.28	-47.10	-18.77	17.49
东平湖老湖	40.28	1.66	-0.29	-0.58	-0.87	-0.18	-0.4
陆浑	314.95	4.91	0.58	0.03	0.61	0.02	0.01
故县	527.72	5.21	-2.39	1.26	-1.13	0.3	0.96
合计		256.39	-91.87	14.18	-77.69	-14.98	29.16

注：-为水库补水。

龙羊峡水库年蓄变量减少主要是在汛期，其原因是兰州以上汛期降雨量较多年同期偏少 26%，造成入库唐乃亥站汛期水量仅 83.22 亿 m^3，较多年同期偏少 31%，为 2006 年以来最小值（见图 2-1），较 2003—2014 年同期平均 123.65 亿 m^3 减少 40.43 亿 m^3，减少幅度为 33%；小浪底水库全年均补水，补水量 47.1 亿 m^3，仅次于 2004 年的 48.2 亿 m^3，一方面因为黄河下游降雨量较多年同期偏少 34% 以上，天气干旱，黄河下游需要大量供水；另一方面潼关站汛期水量仅 61.65 亿 m^3，为 2003 年以来最小值（见图 2-2），较 2003—2014 年同期平均 121.97 亿 m^3 减少 60.32 亿 m^3，减少幅度为 49%。

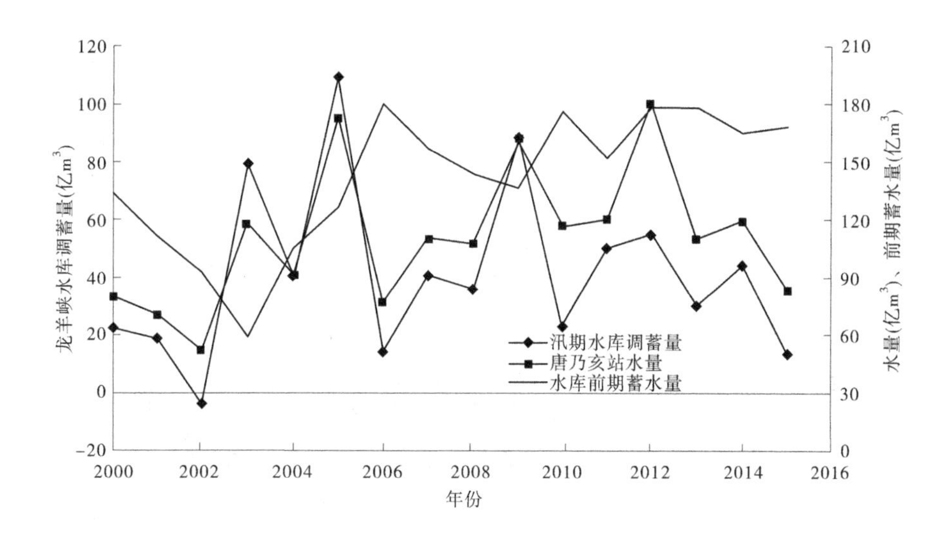

图 2-1　龙羊峡水库 2000—2015 年调蓄量及前期蓄水量

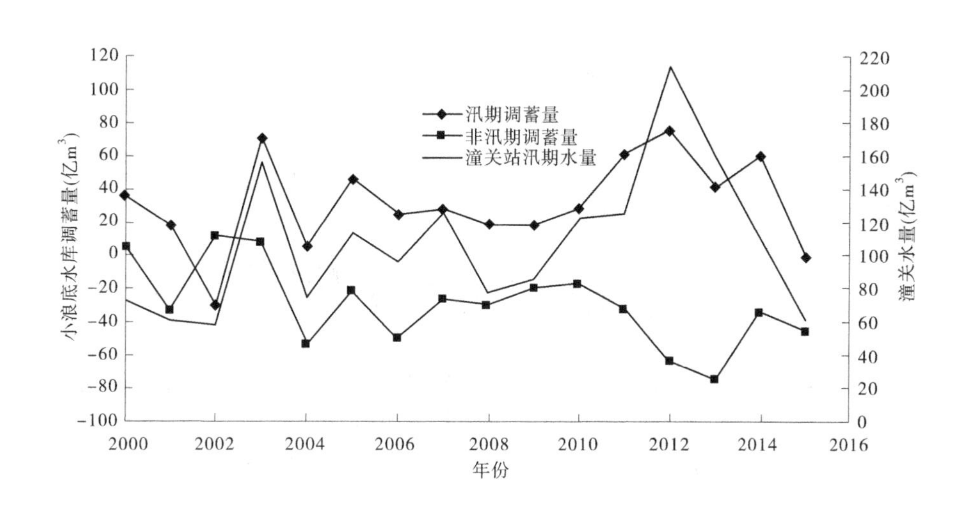

图 2-2　小浪底水库 2000—2015 年调蓄量

一、龙羊峡水库运用及对洪水的调节作用

龙羊峡水库是多年调节水库。2015 年 11 月 1 日库水位为 2 581.68 m,相应蓄水量 181.54 亿 m³,较上年同期水位下降 8.14 m,蓄水量减少 27.89 亿 m³,全年最低水位 2 575.73 m,最高水位 2 589.85 m(见图 2-3),水库主汛期蓄水变量 7.55 亿 m³,秋汛期蓄变量 5.61 亿 m³。

全年入库洪水有 2 场,其中洪峰流量大于 1 000 m³/s 的洪水仅 1 场(见图 2-4),入库日最大洪峰流量 1 900 m³/s,经过龙羊峡水库调蓄,出库最大洪峰流量仅 865 m³/s,削峰率 55%。

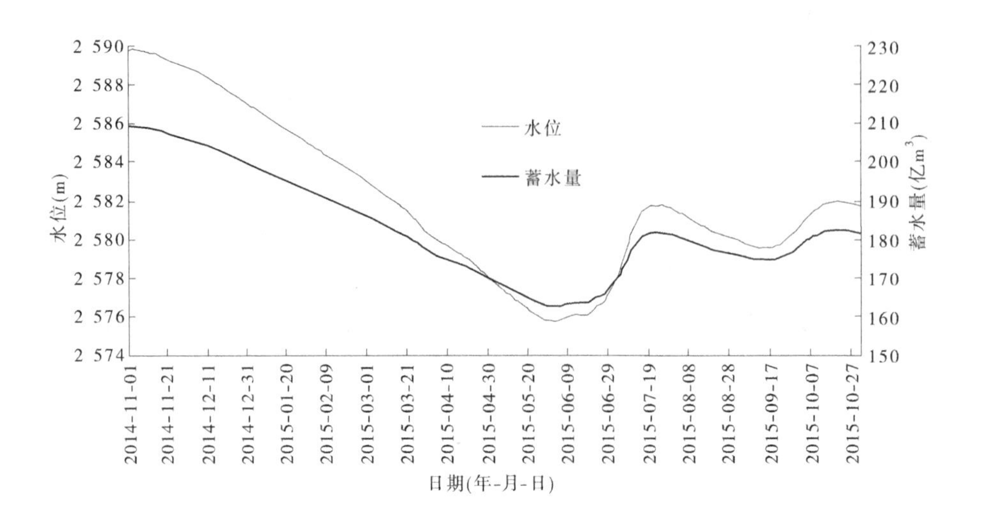

图 2-3　2015 年龙羊峡水库水位及蓄水过程

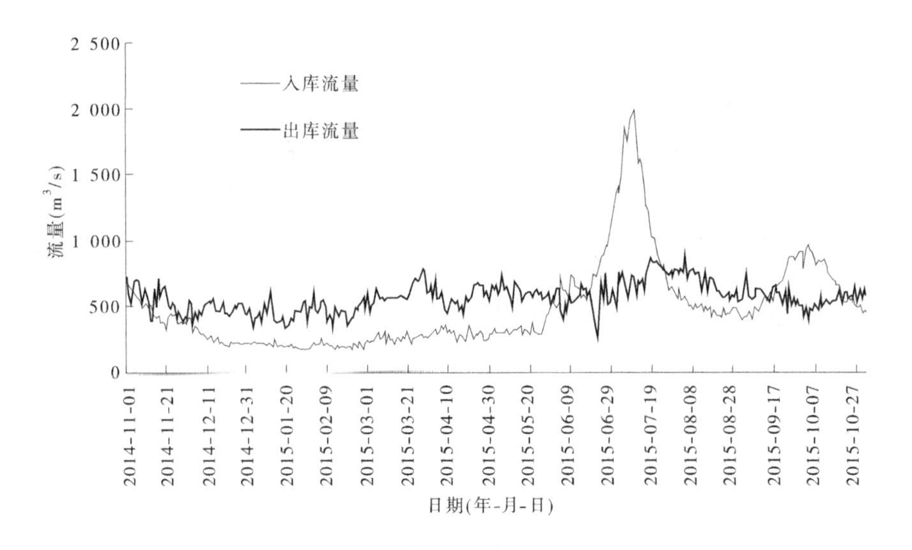

图 2-4　2015 年龙羊峡水库进出库流量过程

二、刘家峡水库运用及对洪水的调节作用

刘家峡水库是不完全年调节水库。2015 年 11 月 1 日库水位 1 722.94 m，相应蓄水量 25.92 亿 m^3，较上年同期水位下降 1.34 m，蓄水变量减少 1.41 亿 m^3，全年最低水位 1 720.35 m，最高水位 1 734.25 m(见图 2-5)。

刘家峡水库出库过程主要依据防凌、防洪、灌溉和发电的需要进行控制。由图 2-6 可以看出入库日最大流量为 1 230 m^3/s(6 月 23 日)，经过水库调节，相应出库流量为 1 100 m^3/s，削峰率 11%。

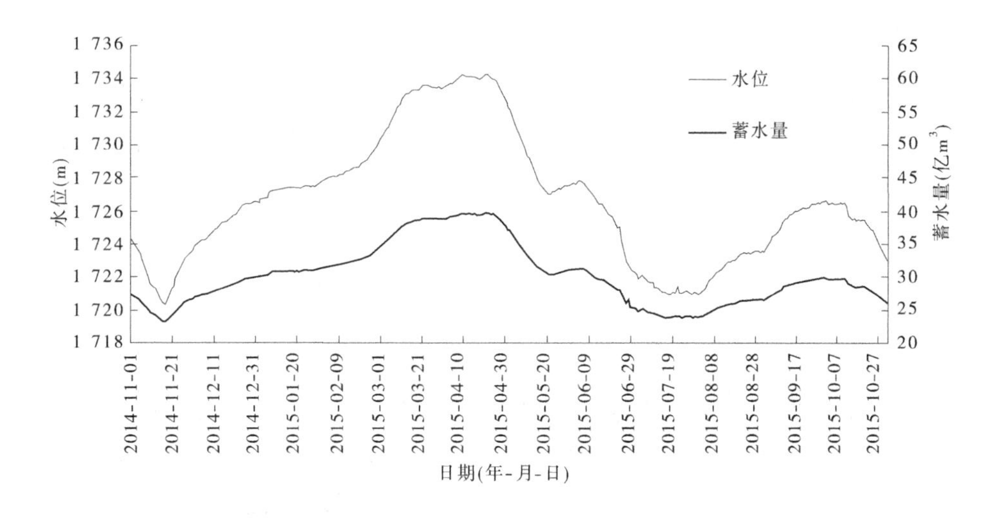

图 2-5　2015 年刘家峡水库运用情况

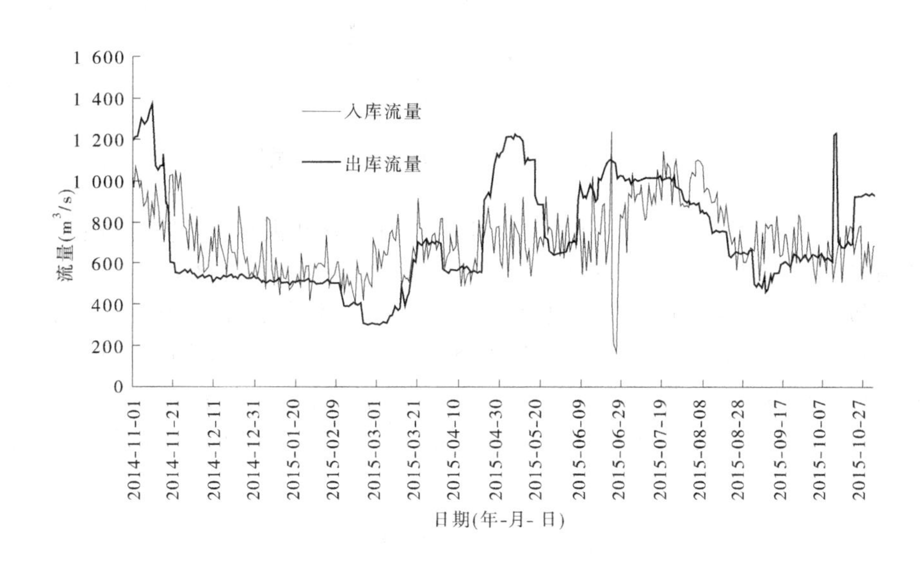

图 2-6　2015 年刘家峡水库进出库流量调节过程

三、万家寨水库运用及对水流的调节作用

万家寨水库的主要任务是发电和灌溉，对水沙过程的调节主要在桃汛期、调水调沙期和灌溉期。

宁蒙河段开河期间，头道拐站形成了较为明显的桃汛洪水过程，洪峰流量 870 m³/s，最大日均流量 812 m³/s。为了配合利用桃汛洪水过程冲刷降低潼关高程，在确保内蒙古河段防凌安全的情况下，利用万家寨水库蓄水量（见图 2-7）及龙口水库配合进行补水，期间共补水约 1.75 亿 m³，出库（河曲站）最大瞬时流量 1 550 m³/s，最大日均流量 1 410

m^3/s(见图 2-8)。

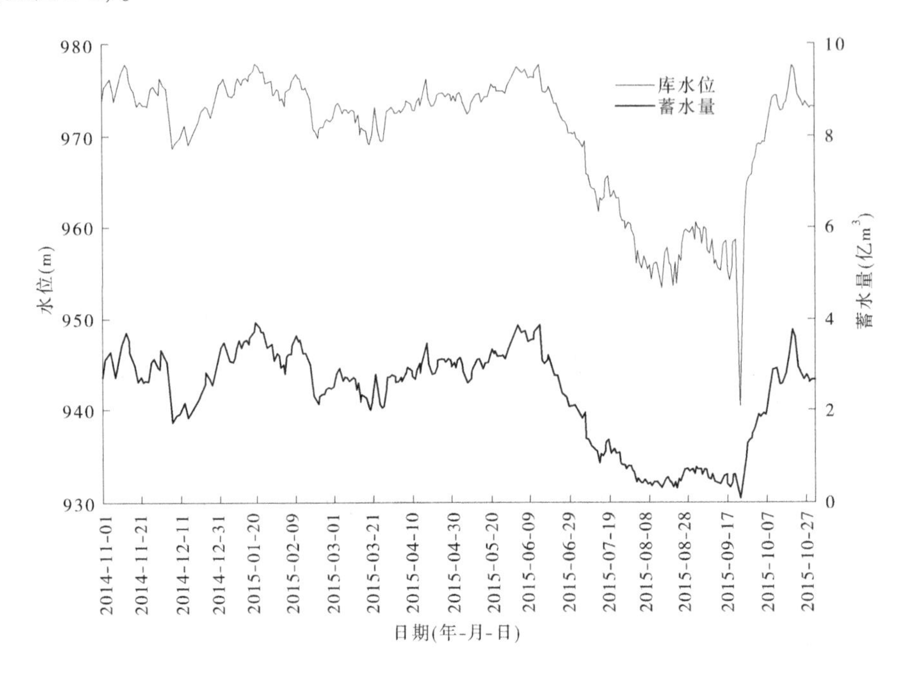

图 2-7　2015 年万家寨水库水位及蓄水过程

在汛前调水调沙期，为冲刷三门峡水库库区非汛期淤积泥沙，塑造三门峡水库出库高含沙水流过程，以增加调水调沙后期小浪底水库异重流后续动力，自 7 月 6 日 18 时起，万家寨水库按 1 200 m^3/s 流量均匀下泄，直至 7 月 7 日 8 时库水位降至 966 m 以下，按不超过汛限水位 966 m 控制运用，其间大流量下泄历时约 14 h。万家寨水库、龙口水库联合运用，自 7 月 14 日 16 时起，日均出库流量按 500 m^3/s 控泄，天桥水库日均出库流量按不小于 200 m^3/s 控泄；自 7 月 21 日 8 时起按瞬时流量不小于 200 m^3/s，且万家寨水库水位不超 966 m 控制。

四、三门峡水库运用及对径流的调节作用

(一)水库运用情况

1. 非汛期

2015 年非汛期三门峡水库运用仍遵循不超过 318 m 控制的原则。实际平均运用水位 317.71 m，日均最高运用水位 318.45 m，水库运用过程见图 2-8。3 月中旬为配合桃汛试验，降低库水位运用，最低降至 316.88 m，各月平均水位见表 2-2。与 2003—2014 年非汛期最高运用水位 318 m 控制运用以来平均情况相比，非汛期平均水位抬高 0.8 m，各月平均水位均有不同程度的抬高，6 月抬升幅度最大，达 1.76 m。

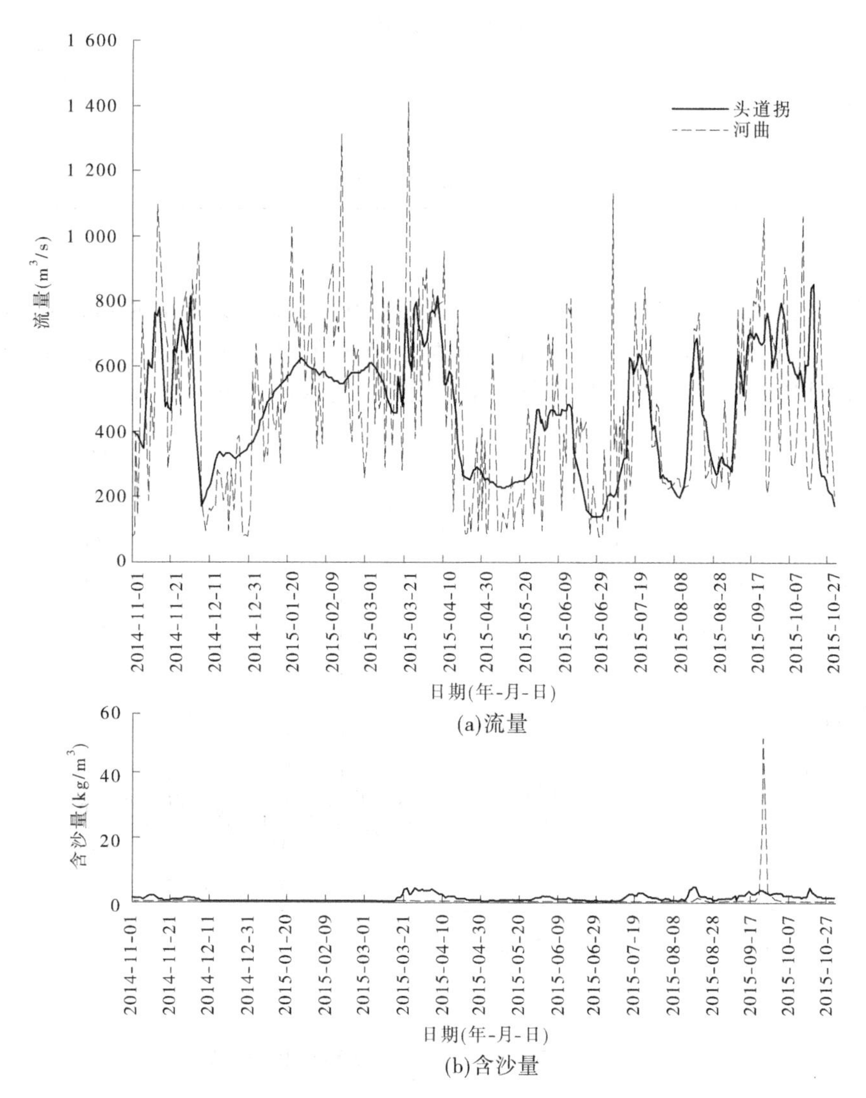

图 2-8　2015 年万家寨水库进出库水沙过程

表 2-2　2015 年非汛期史家滩各月平均水位　　（单位:m）

时间	各月平均水位(m)								平均
	11	12	1	2	3	4	5	6	
2015 年	317.70	317.75	317.77	317.73	317.25	317.95	317.87	317.65	317.71
2003—2014 年	316.81	317.29	317.19	317.36	315.96	317.33	317.53	315.89	316.91

由表 2-3 可知,非汛期库水位在 318 m 以上的天数共 23 d,占非汛期的比例为 9.5%,317~318 m 的天数最多,为 212 d,占非汛期的比例为 87.6%;水位在 316~317 m 的天数为 7 d,占非汛期的比例为 2.9%;非汛期库水位均在 315 m 以上,最低运用水位 316.88 m。

表 2-3　2015 年非汛期各级库水位出现的天数及占比例

高程(m)	318~319	317~318	316~317	315 以下
天数(d)	23	212	7	0
占非汛期比例(%)	9.5	87.6	2.9	0

2. 汛期

在汛期,三门峡水库仍采用按平水期水位不超过 305 m、流量大于 1 500 m³/s 敞泄排沙的运用方式,实际运用过程见图 2-9。汛期坝前平均水位 307.35 m,其中从配合小浪底水库调水调沙开始到 9 月 27 日水库恢复蓄水运用的平均水位为 303.96 m。

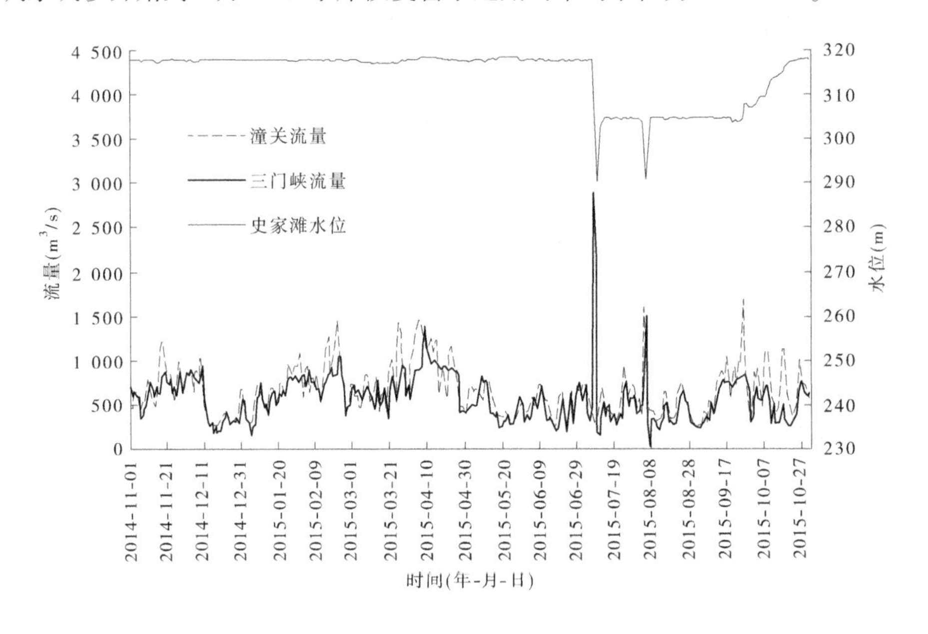

图 2-9　2015 年三门峡水库进出库流量和蓄水位过程

从 7 月 8 日到 9 月 27 日,三门峡水库共进行了 2 次敞泄运用,水位 300 m 以下的天数累计 5 d,最低运用水位 290.38 m(见表 2-4),其中 7 月 9—10 日水库由蓄水状态到泄空的过程是为配合黄河调水调沙生产运行而进行的首次敞泄运用,8 月 3—6 日则对应于汛期第一场洪峰流量过程,潼关入库最大日均流量为 1 610 m³/s,属于洪水期敞泄,敞泄期间 300 m 以下低水位连续最长时间为 3 d,出现在 8 月 4—6 日。从水库运用过程来看,在调水调沙期水库由蓄水状态转入敞泄运用,调水调沙后到 8 月 3—6 日洪峰过程前,水库一直按平水期控制水位运用。8 月 3—6 日洪峰过程期间水库再次转入敞泄排沙状态,到该洪水落水阶段,水库由敞泄状态调整为按 305 m 控制运用,9 月 27 日水库开始逐步抬高运用水位向非汛期过渡,10 月 21 日水位达 317.33 m,之后库水位一直控制在 317.5~317.95 m。

表 2-4　2015 年三门峡水库敞泄运用时段特征值

序号	时段(月-日)	水位低于300 m 天数	坝前水位(m)		潼关最大日均流量(m^3/s)
			平均	最低	
1	07-09—10	2	293.10	290.38	372
2	08-03—06	3	293.41	290.57	1 610

(二)水库对水沙过程的调节

2015 年三门峡水库非汛期平均蓄水位 317.71 m,最高日均水位 318.45 m,桃汛试验期间水库降低水位运用,最低降至 316.88 m。汛期坝前平均水位 307.35 m,其中从 7 月 8 日开始配合调水调沙到 9 月 27 日的平均水位为 303.96 m。

非汛期水库蓄水运用,进出库流量过程总体上较为接近,凌汛及桃汛洪水期水库有明显的削峰作用,桃汛两场洪水潼关水文站入库最大日均流量分别为 1 410 m^3/s 和 1 460 m^3/s,相应出库流量均削减至 1 000 m^3/s 以下。非汛期进库含沙量范围在 0.305~6.25 kg/m^3,入库泥沙基本淤积在库内。桃汛洪水期水库运用水位在 316 m 以上,仍为蓄水运用状态,入库最大洪峰流量为 1 730 m^3/s,瞬时含沙量在 0.678~4.66 kg/m^3,相应出库最大瞬时流量为 1 650 m^3/s。

小浪底水库调水调沙期,三门峡水库利用 318 m 以下蓄水量塑造洪峰,在 7 月 7—10 日,入库最大日均流量仅为 382 m^3/s,最大日均含沙量为 1.02 kg/m^3,沙量仅为 0.000 5 亿 t;出库最大瞬时流量为 5 520 m^3/s,最大日均流量为 2 880 m^3/s。水库敞泄运用时,水位降低后开始排沙,出库最大瞬时含沙量 272 kg/m^3,最大日均含沙量为 149 kg/m^3,排沙量为 0.086 1 亿 t,排沙比为 17 200%。汛期平水期按水位 305 m 控制运用,进出库流量及含沙量过程均差别不大;洪水期水库敞泄运用时(坝前最低水位为 290.57 m),进出库流量相近,而出库含沙量远大于入库,其余时段进出库含沙量变化不明显(见图 2-10),表 2-5 为三门峡水库低水位时进出库含沙量对比。

表 2-5　2015 年三门峡水库敞泄进出库含沙量

水沙参数	7 月 9 日	7 月 10 日	8 月 4 日	8 月 5 日	8 月 6 日
坝前最低水位(m)	295.81	290.38	296.25	290.57	293.41
出库最大含沙量(kg/m^3)	28	149	173	117	69
相应入库含沙量(kg/m^3)	0.839	0.78	14.9	26.4	14.1

(三)水库排沙情况

2015 年三门峡水库全年排沙量为 0.512 0 亿 t,且所有排沙过程均发生在汛期(见图 2-10),汛期排沙量主要取决于流量过程和水库敞泄程度。

三门峡水库汛期排沙量为 0.512 0 亿 t,相应入库沙量为 0.298 1 亿 t,水库排沙比 17 220%(见表 2-6)。汛期平水期和敞泄期水库均进行排沙,排沙效果差别较大,平水期排沙比较小,而敞泄期排沙比较大。2015 年水库共进行了 2 次敞泄排沙,第一次敞泄为

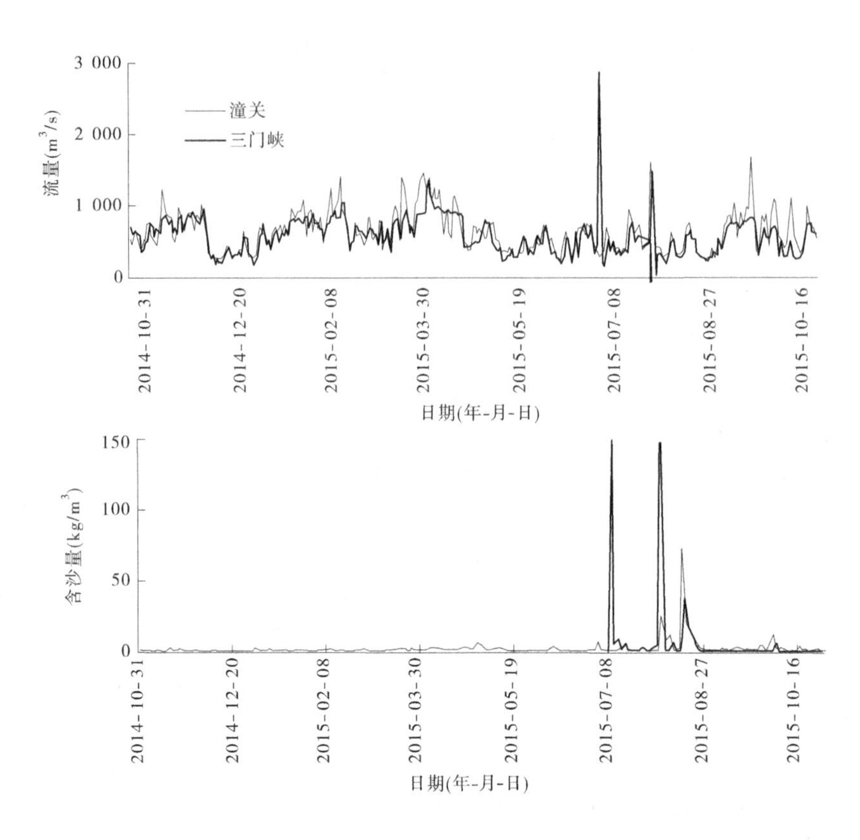

图 2-10　2015 年三门峡水库进出库日均流量、含沙量过程

小浪底水库调水调沙期,第二次发生在 8 月 3—6 日汛期第一场洪峰流量过程中。其中第一次为 7 月 9 日降低水位泄水,排沙量显著增大,7 月 9—10 日库水位连续处于 300 m 以下,2 d 内水库排沙 0.086 1 亿 t,其间入库泥沙仅 0.000 5 亿 t,排沙比高达 17 220%,8 月 4—6 日水库敞泄运用期间,排沙量达 0.34 亿 t,排沙比为 705%,两次敞泄过程 5 d 内共排沙 0.426 亿 t,占汛期排沙总量的 83.2%,敞泄期平均排沙比 875%。调水调沙期间(7 月 1—16 日)出库沙量为 0.097 6 亿 t,占汛期排沙总量的 19.1%,平均排沙比为 503%;从洪水期排沙情况看,8 月 3—5 日洪水过程中,坝前水位在 290.57～296.25 m,出库沙量为 0.320 5 亿 t,排沙比为 761%;9 月 26 日洪水过程,坝前水位 304.92 m,水库控制运用,排沙量为 0.000 2 亿 t。2 场洪水过程出库总沙量为 0.320 7 亿 t,占汛期出库沙量的 62.6%,平均排沙比为 644%。在 7—9 月的平水期,入库流量均在 1 000 m³/s 以下,含沙量低,库区有一定淤积,9 月 27 日以后水库基本为蓄水运用,但入库沙量很少,基本没有排沙,平水期出库沙量为 0.093 7 亿 t,平均排沙比为 41%,库区淤积量为 0.135 2 亿 t。敞泄期径流量 3.21 亿 m³,仅占汛期水量的 5.2%,但排沙量占汛期的 83.2%,库区冲刷量占汛期的 176%;洪水期排沙量占汛期的 62.6%,库区冲刷 0.271 亿 t,占汛期冲刷量的 127%。

表 2-6 2015 年汛期三门峡水库排沙量

日期（月-日）	水库运用状态	汛期分时段	史家滩平均水位（m）	潼关		三门峡		淤积量（亿 t）	排沙比（%）
				水量（亿 m^3）	沙量（亿 t）	水量（亿 m^3）	沙量（亿 t）		
07-01—08	蓄水	调水调沙	317.50	3.64	0.013 3	5.71	0.000 3	0.013 0	2
07-09—10	敞泄	调水调沙	293.10	0.58	0.000 5	2.35	0.086 1	-0.085 6	17 220
07-11—16	控制	调水调沙	303.67	2.46	0.005 6	2.02	0.011 2	-0.005 6	200
07-17—08-03	控制	平水期	304.47	8.38	0.013 5	7.29	0.013 6	-0.000 1	101
08-04—05	敞泄	洪水期	293.41	2.20	0.042 1	2.27	0.320 5	-0.278 4	761
08-06	敞泄	平水期	293.41	0.44	0.006 2	0.28	0.019 4	-0.013 2	313
08-07—09-25	控制	平水期	304.53	22.98	0.152 9	19.93	0.053 6	0.099 3	35
09-26	控制	洪水期	304.92	1.46	0.007 7	0.72	0.000 2	0.007 5	3
09-27—10-31	蓄水	平水期	313.26	19.52	0.056 4	15.44	0.007 0	0.049 4	12
敞泄期			293.28	3.21	0.048 7	4.91	0.426 0	-0.377 3	875
非敞泄期			307.95	58.43	0.249 4	51.11	0.086 0	0.163 4	34
汛期			307.35	61.65	0.298 1	56.02	0.512 0	-0.213 9	172
调水调沙期			309.26	6.68	0.019 4	10.08	0.097 6	-0.078 2	503
洪水期			297.25	3.66	0.049 8	2.99	0.320 7	-0.271 0	644
平水期			307.35	51.31	0.228 9	42.94	0.093 7	0.135 2	41

可见，2015 年三门峡水库排沙主要集中在洪水期，完全敞泄时库区冲刷量更大，排沙效率高，排沙比远大于 100%；小流量过程（平水期）排沙比均小于 100%。

五、小浪底水库运用及对水流的调节作用

（一）水库运用情况

2015 年小浪底水库按照满足黄河下游防洪、减淤、防凌、防断流以及供水等为主要目标，进行了防洪和春灌蓄水、调水调沙及供水等一系列调度运用。2015 年水库最高水位达到 270.02 m（2 月 23 日 8 时），日均最低水位达到 229.08 m（8 月 14 日 8 时）（见图 2-11）。

2015 年水库运用可划分为四个阶段：

第一阶段：2014 年 11 月 1 日至 2015 年 6 月 28 日。水库以蓄水、防凌、供水为主。2014 年 11 月 1 日至 2015 年 2 月 23 日，水库以蓄水为主，水位最高达到 270.02 m，相应蓄水量 83.78 亿 m^3。2015 年 2 月 24 日至 6 月 28 日，为保证黄河下游工农业生产、城市生活及生态用水，水库向下游补水，至 6 月 29 日 8 时，水库补水 50.72 亿 m^3，蓄水量减至 33.37 亿 m^3，库水位降至 245.89 m，保证了下游用水及河道不断流。

第二阶段：6 月 29 日 8 时至 7 月 12 日为汛前调水调沙生产运行期。当小浪底水库水位达到 245.89 m、蓄水量为 33.37 亿 m^3 时，开始调水调沙，水库水位持续下降，7 月 8 日 8 时降至对接水位 235.48 m，相应蓄水量为 17.57 亿 m^3。在水库调度第二阶段，异重流在

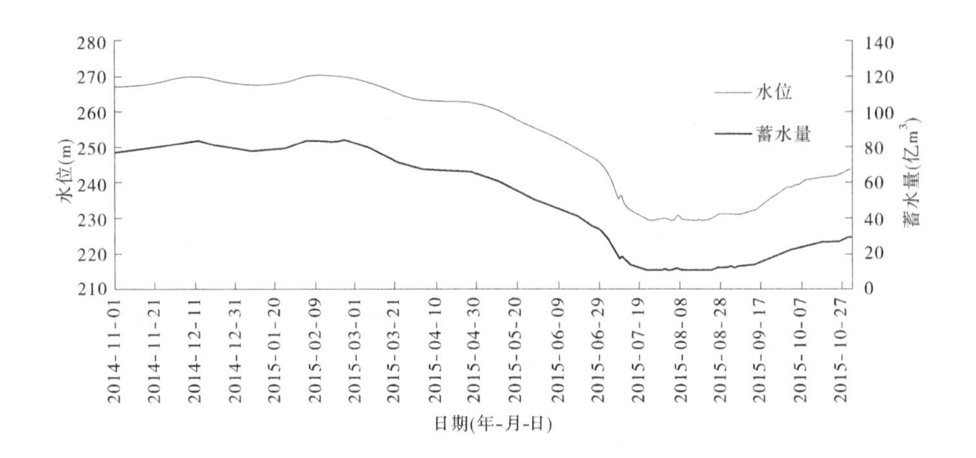

图 2-11　2015 年小浪底水库水位及蓄水量过程

小浪底库区形成但并未运行至坝前,小浪底水文站未测出含沙量。7 月 12 日 8 时小浪底水库调水调沙调度过程结束,此时库水位为 233.24 m,蓄水量 14.8 亿 m^3,与调水调沙开始前相比减少了 18.57 亿 m^3。

第三阶段:7 月 13 日至 8 月 31 日。水库以防洪为主,水位始终控制在汛限水位以下,最高 231.05 m,相应蓄水量为 12.32 亿 m^3。

第四阶段:9 月 1 日至 10 月 31 日。水库以蓄水为主,至 10 月 31 日 8 时,水位上升至 243.55 m,相应蓄水量为 29.48 亿 m^3。

(二)水库对水沙过程的调节

2015 年入库沙量 0.512 亿 t,全年没有排沙。入库最大流量 5 520 m^3/s,出库最大流量 3 550 m^3/s,均出现在调水调沙期间。

第三章 三门峡水库库区冲淤及潼关高程变化

一、潼关以下汛期冲淤沿程分布

根据大断面测验资料，2015 年潼关以下库区非汛期淤积 0. 524 亿 m^3，汛期冲刷 0. 192 亿 m^3，年内淤积 0. 332 亿 m^3。

图 3-1 为沿程冲淤强度变化。非汛期全河段淤积，淤积强度较大的河段为黄淤 27—黄淤 29 和黄淤 33—黄淤 35，单位河长淤积量在 1 000 m^3/ m 以上，最大为 1 205 m^3/ m。汛期河段沿程冲淤交替发展，但总体上以冲刷为主，其中坝址—黄淤 8 区间冲刷强度较大，单位河长冲刷值大于 1 000 m^3/ m，最大为 1 593 m^3/ m，库区中段黄淤 15—黄淤 33 长区间表现为冲刷，冲刷强度不大，基本在 500 m^3/ m 以下，库尾黄淤 37—黄淤 38 有少量冲刷，其余各河段均有一定淤积，但淤积量较小，黄淤 11—黄淤 12 单位河长淤积 404 m^3/m。全年来看，受汛期水库敞泄排沙的影响，库区前段坝址—黄淤 8 区间仍表现为较强的冲刷，最大冲刷强度为 1 045 m^3/m。黄淤 19—黄淤 21 小范围内有一定冲刷，冲刷强度不大，单位河长冲刷量在 200 m^3/m 以下。除此以外，其余各河段均呈淤积状态，其中黄淤 33—黄淤 35 河段淤积强度较大，单位河长淤积量均在 500 m^3/ m 以上，最大达 1 303 m^3/m。

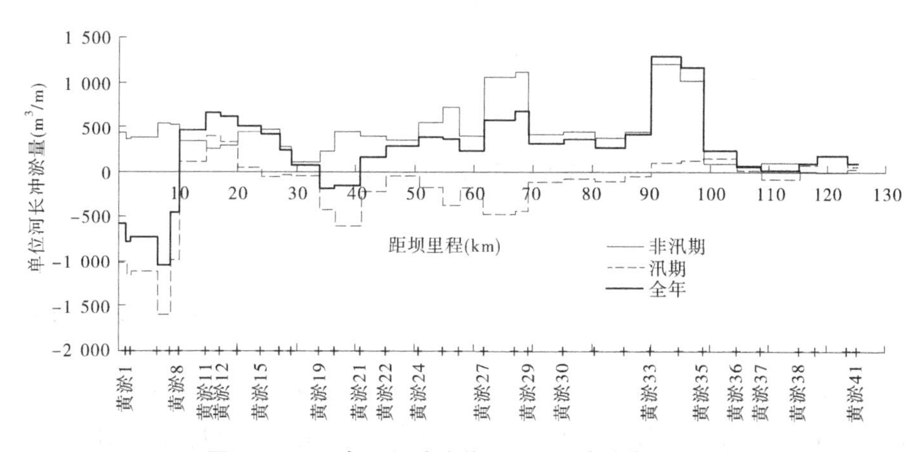

图 3-1 2015 年三门峡潼关以下库区冲淤量沿程分布

从各河段冲淤量来看(见表 3-1)，坝址—黄淤 30 河段具有非汛期淤积，汛期冲刷的特点，冲淤变化最大的河段在黄淤 22—黄淤 30，其次是坝址—黄淤 12 河段，黄淤 12—黄淤 22 变幅最小，其他各河段在汛期和非汛期均表现为淤积。全年来看，除坝址—黄淤 12 河段为冲刷外，其余河段均为淤积，其中黄淤 30—黄淤 36 河段淤积量最大，为 0. 176 亿 m^3，占潼关以下库区全年淤积总量的 53%，其次是黄淤 22—黄淤 30 河段，淤积量为 0. 119 亿 m^3，占全年淤积总量的 36%，库尾段黄淤 36—黄淤 41 淤积最小，仅占 6%。非汛期水库蓄水运用，入库泥沙基本淤积在库内，因此全河段为淤积状态，且泥沙主要淤积在库区中段，坝址附近及库尾段淤积相对较小。汛期调水调沙期及洪水期水库敞泄排沙，前期坝前堆积的泥沙开始冲刷出库，并产生溯源冲刷，冲刷末端发展至黄淤 30 断面。

表 3-1　潼关以下河段 2015 年冲淤量变化(坝址—黄淤 41)　(单位:亿 m^3)

时段	坝址—黄淤 12	黄淤 12—黄淤 22	黄淤 22—黄淤 30	黄淤 30—黄淤 36	黄淤 36—黄淤 41	坝址—黄淤 41
非汛期	0.067	0.095	0.187	0.167	0.008	0.524
汛期	-0.105	-0.038	-0.068	0.009	0.010	-0.192
全年	-0.038	0.057	0.119	0.176	0.018	0.332

图 3-2 为历年冲淤变化过程，可以看出，2015 年汛期冲刷量和非汛期淤积量仍然处于较小值，全年表现淤积与 2014 年冲刷相反。

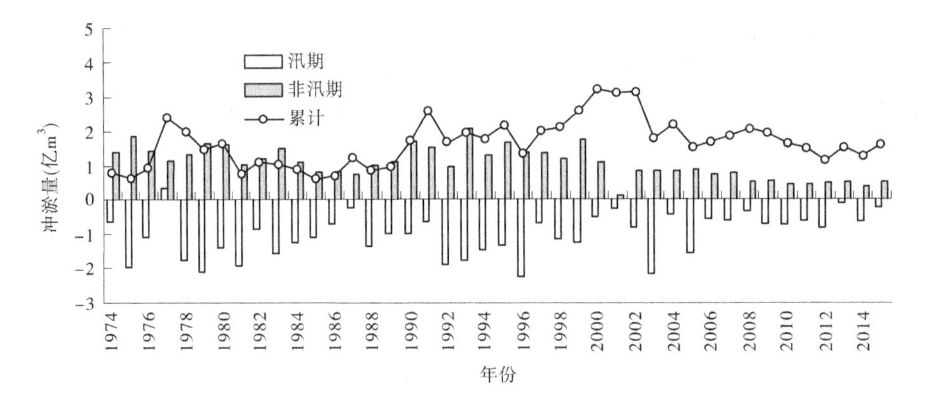

图 3-2　潼关以下干流河段历年冲淤量

二、小北干流非汛期冲淤沿程分布

2015 年小北干流河段非汛期冲刷 0.358 1 亿 m^3，汛期淤积 0.282 8 亿 m^3，全年共冲刷 0.075 3 亿 m^3。沿程冲淤强度变化见图 3-3。

由图 3-3 可以看出，非汛期黄淤 41—黄淤 50 河段冲淤交替发展，其中黄河、渭河交汇区(黄淤 41—汇淤 6)以淤积分布为主，汇淤 2—汇淤 4 淤积较大，单位河长淤积量为 444 m^3/m，汇淤 6—黄淤 47 冲刷量较大，单位河长冲刷 459 m^3/m；黄淤 50—黄淤 68 河段沿程冲刷，其中黄淤 51—黄淤 54 和黄淤 58—黄淤 62 河段冲刷强度较大，单位河长冲刷量最大为 719 m^3/m。汛期与非汛期冲淤情况基本呈对称分布，全河段以淤积为主，仅黄淤 42—汇淤 6 和黄淤 65—黄淤 66 有少量冲刷，淤积较大的河段有黄淤 45—黄淤 47、黄淤 51—黄淤 52 和黄淤 63—黄淤 64，淤积强度均在 600 m^3/m 以上，最大为 634 m^3/m。全年来看，小北干流全河段冲淤交替变化，各区间的冲淤量值均不大，冲淤强度大部分都在 300 m^3/m 以下，冲刷较大的河段为黄淤 61—黄淤 62，单位河长冲刷 435 m^3/m，淤积较

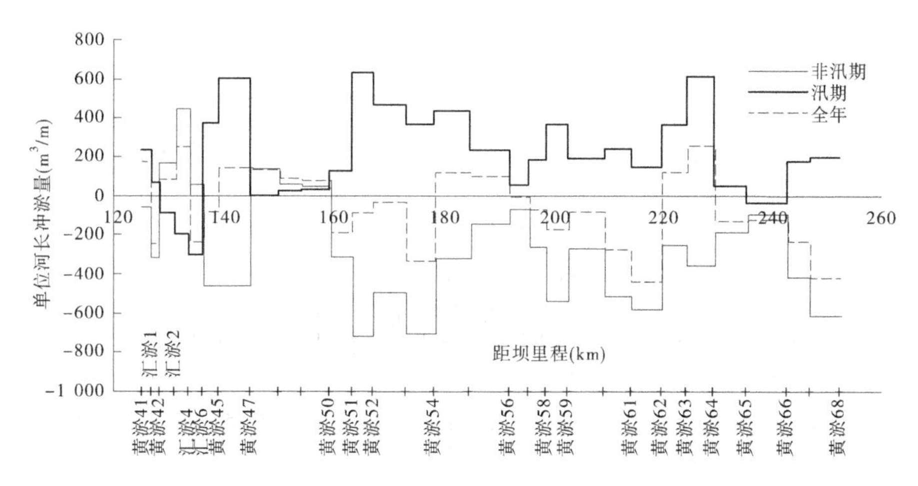

图 3-3　2015 年小北干流河段冲淤量沿程分布

大的河段有黄淤 63—黄淤 64，单位河长淤积 261 m^3/ m。

从各河段的冲淤量来看(见表 3-2)，小北干流非汛期冲刷；汛期淤积，其中黄淤 50—黄淤 59 和黄淤 59—黄淤 68 河段淤积量较大，黄淤 50—黄淤 68 区间淤积量为 0.244 3 亿 m^3，占汛期全河段淤积总量的 86%，黄淤 41—黄淤 45 河段冲淤基本平衡。全年来看，黄淤 50 断面上游为冲刷，下游为淤积，淤积主要发生在黄淤 45—黄淤 50 河段，黄淤 59—黄淤 68 冲刷较大。

表 3-2　2015 年小北干流各河段冲淤量　　(单位：亿 m^3)

时段	黄淤 41—黄淤 45	黄淤 45—黄淤 50	黄淤 50—黄淤 59	黄淤 59—黄淤 68	黄淤 41—黄淤 68
非汛期	-0.000 3	-0.014 2	-0.167 9	-0.175 7	-0.358 1
汛期	0.000 9	0.037 6	0.143 5	0.100 8	0.282 8
全年	0.000 6	0.023 4	-0.024 4	-0.074 9	-0.075 3

图 3-4 为历年冲淤量变化过程，可以看出 2015 年汛期淤积，非汛期冲刷，全年基本冲淤平衡。

三、潼关高程变化

2014 年汛后潼关高程为 327.48 m，非汛期总体淤积抬升 0.48 m，其中桃汛期潼关高程抬升 0.06 m，汛期冲刷 0.30 m，运用年内潼关高程抬升 0.18 m(见图 3-5)。

三门峡水库汛期保持在低水位运用，入库潼关水文站泥沙较少，平均含沙量仅 4.84 kg/m^3，潼关高程主要受水流条件的影响而发生升降交替变化。从 8 月 3 日至 10 月 9 日，潼关高程冲刷下降主要在两场洪水期，其中 8 月 3—10 日为汛期第一场洪峰流量过程，洪峰流量为 2 000 m^3/s，平均流量 622 m^3/s，洪水涨峰阶段潼关高程先抬升至 327.85 m，随后落水阶段及平水期再逐渐下降至 327.74 m。9 月 10—29 日为汛期第二场洪峰流量过程，历时较长，洪峰流量为 1 940 m^3/s，平均流量 802 m^3/s。同样，在洪峰涨水阶段潼关高程先抬升到 327.78 m，之后在落峰阶段及后续平水期逐渐下降至 327.62 m，两场洪水作

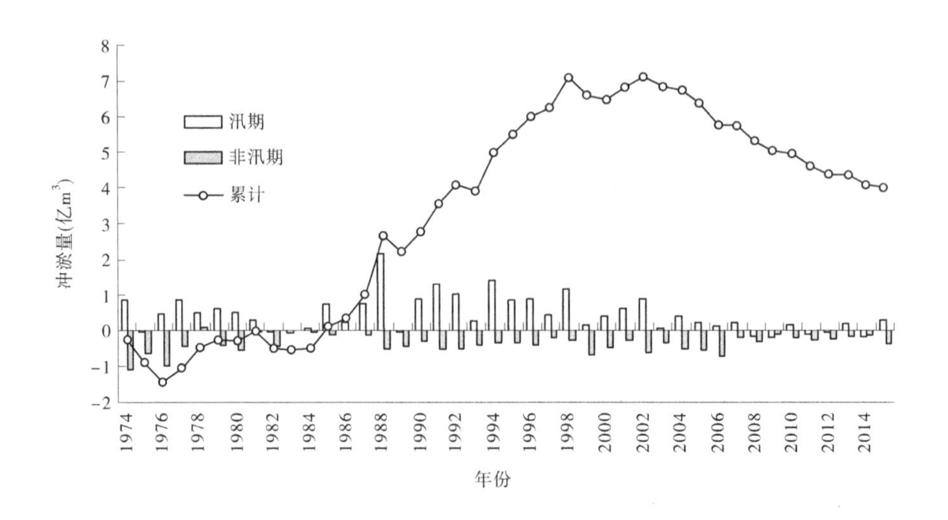

图 3-4 小北干流河段历年冲淤量(黄淤 41—黄淤 68)

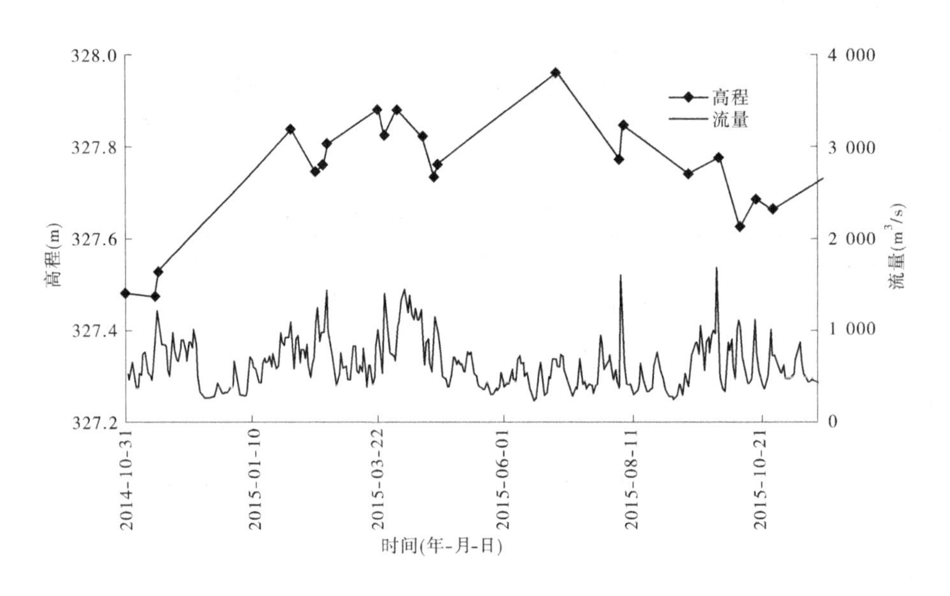

图 3-5 2015 年潼关高程变化过程

用下,潼关高程累计下降 0. 16 m,洪水后至汛末,潼关高程回升至 327. 66 m,汛期潼关高程共下降 0. 3 m。

图 3-6 为历年潼关高程变化过程。2002 年汛后,潼关高程为 328. 78 m,为历史最高值,此后,经过 2003 年和 2005 年渭河秋汛洪水的冲刷,潼关高程有较大幅度的下降,恢复到 1993—1994 年的水平。2006 年以后开始的“桃汛试验”使得潼关高程保持了较长时段的稳定,2012 年在干流洪水作用下,潼关高程再次发生明显下降,达到 327. 38 m,2015 年汛后潼关高程为 327. 66 m,虽然有回升,但仍保持在较低状态。

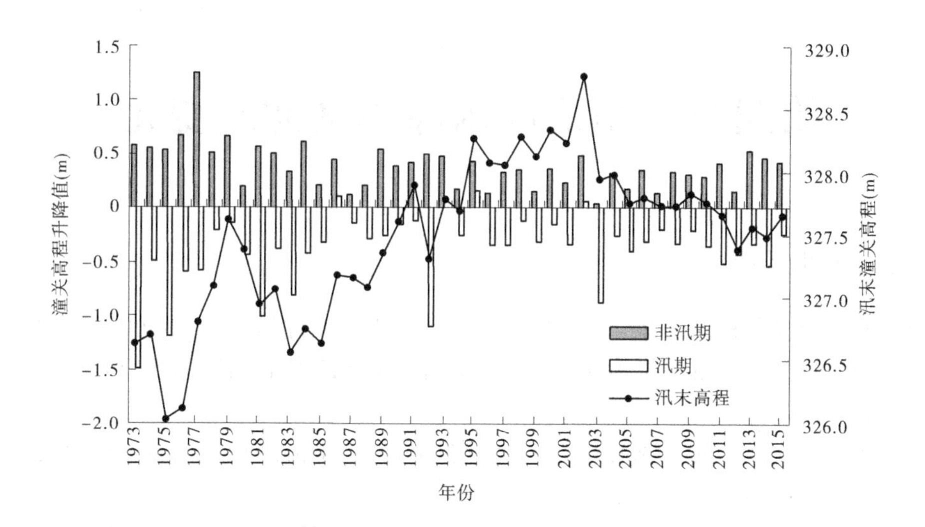

图 3-6　历年潼关高程变化

第四章　小浪底水库库区冲淤变化

一、水库冲淤特点

根据库区测验资料，利用断面法计算2015年小浪底全库区淤积量为0.445亿m^3，利用沙量平衡法计算库区淤积量为0.512亿t（入库为0.512亿t，出库为0亿t）。库区泥沙的淤积分布有以下特点：

（1）2015年全库区泥沙淤积量为0.445亿m^3，其中干流淤积量为0.329亿m^3，支流淤积量为0.116亿m^3（见表4-1）。

表4-1　2015年各时段库区淤积量　　（单位：亿m^3）

时段	2014年10月至2015年4月	2015年4—10月	2014年10月至2015年10月
干流	-0.168	0.497	0.329
支流	-0.159	0.275	0.116
合计	-0.327	0.772	0.445

（2）2015年度内库区淤积全部集中于4—10月，淤积量为0.772亿m^3，其中干、支流淤积量分别占64%和36%。

（3）全库区年内淤积主要集中在高程220～235 m，该区间淤积量达到0.676亿m^3；冲刷主要发生在高程235～245 m，该区间冲刷量达到0.198亿m^3。图4-1给出了2015年不同高程的冲淤量分布。

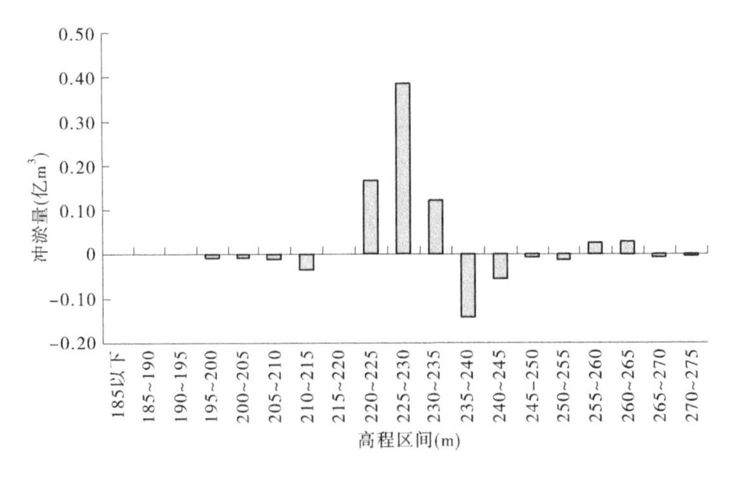

图4-1　2015年小浪底库区不同高程冲淤量分布

(4)图 4-2 给出了小浪底水库不同时段不同区间的冲淤量分布。2015 年 4—10 月，HH40(距坝 69.34 km)断面以下库段以及 HH51(距坝 101.61 km)以上库段均发生不同程度淤积，其中 HH40 断面以下库段(含支流)淤积量为 0.966 亿 m^3，是淤积的主体；HH40—HH51 库段发生少量冲刷，冲刷量为 0.222 亿 m^3。2014 年 10 月至 2015 年 4 月，由于泥沙沉降密实等原因，库区大部分河段尤其是库区中下段，计算淤积量时显示为冲刷。

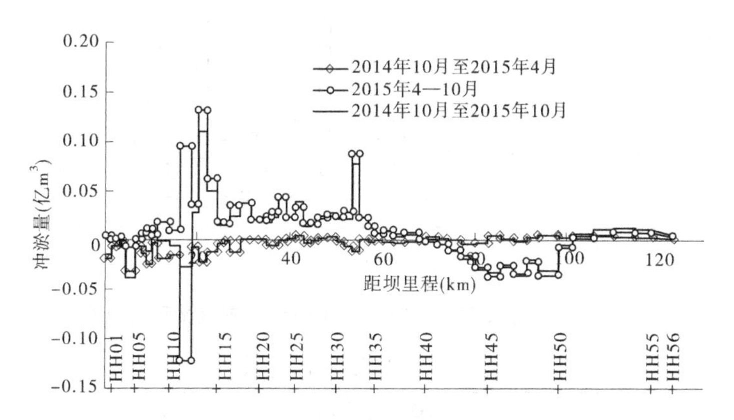

图 4-2　2015 年小浪底库区断面间冲淤量分布(含支流)

小浪底水库库区汇入支流较多，平面形态狭长弯曲，总体上是上窄下宽。距坝 68 km 以上为峡谷段，河谷宽度多在 500 m 以下；距坝 65 km 以下宽窄相间，河谷宽度多在 1 000 m 以上，最宽处约 2 800 m。一般按此形态将水库划分为大坝—HH20 断面、HH20—HH38 断面和 HH38—HH56 断面三个区段。根据表 4-2 分析，2014 年 10 月至 2015 年 10 月淤积主要集中在 HH38(距坝 64.83 km)断面以下库段。

表 4-2　2015 年不同库区段淤积量　　(单位：亿 m^3)

时段	河段	大坝—HH20 (0~33.48 km)	HH20—HH38 (33.48~64.83 km)	HH38—HH56 (64.83~123.41 km)	合计
2014 年 10 月至 2015 年 4 月	干流	-0.167	-0.031	0.030	-0.168
	支流	-0.161	0.002	0	-0.159
2015 年 4—10 月	干流	0.306	0.377	-0.186	0.497
	支流	0.195	0.080	0	0.275
2014 年 10 月至 2015 年 10 月	干流	0.139	0.346	-0.156	0.329
	支流	0.034	0.082	0	0.116

(5)2015 年支流淤积量为 0.116 亿 m^3。支流泥沙主要淤积在库容较大的畛水、石井河、沇西河以及近坝段的煤窑沟等。2015 年 4—10 月干、支流的详细淤积分布见图 4-3。表 4-3 列出了 2015 年 4—10 月淤积量大于 0.01 亿 m^3 的支流。支流淤积主要为干流来沙倒灌所致，淤积集中在沟口附近，沟口向上沿程减少。

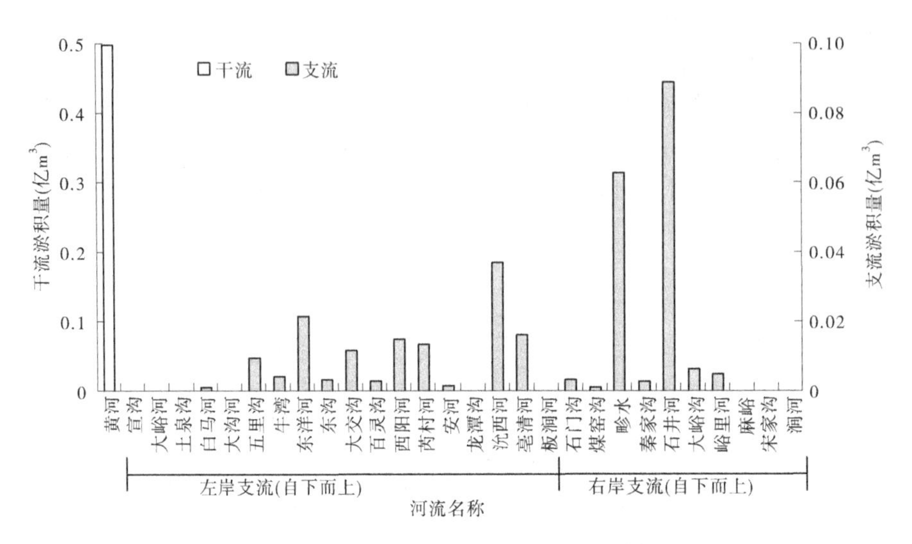

图 4-3　小浪底库区 2015 年 4—10 月干、支流淤积量分布

表 4-3　典型支流淤积量　　(单位:亿 m³)

支流		河段	2014 年 10 月至 2015 年 4 月	2015 年 4—10 月	2014 年 10 月至 2015 年 10 月
左岸	东洋河	HH18—HH19	-0. 011	0. 021	0. 011
	大交沟	HH18—HH19	0. 001	0. 011	0. 013
	西阳河	HH23—HH24	-0. 002	0. 015	0. 013
	芮村河	HH25—HH26	0. 002	0. 013	0. 015
	沇西河	HH32—HH33	-0. 018	0. 037	0. 019
	亳清河	HH32—HH33	0. 007	0. 016	0. 023
右岸	畛水	HH11—HH12	-0. 105	0. 063	-0. 043
	石井河	HH13—HH14	-0. 014	0. 089	0. 075

(6)从 1999 年 9 月开始蓄水运用至 2015 年 10 月,小浪底水库入库沙量 48. 26 亿 t(见图 4-4),小浪底水库全库区断面法淤积量为 31. 172 亿 m³,其中干流淤积量为 25. 024 亿 m³,支流淤积量为 6. 148 亿 m³,分别占总淤积量的 80. 3%和 19. 7%。

二、库区淤积形态

(一)干流淤积形态

1. 纵向淤积形态

2014 年 11 月至 2015 年 6 月中旬,三门峡水库下泄清水,小浪底水库无泥沙出库,干流纵向淤积形态在此期间变化不大。

2015 年 7—10 月,小浪底库区干流仍保持三角洲淤积形态。表 4-4、图 4-5 给出了三角洲淤积形态要素统计与干流纵剖面。三角洲各库段比降 2015 年 10 月较 2014 年 10 月均有所调整。与上年度末相比,洲面有所变缓,比降由 2. 25‱降为 1. 35‱。深泓点纵剖面显示,三角洲洲面段 HH11—HH34 库段(距坝 16. 39~57 km)发生淤积,最大淤积深度

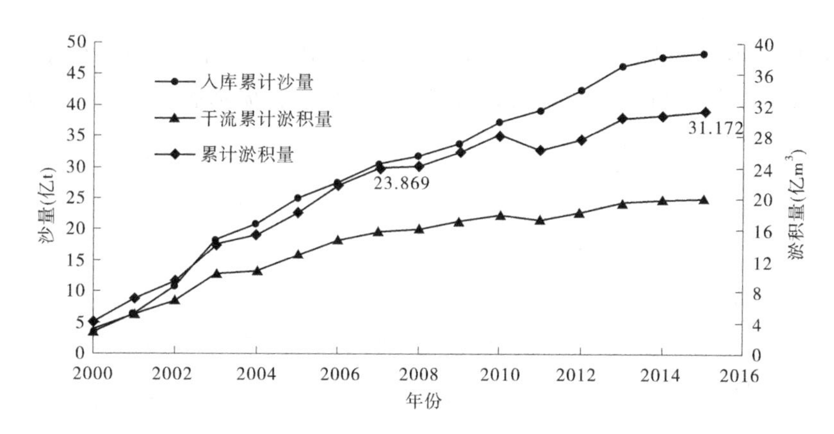

图 4-4　1999 年 9 月至 2015 年 10 月小浪底库区累计冲淤量分布

3.06 m,发生在 HH19 断面(距坝 31.85 km);HH35—HH50 库段(距坝 58.51~98.43 km)发生冲刷,最大冲刷深度 8.11 m,发生在 HH48 断面(距坝 91.51 km);三角洲顶点仍位于 HH11 断面(距坝 16.39 km),三角洲顶点高程下降 0.36 m,为 222.35 m。三角洲前坡段和尾部段变化不大。

表 4-4　干流纵剖面三角洲淤积形态要素

时间(年-月)	顶点		坝前淤积段	前坡段		洲面段		尾部段	
	距坝里程(km)	深泓点高程(m)	距坝里程(km)	距坝里程(km)	比降(‱)	距坝里程(km)	比降(‱)	距坝里程(km)	比降(‱)
2014-10	16.39	222.71	0~2.37	2.37~16.39	24.15	16.39~105.85	2.25	105.85~123.41	11.93
2015-10	16.39	222.35	0~2.37	2.37~16.39	22.9	16.39~93.96	1.35	105.85~93.96	12.5

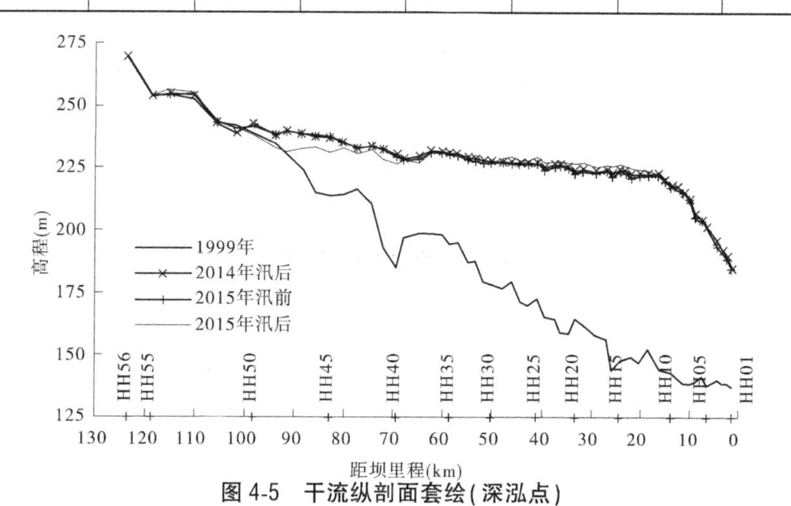

图 4-5　干流纵剖面套绘(深泓点)

2. 横断面淤积形态

随着库区泥沙的淤积,横断面表现为同步淤积抬升。图4-6为2014年10月至2015年10月三次库区部分横断面套绘,可以看出不同的库段冲淤形态及过程有较大的差异。

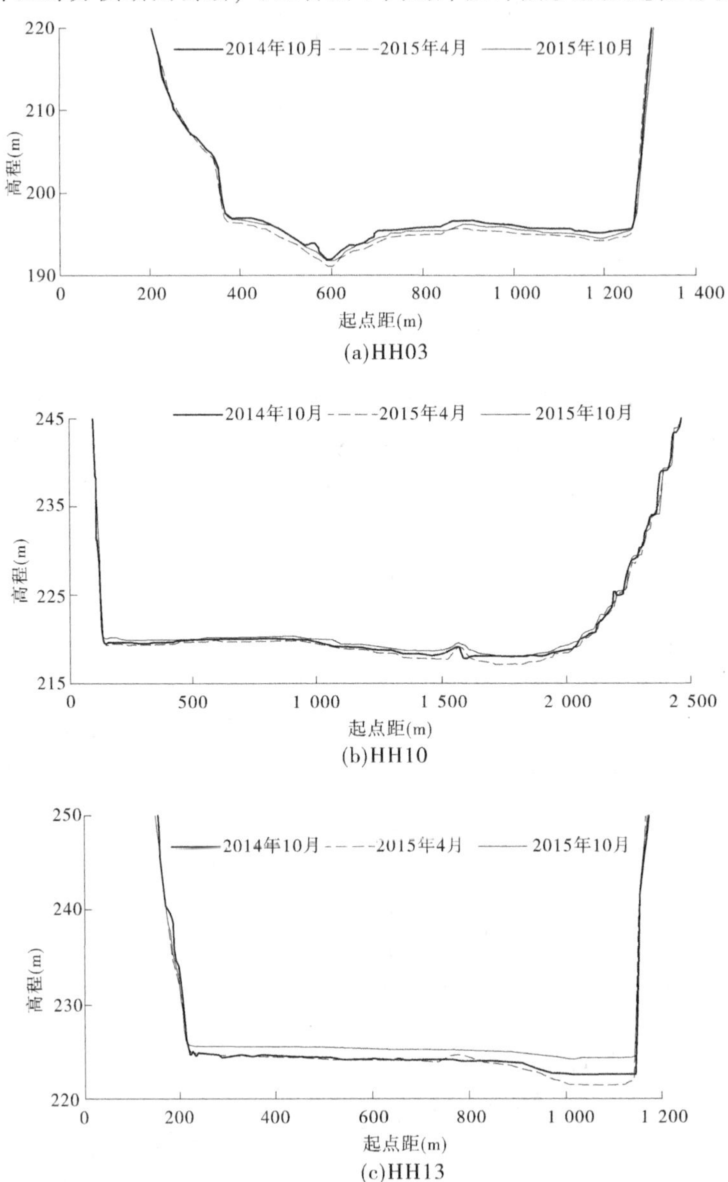

(a)HH03

(b)HH10

(c)HH13

图4-6 典型横断面套绘

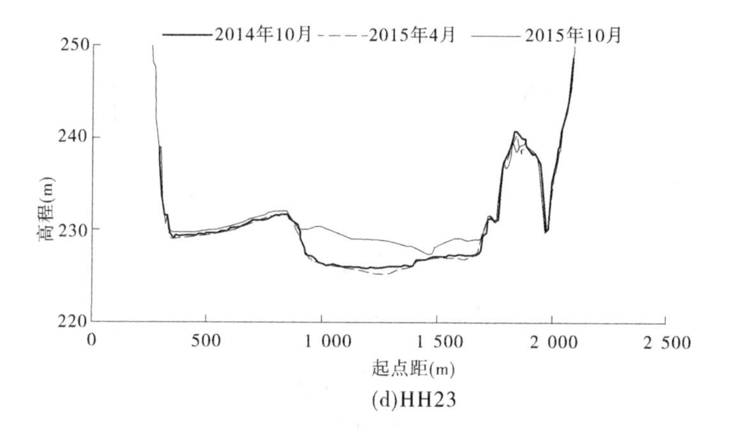

(d)HH23

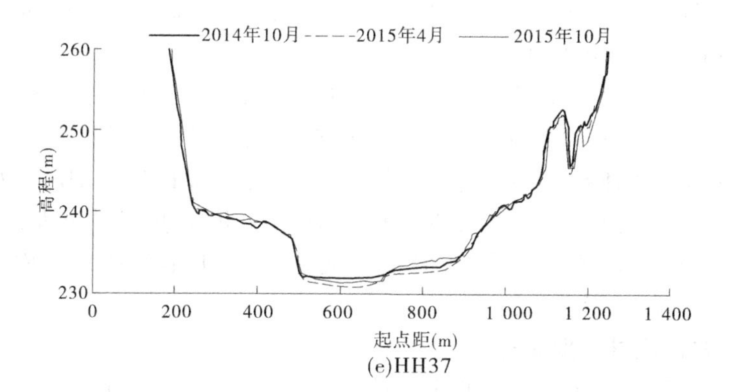

(e)HH37

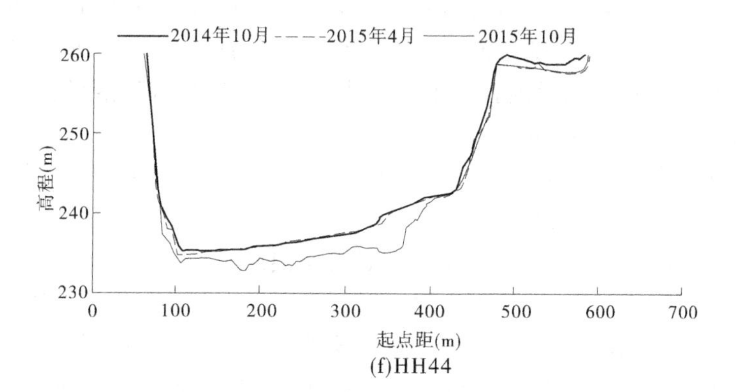

(f)HH44

续图 4-6

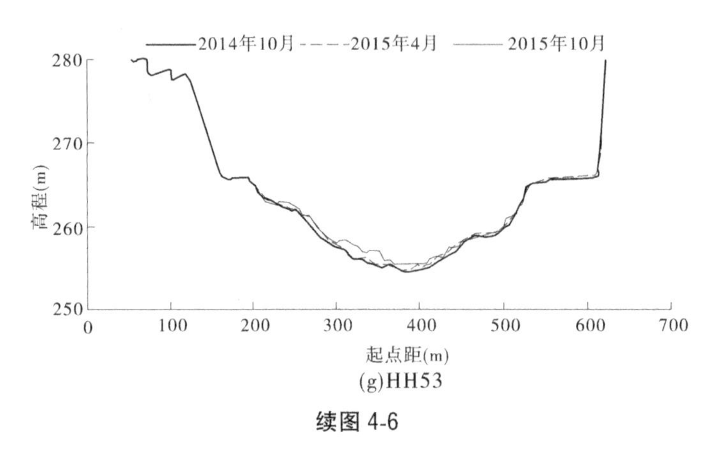

(g)HH53

续图 4-6

2014 年 10 月至 2015 年 4 月,受水库蓄水以及泥沙密实固结的影响,库区淤积面表现为下降,但全库区地形总体变化不大。

受汛期水沙条件及水库调度等的影响,与 2015 年 4 月地形相比,2015 年 10 月地形变化较大。近坝段地形受水库泄流及调度的影响,横断面呈现不规则形状,存在明显的滑塌现象,如 HH03 断面;HH06—HH11 库段整体变化不大;断面 HH12—HH32 库段以淤积为主,全断面同步淤积抬升,其中 HH15—HH21 库段淤积幅度相对较大,抬升 2~3 m;HH33—HH41 库段主槽有所调整,断面整体变化不大;HH42—HH50 库段发生冲刷;HH51 断面以上库段,地形变化较小。

(二)支流拦门坎进一步加剧

支流河床倒灌淤积过程与天然地形条件(支流口门的宽度)、干支流交汇处干流的淤积形态(有无滩槽、滩槽高差,河槽远离或贴近支流口门)、来水来沙过程(流量、含沙量大小及历时)等因素密切相关。随干流滩面的抬高,支流沟口淤积面同步上升,支流淤积形态取决于沟口处干流的淤积面高程。干流浑水倒灌支流,并沿程落淤,支流沟口淤积较厚,沟口以上淤积厚度沿程减少。

图 4-7、图 4-8 给出了部分支流纵、横断面套绘。由于非汛期淤积物的密实而表现为淤积面有所下降。在汛期,随着库区泥沙淤积增多,三角洲顶点不断下移,位于干流三角洲洲面的支流明流倒灌机会增加。2015 年汛期,小浪底水库入库沙量相对较少,仅 0.512 亿 t,相应地支流淤积也较少,而且支流泥沙淤积集中在沟口附近,支流内部抬升较慢,支流纵剖面呈现一定的倒坡,出现明显拦门沙坎或拦门沙坎进一步加剧。如 2015 年 10 月,畛水沟口对应干流滩面高程为 223.45 m,而畛水内部 4 断面仅 213.75 m,高差达到 9.7 m,与 2014 年 10 月的 9.2 m 相比,高差增加 0.5 m。2015 年 10 月东洋河沟口对应干流滩面高程为 228.76 m,而内部 2 断面仅 224.64 m,高差为 4.12 m,与 2014 年 10 月的 3.31 m 相比,高差增加 0.81 m。西阳河、沇西河拦门沙坎依然存在,大峪河沟口干流滩面高程明显高于支流内部。

横断面除部分支流口门断面形态有所调整外,其他表现为平行抬升。

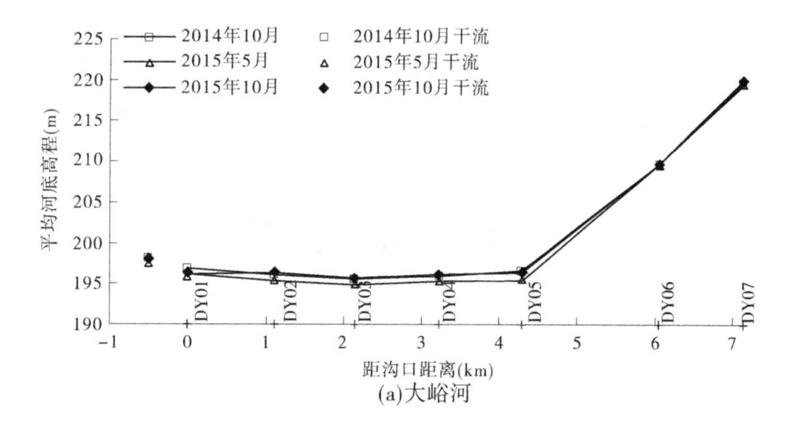

(a)大峪河

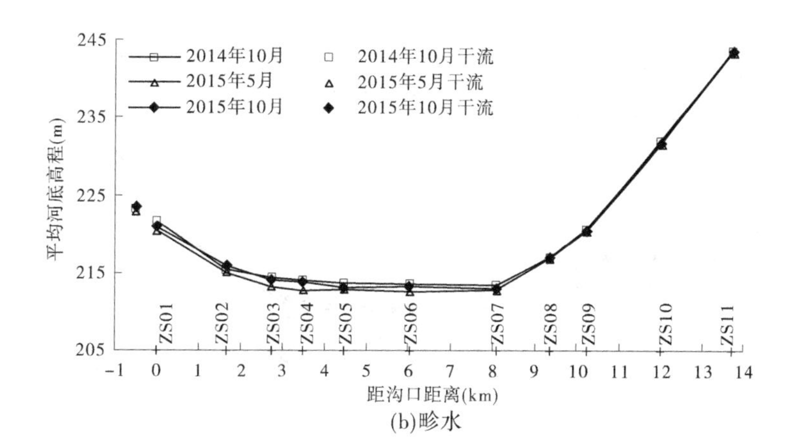

(b)畛水

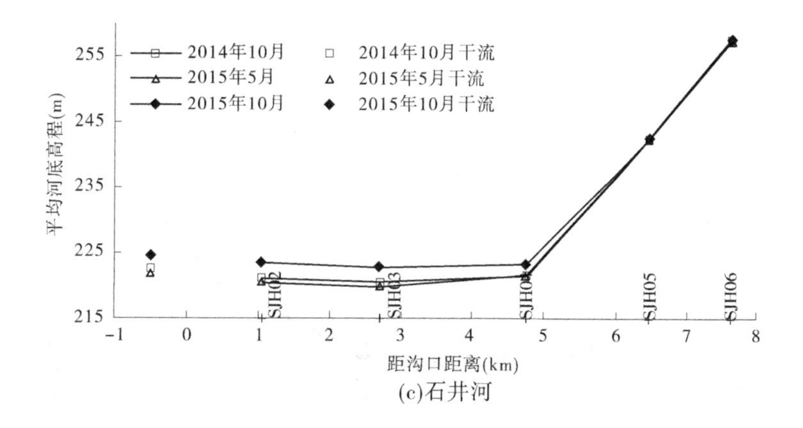

(c)石井河

图 4-7　典型支流纵断面套绘

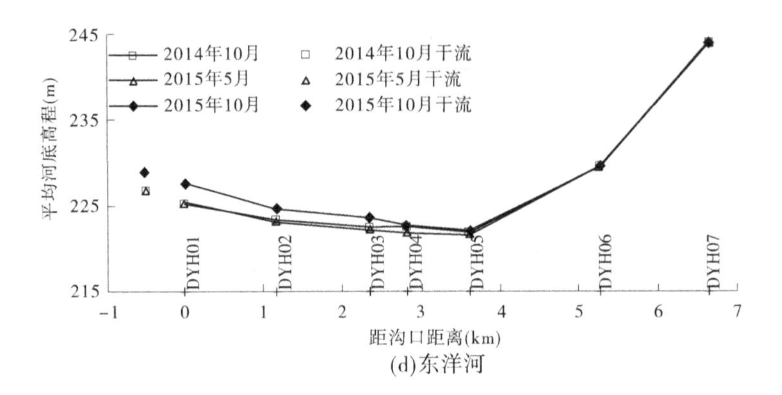

(d)东洋河

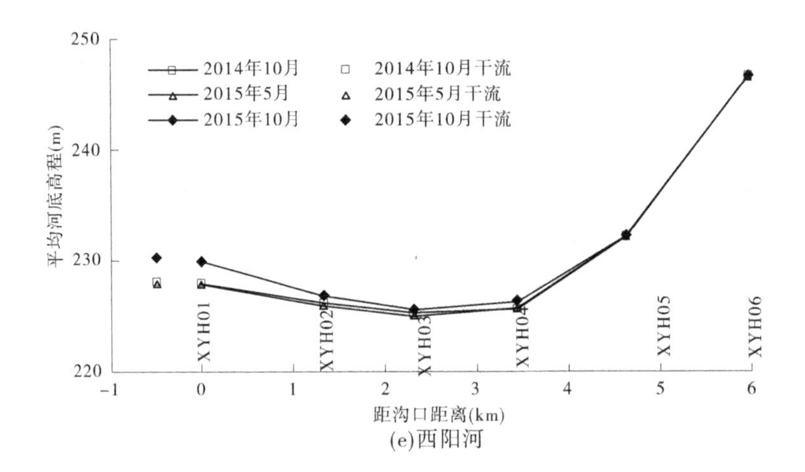

(e)西阳河

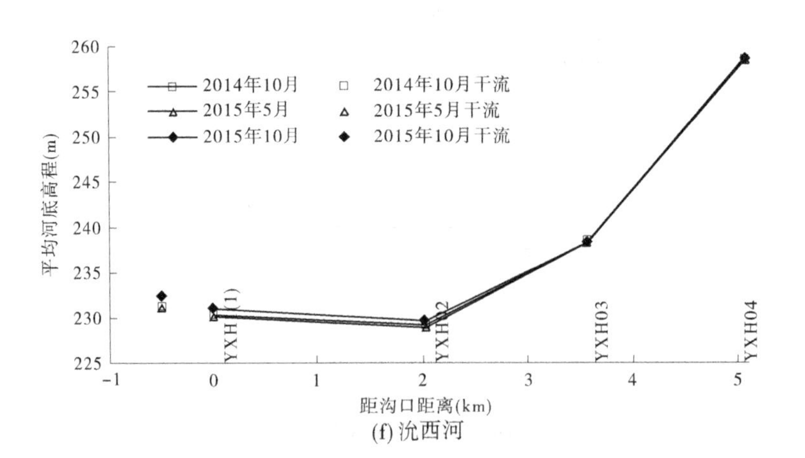

(f)沇西河

续图 4-7

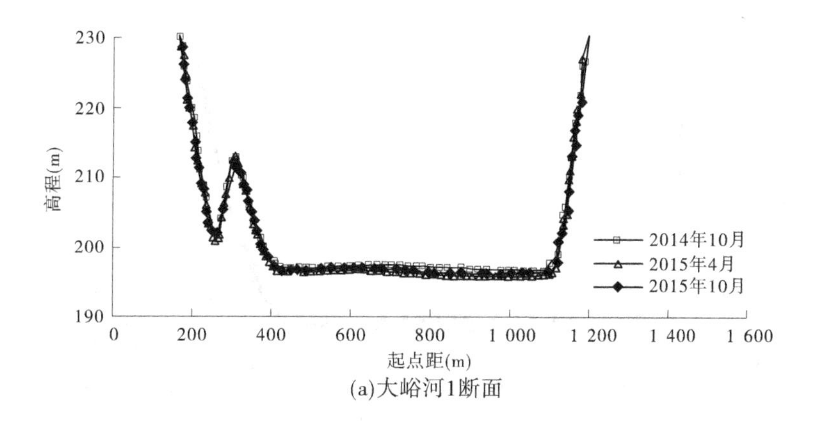

(a)大峪河1断面

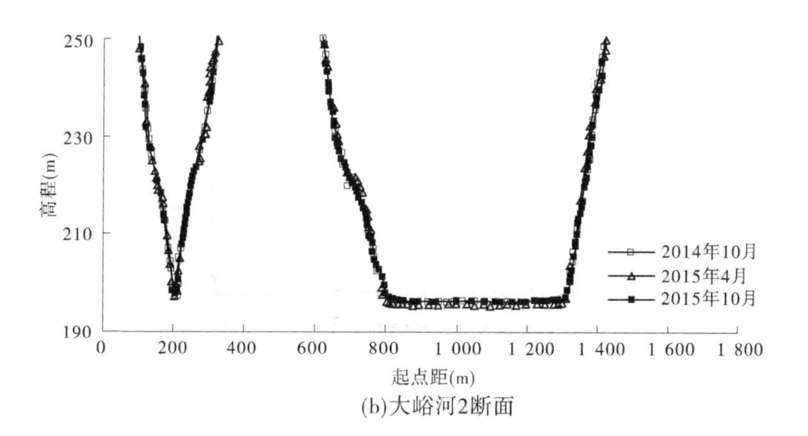

(b)大峪河2断面

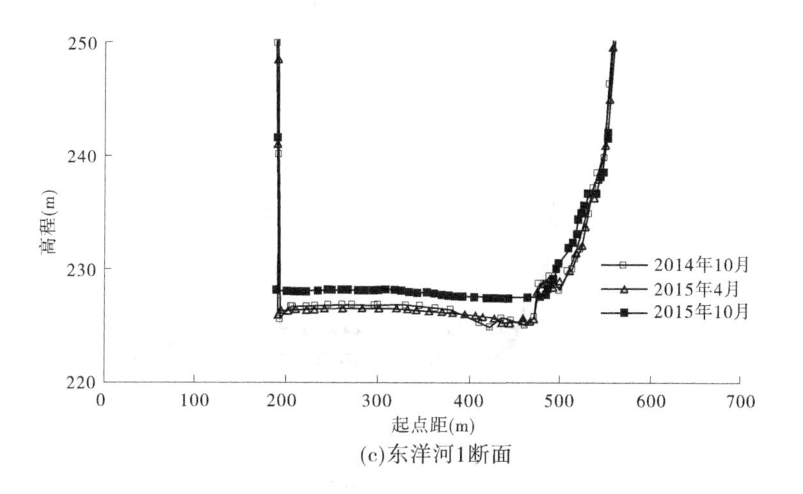

(c)东洋河1断面

图 4-8　典型支流横断面套绘

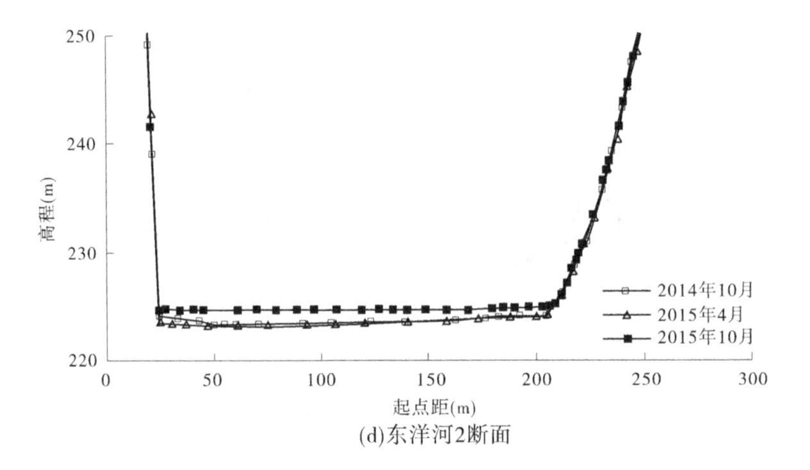

(d)东洋河2断面

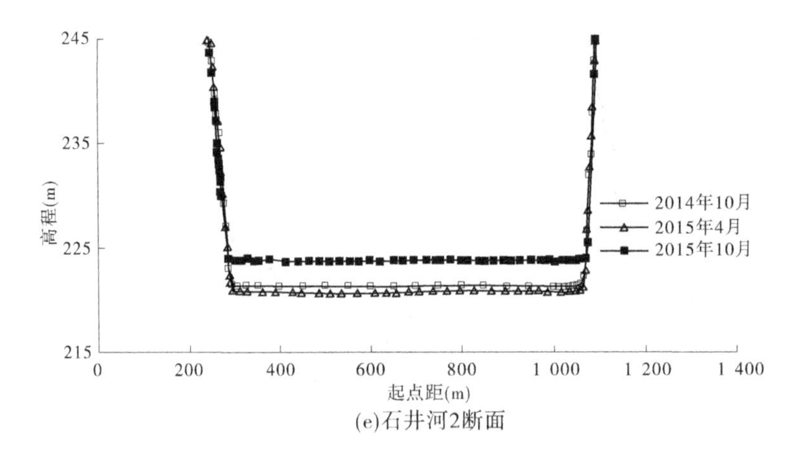

(e)石井河2断面

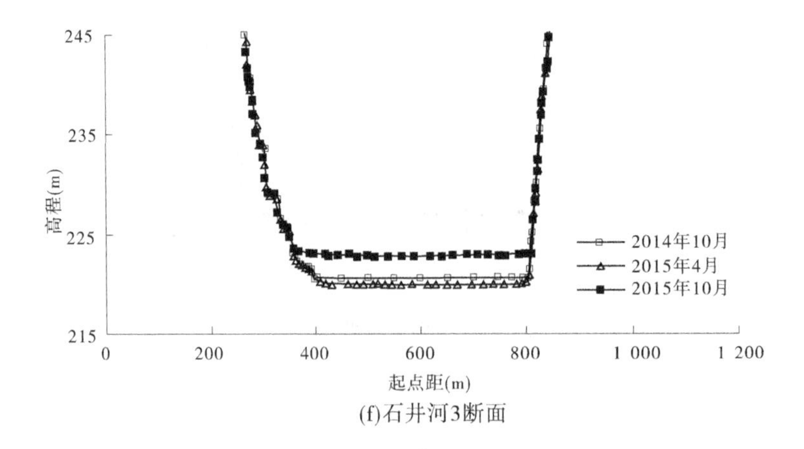

(f)石井河3断面

续图 4-8

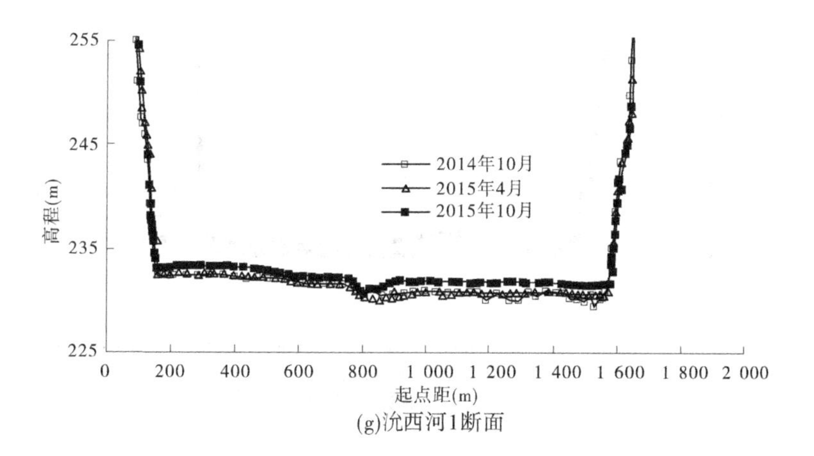

(g)沆西河1断面

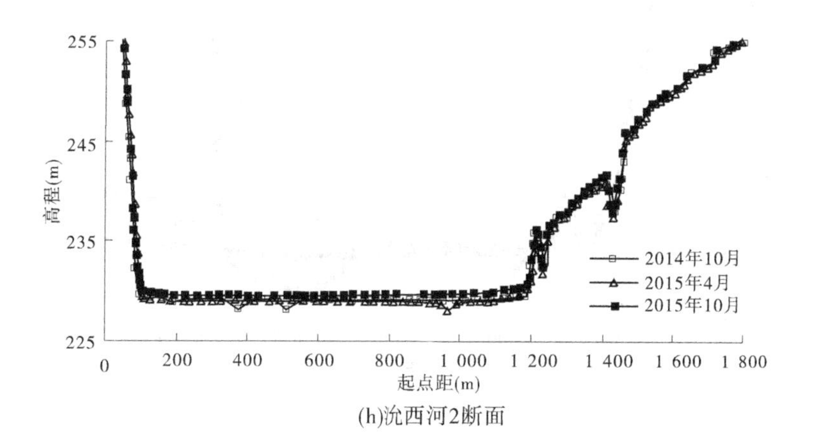

(h)沆西河2断面

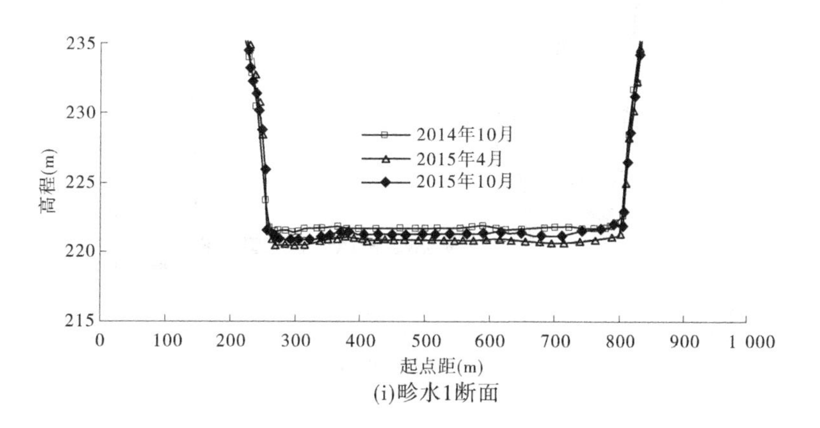

(i)畛水1断面

续图 4-8

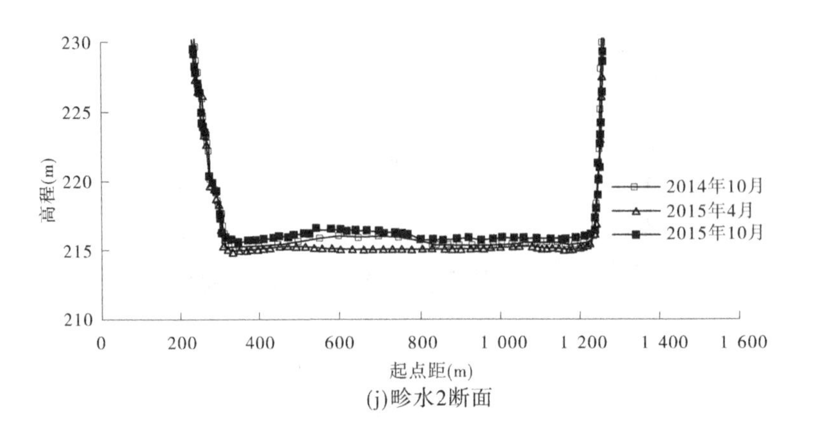

(j)畛水2断面

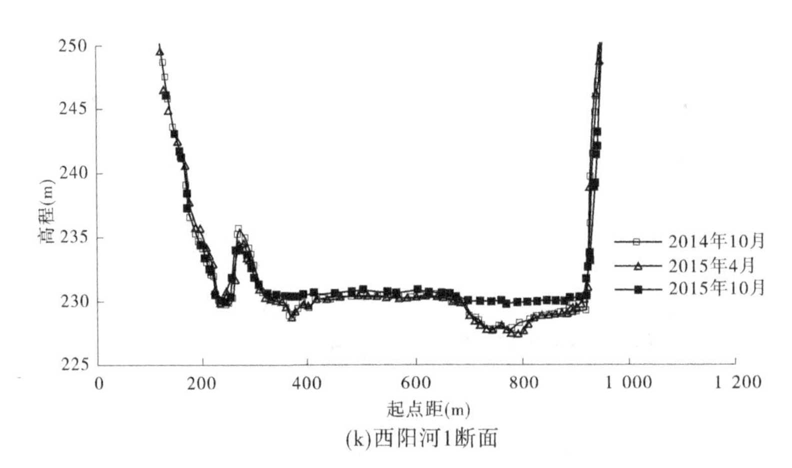

(k)西阳河1断面

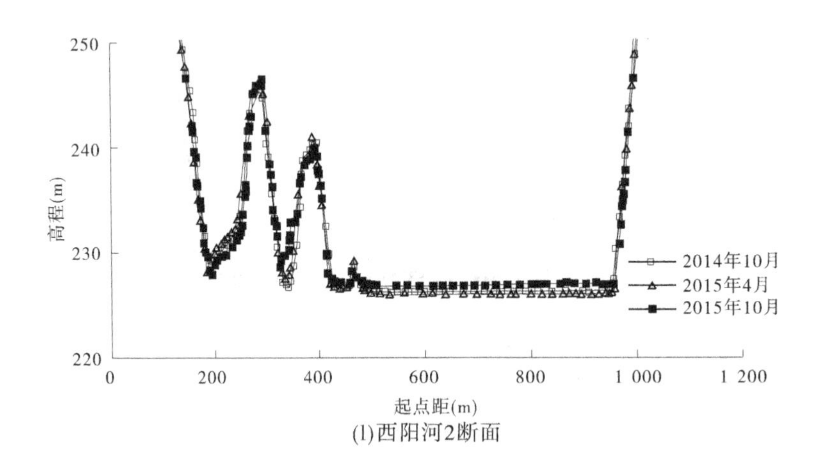

(l)西阳河2断面

续图 4-8

三、库容变化

随着水库淤积的发展,库容随之变化。至 2015 年 10 月,275 m 高程下总库容为

96.289 亿 m^3，其中干流库容为 49.757 亿 m^3，支流库容为 46.532 亿 m^3。表 4-5 及图 4-9 给出了各高程下的库区干支流库容分布。起调水位 210 m 高程以下库容为 1.618 亿 m^3；汛限水位 230 m 以下库容为 10.381 亿 m^3。

表 4-5　2015 年 10 月小浪底水库库容

高程 (m)	干流 (亿 m^3)	支流 (亿 m^3)	总库容 (亿 m^3)	高程 (m)	干流 (亿 m^3)	支流 (亿 m^3)	总库容 (亿 m^3)
190	0.015	0.001	0.016	235	7.996	7.978	15.974
195	0.087	0.025	0.112	240	12.030	11.076	23.106
200	0.248	0.171	0.419	245	16.459	14.652	31.111
205	0.504	0.421	0.925	250	21.211	18.701	39.912
210	0.877	0.741	1.618	255	26.262	23.239	49.501
215	1.380	1.237	2.617	260	31.628	28.251	59.879
220	2.108	2.219	4.327	265	37.352	33.781	71.133
225	3.181	3.540	6.721	270	43.420	39.862	83.282
230	4.982	5.399	10.381	275	49.757	46.532	96.289

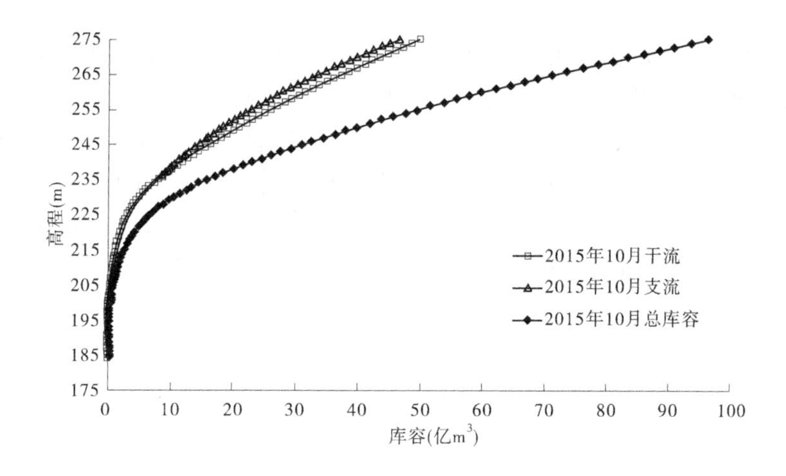

图 4-9　小浪底水库 2015 年 10 月库容曲线

第五章　黄河下游河道冲淤变化

2015 年汛期，小浪底、黑石关和武陟等水文站的水量分别为 63.7 亿 m^3、4.1 亿 m^3 和 0.6 亿 m^3，合计进入黄河下游（小浪底、黑石关、武陟之和，下同）水量为 68.4 亿 m^3，比 2000—2014 年汛期年均 95.6 亿 m^3 偏少 28%。2015 年小浪底、黑石关和武陟等水文站的年水量分别为 253.0 亿 m^3、13.4 亿 m^3 和 2.3 亿 m^3，合计进入下游的水量为 268.7 亿 m^3，比 2000—2014 年平均 258.0 亿 m^3 偏多 4%。2015 年全年无进入下游沙量。2015 年东平湖出湖闸全年未向黄河排水。

一、洪水特点及冲淤情况

（一）调水调沙洪水

2015 年进入黄河下游的洪水仅汛前调水调沙一场，洪水自 6 月 29 日 8 时至 7 月 12 日 8 时，历时 13 d。洪水期间，小浪底、黑石关和武陟等水文站的水量分别为 28.19 亿 m^3、1.57 亿 m^3 和 0.44 亿 m^3，合计进入下游的总水量 30.20 亿 m^3，这期间小浪底水库和西霞院水库均未排沙。

在该场洪水，小浪底水库出库、西霞院水库出库、花园口水文站的洪峰流量分别为 3 860 m^3/s、3 640 m^3/s 和 3 520 m^3/s（见图 5-1、图 5-2）。随着洪水沿程坦化，下游水文站流量分别为 3 530 m^3/s（夹河滩）、3 250 m^3/s（高村）、3 200 m^3/s（孙口）、3 070 m^3/s（艾山）、3 050 m^3/s（泺口）、2 720 m^3/s（利津）。洪水在下游各水文站的最大含沙量总体上沿程增大，各水文站的最大含沙量分别为 1.28 kg/m^3（花园口）、4.86 kg/m^3（夹河滩）、5.47 kg/m^3（高村）、7.03 kg/m^3（孙口）、8.95 kg/m^3（艾山）、6.76 kg/m^3（泺口）和 10.40 kg/m^3（利津）。

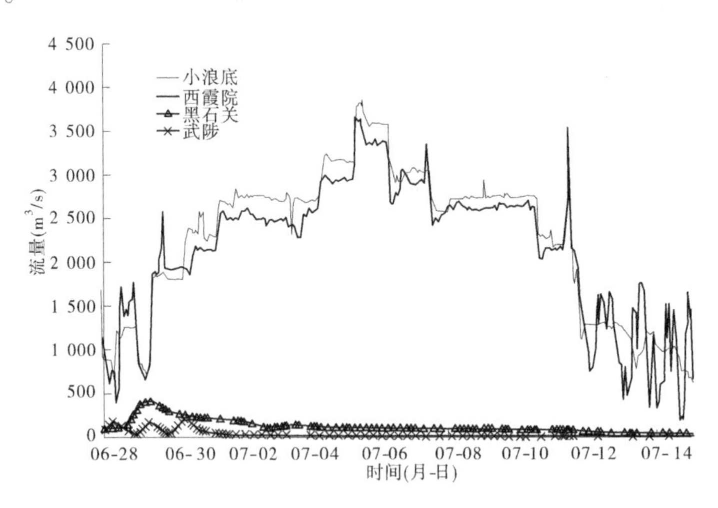

图 5-1　进入下游干流洪水过程线

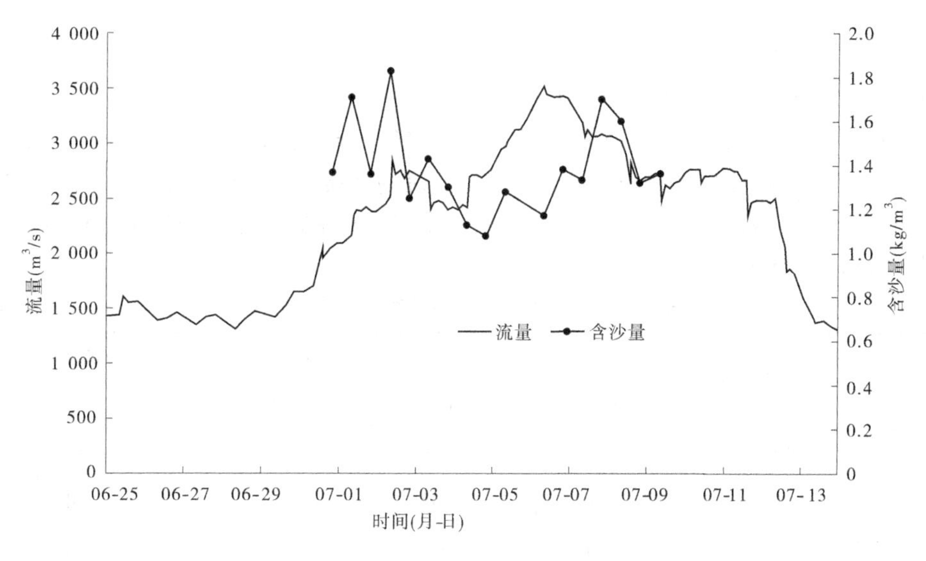

图 5-2　花园口水沙过程线

(二)洪水期冲淤变化

2015 年 6 月 29 日 8 时至 7 月 12 日 8 时,进入下游总水量 30.20 亿 m^3,全部为清水,入海总水量 26.08 亿 m^3,入海总沙量 0.164 亿 t。考虑期间沿程引水引沙量,分河段冲淤量见表 5-1。小浪底至利津河段共冲刷 0.193 亿 t,除艾山—泺口河段冲淤变化不大外,其余河段均为冲刷,其中花园口—夹河滩河段冲刷量最大,为 0.061 亿 t。

表 5-1　2015 年汛前黄河调水调沙期下游河道冲淤量

水文站	开始时间 (年-月-日 T 时:分)	结束时间 (年-月-日 T 时:分)	水量 (亿 m^3)	输沙量 (亿 t)	引沙量 (亿 t)	冲淤量 (亿 t)
小浪底	2015-06-29T08:00	2015-07-12T08:00	28.19	0		
黑石关	2015-06-29T08:00	2015-07-12T08:00	1.57	0		
武陟	2015-06-29T08:00	2015-07-12T08:00	0.44	0		
小黑武	2015-06-29T08:00	2015-07-12T08:00	30.20	0		
花园口	2015-06-30T02:00	2015-07-13T14:00	30.75	0.024	0.001	-0.025
夹河滩	2015-06-30T20:00	2015-07-14T14:00	31.09	0.084	0.002	-0.061
高村	2015-07-01T08:00	2015-07-15T08:00	28.99	0.106	0.003	-0.025
孙口	2015-07-01T20:00	2015-07-16T08:00	28.99	0.135	0.001	-0.031
艾山	2015-07-02T08:00	2015-07-17T08:00	28.66	0.149	0.001	-0.014
泺口	2015-07-02T20:00	2015-07-18T08:00	28.39	0.144	0.004	0.002
利津	2015-07-03T20:00	2015-07-20T08:00	26.08	0.164	0.018	-0.038
合计				0	0.029	-0.193

二、下游河道冲淤特点

（一）泺口以下河道首次未发生明显冲刷

根据黄河下游河道三次统测大断面资料，计算分析了2015年非汛期（2014年10月至2015年4月）和汛期（2015年4—10月）各河段的冲淤量（见表5-2）。全年汊3以上河段共冲刷0.747亿m^3（主槽，下同），其中非汛期冲刷0.383亿m^3，汛期冲刷0.364亿m^3，51%的冲刷量集中在非汛期。

表5-2　2015运用年下游河道断面法冲淤量　（单位：亿m^3）

河段	非汛期	汛期	运用年	占全下游比例（%）
西霞院—花园口	-0.097	-0.091	-0.188	25
花园口—夹河滩	-0.245	-0.170	-0.415	56
夹河滩—高村	-0.086	-0.048	-0.134	18
高村—孙口	-0.031	-0.057	-0.088	12
孙口—艾山	0.024	-0.052	-0.028	4
艾山—泺口	0.006	-0.020	-0.014	2
泺口—利津	0.050	0.025	0.075	-10
利津—汊3	-0.004	0.049	0.045	-6
西霞院—汊3	-0.383	-0.364	-0.747	100
占运用年比例（%）	51	49	100	

冲刷仍然集中在夹河滩以上（见图5-3），占总冲刷量的81%，泺口以下发生了淤积（见图5-4），这是该河段2000年以来首次在汛期发生淤积（见图5-5），淤积量为0.074亿m^3。根据计算，全年淤积厚度0.1 m，泺口以下淤积原因是小浪底水库没有排沙，沿程一直冲刷，河床冲起的泥沙比较粗，大部分为粗颗粒泥沙，因此造成泺口以下河段淤积。

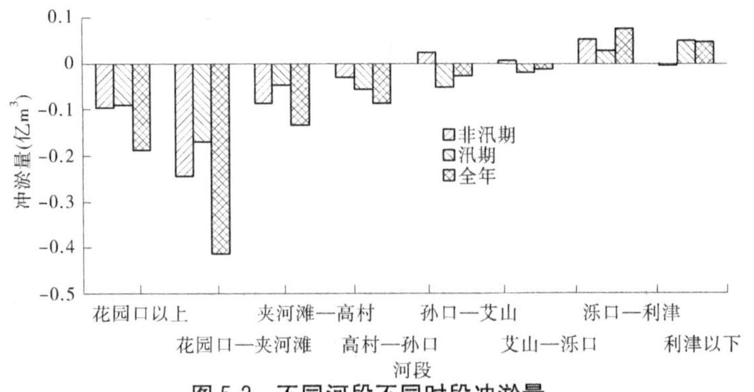

图5-3　不同河段不同时段冲淤量

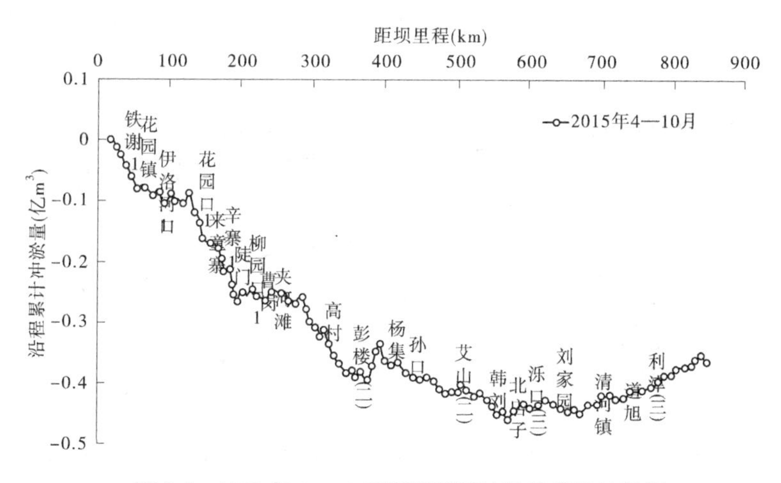

图 5-4　2015 年 4—10 月期间断面法沿程累计冲淤量

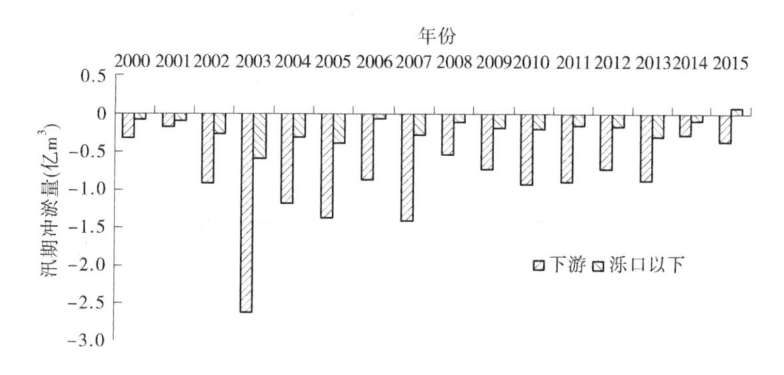

图 5-5　历年汛期冲淤量

自 1999 年 10 月小浪底水库投入运用以来到 2015 年汛后，全下游主槽共冲刷 20.076 亿 m³(见表 5-3)，其中利津以上冲刷 19.421 亿 m³。冲刷主要集中在夹河滩以上河段，夹河滩以上河段长度占全下游总长度的 26%，冲刷量为 11.924 亿 m³，占全下游总冲刷量的 59%；夹河滩以下河段长度占全下游总长度的 74%，冲刷量为 8.152 亿 m³，只占全下游冲刷量的 41%，冲刷量上多下少，沿程分布不均。

表 5-3　2000—2015 年下游河道断面法冲淤量　　(单位：亿 m³)

时期	花园口以上	花园口—夹河滩	夹河滩—高村	高村—孙口	孙口—艾山	艾山—泺口	泺口—利津	利津以下	利津以上	全下游
非汛期	-2.831	-3.411	-1.070	-0.131	0.004	0.510	0.640	0.378	-6.289	-5.911
汛期	-2.554	-3.128	-1.292	-1.896	-0.699	-1.419	-2.144	-1.033	-13.132	-14.165
全年	-5.385	-6.539	-2.362	-2.027	-0.695	-0.909	-1.504	-0.655	-19.421	-20.076

由图 5-6 可以看出，夹河滩以上河段年冲刷量随着时间增加较快，而孙口—艾山河段则增加缓慢。

从 1999 年汛后以来各河段主槽冲淤面积看，夹河滩以上河段冲刷超过了 4 300 m²，而艾山以下尚不到 1 000 m^2,表明各河段的冲刷强度上大下小,差别很大(见图 5-7)。

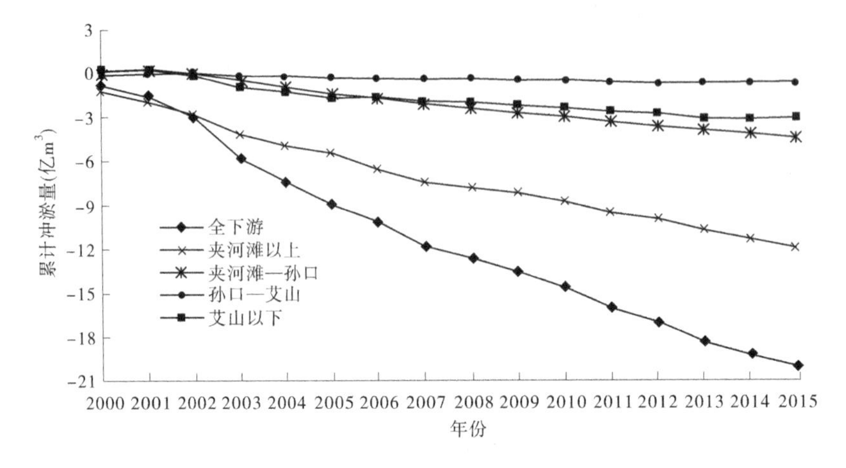

图 5-6　2000 年以来累计冲淤量

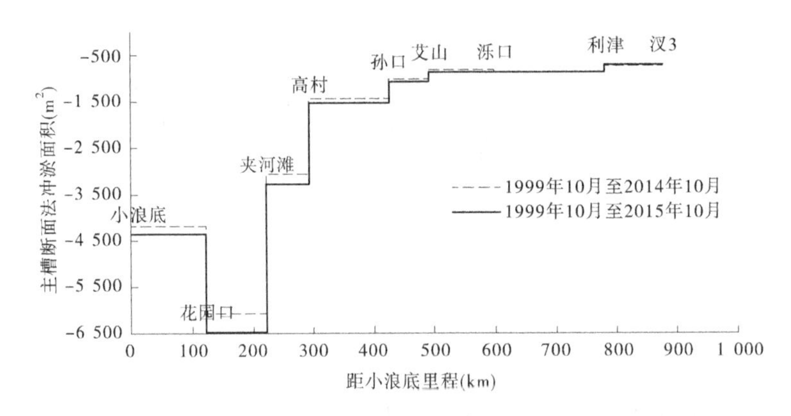

图 5-7　1999 年汛后至 2015 年汛后黄河下游各河段主槽冲淤面积

(二)孙口以下河床粗化基本完成

1999 年汛后黄河下游河床组成较细,中数粒径沿程变化不大(见图 5-8);2015 年汛后河床组成普遍变粗,与 1999 年汛后相比,中数粒径增加 2~4 倍,沿程差别显著增大,夹河滩以上粗化程度大于以下河段。同时可见,目前水沙条件下,2005 年下游粗化基本完成,2005 年以后河床组成变幅较小。

(三)清水冲刷效率明显降低

冲刷效率是指单位水量的河段冲刷量。表 5-4 为根据断面法冲淤量计算的小浪底水库运用以来各运用年黄河下游历年各河段冲刷效率。2000—2002 年,进入黄河下游的流量小,只有距小浪底水库近的河段发生冲刷,距小浪底水库远的河段有淤积发生;2003 年开始,绝大部分河段都是冲刷的,但从冲刷效率的时程变化看,有不断降低的趋势,利津以上由 2000 年的 10.3 kg/m^3 下降到 2015 年的 4.9 kg/m^3。其中花园口以上河段下降最大,由 2000 年的 6.4 kg/m^3 下降到 2015 年的 1.0 kg/m^3;花园口—夹河滩河段次之,由 2000 年的 4.4 kg/m^3 下降到 2015 年的 2.2 kg/m^3。

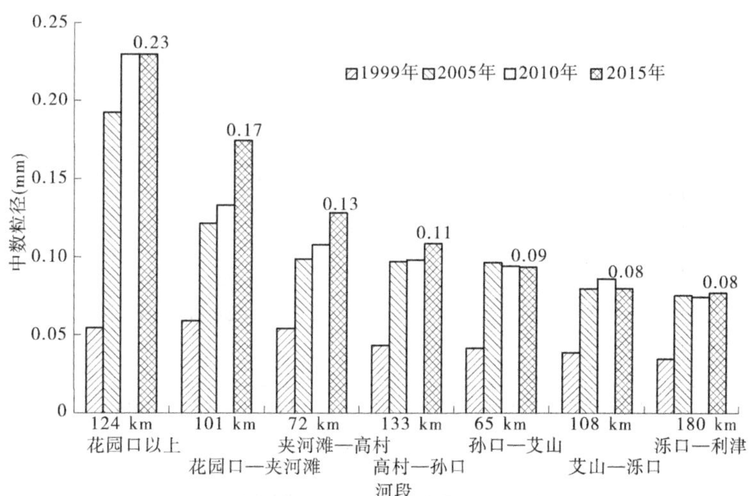

图 5-8 不同河段逐年汛后床沙表层中数粒径变化

表 5-4 黄河下游历年各河段冲刷效率 (单位:kg/m^3)

年份	花园口以上	花园口—夹河滩	夹河滩—高村	高村—孙口	孙口—艾山	艾山—泺口	泺口—利津
2000	-6.4	-4.4	0.6	1.6	0.1	1.3	1.3
2001	-3.7	-2.5	-0.9	0.7	-0.2	0	0.3
2002	-2.6	-3.1	-0.3	-1.1	-0.1	-0.5	-3.1
2003	-4.3	-4.5	-2.2	-2.1	-0.6	-1.8	-2.9
2004	-1.9	-1.9	-1.4	-0.5	-0.4	-0.7	-1.1
2005	-0.9	-2.4	-1.4	-1.0	-0.8	-1.0	-1.2
2006	-1.9	-3.2	-0.4	-1.1	0	0.4	-0.2
2007	-2.4	-2.4	-0.9	-1.4	-0.4	-0.8	-1.1
2008	-1.3	-1.1	-0.5	-0.9	-0.3	0.1	-0.5
2009	-0.4	-1.8	-1.0	-1.5	-0.3	-0.3	-0.4
2010	-1.4	-1.4	-0.6	-0.7	-0.3	-0.6	-0.6
2011	-1.8	-2.4	-1.5	-0.8	-0.4	-0.4	-0.5
2012	0.1	-1.5	-0.6	-0.6	-0.2	-0.4	-0.4
2013	-1.9	-1.1	-0.6	-0.4	-0.2	-0.3	-0.8
2014	-1.3	-2.3	-0.9	-0.9	0	0.1	-0.7
2015	-1.0	-2.2	-0.7	-0.5	-0.2	-0.1	0.6

从2003—2010年河段冲刷效率的变值的沿程分布看,冲刷效率的减小值呈“两头减少的多、中间减的少”的特点。

调水调沙洪水期的冲刷效率也是河道冲刷效率的反映。自2002年以来,共进行了19次调水调沙,利津以上共冲刷4.080亿t泥沙,占16年(1999年10月至2015年10月)总冲刷量(利津以上断面法27.189亿t)的15%。从整个下游调水调沙(清水)期冲刷效率看,2004年的调水调沙冲刷效率为14.3 kg/m^3(见图5-9),之后,随着时间的推移,冲刷效率不断降低,到2015年降低到6.0 kg/m^3。

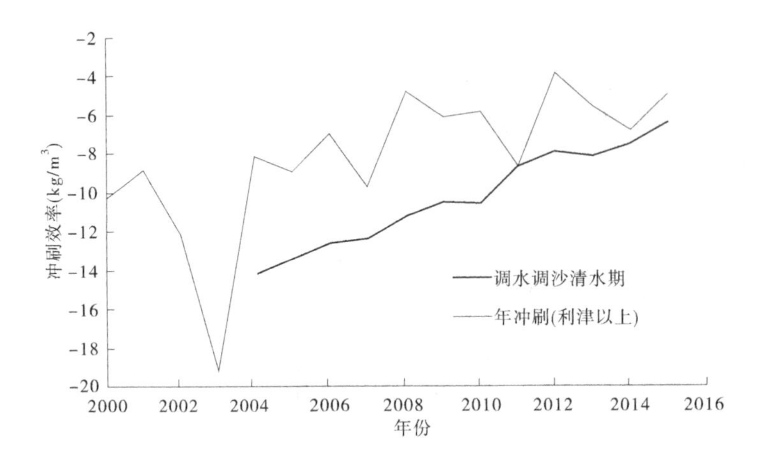

图 5-9　历年调水调沙清水期冲刷效率

(四)横向变化较大

游荡性河段的冲淤变化一方面表现为主槽冲刷下切或淤积抬升,同时与主槽展宽或缩窄、嫩滩的坍塌或淤长也具有密切的关系(见图 5-10)。系统分析花园口—夹河滩河段小浪底水库拦沙运用后 2000—2013 年的持续冲刷和小浪底水库运用前 1986—1999 年的持续淤积过程表明(见图 5-12~图 5-14),2000—2013 年因主槽展宽、滩地坍塌所引起的冲刷面积与全断面冲刷面积具有密切关系,且前者的作用较大,尤其是 1986—1999 年滩地淤积面积占全断面淤积面积可达到 80%以上。统计表明,嫩滩冲淤面积调整占全断面面积调整幅度的一半以上。

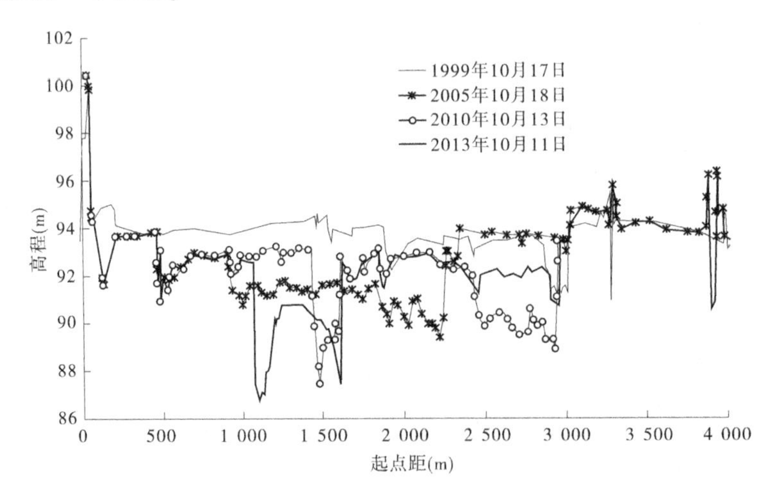

图 5-10　花园口断面河槽展宽和冲深量

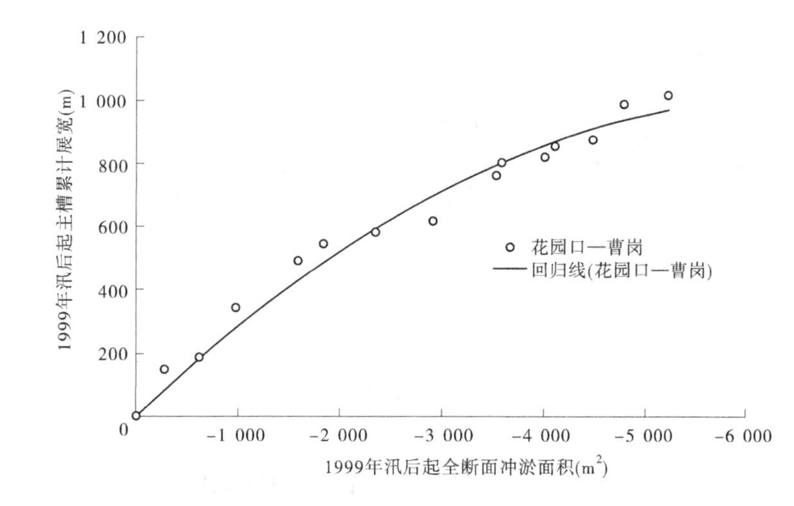

图 5-11　花园口—夹河滩主槽展宽与断面冲淤面积关系

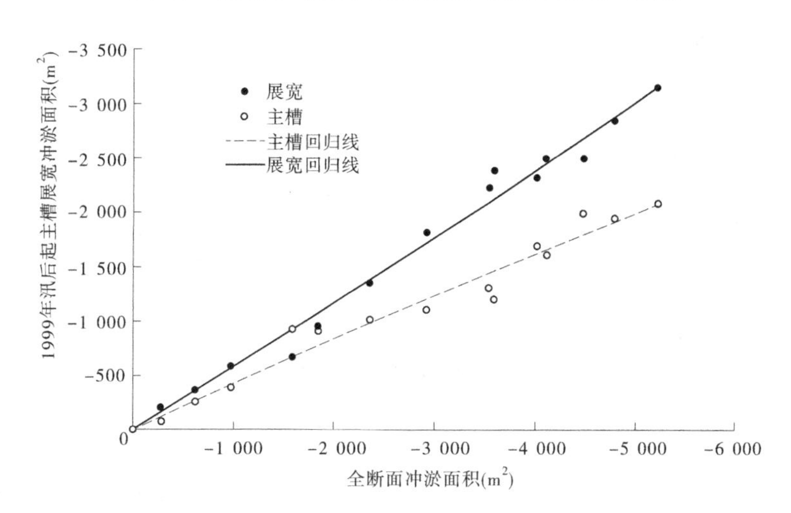

图 5-12　主槽展宽冲淤面积与全断面冲淤面积关系

三、河道排洪能力变化

(一)同流量水位高村以上明显下降

和 2014 年调水调沙期相比,2015 年调水调沙期各水文站 3 000 m^3/s 流量水位见图 5-15,花园口和夹河滩分别下降 0.28 m 和 0.31 m,而艾山和利津则上升 0.17 m 左右。

和 1999 年洪水相比,2015 年各水文站 3 000 m^3/s 流量水位均显著下降。其中花园口、夹河滩和高村的降低幅度最大,超过了 2 m;孙口及其以下水文站同流量水位降幅在 1.29~1.76 m(见图 5-16)。

点绘黄河下游花园口—利津 7 个水文站 1950 年以来 3 000 m^3/s 流量水位(见图 5-17)可以看到,2015 年调水调沙涨水期,花园口的水位已经降低到 1956 年或 1965 年

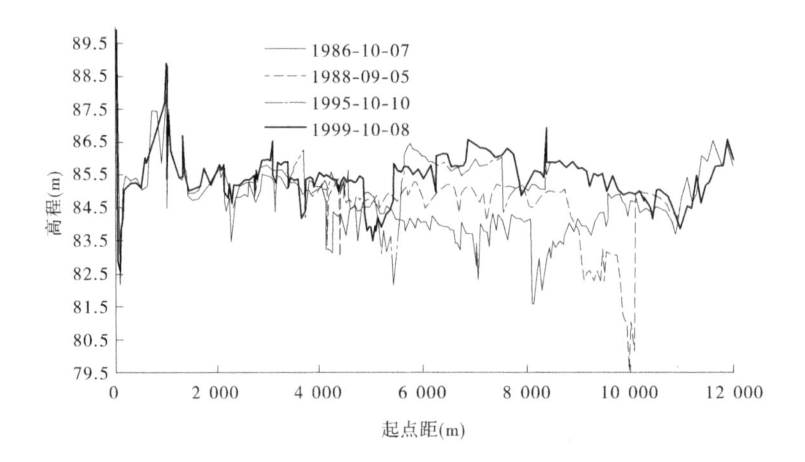

图 5-13　典型断面河槽缩窄和淤积抬高量

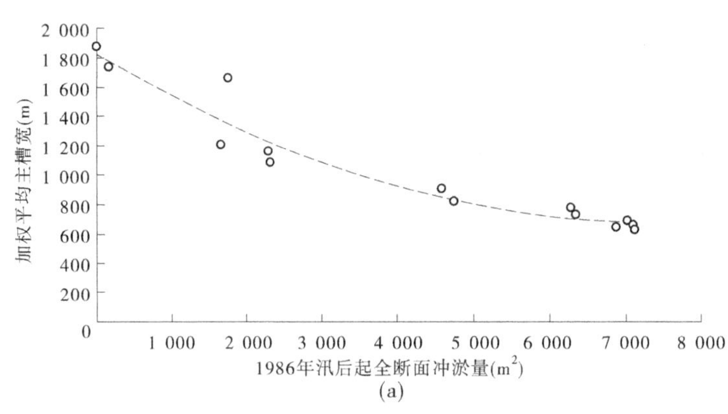

(a)

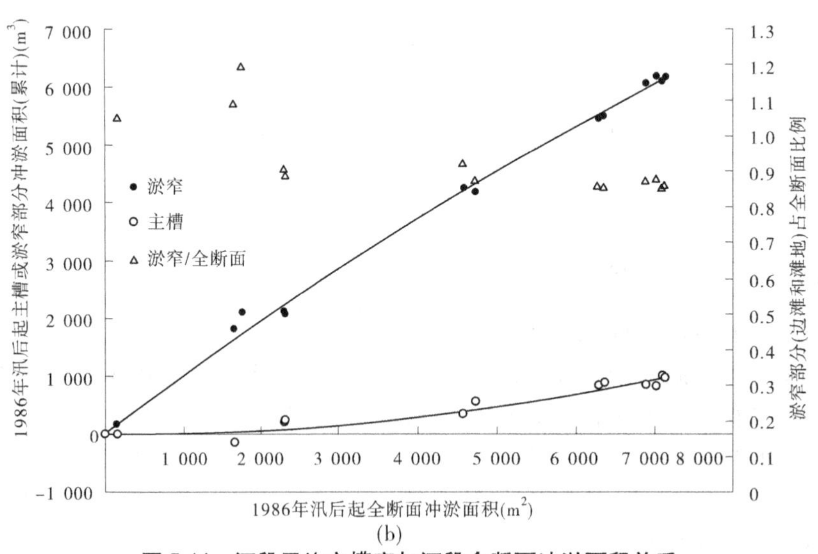

(b)

图 5-14　河段平均主槽宽与河段全断面冲淤面积关系

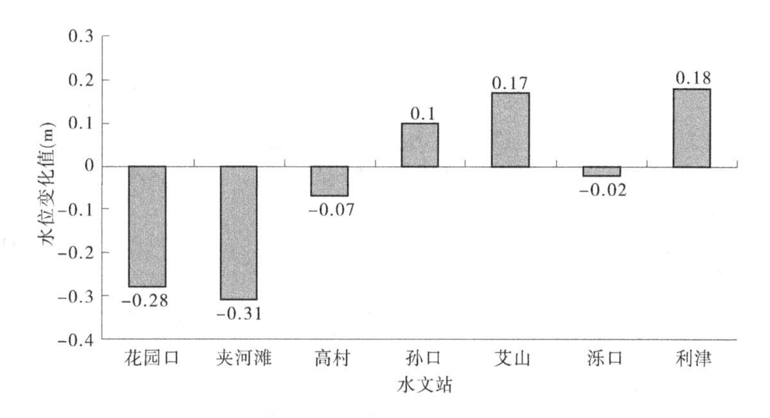

图 5-15　2015 年调水调沙洪水和上年同期洪水相比 3 000 m^3/s 水位变化

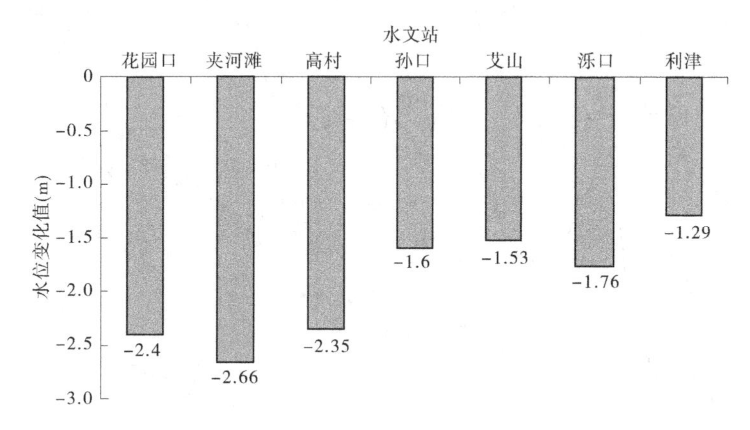

图 5-16　2015 年调水调沙洪水和 1999 年洪水相比 3 000 m^3/s 水位变化

的水平;夹河滩的水位已经降低到 1954 年、1963 年或 1969 年的水平;高村已经降低到 1958 年或 1971—1972 年的水平;孙口已经降低到 1975 年、1980 年或 1987 年的水平;艾山已经降低到 1981 年、1987 年或 1990 年的水平;泺口降低到 1975—1976 年、1979 年或 1986 年的水平;利津降低到 1971 年、1977 年或 1985 年的水平。

随着小浪底水库拦沙期下泄清水和历次调水调沙洪水的冲刷,黄河下游河道的排洪能力得到了显著提高,其中高村以上河段要明显好于孙口及其以下河段。

(二)平滩流量变化不大

利用各站的设计水位—流量关系,确定 2016 年汛初各水文站的平滩流量分别为 7 200 m^3/s(花园口)、7 600 m^3/s(夹河滩)、6 100 m^3/s(高村)、4 350 m^3/s(孙口)、4 250 m^3/s(艾山)、4 600 m^3/s(泺口)和 4 650 m^3/s(利津),与 2015 年相同。在不考虑生产堤的挡水作用时,孙口上下的彭楼—陶城铺河段为全下游主槽平滩流量最小的河段,其中平滩流量较小的河段为于庄(二)断面附近、徐沙洼断面、徐沙洼—龙湾、梁集—陶城铺河段的路那里断面附近,最小平滩流量为 4 200 m^3/s(见图 5-18)。

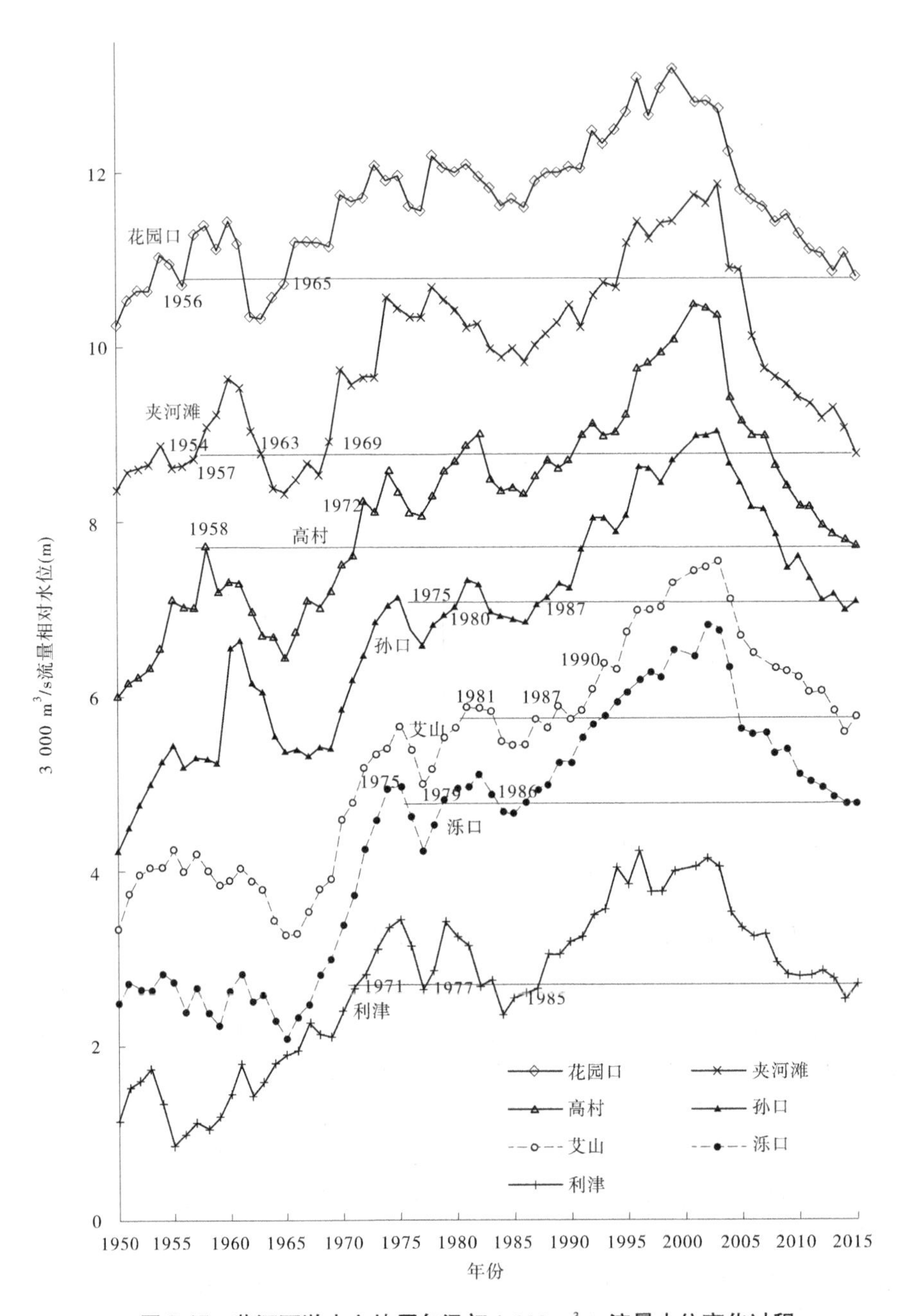

图5-17　黄河下游水文站历年汛初3 000 m^3/s流量水位变化过程

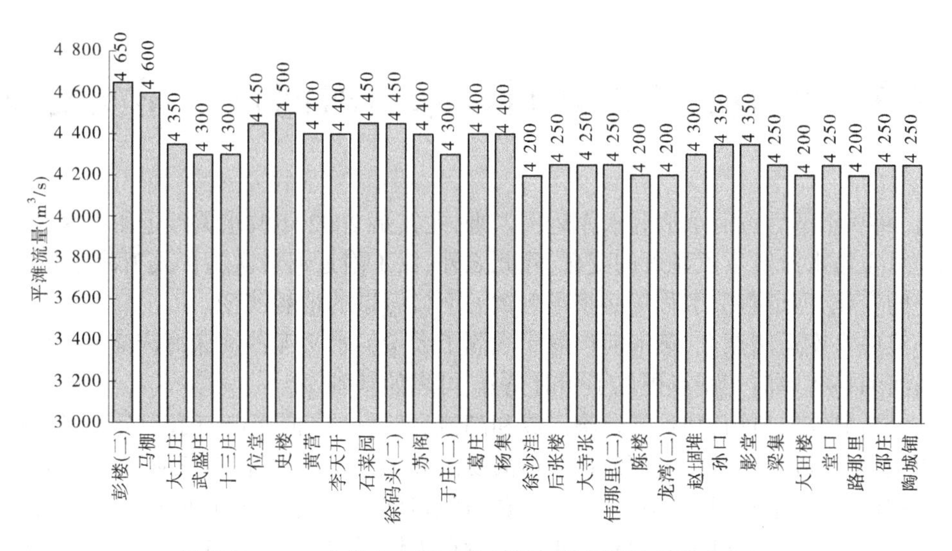

图 5-18　2016 年汛初彭楼—陶城铺河段平滩流量沿程变化

第六章　小浪底水库运行以来黄河河口海岸演变特点

自1999年汛后黄河小浪底水库运用以来,尤其是2002年调水调沙运用以来,黄河河口利津水文站水沙发生了显著的变化,除此之外,汊1附近河道实施了人工裁弯取直。水沙条件的变化、河道整治工程等必将影响黄河河口海岸的地貌演变。

小浪底水库运用至今,黄河河口海岸观测了大量的水文泥沙河床海床演变等资料,为分析黄河河口海岸演变特点提供了相对充分、可靠的基础。

在分析研究河口河道时,常以潮区界和潮流界为标准,把河口河道划分为径流段、径流潮汐段、潮流段。然而在黄河河口河道演变研究中发现:①以往对黄河河口潮区界界定不明确;②潮流段很短,且无地形资料;③黄河河口河道演变的特点并不完全与上述划分一致。鉴于此,提出了以水动力和地貌演变特点为依据的河口河段划分,在研究小浪底水库运用后河口海岸的演变时仍以此划分为依据,方便与小浪底水库运用前的研究成果比较分析。

一、黄河河口河道的划分

黄河三角洲附近海域在东营港附近存在 M_2 分潮无潮点,潮差具有"马鞍型"分布的特点,即东营港附近潮差最小,由此向渤海湾湾顶和莱州湾湾顶逐渐增大,最大约2.2 m,平均约1.5 m。黄河河口河道感潮段长度与河道比降等有关,为15~30 km。潮流段较短,在黄河入海流量小于1 000 m^3/s 时,滞流点进入口门内约5 km;在流量1 000~2 000 m^3/s 时,滞流点在拦门沙顶部变动;在流量大于2 000 m^3/s 时,滞流点在拦门沙前沿。

清水沟流路行河时期,河口平均高潮位平交河口河道主槽纵剖面于清3—清4。为此,把利津—清4作为不受潮汐影响河段,也称为径流段。1996年8月以前,清7上下游比降差别较大,因此把清4以下口门的感潮段细化为清4—清7和清7—口门段。考虑到2004年后黄河河口最后一个河道测验断面设在汊3,因此用清7—汊3代表清7—口门段。因此,把利津—口门的河道划分为利津—清4、清4—清7、清7—汊3。需要强调的是,清4—清7和清7—汊3仍是径流和潮汐混合段,清7—汊3不是潮流段。

二、利津来水来沙条件

1976年6月至1996年6月利津水文站年均水量261亿 m^3、年均沙量6.5亿t、年均含沙量25 kg/m^3。小浪底水库运行后至2016年6月,年均水量155亿 m^3、年均沙量1.3亿t,年均含沙量8 kg/m^3。1999年10月至2002年汛前水沙较枯;2002年汛前开始实施调水调沙,其后年水量一直较大,但沙量在2003年、2004年较大,其他年份较少(见图6-1),年均水量190亿 m^3、年均沙量1.52亿t、年均含沙量8.04 kg/m^3。

三、黄河河口河道河势、河长变化

1976年5月人工改道清水沟流路,1996年8月在清水沟流路的清8断面上游附近左

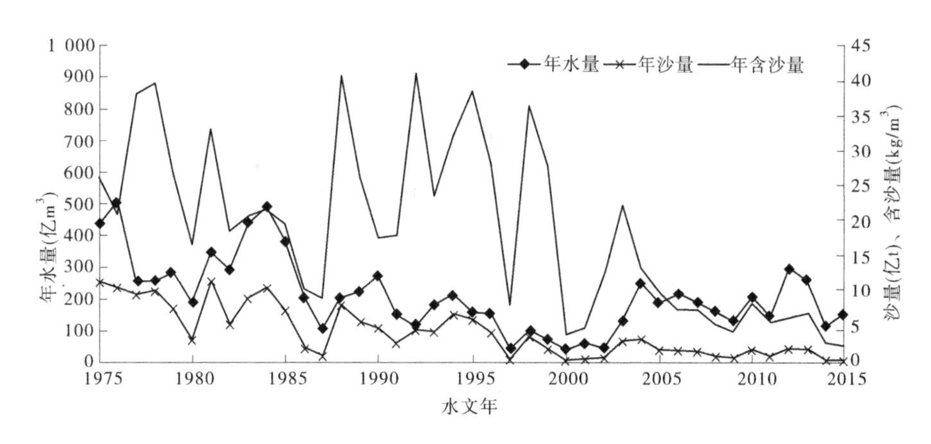

图 6-1 利津年水量、沙量、含沙量变化过程

岸实施了人工改汊，至 2015 年汛后，河势有 3 次较大的变化（见图 6-2），分别为 2004 年 6 月向右（东）摆动、2008 年 10 月向左（北）摆动、2011 年汊 1（二）附近人工裁弯取直。清 8—汊 2 河段在 2011 年人工裁弯取直前沿图 6-2 中“2004 年 6 月至 2008 年 6 月”虚线行河，之后沿着“2008 年 10 月至今”的实线行河。

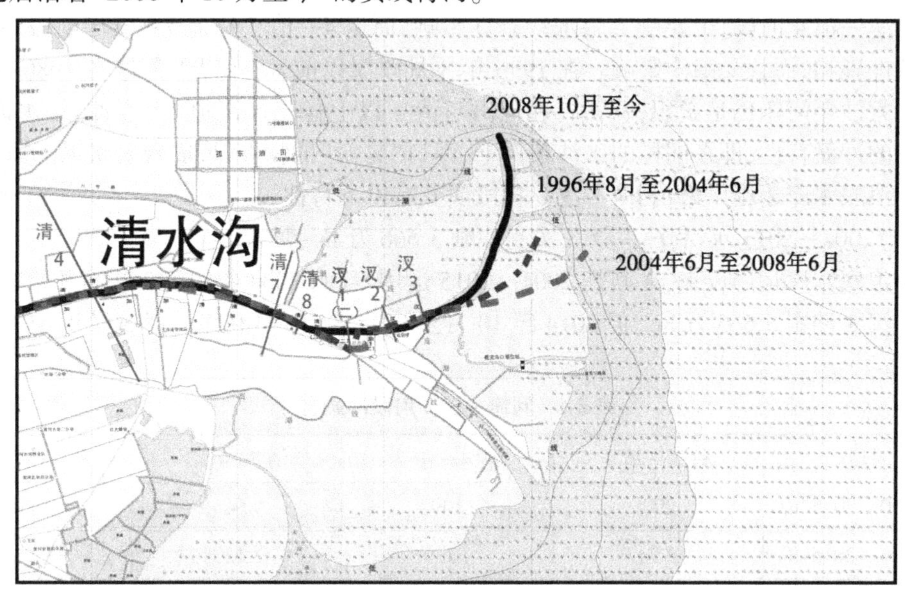

图 6-2 黄河河口河段的划分及河势

基于黄河每年实测的河势图和黄河三角洲附近海域实测水深图，量测利津—黄河口门附近 2 m 等深线的长度（简称河长）。小浪底水库运用后，由于入海泥沙较少，平均约为 1.3 亿 t/a，黄河口门平均延伸速度为 0.3 km/a，最大为 1.0 km/a，远小于 1996 年 8 月改汊前的延伸速度 1.4 km/a（见图 6-3）；2015 年河长约为 109 km，比 1996 年 8 月改汊前的最大河长 113 km 短 4 km，按照目前的延伸速率，需 4～14 a 达到 1996 年 8 月时的河长。

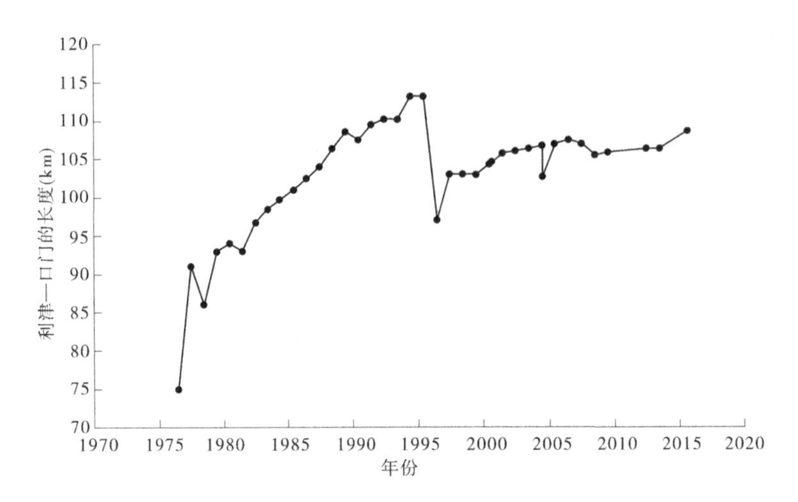

图 6-3　清水沟流路河长逐年变化

四、黄河河口河道冲淤变化

利津—清 4 河段，主要受上游水沙条件影响，而清 4—清 7 和清 7—汊 3 河段不仅受水沙条件影响，而且受潮汐影响。在 1996 年 8 月改汊以前，清 4 以下河段在 1980—1985 年大水大沙年河床仍是淤积抬高的，表现出与清 4 以上径流性河道"大水冲、小水淤"完全不同的冲淤特性，即在同样的水沙条件下，河口"易淤"的特性，形成台阶状纵剖面。

小浪底水库运用以来，利津—汊 3 各段演变有以下特性：

(1)2004—2015 年，利津—汊 3 实测冲刷 3 666 万 m^3(见表 6-1)。

小浪底水库运用以来，尤其是 2004—2015 运用年(自 2004 年始汊 3 断面开始观测)，利津—汊 3 冲刷 3 665 万 m^3，但 2014 年 10 月至 2015 年 10 月利津—汊 3 淤积 453 万 m^3(见表 6-1)。

表 6-1　利津—汊 3 河段冲淤量　　(单位：万 m^3)

时段	利津—清 4	清 4—清 7	清 7—汊 3	利津—汊 3
2014-10—2015-10	290	109	54	453
2004-04—2015-10	-3 314	-219	-133	-3 666

(2)2002 年汛前利津以下各段微冲或微淤，但冲淤过程相反。

由图 6-4 可看出，除小浪底水库开始运用的第一个非汛期利津—清 4 河道淤积而清 4—清 7 河段冲刷外，其后一直到 2002 年汛前调水调沙，受枯水过程的影响，利津—清 4 微淤微冲，而清 4—清 7 以微淤为特征。

(3)2002 年汛期后低含沙量大洪水造成河口河道全线冲刷。

2002 年汛期调水调沙以后，受低含沙量、较大洪水过程的影响，利津—清 4、清 4—清 7、清 7—汊 3 呈现趋势性冲刷(见图 6-4)，冲刷速率(单位时间单位河长的冲刷量)基本相同，三段均约为 34 m^2/a。

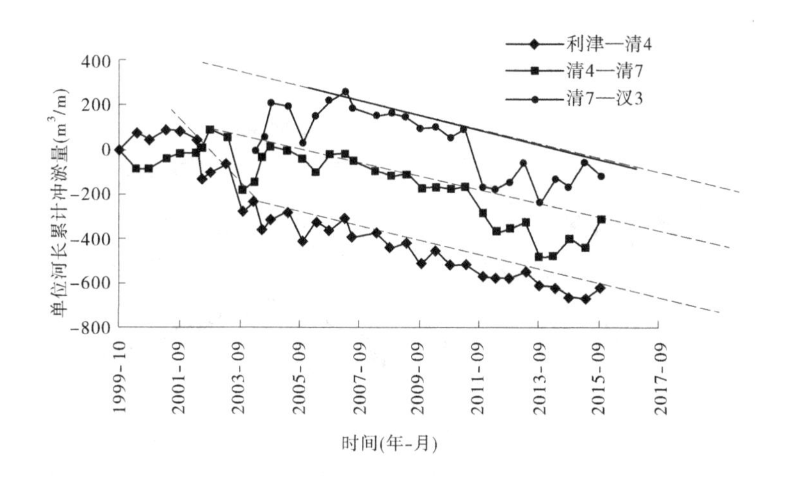

注:利津—清4、清4—清7的计算初始时间为1999年10月,清7—汉3为2004年4月

图6-4 利津—汉3河段单位河长累计冲淤量逐年变化

(4)黄河河口河长变化也影响河道冲淤。

河口河长变化与水沙条件共同作用,造成清4以下河段冲淤幅度明显大于利津—清4的冲淤幅度。另外,2011年在汉1附近人工裁弯取直,引起上游清4以下河道先发生溯源冲刷、而后回淤的过程,图6-4清楚地反映了清7—汉3和清4—清7河段在2011—2015年先冲刷、后回淤的过程。有必要强调的是,这样的冲淤仍从属于低含沙量、较大洪水过程造成的趋势性冲刷过程(冲刷速率34 m^2/a)。

(5)河口河道发生平面摆动。

2004年6月河口摆动是较大的调水调沙水流"大水走直"所致,而2007年6月黄河河口汉3以下河道向北(左)出汊是由于左岸滩地蚀退所致。

五、黄河河口河道水位变化

利津以下常设的一号坝、西河口水位站同流量3 000 m^3/s水位变化见图6-5。小浪底水库运用以来,一号坝、西河口同流量水位分别下降1.02 m、0.92 m。2014—2015年一号坝、西河口水位稍有抬升,目前水位相当于1985年水平。

六、三角洲海岸演变

(一)宏观演变

图6-6为2000—2015年黄河三角洲附近海域2 m等深线变化,可以看出在此期间行河河口附近海岸,即清水沟清8汊河附近海岸淤积延伸4 km,2 m等深线淤积面积47 km^2;不行河的海岸蚀退,即清水沟老沙嘴附近海岸蚀退8 km,2 m等深线蚀退面积59 km^2,刁口河附近海岸蚀退4 km,2 m等深线蚀退面积52 km^2。

(二)局部演变

冬季时渤海以东北风为主,风向正对清水沟流路的左岸。冬季的大风造成的壅水(或称增水)和大风后的退水(或称减水)及较强波浪联合作用易造成左岸蚀退。2004年

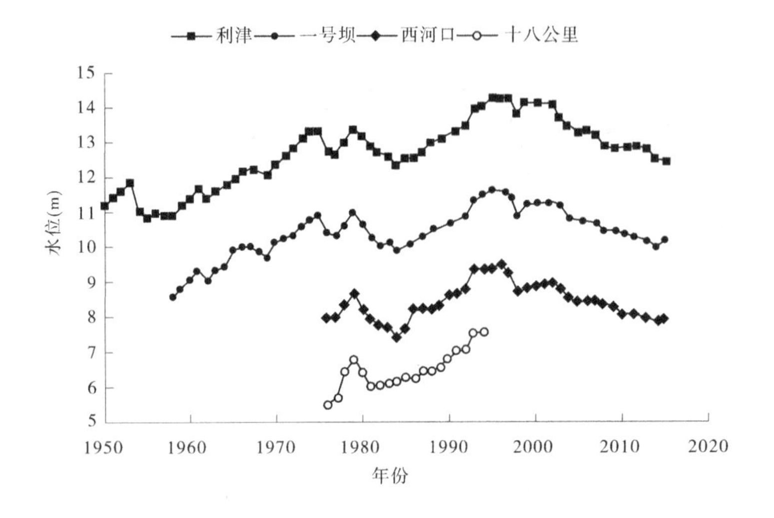

图 6-5　同流量 3 000 m^3/s 相应水位变化过程

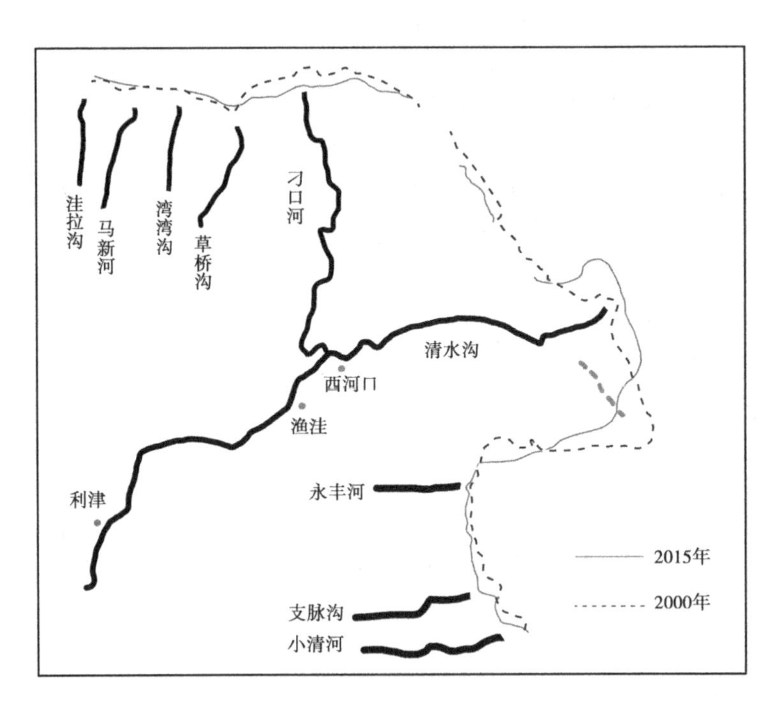

图 6-6　2000—2015 年三角洲附近海域-2 m 等深线

12 月 31 日卫片显示,在汊 3 断面下游左岸有明显的大面积滑坡区(见图 6-7 中白色箭头所指处),2007 年卫片显示也正是在这里清水沟出汊,向左(北)行河(见图 6-8)。

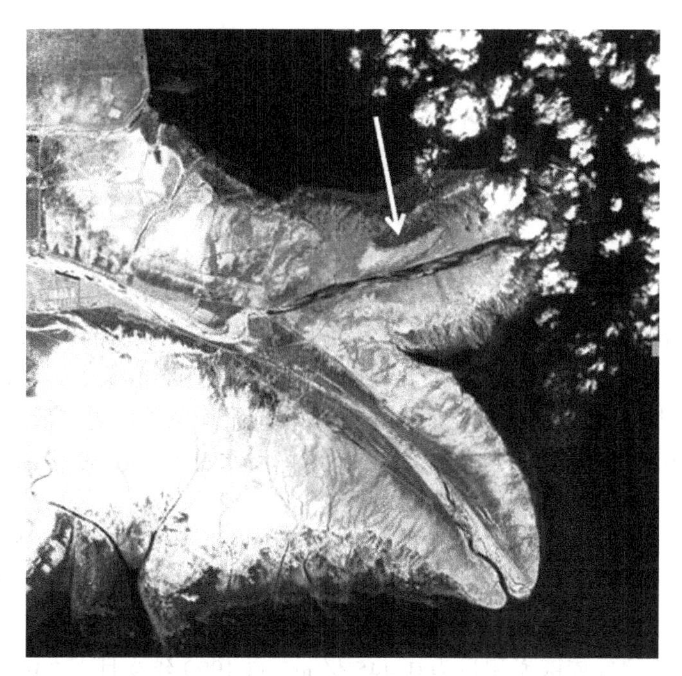

图 6-7　2004 年 12 月 31 日黄河河口卫星影像

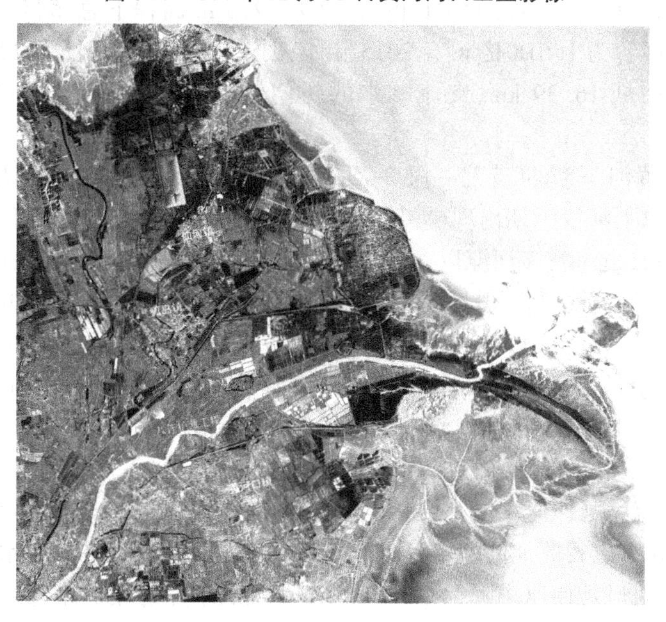

图 6-8　2007 年 6 月黄河三角洲卫星影像

第七章　认识与建议

一、认识

（1）2015年汛期黄河流域降雨量较多年平均偏少28%，水量偏少12%~70%，沙量偏少70%以上。潼关年沙量为0.536亿t，为历史最小值，已经连续2 a不足1亿t，并且泥沙组成有变细趋势。山陕区间汛期降雨量偏少，水沙量均位于历史较低位置。

（2）截至2015年11月1日流域八座主要水库蓄水总量256.39亿m^3，较上年同期减少77.69亿m^3。

（3）2015年三门峡水库排沙量0.512亿t，为历史最小值。潼关以下库区、小北干流河段分别淤积0.332亿m^3和冲刷0.075亿m^3。2015汛后潼关高程为327.66 m，仍位于历史低位。

（4）2015年小浪底库区淤积量为0.445亿m^3，自1999年9月至2015年10月淤积量为31.172亿m^3，其中干流占总淤积量的80.3%。275 m高程下总库容为96.289亿m^3，210 m高程下总库容为1.618亿m^3。2015年10月三角洲顶点高程为222.35 m，相应库容5.345亿m^3，距坝16.39 km；支流畛水的拦门沙坎依然存在，与沟口滩面高差达到9.7 m。

（5）2015年黄河下游西霞院—汊3河道冲刷0.747亿m^3，其中调水调沙期冲刷0.193亿t，泺口以下河段汛期出现少量淤积。小浪底水库运用以来黄河下游利津以上主槽累计冲刷19.421亿m^3；夹河滩以上冲刷面积累计超过4 300 m^2，而艾山以下不到1 000 m^2，高村以上主槽展宽和滩地坍塌所引起的冲刷量约占全断面冲刷量的60%。床沙粗化，冲刷效率明显降低。和1999年相比，2015年各水文站流量3 000 m^3/s水位下降1.29 m（利津）~2.66 m（夹河滩），2016年汛前黄河下游最小平滩流量为4 200 m^3/s。

（6）在通常水沙条件下黄河口感潮段易淤积，但小浪底水库运行以来尤其是2002年调水调沙以来，低含沙量的洪水造成利津—清4、清4以下河段发生明显的冲刷。黄河河口来沙量是影响流路延伸速率的主要因素。清水沟行河以来直至1996年人工改走清8汊河，年均沙量6.5亿t，此期间河口延伸速率平均为1.4 km/a；小浪底水库运用以来，年均沙量1.3亿t，河口延伸速率降至0.3 km/a。小浪底水库运用以来，除行河河口附近海岸向海淤进外，黄河三角洲浅海海岸都是蚀退的。

二、建议

当黄河河口行河流路来沙量较大时，把泥沙分散到蚀退的海岸，通过放淤抬高三角洲洲面高程，河口淤积延伸速率有可能进一步降低，同时可降低防潮堤前海岸冲刷速率，改良三角洲盐碱地，改善三角洲附近海域生态。

第二专题 兼顾黄河下游供水需求的汛前调水调沙对接水位

2002年实施调水调沙试验以来，每年泄放一定历时清水大流量过程，下游河道发生沿程持续冲刷，河道过流能力显著增大。随着经济社会的发展，需水量不断增加，黄河沿线对水资源的需求日益增加。另外，随着冲刷的发展，下游河床不断粗化、清水冲刷效率明显降低。因而，如何有效发挥小浪底水库承担的为下游供水的任务，是迫切需要研究的课题。本专题在对汛前调水调沙期下游冲淤调整规律，水库异重流排沙对接水位对排沙效果影响等问题的研究基础上，分析前汛期黄河下游引黄灌区及其用水户的需水量，摸清小浪底水库下泄流量和下游引黄涵闸引水能力的关系。综合考虑汛前调水调沙排沙效果和下游的供水需求，研究提出近期小浪底水库汛前调水调沙异重流排沙对接水位。

第一章　汛前调水调沙的主要作用

从下游河道冲刷和水库减淤的角度来看，汛前调水调沙的作用主要有两个方面：一方面显著增加了下游河道的冲刷，扩大了下游河道的过流能力，下游最小平滩流量已经达到了4 250 m^3/s；另一方面，显著增加了小浪底水库的排沙量，延缓水库淤积速率，增加水库的综合运用能力与拦沙周期。

一、汛前调水调沙对增大下游过流能力的作用

汛前调水调沙可划分为2个阶段（见图1-1）：第一阶段为清水大流量泄放，对下游河道冲刷，尤其对艾山—利津窄河段的冲刷具有较大的作用；第二阶段为人工塑造异重流排沙，对小浪底水库减淤作用显著，且对下游河道淤积影响不大。

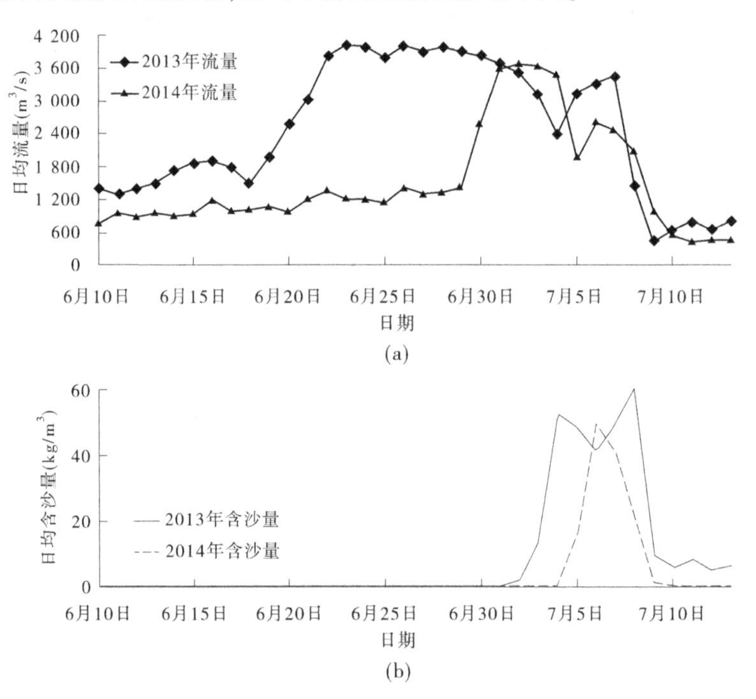

图1-1　小浪底水库汛前调水调沙出库流量含沙量过程

2004—2014年，进入黄河下游的水量共3 073亿 m^3，全下游冲刷泥沙13.85亿t。其中，汛前调水调沙清水阶段下泄水量437亿 m^3，下游冲刷泥沙4.75亿t，分别占全年水量的14%和全下游冲刷量的34%（见图1-2）。可见，汛前调水调沙的冲刷效率较高。

汛前调水调沙对艾山—利津河段的作用更为显著。2004—2014年汛前调水调沙清水阶段花园口以上河段冲刷量占全年的42%，花园口—高村河段占19%，高村—艾山河

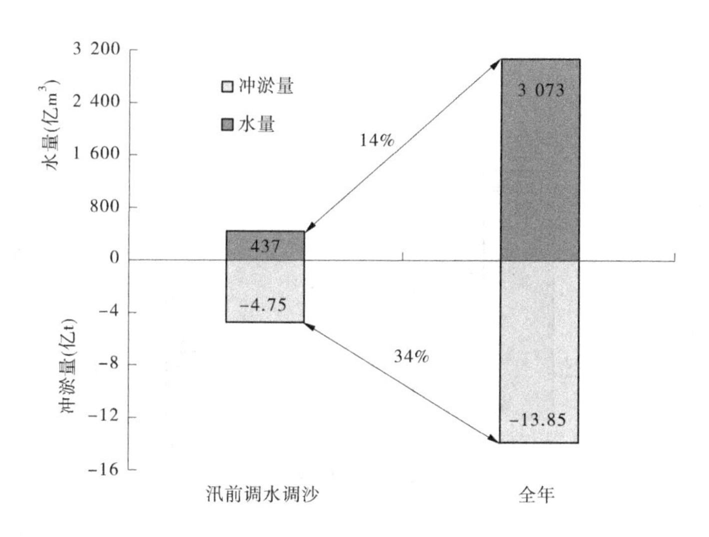

图 1-2　2004—2014 年下游河道汛前调水调沙和全年冲刷量及其比例

段占 40%，艾山—利津河段占 84%(见图 1-3)。可见，汛前调水调沙对山东窄河道的冲刷起着至关重要的作用。

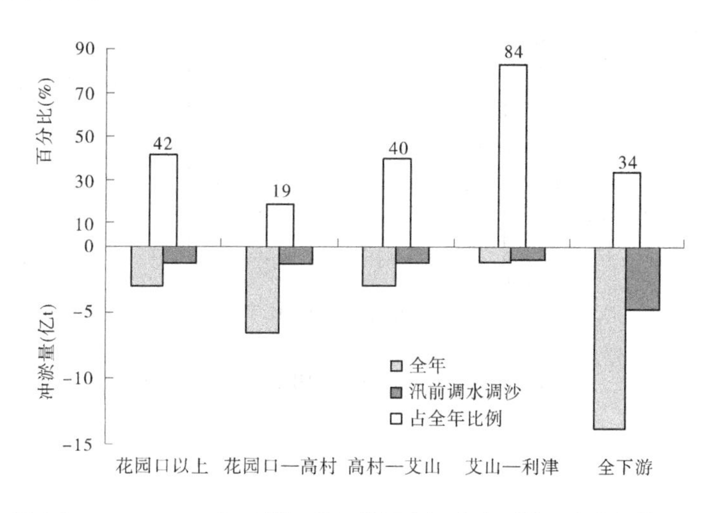

图 1-3　2004—2014 年下游河道汛前调水调沙冲刷量及占全年的比例

二、汛前调水调沙的排沙效果

2004—2014 年小浪底水库全年入库沙量共 29.928 亿 t，出库沙量共 8.221 亿 t，其中汛前调水调沙期入库沙量 5.292 亿 t，出库沙量 3.223 亿 t，分别占全年的 18%和 39%[见图 1-4(a)]。2008—2014 年汛前调水调沙期入库沙量占全年的比例变化不大，为 20%，而出库沙量占全年的比例增加到 55%[见图 1-4(b)]。汛前调水调沙异重流排沙量已经超过全年排沙量的一半，成为小浪底水库主要排沙时段。

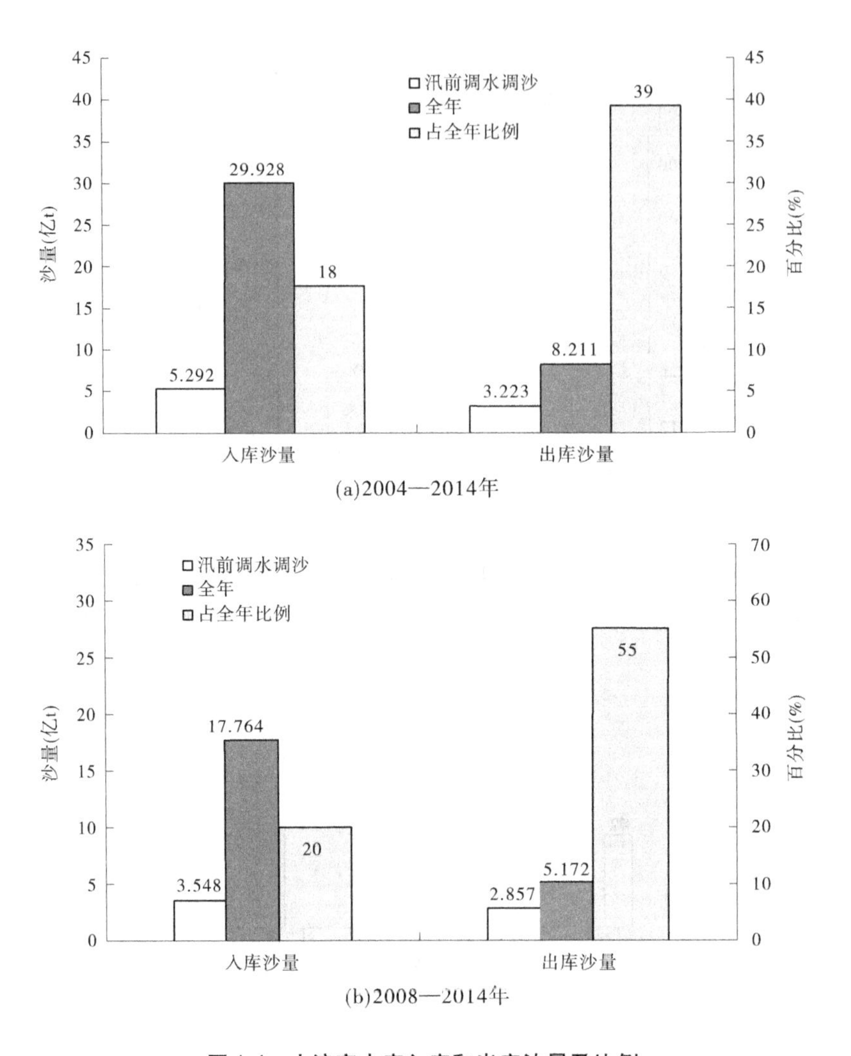

图 1-4　小浪底水库入库和出库沙量及比例

第二章　汛前调水调沙模式

小浪底水库运用以来以拦沙运用为主。目前,黄河下游最小平滩流量已从 2002 年汛前的不足 1 800 m^3/s 增加到 4 250 m^3/s(见图 2-1)。随着冲刷的持续发展,下游河床发生不同程度的粗化,从小浪底投入运用的 1999 年汛后到 2014 年汛后,花园口以上河段床沙中数粒径从 0.06 mm 粗化到 0.25 mm,花园口—高村河段从 0.06 mm 粗化到 0.16 mm,高村—艾山河段从 0.05 mm 粗化到 0.1 mm,艾山—利津河段从 0.04 mm 粗化到 0.1 mm(见图 2-2)。

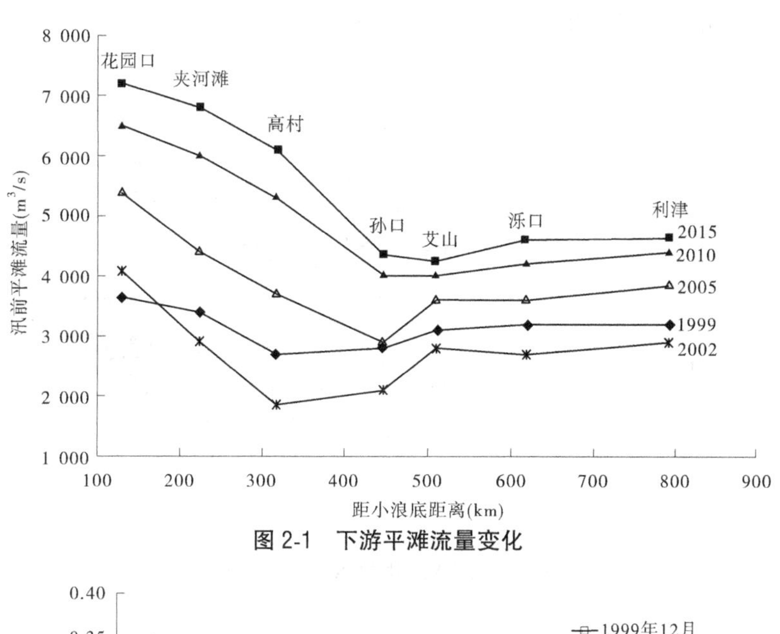

图 2-1　下游平滩流量变化

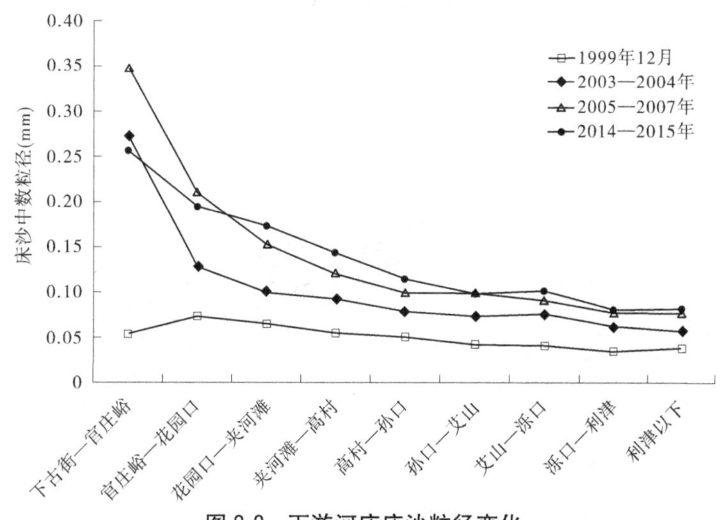

图 2-2　下游河床床沙粒径变化

在新的水沙条件和下游边界条件及水资源需求形势下，建议近期汛前调水调沙模式为：定期开展没有清水大流量过程仅有人工塑造异重流排沙过程的汛前调水调沙，与不定期开展带有清水大流量过程及人工塑造异重流的汛前调水调沙相结合的模式。

也就是说，每年定期开展汛前调水调沙，其模式视当年下游过流能力而定：

(1)当下游最小平滩流量在 4 000 m³/s 以上时，其模式为：没有清水大流量过程仅有人工塑造异重流排沙过程的汛前调水调沙模式。

(2)当下游最小平滩流量低于 4 000 m³/s 时，其模式为：带有清水大流量过程及人工塑造异重流的汛前调水调沙模式，清水流量以接近下游最小平滩流量为好，水量以下游需要扩大的平滩流量大小而定。

清水下泄过程，下游冲刷效率与流量大小密切(见图 2-3)，随着平均流量的增加而增大。总冲刷量随着下泄清水水量的增加而增大(见图 2-4)。因此，建议清水大流量的泄放流量在 4 000 m³/s 左右，水量视水库前期蓄水量大小，尽量大一些。

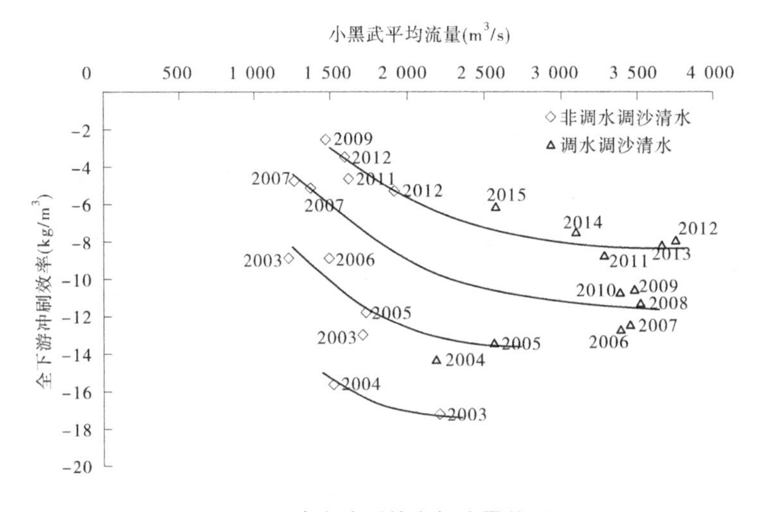

图 2-3　清水冲刷效率与流量关系

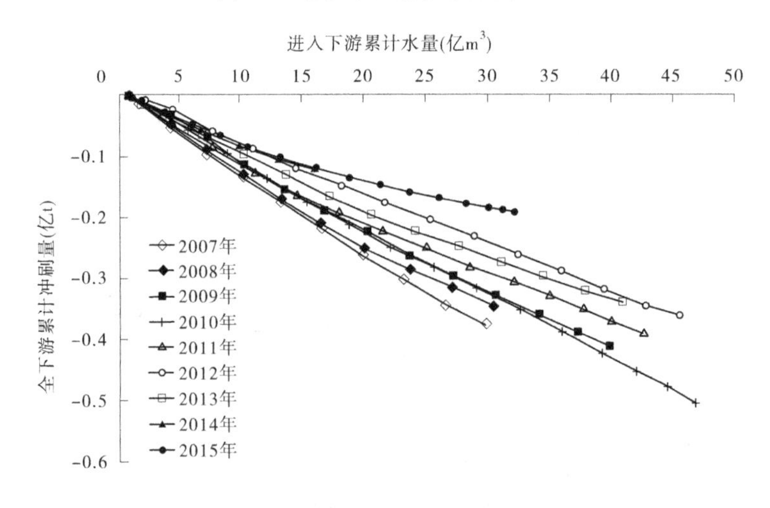

图 2-4　清水阶段冲刷量与水量关系

异重流排沙时的对接水位直接关系到浑水阶段的排沙效果。随着对接水位的降低，排沙比增大，低于三角洲顶点后，排沙比可达50%以上。因此，从增大水库排沙、减小水库淤积的角度来讲，应保持较低水位排沙。异重流排沙的对接水位又直接影响水库汛前调水调沙之后的可调水量，关系到前汛期（指7月11日至8月20日）下游的供水安全问题。

汛前调水调沙对接水位的确定已经成为汛前调水调沙最重要的制约指标。对接水位既影响水库异重流排沙效果，又影响调水调沙之后下游前汛期供水安全，因此下面将重点从这两个方面开展研究。

第三章 下游引黄工程引水能力及前汛期下游引水需求分析

小浪底水库还承担有向下游供水的任务，为黄河下游及河北、天津、青岛地区工农业生产、生活和生态用水提供稳定可靠的水源。黄河可供水量与小浪底水库泄水量、河道冲淤、引黄工程调度运行及支流加水等有关。黄河下游对黄河水的需求量，包括农业、非农业（工业、生活、生态环境）需水量，与农业灌溉面积、作物种植结构、降水、地下水、人口及社会经济发展状况等有关。

近年来，黄河下游引黄涵闸由于渠道淤积、河势变化、河床下切、灌溉工程不配套等因素影响，引水条件与设计情况相比发生了变化，造成部分河段涵闸引水困难，部分河段引黄涵闸出现了无法正常引水的情况，影响了农业生产适时灌溉，黄河需要保持较大流量才能满足引黄涵闸对引水的要求。因此，需要掌握前汛期小浪底水库下游引黄灌区及其他用水户的需水量，摸清小浪底水库下泄流量和下游引黄涵闸引水能力的关系，确定农业不同需水年型、小浪底水库下泄不同流量级下的需水满足率，为小浪底水库运用、黄河下游水量调度和黄河下游引黄供水管理提供科学指导。

研究范围为小浪底水库以下河段及供水区域，包括河南、山东及河北、天津引黄用水，按水文断面划分为8个河段，分别为小浪底—花园口、花园口—夹河滩、夹河滩—高村、高村—孙口、孙口—艾山、艾山—泺口、泺口—利津、利津以下。研究时段为7月11日至8月20日（简称前汛期），以旬为时长划分为7月中旬、7月下旬、8月上旬、8月中旬4个时段。

需水满足率定义为黄河供水量占区域需水量的比例。

一、黄河下游引黄用水概况

（一）引黄工程概况

根据黄河水利委员会2015年取水许可证发放情况统计，黄河小浪底水库以下河段涉及的取水工程共计220处（见表3-1），其中河南55处、山东165处。引黄工程中共有引黄涵闸106座（山东63座、河南43座），设计引水能力共计3 914.40 m^3/s（河南1 491.10 m^3/s、山东2 423.30 m^3/s）。另外，还有提水工程114处（河南12处、山东102处），提水能力为89.99 m^3/s（河南14.99 m^3/s、山东75 m^3/s）。

1. 河南河段

河南河段43座引黄涵闸中，修建于20世纪80年代以前的有26座，80年代的有8座，90年代的有3座，2000年以后的有6座；引黄涵闸近3 a平均实际引水天数为173 d，平均引水困难天数为103 d。

表 3-1 黄河下游引黄工程统计

河段	引黄工程类型	引黄工程数量（处）	设计引水能力（m^3/s）
河南	涵闸	43	1 491.10
	泵站	12	14.99
山东	涵闸	63	2 423.30
	泵站	102	75.00
下游	涵闸	106	3 914.40
	泵站	114	89.99
	合计	220	4 004.39

2. 山东河段

山东河段现有干流引黄涵闸 63 座，总的设计引水流量为 2 423.30 m^3/s。目前实际使用的引黄涵闸 56 座，其中修（改）建于 20 世纪 70 年代的有 5 座，80 年代的有 31 座，90 年代的有 17 座，2000 年以后的有 3 座。另外 7 座涵闸分别是陶城铺东引黄闸、一号穿涵、隔堤穿涵、纪冯引黄闸、东关引黄闸等，因为渠系不配套，未正常启用，一号坝引黄闸与西双河引黄闸位于同一供水渠道。引黄涵闸近 3 a 平均实际引水天数为 125 d，平均引水困难天数为 49 d。

（二）引黄灌区简况

黄河下游引黄灌区指从黄河桃花峪到入海口之间以黄河干流水量为灌溉水源的灌区。本次研究范围还包括小浪底水库—桃花峪区间，故灌区范围为小浪底水库—入海口之间的引黄灌区，涉及河南、山东两省沿黄地区。为方便起见，仍称本次灌区研究区域为黄河下游引黄灌区。

黄河下游引黄灌区共计 86 处，其中河南省 28 处、山东省 58 处，此外黄河滩区还有部分灌区。根据河南、山东两省相关水利统计资料，黄河下游总的设计灌溉面积约 6 296 万亩，有效灌溉面积约 4 181 万亩。其中河南设计灌溉面积 2 121 万亩，有效灌溉面积约 1 139 万亩；山东设计灌溉面积约 4 175 万亩，有效灌溉面积约 3 042 万亩（见表 3-2）。

表 3-2 黄河下游引黄灌区灌溉面积 （单位：万亩）

河段	设计灌溉面积	有效灌溉面积
小浪底—花园口	306.00	138.19
花园口—夹河滩	852.00	431.40
夹河滩—高村	1 015.50	663.59
高村—孙口	714.72	479.23
孙口—艾山	715.03	648.00
艾山—泺口	984.68	732.05

续表 3-2

河段	设计灌溉面积	有效灌溉面积
泺口—利津	1 547.28	965.03
利津以下	161.03	123.70
河南河段	2 121.00	1 139.05
山东河段	4 175.24	3 042.15
合计	6 296.24	4 181.20

(三)引黄用水概况

1. 年引黄用水量

黄河下游引黄涵闸1991—2015年平均引黄水量为84.08亿m^3,低于平均引水指标100.4亿m^3,其中山东、河南多年平均引黄水量分别为61.94亿m^3、22.14亿m^3。引黄灌区农业用水总量占下游总引黄水量的79.63%;工业及其他用水量占下游总引黄水量的20.37%。1991—2015年黄河下游历年引水量见图3-1。

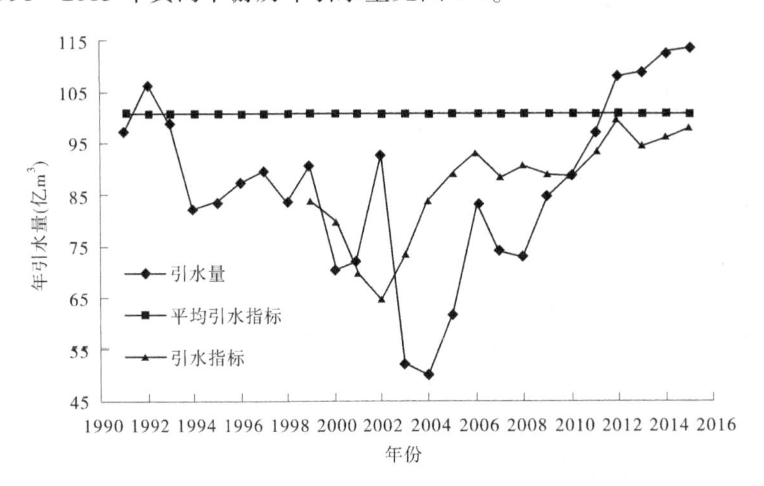

图3-1 1991—2015年黄河下游历年引水量

自黄河实施水量统一调度以来,春灌期、汛期及其他时段的引黄用水量差别较其他时段明显减小,从峰值出现的月份看,春灌期峰值有所提前,汛期峰值有所延迟,引黄用水年内分配更趋分散,呈现均化趋势。

除引黄灌区的农业用水外,近年来,黄河水资源利用已扩展到公共用水、工业用水、灌溉、土壤改良以及旅游、养殖等各个方面,初步形成了以工农业用水、城市生活用水及生态环境用水为主,兼顾公共用水、旅游、养殖等多种引黄用水的格局。

2. 前汛期引黄用水量

2004—2015年,黄河下游前汛期平均引黄水量为5.74亿m^3,折合引黄流量为162 m^3/s。引黄水量呈逐年增大趋势,并在2014年、2015年达到新高,由2004年引水1.10亿m^3(31 m^3/s)增大到2014年的11.92亿m^3(337 m^3/s)、2015年的11.29亿m^3(319

m^3/s)(见表 3-3、图 3-2)。

表 3-3　2004—2015 年黄河下游前汛期实测引黄水量　（单位:亿 m^3)

年份	河南	山东	河北天津	下游
2004	0.62	0.48	0	1.10
2005	0.97	0.69	0	1.66
2006	1.91	4.32	0	6.23
2007	1.20	1.62	0	2.82
2008	1.32	5.34	0	6.66
2009	2.07	1.85	0	3.92
2010	3.45	3.59	0	7.04
2011	3.88	2.11	0	5.99
2012	3.63	2.19	0	5.82
2013	3.63	0.80	0	4.43
2014	4.44	7.48	0.03	11.92
2015	2.97	8.14	0.18	11.29

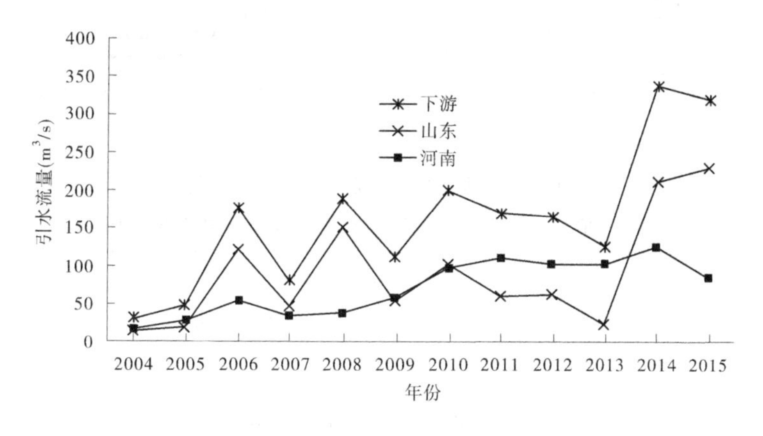

图 3-2　黄河下游历年前汛期引水量

2014 年前汛期小浪底水库下泄水量较小,平均为 492 m^3/s ,同期黄河下游引黄流量为 337 m^3/s,引水占河道来水的 69%(见图 3-3)。2015 年前汛期小浪底水库下泄水量较大,平均为 1 080 m^3/s,同期黄河下游引黄流量为 319 m^3/s,引水占河道来水的 30% (见图 3-4)。

从花园口水文站 2005—2015 年前汛期径流过程来看,流量小于 400 m^3/s 天数为 47 d,占 10.42%;流量 400~500 m^3/s 的天数为 100 d,占 22.17%;流量 500~600 m^3/s 的天数为 62 d,占 13.75%;流量 600~700 m^3/s 的天数为 47 d,占 10.42%;流量 700~800 m^3/s 的天数为 32 d,占 7.10%;流量大于 800 m^3/s 的天数为 163 d,占 36.14%(见表 3-4)。

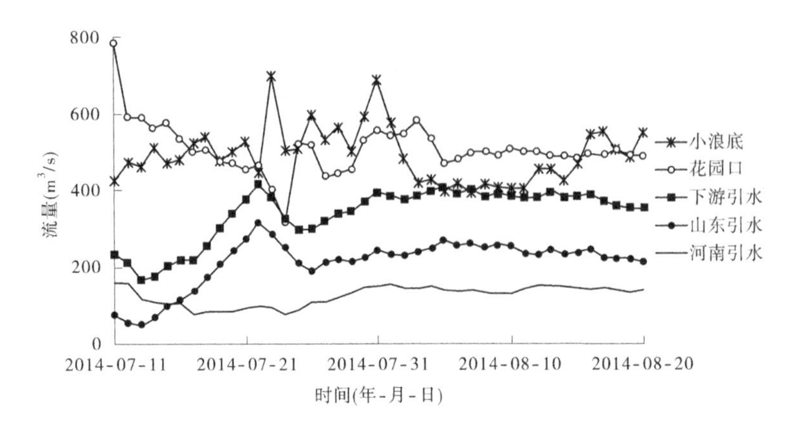

图 3-3　黄河下游前汛期河道径流与涵闸引水过程(2014 年)

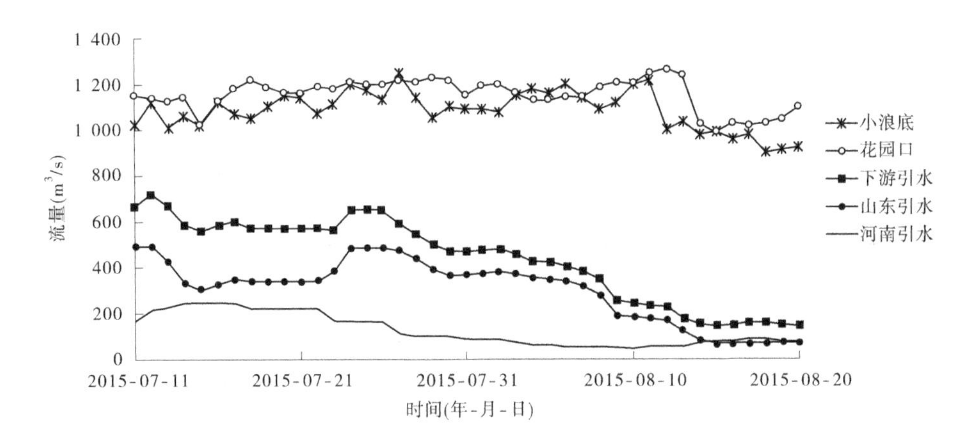

图 3-4　黄河下游前汛期河道径流与涵闸引水过程(2015 年)

表 3-4　2005—2015 年花园口水文站前汛期不同流量级天数

流量级(m^3/s)	各年出现天数(d)											合计	比例(%)
	2005	2006	2007	2008	2009	2010	2011	2012	2013	2014	2015		
<400	17	0	0	20	7	0	2	0	0	1	0	47	10.42
400~500	8	8	5	12	20	5	16	0	0	22	4	100	22.17
500~600	7	3	4	2	9	10	5	0	0	17	5	62	13.75
600~700	4	5	2	5	5	2	10	0	0	1	13	47	10.42
700~800	3	9	1	2	0	2	3	0	7	0	5	32	7.10
>800	2	16	29	0	0	22	5	41	34	0	14	163	36.14
合计	41	41	41	41	41	41	41	41	41	41	41	451	100.00

河南河段 2004—2015 年前汛期平均引黄水量 2.51 亿 m^3,引水量最少的是 2004 年,为 0.62 亿 m^3;引水量最多的是 2014 年,为 4.44 亿 m^3。2004—2015 年前汛期计划与实

际引水量见图 3-5。

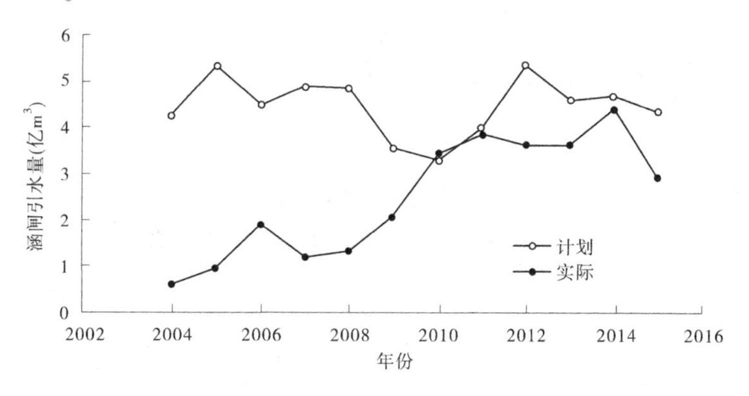

图 3-5　2004—2015 年河南河段前汛期计划与实际引水量

山东河段 2004—2015 年前汛期平均引黄水量 3.22 亿 m^3,引黄水量最少的是 2004 年,为 0.48 亿 m^3;引黄水量最多的是 2015 年,为 8.14 亿 m^3。2004—2015 年山东河段前汛期计划与实际引水量见图 3-6。

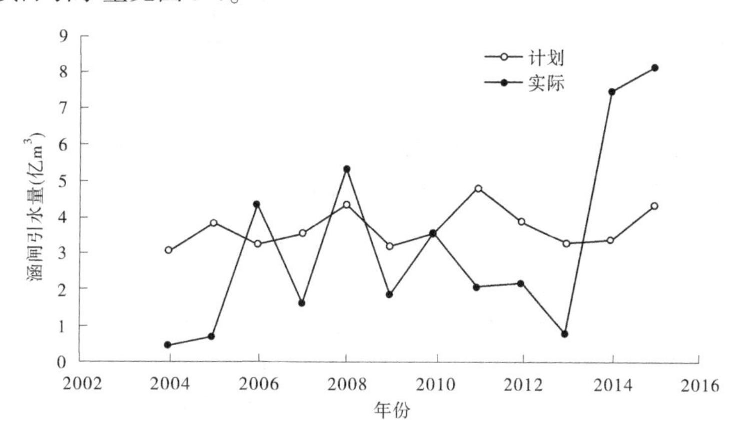

图 3-6　2004—2015 年山东河段前汛期计划与实际引水量

二、黄河下游引黄涵闸引水能力分析

(一)引黄涵闸引水能力现状

黄河水资源对黄河下游城乡居民生活、工业生产、农业种植结构调整、放淤改土、生态环境改善,发挥着重要的支撑作用。自 1999 年起实施全河水量统一调度后,流域仍基本维持枯水少沙的水沙条件,尽管黄河下游引黄供水的矛盾得到有效缓解,但从具体引水环节上看,各地用水时间的集中和河道来水量的不足,使黄河水量难以满足沿黄灌区的引水要求。

宽浅、散乱、游荡是黄河下游宽河道所固有的基本河性,小浪底水库开始蓄水拦沙运用以来,下游来水来沙以清水过程为主,仅在洪水和调水调沙以及小流量排沙时有较大含沙量发生。小流量引水在一定程度上加重了渠道淤积,由于清淤不及时,加上下游河道持续冲刷,主河槽下切,河道平滩流量增大,断面形态趋于窄深,同流量水位降低,部分引黄涵闸引水出现困难。

近年来,大河冲刷下切、河势变化及涵闸配套体系落后等原因,使部分涵闸引水困难,黄河下游引黄配套工程不完善,部分地区形成了“供水保证率低、用水量小、水费收取困难、工程维护改造难以开展”的局面。

1. 设计引水水位变化

引黄涵闸 2002 年、2013 年设计流量对应的黄河水位及变化见表 3-5。

表 3-5　引黄涵闸设计流量对应各水文站水位变化

流量及水位	花园口	夹河滩	高村	孙口	艾山	泺口	利津
大河流量(m^3/s)	600	500	450	400	350	300	200
2013 年水位(m)	90.06	73.1	59.62	45.02	37.39	26.35	10.64
2002 年水位(m)	92.4	75.98	62.20	47.30	39.45	28.35	11.62
2002—2013 年水位变化(m)	-2.34	-2.88	-2.58	-2.28	-2.06	-2	-0.98

1)河南河段

2013 年引水水位与设计引水水位比较,平均下降 1.29 m。引水水位有 8 处低于闸底板高程,平均仅高于闸底板 1.36 m(见图 3-7~图 3-9)。

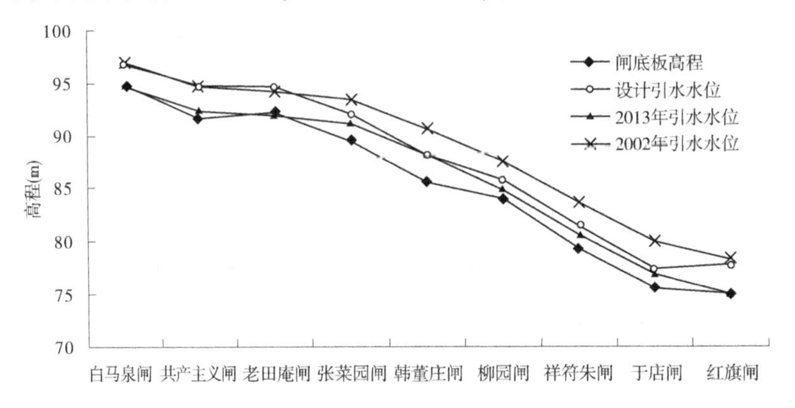

图 3-7　夹河滩以上河段左岸引黄涵闸引水水位变化

图 3-7 表明,白马泉闸、老田庵闸、红旗闸大河水位高于闸底板高程,水位降低影响白马泉闸、共产主义闸、老田庵闸、红旗闸引水。

由图 3-8 可以看出,马渡闸闸前水位低于闸底板高程,水位降低影响桃花峪闸、花园口闸、马渡闸、黑岗口闸、柳园口闸引水。

由图 3-9 可以看出,厂门口闸、禅房闸闸前水位低于闸底板高程,因水位降低影响引水。

2)山东河段

山东河段 2013 年引水水位平均低于设计引水水位 1.62 m,有 21 处涵闸引水水位高

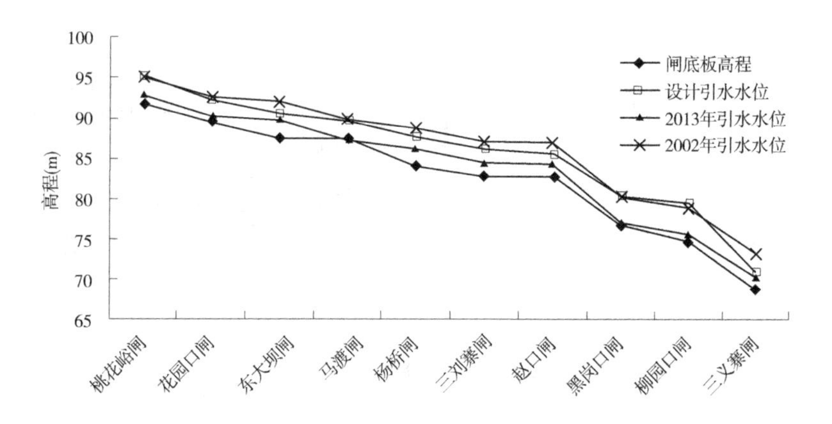

图 3-8 河南黄河右岸引黄涵闸引水水位变化

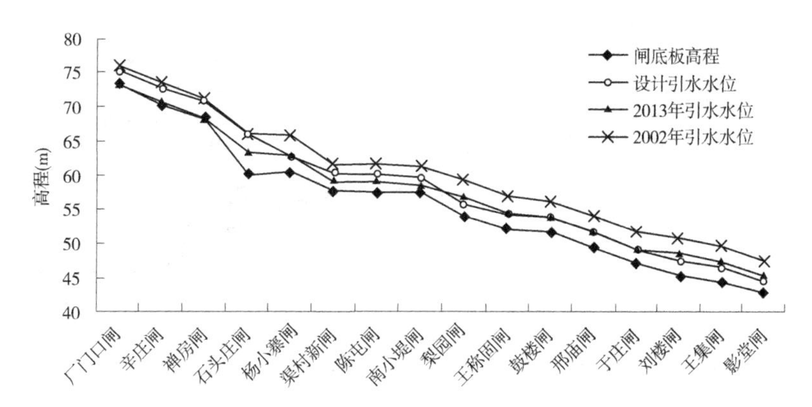

图 3-9 夹河滩—孙口河段左岸河南引黄涵闸引水水位变化

于闸底板 1 m 以上(见图 3-10~图 3-13)。

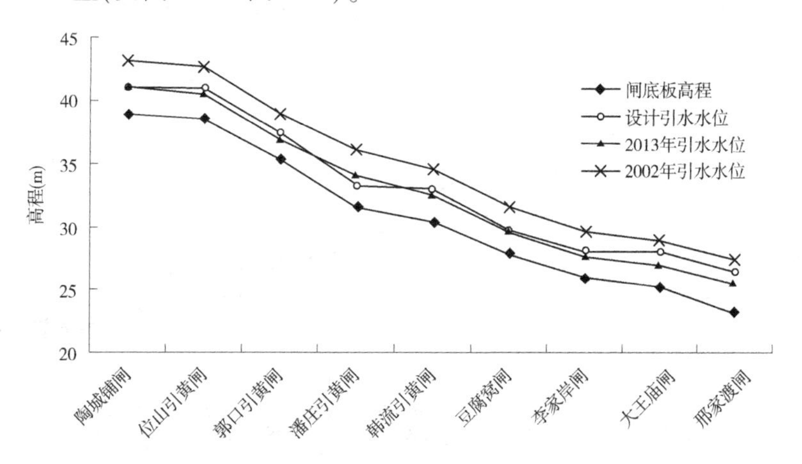

图 3-10 孙口—泺口河段左岸引黄涵闸引水水位变化

由图 3-10 可以看出,水位降低影响大王庙闸、邢家渡闸引水。

由图 3-11 可以看出,水位降低影响闫潭闸、谢寨闸引水。

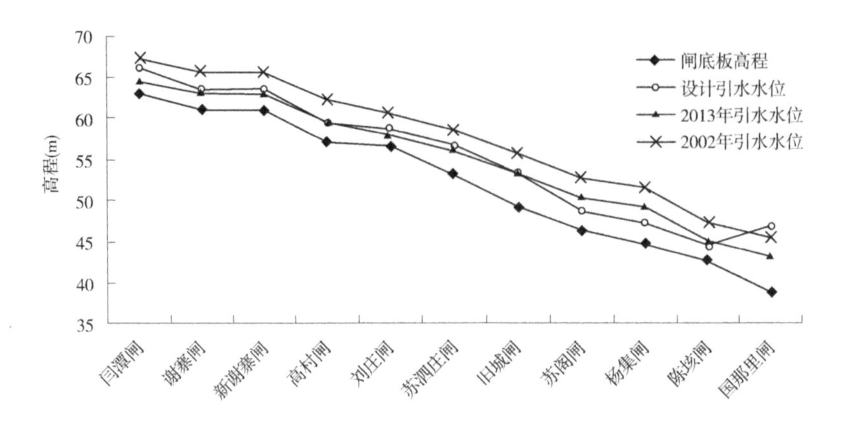

图 3-11　夹河滩—艾山河段左岸引黄涵闸引水水位变化

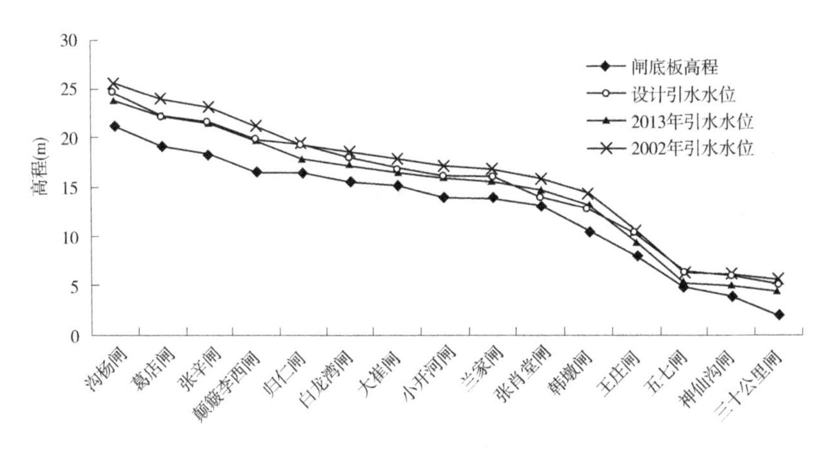

图 3-12　泺口以下河段左岸引黄涵闸引水水位变化

由图 3-12 可以看出,除个别涵闸外,水位降低已经影响涵闸引水。

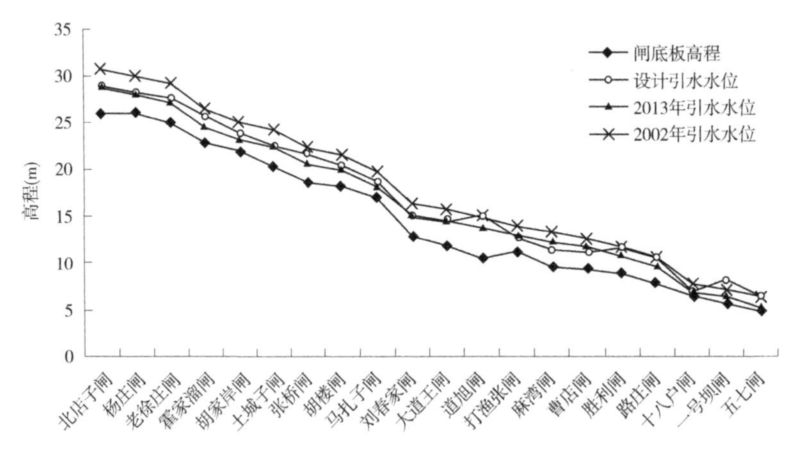

图 3-13　艾山以下河段右岸引黄涵闸引水水位变化

在艾山以下,因水位降低影响,霍家溜闸、张桥闸、道旭涵闸引水困难(见图 3-13)。

2. 引黄涵闸现状实际引水能力

黄河下游引黄涵闸 94 处中,2015 年引水条件较好的涵闸共有 17 处,引水条件中等的涵闸有 38 处,引水困难的涵闸有 34 处(包括从文岩渠引水的 3 处涵闸),停用涵闸 5 处(见表 3-6)。

表 3-6 引黄涵闸引水现状一览表

河段	引水条件好	引水条件中等涵闸	引水困难涵闸	建设泵站	停用
河南	桃花峪、东大坝、三刘寨、赵口、黑岗口、柳园口(6)	柳园、祥符朱、于店、三义寨、辛庄、禅房、新渠村、陈屯、南小堤、王称固、邢庙、刘楼(12)	花园口、马渡、张菜园、共产主义、老田庵、韩董庄、杨桥、红旗、大车、厂门口、石头庄、杨小寨、梨园、彭楼、于庄、王集、影堂(17)	张菜园、共产主义、白马泉(3)	白马泉、渠村、孙东闸(3)
山东	苏阁、杨集、国那里、位山、郭口、北店子、潘庄、李家岸、刘春家、白龙湾、胜利(11)	闫潭、苏泗庄、陶城铺、大王庙、胡家岸、邢家渡、沟杨、葛店、张辛、韩刘、豆腐窝、马扎子、胡楼、归仁、大崔、小开河、兰家、张肖堂、大道王、韩墩、打渔张、麻湾、路庄、一号、宫家、王庄(26)	谢寨、新谢寨、高村、刘庄、旧城、陈垓、杨庄、霍家溜、土城子、张桥、簸箕李西、道旭、曹店、十八户、五七、神仙沟、三十公里(17)	大王庙(渠道)、土城子、胡家岸、邢家渡(在建)、麻湾、路庄、胜利、宫家、王庄、三十公里(10)	老徐庄、簸箕李(改建新闸)(2)
合计	17	38	34	13	5

通过对黄河下游从黄河引水的 91 处引黄涵闸分析,因渠道淤积影响引水的涵闸占 59.34%,因河势变化影响引水的涵闸占 14.29% ,主要集中在孙口水文站以上河段,因河道下切造成引水困难的涵闸占 18.68%(见表 3-7)。

表 3-7 影响涵闸引水能力的原因 (单位:处)

范围	引水困难原因					合计
	渠道淤积	河床下切	河势变化	不配套	其他	
河南河段	17	6	10	0	2	35
山东河段	37	11	3	4	1	56
黄河下游	54	17	13	4	3	91
占总数(%)	59.34	18.68	14.29	4.4	3.30	100

2015 年黄河下游引水困难的引黄涵闸共有 32 处,占黄河下游全部涵闸的 34%;由于渠道淤积影响引水的涵闸有 15 处,其中引渠淤积 9 处;由于河势变化影响引水的涵闸 9

处，主要集中在孙口水文站以上河段；因河道下切造成引水困难的涵闸有 7 处（见表 3-8）。

表 3-8　2015 年引黄涵闸引水困难原因统计　（单位：处）

影响因素	引渠淤积	河势变化	河床下切	灌区渠道淤积、配套差
涵闸名称	彭楼、影堂、新谢寨、高村、曹店、十八户、五七、神仙沟、三十公里	花园口、韩董庄、红旗、厂门口、于庄、王集、刘庄、旧城、陈垓	张菜园、共产主义、老田庵、马渡、霍家溜、张桥、道旭	杨桥、梨园、谢寨、高村、杨庄、土城子、簸箕李西
河南	2	6	4	2
山东	7	3	3	5
合计	9	9	7	7

通过对 2015 年黄河下游引水困难的 32 处引黄涵闸分析，由于引渠渠道淤积影响引水的涵闸占 28.13%；河势变化影响引水的涵闸占 28.13%，因河道下切、灌区渠道淤积与配套差造成引水困难的涵闸各占 21.88%。

（二）引黄涵闸引水能力变化原因分析

引黄涵闸引水能力变化的主要原因有 4 个方面：一是涵闸滩区引渠过长，淤积严重；二是河床下切，同流量条件下大河水位下降；三是河流游荡性没有得到完全控制，河势变化，造成引水口门脱离河道；四是灌区工程不配套，渠道淤积。

1. 引渠淤积导致引黄涵闸过流能力降低

黄河下游引水渠道淤积严重，渠道过流能力锐减，无法满足灌区灌溉供水的要求，由于引水渠道淤积影响涵闸引水的占引水困难涵闸的 28.13%，是影响引黄涵闸供水的主要原因之一。

孙口以上黄河干流河道为宽浅游荡性河道，不靠河道的涵闸都修建了引渠，部分涵闸滩区引渠较长，如原阳县韩董庄闸至渠首马庄防沙闸引渠长 13.5 km，原阳县柳园闸至渠首双井防沙闸引渠长 14.7 km，封丘县红旗闸至渠首三姓庄防沙闸引渠长 14.0 km，在引水的过程中这些渠道落淤严重，影响工程引水能力。

据山东黄河河务局调查，51 座引黄涵闸引渠出现不同程度的淤积，渠底高程较设计值平均淤积抬高 1.29 m，其中淤积抬高 1 m 以上的涵闸 31 座，闸前淤积最严重的是滨州簸箕李西引黄闸，比初始运用时淤积抬高了 3.20 m。有 50 座涵闸闸前渠底高程高于闸底板高程，平均抬高 0.98 m，最严重的济南老徐庄引黄闸较闸底板抬高 3.09 m。

引渠淤积后，灌区未建立完善的清淤机制，清淤不及时，是造成现阶段引黄灌区引水困难的主要原因。

2. 河床下切

小浪底水库运用以来，黄河下游河床持续下切，同流量水位降低，对引黄涵闸引水能力产生了不利影响。据统计,2002—2015 年黄河下游整体呈持续冲刷状态,下游同流量水位降低了 1.30~2.86 m。尽管近些年下切速率有逐渐变缓的趋势,但黄河同流量水位降低,影响了引黄涵闸的引水能力。2015 年共有 7 处引黄涵闸河床下切导致引水困难。

黄河下游引黄闸多数建于 20 世纪 60—80 年代,当时黄河下游河道连年淤积抬高,因此在设计涵闸底板高程时考虑了淤积因素,闸底板设置相对较高。

1)典型断面变化分析

(1)花园口断面。

根据 2002 年、2008 年和 2014 年汛前花园口大断面套绘可以看出(见图 3-14),左右岸的过水河槽均发生了冲刷。

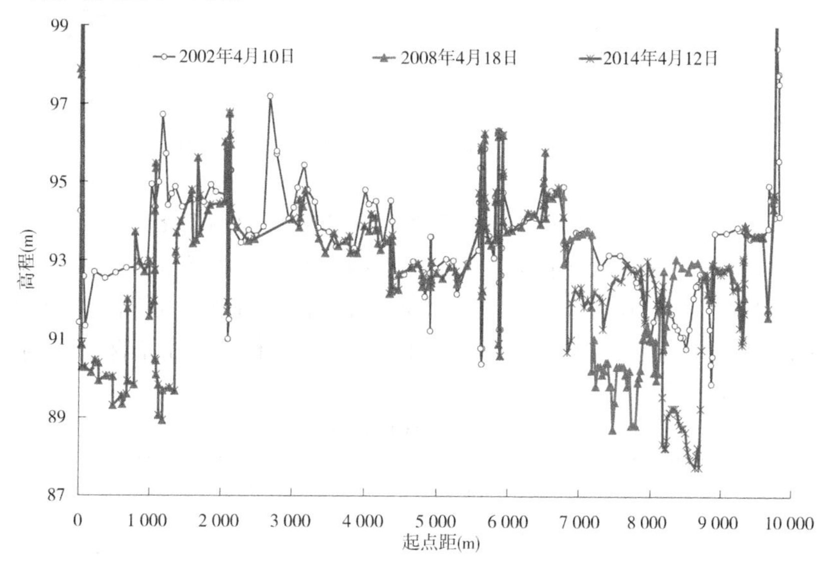

图 3-14　2002 年、2008 年和 2014 年汛前花园口大断面套绘

表 3-9 统计了花园口大断面河槽特征值。2008 年和 2014 年花园口断面河槽宽度 2 560 m 左右,河槽平均河底高程比 2002 年分别降低了 0.82 m 和 1.14 m;主槽深泓点的变化最明显,2008 年和 2014 年花园口断面主槽深泓点高程比 2002 年分别降低了 1.16 m 和 2.13 m。

表 3-9　花园口大断面河槽特征值

年份		全断面平均河底高程(m)	河槽平均河底高程(m)	深泓点高程(m)
2002		93.54	92.68	89.88
2008		92.77	91.86	88.72
2014		92.68	91.54	87.75
较 2002 变化量	2008	-0.77	-0.82	-1.16
	2014	-0.86	-1.14	-2.13

(2)高村断面。

2002 年、2008 年和 2014 年汛前高村大断面呈逐年冲刷状态,主河槽发生了显著的冲刷并稍有展宽,深泓点向右岸移动了约 550 m(见图 3-15)。

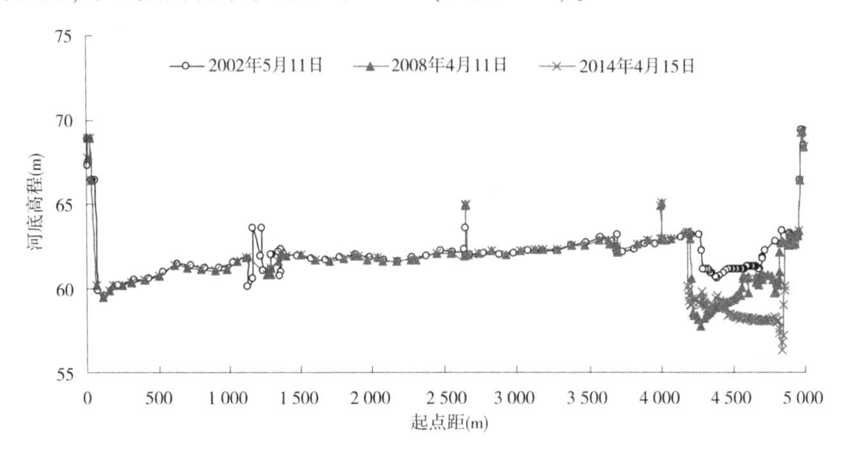

图 3-15 2002 年、2008 年和 2014 年汛前高村大断面套绘

2008 年和 2014 年高村断面平均河底高程比 2002 年分别降低了 0. 31 m 和 0. 49 m(见表 3-10)。2008 年和 2014 年主河槽平均河底高程比 2002 年分别降低了 1. 76 m 和 2. 83 m。主槽深泓点的变化最明显,2008 年和 2014 年高村断面主槽深泓点高程比 2002 年分别降低了 1. 80 m 和 3. 26 m。

表 3-10 高村大断面特征值

年份		全断面平均河底高程(m)	深泓点高程(m)	主槽平均河底高程(m)
2002		61. 89	59. 56	61. 92
2008		61. 58	57. 76	60. 16
2014		61. 40	56. 30	59. 09
较 2002 变化量	2008	-0. 31	-1. 80	-1. 76
	2014	-0. 49	-3. 26	-2. 83

(3)泺口断面。

2002 年、2008 年和 2014 年汛前泺口大断面呈逐年冲刷状态,主河槽发生了显著的冲刷,没有发生横向摆动,泺口断面主槽深泓点高程变化最明显(见图 3-16)。

根据表 3-11 分析,2008 年和 2014 年泺口断面平均河底高程比 2002 年分别降低了 0. 16 m 和 0. 64 m。

2008 年和 2014 年主槽平均河底高程比 2002 年分别降低了 1. 01 m 和 3. 78 m,深泓点高程比 2002 年分别降低了 4. 23 m 和 8. 96 m。

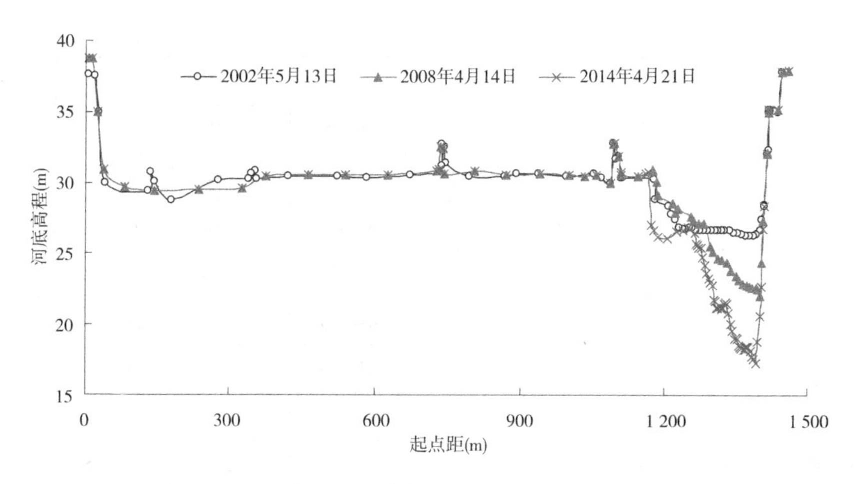

图 3-16　2002 年、2008 年和 2014 年汛前泺口大断面套绘

表 3-11　泺口大断面特征值

年份		大断面平均河底高程(m)	深泓点高程(m)	主槽平均河底高程(m)
2002		29.79	26.27	27.15
2008		29.63	22.04	26.14
2014		29.15	17.31	23.37
较 2002 变化量	2008	-0.16	-4.23	-1.01
	2014	-0.64	-8.96	-3.78

2)同流量水位变化分析

在大河流量 500 m^3/s 条件下,下游水文站 2015 年汛后相应水位与 2002 年、2010 年相比下降幅度较大(见表 3-12)。

表 3-12　黄河下游水文站 500 m^3/s 的水位变化量　(单位:m)

年份	花园口	夹河滩	高村	孙口	艾山	泺口	利津
2002	92.20	75.95	62.33	47.30	39.50	28.87	12.20
2003	91.80	75.76	62.38	47.37	38.30	28.30	12.10
2004	91.30	74.70	61.40	47.01	39.40	28.25	11.80
2005	91.35	74.91	60.89	46.50	38.90	27.60	11.10
2006	91.02	74.85	60.30	46.02	38.36	27.60	11.18
2007	90.85	74.30	60.20	45.75	38.35	27.55	11.02
2008	90.73	73.94	60.16	46.05	38.55	27.38	11.15
2009	90.55	73.80	60.05	45.85	38.30	27.22	11.08

续表 3-12

时间	花园口	夹河滩	高村	孙口	艾山	泺口	利津
2010	90.40	73.76	59.60	45.35	38.18	27.10	10.96
2011	90.13	73.59	60.09	45.20	37.84	26.90	11.07
2012	90.12	73.26	59.70	45.07	37.80	26.96	11.13
2013	90.05	73.09	59.60	44.75	37.50	26.50	10.90
2014	89.90	73.31	59.55	44.80	37.40	26.76	10.76
2015	89.60	72.75	59.48	45.10	37.61	26.75	10.85
2002—2015	-2.60	-3.20	-2.85	-2.20	-1.89	-2.12	-1.35
2010—2015	-0.80	-1.01	-0.12	-0.25	-0.57	-0.35	-0.11

2002—2015 年黄河下游河道同流量水位平均降低 2.32 m,2010—2015 年同流量水位平均降低 0.46 m。自 2002 年小浪底水库拦沙运用至今,下游同流量水位降低了 1.35~3.20 m。

由典型水文站 500 m^3/s 流量的历年水位变化可见(见图 3-17~图 3-19),各典型水文站同流量水位发生了显著降低,利津站下降相对小一些。

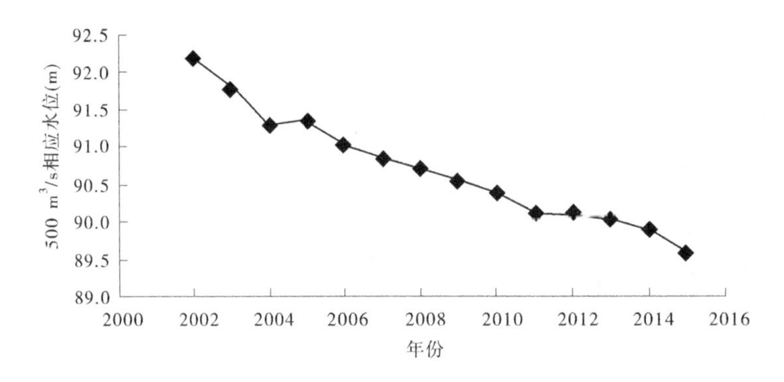

图 3-17 花园口站 500 m^3/s 流量的历年水位

与 2008 年相比,2015 年大河流量 500 m^3/s 条件下河南河段闸前水位下降幅度达 1.50 m 以上的涵闸有 14 座,其中红旗闸、柳园口闸、于店闸、马渡闸、刘楼闸、王集闸同流量级闸前水位下降幅度达 2 m 以上。

2012 年高村水文站在大河流量 1 000 m^3/s 时,水位较 2002 年下降 2.40 m 左右;泺口水文站 500 m^3/s 时,下降约 1.76 m;利津水文站 200 m^3/s 时下降约 1.24 m。

花园口以上河段在大河流量 700 m^3/s 条件下,引黄涵闸引水水位平均下降 0.93 m;在黄河 500 m^3/s 情况下,花园口—夹河滩河段引黄涵闸引水水位平均下降 0.46 m,夹河滩—孙口河段引黄涵闸引水水位平均下降 0.80 m;在大河流量 300 m^3/s 情况下,艾山—泺口河段引黄涵闸引水水位平均下降 0.66 m,泺口—利津河段引黄涵闸引水水位平均下降 0.80 m,利津以下河段引黄涵闸引水水位平均下降 1.27 m。

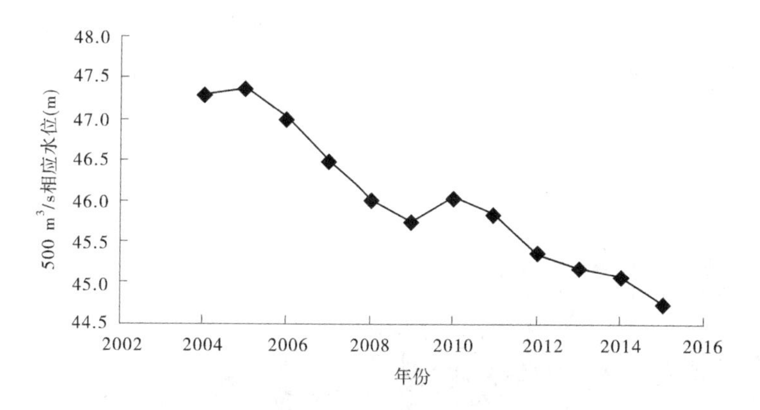

图 3-18　孙口站 500 m^3/s 流量的历年水位

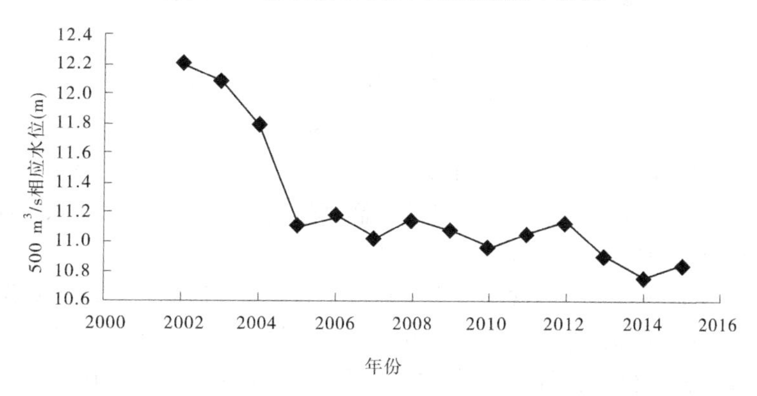

图 3-19　利津站 500 m^3/s 流量的历年水位

小浪底水库运用后，下游河道刷深，同流量水位近年来出现较大幅度的下降，虽然涵闸闸前水位全部高于闸底板高程，但仍有不少涵闸闸前同流量水位低于设计引水位，或同流量引水水位差减小，对涵闸引水能力造成了一定影响。

3. 河势变化导致引水口脱离河道

黄河下游属于典型的游荡性河道，主流摆动频繁，河势变化具有多变性、随机性、相关性及不均衡性等特点。河势在变化的过程中经常造成引水口门脱离河道，造成引水困难甚至无法引水。主要表现为：大水时主流走中泓，河势下挫；小水时坐弯，河势上提。河势变化具有向下游传递的特点，即一弯变，多弯变，洪水期汊河容易夺溜、拉滩，造成主流取直改道。洪水后河势进入渐变阶段，长时段清水或低含沙水流条件下，部分河段河势变化明显。

小浪底水库投入运用前，天然洪水涨落快，流量变幅大，洪峰中含沙量变化大，加之河道工程不完善，黄河下游河道摆动频繁。近些年来，受小浪底水库调节运用影响，黄河下游河势出现新的特点。小于 1 000 m^3/s 流量的频率已经高达 82.8%以上。在这种径流过程下，黄河下游河道整治工程体系对下游河势的控制作用受到影响，长期的小水作用，使得水流动能不足，部分河段大河逐步脱离工程控制，工程靠溜情况较差。

以濮阳渠村引黄闸为例，2010 年后，随着河势变化，三合村工程逐渐脱河，引水口门处逐渐淤积，开始出现嫩滩，随着主流的进一步南移，嫩滩大面积出现。近些年为保证引水，只能在嫩滩上疏浚开挖渠道，而一旦大河流量较大，开挖渠道又会很快被淤平，大大增加了运行管理成本。如东大坝闸距离主槽 300 m，靠回流引水（见图 3-20）。

图 3-20　东大坝闸引水口

由于河势摆动，2009 年红旗闸三姓庄防沙闸距离大河约 2.2 km，完全无法引水，驻豫某部对闸前进行了引渠爆破开挖，引渠开挖后涵闸恢复引水。由于大河水位相对较低，渠道很快被淤死，目前只能靠不断地清淤来维持。

上提下挫现象严重，主流经常在工程上首或下首坐弯，小水一旦坐弯就很难靠水流自身的能力去改变这种现状，这种小水河势变化情况给沿黄供水带来了严重负面影响。

以京广铁路桥—赵口河段内引黄涵闸及其所在工程靠河情况为例，近年来由于该河段内自上而下河势的不断下挫，各工程靠河位置发生了较大变化，各涵闸取水口均不在工程靠主流的坝号范围内，引水条件均受到不同程度的不利影响。

原阳马庄防沙闸、小闫庄防沙闸、封丘贯台防沙闸等引水口门常年不靠河的闸门，在建设之初，均临大河，随着多年河势变化，主流摆动，闸门逐步淤积脱河，防沙闸至河道引水口门之间出现嫩滩，而引渠又得不到及时开挖，造成无法引水。

东大坝老闸不靠河，闸前开挖引渠引水，后在花园口险工 127 坝和东大坝下延工程间新建东大坝闸，引水情况有所好转。马庄工程目前已全部脱河，马庄防沙闸距离大河较远，闸前虽开挖有引渠，由于大河水位较低，日常流量条件下已无法引水，基本呈废弃状态。

渠村引黄闸建于 2006 年，设计引水流量 100 m^3/s，其防沙闸位于三合村控导工程 7~8 坝之间，建成初期工程运用良好。该闸在设计之初充分考虑了小浪底水库运用后河床下切的影响，目前河床下切、大河水位降低对其影响不大。但是 2010 年调水调沙后，堡城险工—青庄河段河势开始发生变化，大河出堡城险工后，并未送溜至三合村工程，主流在三合村工程处南移约 3 km，三合村工程全部脱河，使三合村防沙闸口门严重淤积，每年只能采用疏浚措施维持引水，引水能力已远低于设计引水能力，造成了濮阳市城区生活和引黄灌区的用水困难。

为了缓解引水条件变差的现状，就需要不断采取开挖闸前引渠或被迫选址重建等措施，这也大幅增加了工程建设和运行管理费用。以花园口闸为例，2006 年以前，闸前为大河主流,目前主流已脱离口门2 km,为保证引水,不得不在闸前开挖引渠。

4. 引黄工程体系不配套

闸后渠道淤积主要发生在涵闸引水期间,尤其是在小流量引水过程中容易造成渠道淤积,渠底抬高使过水断面面积缩小,减小了过流能力,同时进一步降低了渠道水流的挟沙能力,加剧了渠道沿程淤积。

在山东的56座引黄涵闸中有51座闸后渠道出现不同程度的淤积,渠底高程较原设计高程平均淤积抬高1.25 m,其中淤积抬高1 m以上的涵闸30座,闸后灌溉渠道淤积最严重的是东营西双河引黄闸,闸后现高程比初始运用时淤积抬高了3.73 m。有49座涵闸闸后渠底高程高于闸底板高程,平均抬高1.0 m。

灌区管理机构没有正常清淤经费来源,加之清淤清障占用地困难等原因,部分引黄灌区的引渠长期不能得到清淤,或者清淤不及时、不到位,造成渠底逐年淤积抬高,部分长期无法引水或引水能力下降。

调查发现,也有部分渠道存在人为抬高的现象,如济南胡家岸引黄闸下游渠道2007年节水改造时,渠底抬高了0.56 m。

黄河下游河道较宽,引黄工程基本在控导工程上设防沙闸,其后接渠道送水至黄河大堤,在堤身设穿堤闸,闸后采用大堤外渠道与引黄灌区连接,各灌区工程体系十分复杂。

部分灌区缺乏统一的规划治理,工程老化,设施不配套,有些渠道废弃还耕,干、支、斗、农渠不配套,造成输送水困难,延长了灌溉周期。一些灌区沉沙池退化,影响了沉沙效果,如淄博马扎子灌区,背河无洼地,无自然沉沙能力,以挖代沉,大量泥沙进入灌区内渠道,造成干支渠淤积严重。

引水工程不配套的问题主要表现在河道外的引黄工程体系。河道外的引黄工程由于历史原因,基本上由地方承建,建设时间较早,虽经历多次改建,但重建轻管,存在较多问题。

以濮阳渠村引黄闸为例,设计引水规模100 m^3/s,穿堤闸涵洞出口接灌溉渠道和供水渠道输水至濮清南灌区,在穿堤闸设计水位条件下,灌溉渠道的过流能力不足60 m^3/s,整个工程体系无法达到设计引水规模。

开封黑岗口闸底板高程为76.75 m,而水稻乡南北堤总干渠节制闸底板高程为78.68 m,节制闸底板高程比黑岗口闸底板高程高1.93 m,输水工程体系的不匹配也是造成该灌区目前引水困难的原因之一。

开封三义寨新闸建成后,闸底板高程降低2.0 m,由于老闸被县政府认定为文物,不让拆除,从而影响了引黄灌溉。

5. 影响引水能力因素的相互关系

引黄灌区在引水的同时也引来了大量的黄河泥沙。就目前引黄灌区的地形、工程技术条件而言,还不能将泥沙全部远距离输送,为了保证灌区的正常运行,必须定期对引水渠道进行清淤,因此泥沙淤积问题一直困扰引黄灌区的发展。

实际上,灌溉渠道淤积是引黄灌区显著的特点,浑水进入渠道,造成渠道淤积,降低了引水能力,影响灌区适时引水灌溉。引黄渠道泥沙淤积才是影响引水能力的主要原因。

小浪底水库运用前,黄河河床逐年抬高,掩盖了渠道泥沙淤积对灌溉的危害程度,随着河床下切、引水水位降低，渠道淤积的问题得到充分暴露。

除此以外，河势变化对涵闸引水能力造成的影响最为直接，一旦引水口门脱离水流边界，将极大地影响引水能力。有少部分涵闸由于灌区工程不配套，从而影响到引水能力。

实际上，河床下切、渠道淤积与河势变化等因素之间存在相互联系，随着河床的下切，引水水位降低，引水水位差减小，引水能力必然降低；引水流量减小，渠道挟沙能力降低，必然引起渠道淤积，渠道淤积反过来又影响了引水能力。

河槽下切会影响河势逐渐发生变化，而在河势变化的过程中，引水口门产生淤积现象。因此，对于某一涵闸，造成其引水能力变化的原因并不是单一的，而是多种因素共同作用的结果，只是这些因素中有的是主要原因，有的是次要原因。

（三）引黄涵闸引水能力计算

1. 分析方法

黄河下游引黄涵闸引水能力反映了黄河可供水量，与小浪底水库泄水量、区间支流加入量、蒸发渗漏损失量及引黄工程条件等有关。

根据黄河下游现状河槽情况，分析黄河下游引黄涵闸引水现状及存在的问题（河道下切、河势摆动、渠道淤积等），研究小浪底水库不同下泄流量下考虑沿程引水流量衰减条件下的各河段逐旬实际引水能力。

引黄涵闸引水能力与闸前水位、闸底板高程、闸门开启孔数、开启高度、闸前后渠道过水能力等相关，而闸前水位又与黄河径流量、河道冲淤、引渠长度及淤积状况有关，因此引黄涵闸引水能力与黄河来水量、河道冲淤变化、涵闸及灌区工程调度运行情况紧密关联。由于河道冲淤变化具有阶段性和趋势性，采用最近年份前汛期资料反映黄河的冲淤变化，采用河段不同来水量时的实际最大引水流量代表河段相应流量的引水能力，通过点绘河段来水流量与河段实际引水流量关系的外包线，确定河段不同流量下的引水能力。利用2015年黄河小浪底水库以下各河段实际引水资料，同大河流量建立相关关系，取其上包线建立各河段引水与大河流量关系线，即河段引水能力关系式。

河段引水能力采用由上而下逐河段递推的方法，根据黄河小浪底水库下泄流量，利用黄河下游各河段引水能力关系线，分别计算河段引水能力，同时考虑支流加入、河段水量自然损耗等因素，自上而下逐个河段递推，得到各河段及黄河下游引水能力。

2. 黄河下游河段引水能力计算

利用2015年各河段实测引水资料，建立河段引水流量同河段上断面水文站流量关系（见图3-21，图中实心圆点群为上包线），取其上包线建立各河段引水流量与大河流量关系式，用来估算近期不同来水流量下的引水能力。必须指出，随着下游河道冲刷发展，引水流量与大河流量的关系将发生变化，因而利用图3-21建立的引水能力计算关系仅适用近期的边界条件。

经回归统计，黄河下游不同河段引水能力 D 与相应大河流量 Q 的关系为：

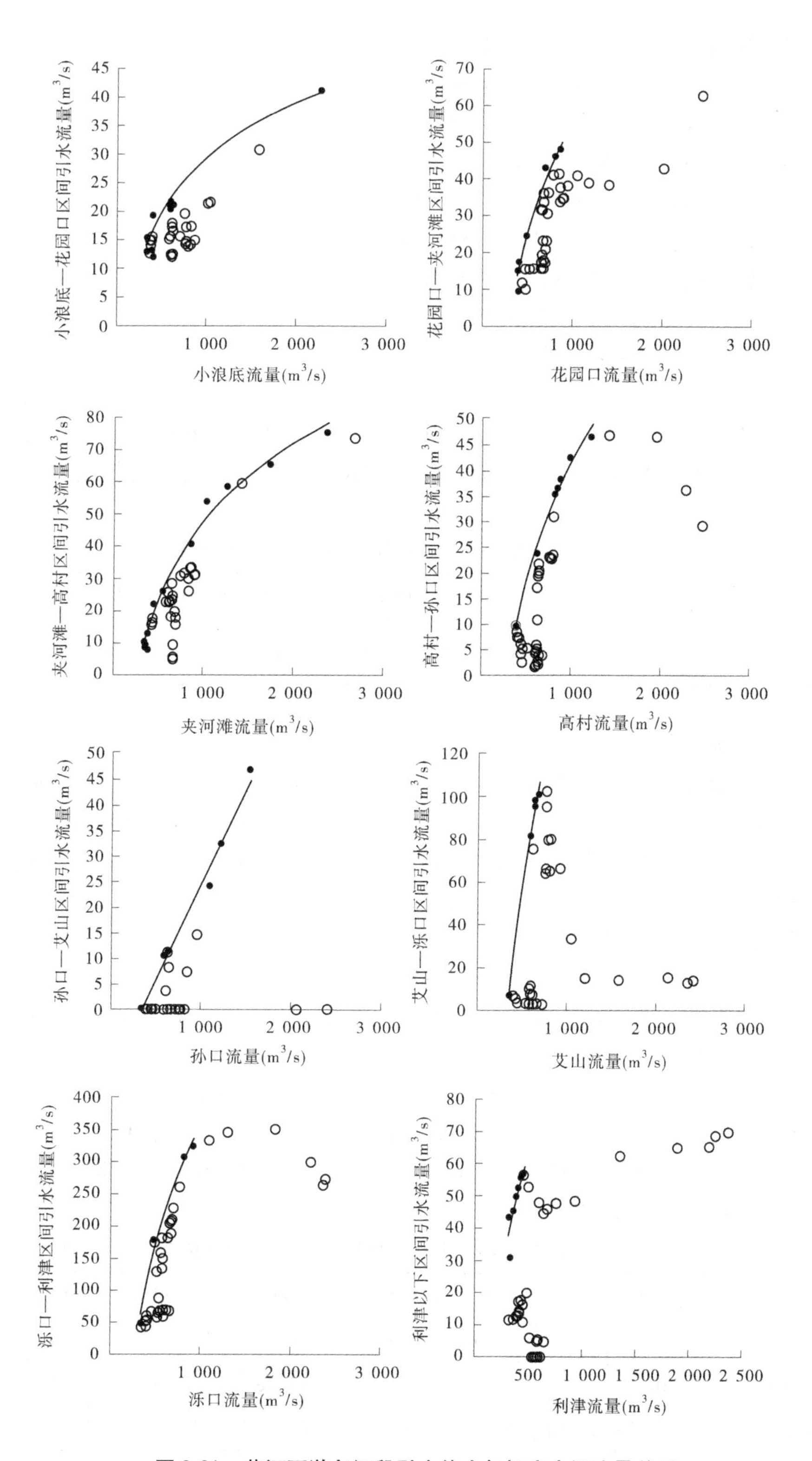

图 3-21 黄河下游各河段引水能力与相应大河流量关系

小浪底—花园口区间：$D = 14.064\ln Q - 67.845$

花园口—夹河滩区间：$D = 43.051\ln Q - 241.79$

夹河滩—高村区间：$D = 34.83\ln Q - 193.02$

高村—孙口区间：$D = 34.27\ln Q - 194.75$

孙口—艾山区间：$D = 0.0369\ln Q - 12.61$

艾山—泺口区间：$D = 151.63\ln Q - 883.89$

泺口—利津区间：$D = 273.11\ln Q - 1531.9$

利津以下：$D = 52.677\ln Q - 264.65$

式中，D 为各河段引水能力；Q 为大河流量。

3. 河道损失量

河道损失水量主要是河段蒸发、渗漏损失量，参考李红良等2011年出版的《黄河下游河段水量平衡研究》和相关文献，得到每年前汛期黄河下游河道流量损失约为71.59 m^3/s（见表3-13）。

表3-13　小浪底以下河道前汛期不同区间径流损失量

河段	小花间	花夹间	夹高间	高孙间	孙艾间	艾泺间	泺利间	利津以下	合计
损失流量（m^3/s）	12	22.38	10.74	10.85	3.71	4.01	3.90	4	71.59

4. 支流加入水量

黄河下游河道支流包括伊洛河、沁河、天然文岩渠、金堤河、大汶河等，伊洛河、沁河加水量较大，因此主要考虑了伊洛河、沁河的加水量。利用2005—2014年伊洛河、沁河7月11日至8月20日日平均流量，求得伊洛河加入流量为92.9 m^3/s，沁河加入流量为31.4 m^3/s，小浪底—花园口区间共加流量124.3 m^3/s。

5. 河段引水能力计算结果

小浪底水库不同下泄流量下黄河下游引水能力见表3-14。黄河下游引水能力与河道径流关系密切，随着黄河来水量的增大而增大，小浪底水库下泄流量分别为300 m^3/s、400 m^3/s、500 m^3/s、600 m^3/s、700 m^3/s、800 m^3/s、900 m^3/s、1 000 m^3/s、1 100 m^3/s、1 200 m^3/s 时，黄河下游引水能力分别为115.38 m^3/s、207.55 m^3/s、296.00 m^3/s、379.26 m^3/s、457.21 m^3/s、524.98 m^3/s、582.66 m^3/s、631.81 m^3/s、674.77 m^3/s、699.77 m^3/s，分别占河道来水的38%、52%、59%、63%、65%、66%、65%、63%、61%、58%。小浪底水库下泄流量与下游引水能力关系见图3-22。

表3-14　小浪底水库不同下泄流量下黄河下游引水能力　（单位：m^3/s）

小浪底水库下泄流量	300	400	500	600	700	800	900	1 000	1 100	1 200
小花间	12.37	16.42	19.56	22.12	24.29	26.17	27.82	29.31	30.65	31.87
花夹间	16.14	25.40	33.08	39.63	45.34	47.78	48.72	49.67	50.62	51.56
夹高间	12.13	19.62	25.94	31.38	36.15	40.49	44.42	47.95	51.17	54.11
高孙间	4.86	12.06	18.26	23.66	28.43	32.79	36.74	40.30	43.54	46.52

续表 3-14

小浪底水库下泄流量	300	400	500	600	700	800	900	1 000	1 100	1 200
孙艾间	0	1.96	4.79	7.74	10.79	14.00	17.30	20.64	24.01	27.40
艾泺间	0	20.42	46.76	70.11	90.95	101.15	102.47	103.80	105.14	106.49
泺利间	39.25	79.20	112.63	146.09	178.51	214.35	250.59	282.91	312.04	323.72
利津以下	30.63	32.47	35.04	38.53	42.75	48.25	54.60	57.23	57.60	58.10
全下游	115.38	207.55	296.06	379.26	457.21	524.98	582.66	631.81	674.77	699.77
引水/来水(%)	38	52	59	63	65	66	65	63	61	58

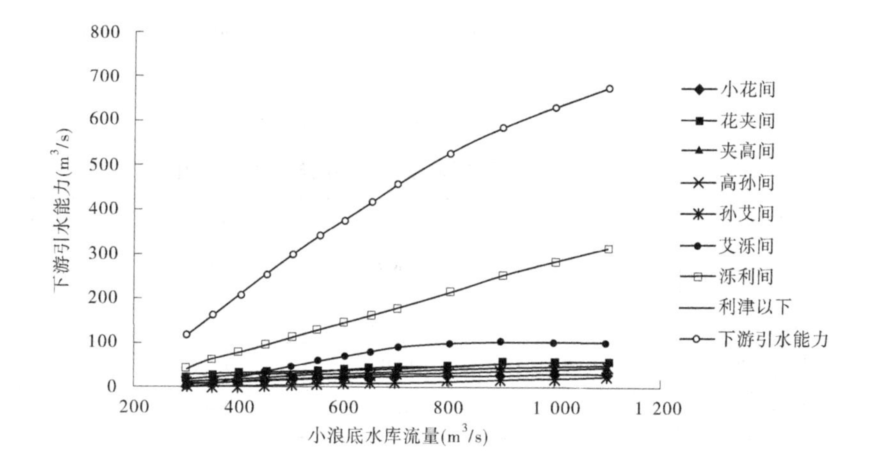

图 3-22　小浪底水库下泄流量与下游引水能力关系

三、黄河下游前汛期引黄需水分析

黄河下游对黄河水的需求量,可分为农业需水量和非农业(工业、生活、生态环境)需水量两大部分,其中农业需水量受灌区干旱情况影响波动较大,非农业需水量比较稳定。根据黄河下游降水情况,农业灌溉需水量分平水年(50%)、干旱年(75%)和特大干旱年(95%)三种水平年,与黄河下游非农业需水量叠加,得到黄河下游不同干旱年型的引黄需水量。

黄河下游不同水平年的引黄需水过程按旬推求。

(一)黄河下游前汛期引黄灌溉需水量

通过计算灌区作物需水亏缺量(以 mm 计),扣除用于灌溉的当地地下水量,再乘以灌溉面积,转换为灌区灌水量后除以灌溉水利用系数得到引黄灌溉需水量。作物需水亏缺量等于作物需水量减去有效降水量与作物利用地下水量之和,作物需水量采用参考作物需水量法计算,参考作物需水量利用 Penman-Monteith 公式推求。

1. 河南省、山东省前汛期降雨量

根据河南、山东两省气象站资料,对 1964—2014 年前汛期降雨量分别进行频率分析

(见图 3-23),得到不同降雨频率的降水量和对应年,选择 50%、75%、95%降雨量及其典型年作为分析黄河下游前汛期引黄灌溉需水量的三种情况(见表 3-15)。

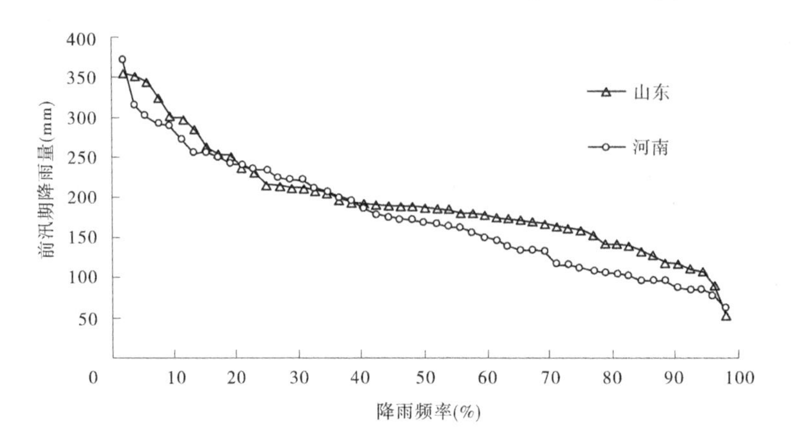

图 3-23 黄河下游灌区前汛期降雨频率

表 3-15 河南、山东两省不同灌溉保证率的典型年及降雨量

干旱年型		50%	75%	95%	多年平均
河南	典型年份	1977	1985	2014	
	降雨量(mm)	168.93	111.55	84.03	176.75
山东	典型年份	1981	2008	1968	
	降雨量(mm)	186.78	159.07	108	195.98

2. 灌区作物种植结构

黄河下游引黄灌区的地理位置及其气候特点,适合多种农作物生长,作物种类较多,复种指数为 1.6~1.8。作物种植以小麦、玉米等粮食作物为主,其播种面积占总播种面积的 70%以上,经济作物种植较少,以棉花、蔬菜瓜果等为主。豫北地区由于灌溉条件较好,还种植一定面积的水稻。

近年来,河南省总播种面积有所增大,玉米、蔬菜瓜果播种面积上升,棉花播种面积下降,小麦、水稻播种面积虽有波动但基本稳定;山东省总播种面积缓慢增大,小麦、玉米、蔬菜瓜果、棉花、薯类播种面积缓慢上升,油料、豆类播种面积下降。

7 月中旬以后,黄河下游引黄灌区主要作物春小麦已收获,处于生育期的作物主要有玉米、蔬菜瓜果、棉花、油料作物、水稻、豆类以及薯类等粮食作物。

3. 前汛期作物需水量

近代需水量的理论研究表明,作物腾发耗水是通过土壤—植物—大气系统的连续传输过程,大气、土壤、作物三个组成部分中的任何一部分的有关因素都影响需水量的大小。根据理论分析和试验结果,在土壤水分充分的条件下,大气因素是影响需水量的主要因素,其余因素的影响不显著。在土壤水分不足的条件下,大气因素和其余因素对需水量都有重要影响。目前对需水量的研究主要集中于在土壤水分充足条件下的各项大气因素与需水量之间的关系。普遍采用的方法是通过计算参照作物的需水量计算实际需水量。

计算作物需水量最常用的方法是参考作物需水量法,即 $ET_c = K_c \times ET_0$(其中 ET_c 为实际作物需水量,K_c 为作物系数,ET_0 为参考作物需水量)。引入 K_c 的目的是从参考作物需水量计算实际作物需水量。作物系数从作物生理角度和物理角度反映出某种作物与参考作物之间的特性差异。

河南、山东两省引黄灌区不同水平年前汛期逐旬作物需水量见表3-16、表3-17。

表3-16 黄河下游河南引黄灌区不同水平年前汛期逐旬作物需水量 (单位:mm)

灌溉年型	计算时段	夏玉米	水稻	蔬菜	棉花	花生	大豆	其他粮食	油料
50%	7月中旬	33.40	43.03	45.08	47.13	31.55	34.42	33.19	31.15
	7月下旬	53.06	58.37	58.37	61.02	46.16	49.35	48.82	45.63
	8月上旬	48.99	51.21	48.99	51.21	44.53	44.98	45.87	42.75
	8月中旬	43.10	45.77	41.95	43.86	42.72	41.95	43.86	40.05
75%	7月中旬	36.23	46.68	48.90	51.12	34.23	37.34	36.01	33.79
	7月下旬	50.54	55.59	55.59	58.12	43.97	47.00	46.49	43.46
	8月上旬	48.44	50.64	48.44	50.64	44.04	44.48	45.36	42.28
	8月中旬	43.50	46.20	42.35	44.27	43.12	42.35	44.27	40.42
95%	7月中旬	39.37	50.72	53.14	55.55	37.20	40.58	39.13	36.71
	7月下旬	54.61	60.07	60.07	62.80	47.51	50.78	50.24	46.96
	8月上旬	43.35	45.32	43.35	45.32	39.41	39.80	40.59	37.83
	8月中旬	40.83	43.36	39.75	41.55	40.47	39.75	41.55	37.94

注:河南灌区中油料为芝麻、葵花,下同。

表3-17 黄河下游山东引黄灌区不同水平年前汛期逐旬作物需水量 (单位:mm)

灌溉年型	计算时段	玉米	棉花	大豆	花生	蔬菜瓜果	其他粮食
50%	7月中旬	27.85	51.21	25.83	49.42	45.31	34.25
	7月下旬	42.80	56.45	34.55	54.49	57.81	18.79
	8月上旬	45.17	47.87	39.61	46.21	48.52	17.93
	8月中旬	41.19	41.92	40.01	37.18	37.76	22.83
75%	7月中旬	33.21	61.05	30.79	58.92	54.01	40.83
	7月下旬	41.11	54.22	33.18	52.33	55.53	18.04
	8月上旬	45.89	48.63	40.24	46.94	49.29	18.22
	8月中旬	40.87	41.59	39.70	36.89	37.47	22.66
95%	7月中旬	31.49	57.88	29.19	55.87	51.21	38.71
	7月下旬	47.13	62.16	38.04	60.00	63.66	20.69
	8月上旬	45.81	48.55	40.17	46.86	49.20	18.19
	8月中旬	40.86	41.59	39.70	36.88	37.46	22.66

4.有效降水量及地下水补给量

1)有效降水量

降水储存在土壤后可用于作物的蒸散过程,从而减少作物的灌溉需水量。降水在作物蒸散过程中的作用,在干旱区可能并不重要,但在确定黄河下游灌区灌溉需水量时,总耗水量中由降水供给的那部分,应当考虑在满足作物生长的水量之内。在水文学领域,主要关心的是降水—产流的关系,将有效降水定义为总降水中与超渗产流有关的那部分降水。在农业灌溉领域,关注的重点则是整个生育期内能够被作物吸收利用的降水量。所以有效降水量可定义为:对旱作物,有效降水量是指满足作物蒸腾蒸发所需要的那部分降水量;对于水稻,有效降水量指的是降水中将田面水层深度补充到最大适宜深度的部分,以及供作物蒸腾蒸发利用的部分和改善土壤环境的深层渗漏部分之和。可以看出,对农业灌溉而言,有效降水量首先指的是在作物生育期的降水;其次,有效降水不包括地表径流和深层渗漏。

有效降水入渗量采用降水入渗系数法计算:

$$P_0 = aP$$

式中,a 为降雨入渗系数,其值与一次降雨量、降雨强度、降雨延续时间、土壤表面覆盖及地形等因素有关。根据《北方地区主要农作物灌溉用水定额》研究,一次降雨量小于 5 mm 时,a 为 1;当一次降雨量为 5~50 mm 时,a 为 1.0~0.8;当降雨量大于 50 mm 时,a 为 0.7~0.8。

2)地下水补给量

地下水补给量指地下水借土壤毛细管作用上升至作物根系吸水层被作物利用的水量,其大小与地下水埋深、土壤性质、作物种类、作物需水强度、计划湿润土层含水量等有关。地下水利用量 K 随灌区地下水动态和计划湿润层深度的不同而变化。根据有关试验研究,地下水埋深较浅的地区,地下水补给量是很可观的,在设计灌溉制度时,必须根据当地或条件类似地区的试验、调查资料估算。

根据相关研究,本书对地下水补给量进行如下处理:当地下水埋深大于 5.0 m 时,认为地下水补给量为 0;当地下水埋深小于等于 5.0 m 时,地下水补给量按照以下公式计算:

$$G_i - ET_i \exp(-2h)$$

式中,G_i 为地下水补给量,mm;ET_i 为 i 时段的实际腾发量,mm;h 为地下水埋深,m。

河南、山东两省引黄灌区不同水平年前汛期逐旬作物需水补给量见表 3-18。

表 3-18 河南、山东两省引黄灌区不同水平年前汛期作物需水补给量

灌区	不同时段补给量(mm)				
	频率(%)	7 月中旬	7 月下旬	8 月上旬	8 月中旬
河南	50	48.02	44.67	37.47	38.77
	75	36.61	34.06	28.57	29.56
	95	23.88	22.22	18.64	19.29
山东	50	45.94	44.12	45.27	35.91
	75	40.19	38.60	39.60	31.42
	95	28.46	27.34	28.05	22.25

5. 作物需水亏缺量

作物需水亏缺量等于作物需水量扣除有效降水量和地下水补给量。黄河下游河南、山东两省引黄灌区不同水平年前汛期逐旬作物需水亏缺量见表3-19、表3-20。

表3-19　河南引黄灌区前汛期作物需水亏缺量　（单位:mm）

频率(%)	月份	旬	夏玉米	水稻	蔬菜	棉花	花生	大豆	其他粮食	油料
50	7	中	0	13.70	0	0	0	0	0	0
		下	8.39	13.74	13.70	16.35	1.50	4.68	4.15	0.97
	8	上	11.52	6.99	11.52	13.74	7.06	7.51	8.40	5.28
		中	4.32	0	3.18	5.09	3.94	3.18	5.09	1.27
75	7	中	0	10.07	12.29	14.51	0	0.73	0	0
		下	16.48	21.53	21.53	24.06	9.91	12.94	12.44	9.40
	8	上	19.87	22.07	19.87	22.07	15.47	15.91	16.79	13.71
		中	13.94	16.64	12.79	14.71	13.56	12.79	14.71	10.86
95	7	中	15.49	26.84	29.26	31.67	13.31	16.70	15.25	12.83
		下	32.39	37.85	37.85	40.58	25.29	28.57	28.02	24.74
	8	上	24.71	26.68	24.71	26.68	20.77	21.16	21.95	19.19
		中	21.54	24.07	20.46	22.27	21.18	20.46	22.27	18.65

表3-20　山东引黄灌区前汛期作物需水亏缺量　（单位:mm）

频率(%)	月份	旬	玉米	棉花	豆类	油料作物	蔬菜瓜果	其他粮食
50	7	中	0	5.27	0	3.48	0	0
		下	0	12.33	0	10.37	13.69	0
	8	上	0	2.60	0	0.94	3.25	0
		中	5.27	6.00	4.10	1.26	1.85	0
75	7	中	0	20.86	0	18.74	13.83	0.64
		下	2.51	15.62	0	13.73	16.93	0
	8	上	6.29	9.03	0.64	7.34	9.69	0
		中	9.45	10.17	8.28	5.47	6.05	0
95	7	中	3.02	29.42	0.73	27.40	22.75	10.25
		下	19.79	34.82	10.70	32.66	36.32	0
	8	上	17.77	20.50	12.12	18.81	21.15	0
		中	18.61	19.33	17.44	14.63	15.21	0.40

6. 前汛期引黄灌溉需水量

作物需水亏缺量乘以灌溉面积得到黄河下游灌区需灌水量,需灌水量扣除地下水利用量除以灌溉水利用系数即为黄河下游前汛期的引黄灌溉需水量。

黄河下游引黄灌区的水源包括当地地下水和黄河水,经查阅相关已有统计结果,引黄灌区总用水量中,引黄水量占总用水量的60%,河南引黄灌区引黄水量占河南省引黄灌区总用水量的46%,山东引黄灌区引黄水量占山东省引黄灌区总用水量的62%。目前河南、山东两省引黄灌区灌溉水利用系数分别为0.5和0.614,在此基础上推求引黄灌区农业灌溉需要从黄河引取的水量。

经计算,50%、75%、95%干旱年型黄河下游引黄灌区前汛期引黄灌溉需水量分别为3.16亿 m^3、8.34亿 m^3、20.31亿 m^3,相应的需水流量分别为89 m^3/s、235 m^3/s、573 m^3/s。

黄河下游不同干旱年型前汛期各河段灌溉引黄流量见表3-21。

表3-21 黄河下游各河段引黄灌区灌溉引黄流量

干旱年型	河段	7月引黄流量(m^3/s)		8月引黄流量(m^3/s)	
		中旬	下旬	上旬	中旬
50%	小浪底—花园口	0.80	7.82	9.96	3.56
	花园口—夹河滩	2.30	3.71	4.38	2.93
	夹河滩—高村	4.66	23.63	19.06	16.67
	高村—孙口	3.27	21.0	17.98	13.87
	孙口—艾山	4.99	21.14	4.74	20.56
	艾山—泺口	5.64	23.88	5.35	23.22
	泺口—利津	7.43	31.48	7.06	30.61
	利津以下	0.95	4.04	0.90	3.92
	合计	30.04	136.70	69.43	115.34
75%	小浪底—花园口	4.32	15.02	18.56	13.41
	花园口—夹河滩	12.39	13.78	15.62	14.45
	夹河滩—高村	27.88	44.46	50.85	45.88
	高村—孙口	19.85	37.19	43.17	37.42
	孙口—艾山	32.60	32.68	33.30	39.87
	艾山—泺口	36.83	36.92	37.62	45.05
	泺口—利津	48.55	48.67	49.6	59.38
	利津以下	6.22	6.24	6.36	7.61
	合计	188.64	234.96	255.08	263.07
95%	小浪底—花园口	19.57	29.25	23.41	20.89
	花园口—夹河滩	61.10	58.15	61.98	61.40
	夹河滩—高村	78.14	115.53	97.38	91.42
	高村—孙口	55.12	89.81	71.91	66.26
	孙口—艾山	59.44	107.72	86.26	82.29
	艾山—泺口	67.15	121.69	97.45	92.96
	泺口—利津	88.52	160.42	128.47	122.54
	利津以下	11.35	20.56	16.47	15.71
	合计	440.39	703.13	583.33	553.48

(二)前汛期非农业引黄需水量

根据2013—2015年黄河下游河南、山东两省灌区的实际非农业引黄水量统计数据，分析计算黄河下游两省前汛期的非农业引黄需水流量(见表3-22)。

表3-22 黄河下游非农业引黄需水流量 (单位:m^3/s)

河段	不同时段需水量				平均
	7月		8月		
	中旬	下旬	上旬	中旬	
小浪底—花园口	9.45	9.45	9.45	9.45	9.45
花园口—夹河滩	11.09	11.09	11.09	11.09	11.09
夹河滩—高村	2.82	2.82	2.82	2.82	2.82
高村—孙口	2.15	2.01	2.23	2.23	2.16
孙口—艾山	23.72	16.38	23.72	18.02	20.46
艾山—泺口	10.93	9.93	5.12	5.12	7.78
泺口—利津	29.07	26.42	16.70	16.70	22.22
利津以下	4.38	3.99	1.63	1.63	2.91
合计	93.61	82.09	72.76	67.06	78.88

(三)前汛期引黄需水量

黄河下游前汛期引黄需水量为引黄灌区灌溉需水量与非农业需水量之和。黄河下游前汛期平水年(50%)、干旱年(75%)、特旱年(95%)引黄需水量分别为5.96亿m^3、11.13亿m^3、23.10亿m^3，相应的需水流量分别为168 m^3/s、314 m^3/s、652 m^3/s。黄河下游灌区前汛期降雨频率见图3-23。黄河下游不同干旱年型前汛期逐旬引黄灌溉需水量见图3-25，各河段逐旬引黄需水流量见表3-23。

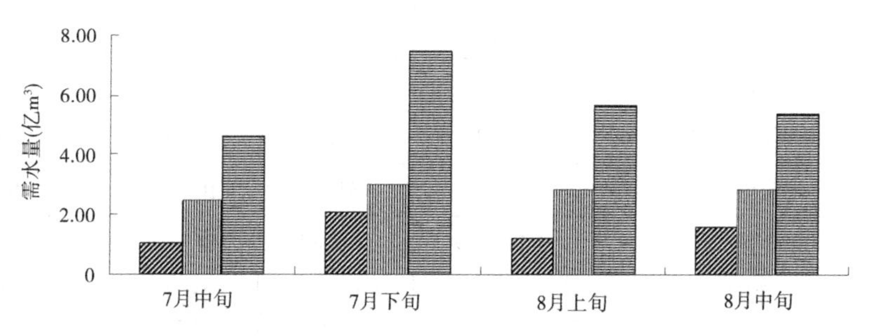

图3-25 黄河下游不同干旱年型前汛期逐旬引黄灌溉需水量

表 3-23　黄河下游各河段前汛期逐旬引黄需水流量　(单位:m^3/s)

干旱年型	河段	不同时段需水流量(m^3/s)			
		7月		8月	
		中旬	下旬	上旬	中旬
50%	小浪底—花园口	10.25	17.27	19.40	13.01
	花园口—夹河滩	13.39	14.79	15.47	14.02
	夹河滩—高村	7.48	26.46	21.89	19.49
	高村—孙口	5.42	23.01	20.21	16.10
	孙口—艾山	28.71	37.52	28.45	38.58
	艾山—泺口	16.56	33.82	10.47	28.34
	泺口—利津	36.50	57.91	23.75	47.31
	利津以下	5.34	8.02	2.54	5.56
	合计	123.65	218.80	142.18	182.41
75%	小浪底—花园口	13.77	24.47	28.01	22.86
	花园口—夹河滩	23.47	24.87	26.71	25.54
	夹河滩—高村	30.71	47.28	53.67	48.71
	高村—孙口	22.00	39.21	45.41	39.66
	孙口—艾山	56.32	49.06	57.02	57.89
	艾山—泺口	47.76	46.85	42.75	50.17
	泺口—利津	77.62	75.09	66.29	76.08
	利津以下	10.61	10.22	7.99	9.24
	合计	282.26	317.06	327.85	330.15
95%	小浪底—花园口	29.02	38.69	32.86	30.34
	花园口—夹河滩	67.23	64.73	68.11	67.53
	夹河滩—高村	85.92	122.86	105.16	99.20
	高村—孙口	57.27	91.83	74.14	68.49
	孙口—艾山	83.16	124.10	109.98	100.31
	艾山—泺口	78.08	131.62	102.58	98.08
	泺口—利津	117.59	186.84	145.16	139.24
	利津以下	15.73	24.55	18.10	17.34
	合计	534.01	785.22	656.09	620.53

四、不同需水满足率下小浪底水库供水过程研究

需水满足率是指河道供水量(引水能力)占需水量的比例。

根据不同干旱年型对黄河水的需水量和小浪底水库不同下泄流量下下游涵闸的引水能力,可得到黄河下游不同干旱年型前汛期的需水满足率。

根据前述黄河下游需水量及引水能力计算成果,计算出黄河下游不同干旱程度、不同来水时的需水满足率成果(见表3-24)。

表3-24　黄河下游需水满足率成果

大河流量(m^3/s)	引水情况	平水年(50%)	干旱年(75%)	特大干旱年(95%)
300	引水流量(m^3/s)	115.4	115.4	115.4
	需水满足率(%)	69	37	18
400	引水流量(m^3/s)	207.5	207.5	207.5
	需水满足率(%)	100	66	32
500	引水流量(m^3/s)	296.0	296.0	296.0
	需水满足率(%)	100	94	45
600	引水流量(m^3/s)	379.3	379.3	379.3
	需水满足率(%)	100	100	58
700	引水流量(m^3/s)	457.2	457.2	457.2
	需水满足率(%)	100	100	70
800	引水流量(m^3/s)	525.0	525.0	525.0
	需水满足率(%)	100	100	80
900	引水流量(m^3/s)	582.7	582.7	582.7
	需水满足率(%)	100	100	89
1 000	引水流量(m^3/s)	631.8	631.8	631.8
	需水满足率(%)	100	100	97
1 100	引水流量(m^3/s)	674.8	674.8	674.8
	需水满足率(%)	100	100	100

从表3-24可以看出,对于黄河下游某一干旱年,随着小浪底水库下泄流量的增大,需

水满足率逐步增大；在小浪底水库下泄流量一定时，下游地区越干旱需水满足率越低。在正常年份，小浪底水库下泄 400 m^3/s 即可满足黄河下游需水；在干旱年份，小浪底水库需要下泄 600 m^3/s 才可满足黄河下游需水；在特大干旱年份，小浪底水库需要下泄 1 100 m^3/s 才能满足黄河下游需水。小浪底水库不同下泄流量下黄河下游不同干旱年型的需水满足率见图 3-26、图 3-27。

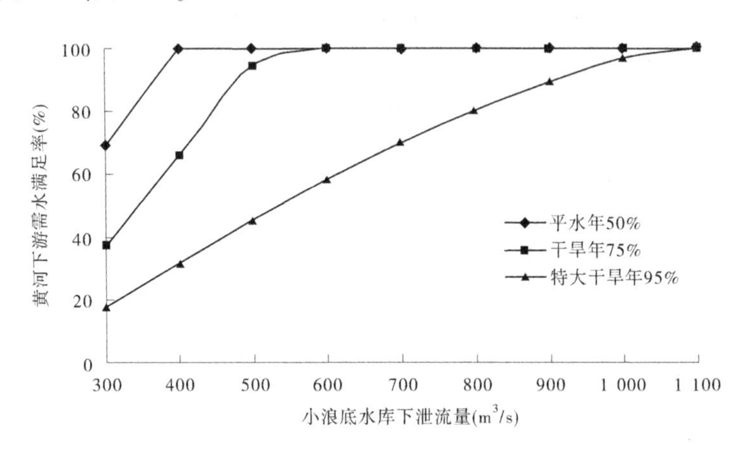

图 3-26　小浪底水库不同下泄流量下黄河下游需水满足率

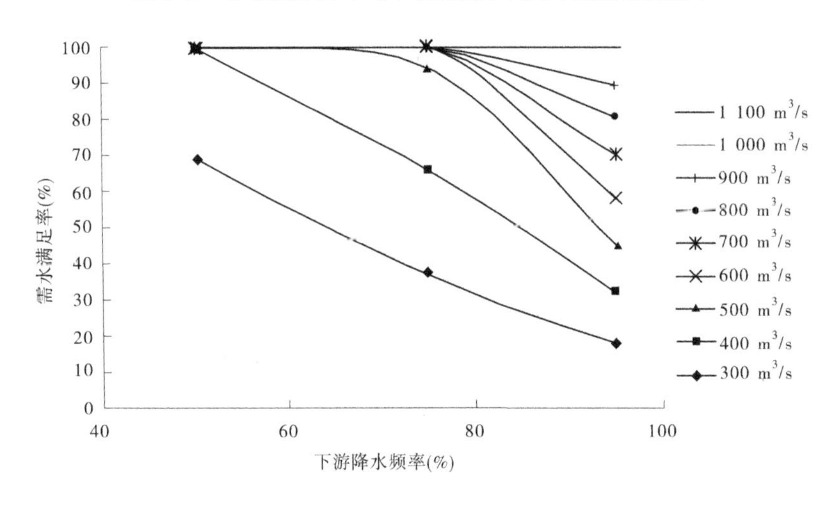

图 3-27　小浪底水库不同下泄流量下不同干旱年型需水满足率

第四章　影响异重流排沙效果的因素分析

汛前小浪底水库人工塑造异重流一般分两个阶段:第一阶段为小浪底库水位降至对接水位,三门峡水库开始下泄大流量清水过程,对小浪底水库回水末端以上库段的淤积物进行冲刷,使得浑水进入小浪底水库回水末端,形成异重流并向库区下游运行。本阶段小浪底水库异重流运行及排沙情况主要取决于三门峡水库的前期蓄水量,以及从加大流量至泄空期间的潼关断面来水、小浪底水库对接水位以及前期地形条件。

第二阶段为三门峡水库水位降至对接水位,万家寨水库下泄大流量过程进入三门峡水库,使三门峡水库产生溯源冲刷和沿程冲刷,产生的高含沙水流进入小浪底水库,为第一阶段形成的异重流提供后续动力。本阶段小浪底水库排沙及异重流运行情况主要取决于三门峡水库泄空后的潼关来水情况、三门峡水库冲刷情况及小浪底水库运用水位。

一、异重流排沙第一阶段水库排沙影响因素

汛前调水调沙期小浪底水库排出的泥沙主要由两部分组成,一是异重流第一阶段排出的三门峡水库大流量清水冲刷的小浪底水库库区的淤积物;二是异重流第二阶段排出的三门峡水库下泄的泥沙。第一阶段出库沙量与回水长度呈负相关关系(见图4-1),即随着回水长度增加,出库沙量减少。当回水长度超过40 km时,出库沙量均低于0.05亿t。

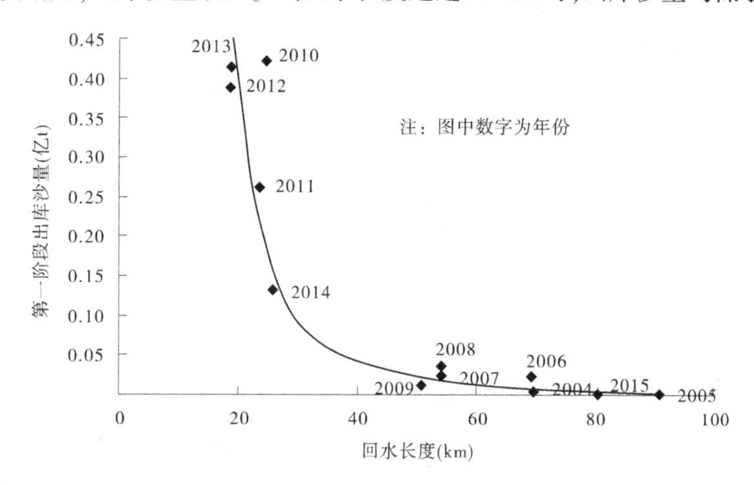

图4-1　出库沙量与回水长度关系

第一阶段排出的泥沙为小浪底库区前期淤积物,因此第一阶段出库沙量不仅与回水长度有关,还与前期地形条件密切相关。而淤积物分布能够很清楚地展现地形情况,回水末端以上淤积量能够很好地反映异重流排沙第一阶段小浪底库区可冲刷的淤积物。图4-2给出了汛前调水调沙期异重流第一阶段出库沙量与回水末端以上淤积量的关系,随着淤积量的增加,第一阶段出库沙量增加。还可以得到,当淤积量小于2.0亿 m^3 时,出库沙量均低于0.05亿t。

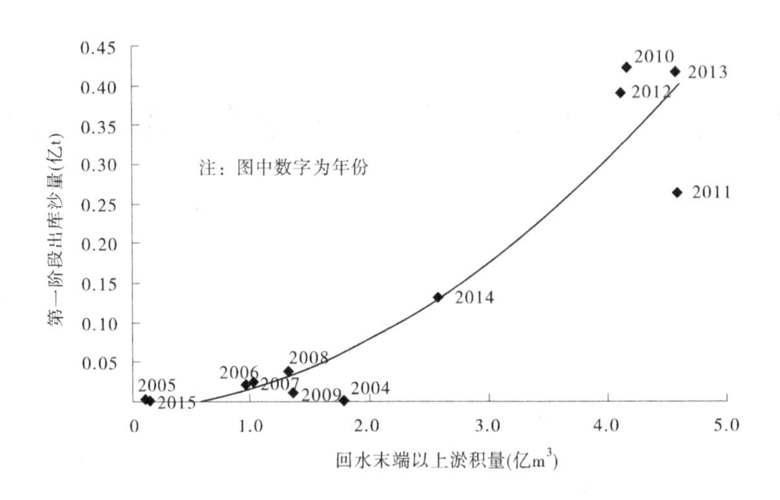

图 4-2　出库沙量与回水末端以上淤积量关系

除受回水长度、地形条件影响外，第一阶段排沙还与来水密切相关。一般情况下，随入库水量增加，出库沙量增加。表 4-1 给出了汛前调水调沙第一阶段排沙相关参数。可以得到，在回水长度与回水末端以上淤积量相当的 2007 年、2008 年与 2009 年，以及 2012 年与 2013 年，随着入库水量的增加，出库沙量增加。还可以得到，出库沙量大于 0.1 亿 t 的年份，入库水量均在 3.4 亿 m^3 以上。

表 4-1　汛前调水调沙第一阶段排沙相关参数

年份	回水长度（km）	回水末端以上淤积量（亿 m^3）	第一阶段入库水量（亿 m^3）	第一阶段出库沙量（亿 t）
2004	69.6	1.779	3.64	0.001
2005	90.7	0.113	1.89	0.002
2006	68.9	0.959	3.71	0.022
2007	54.1	1.035	1.77	0.025
2008	53.7	1.330	2.03	0.038
2009	50.7	1.366	1.37	0.011
2010	24.5	4.151	3.43	0.422
2011	23.3	4.598	3.61	0.263
2012	18.3	4.108	4.65	0.390
2013	18.5	4.559	6.56	0.416
2014	25.6	2.569	3.74	0.132
2015	80.23	0.150	4.02	0

因此，要想第一阶段取得较好的效果，除减少壅水输沙距离、增大回水末端以上淤积量外，还要尽可能增加第一阶段入库水量。根据 2010 年以来的实际情况，要想取得较好的排沙效果，第一阶段入库水量至少为 3.0 亿 m^3。

在入库水量相近的2004年、2006年、2010年、2011年、2014年与2015年,回水长度越短,回水末端以上淤积量越大,第一阶段出库沙量越大。对比2010年与2011年可以发现,两年的对接水位对应的回水长度、回水末端以上淤积量以及入库水量相近,但出库沙量相差较大。2010年第一阶段平均水位与对接水位比较接近,仅高出0.28 m,平均水位对应的回水长度变化不大,而2011年第一阶段平均水位高于对接水位1.36 m,平均水位对应的回水长度增加较大,回水长度由23.3 km增加至31.85 km,壅水输沙距离增大,导致排沙效果降低。

根据2015年汛后地形,点绘出库区回水长度及回水末端以上淤积量与对接水位的关系(见图4-3)可以得到,2016年汛前调水调沙期,在三门峡水库汛限水位305 m以上蓄水量大于3.0亿 m^3 时,要想保证异重流第一阶段排沙出库,还要满足小浪底水库回水长度不大于50 km,回水末端以上可冲刷淤积物不小于2.0亿 m^3。据此推算,小浪底水库对接水位需降至226 m。

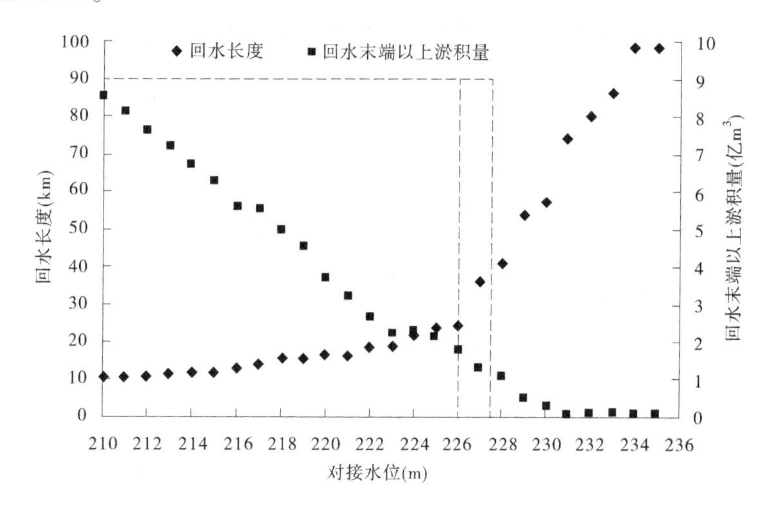

图4-3 回水长度及淤积量与对接水位关系(2015年汛后地形)

二、异重流排沙第二阶段水库排沙影响因素

汛前调水调沙第二阶段小浪底水库排沙及异重流运行情况主要取决于三门峡水库泄空后的潼关来水情况、三门峡水库的冲刷情况以及小浪底水库运用水位。下面主要从这几个方面对第二阶段排沙情况进行分析。

图4-4给出了汛前调水调沙期水库排沙比与异重流第二阶段排沙比的关系。汛前调水调沙期水库排沙比与第二阶段排沙比呈一定的正相关关系,即随着第二阶段排沙比的增加,调水调沙期排沙比增加。

在三门峡水库排沙阶段,回水长度过长同样会增加壅水明流的输沙距离,加长异重流运移距离,最终减小水库排沙比或使异重流中途停滞。图4-5给出了汛前调水调沙期异重流排沙第二阶段排沙比与回水长度的关系。与第一阶段相似,第二阶段排沙比与回水长度呈负相关关系,即随着回水长度增加,排沙比减少。当回水长度超过42 km时,排沙比均低于20%,对应的出库沙量均小于0.05亿t。

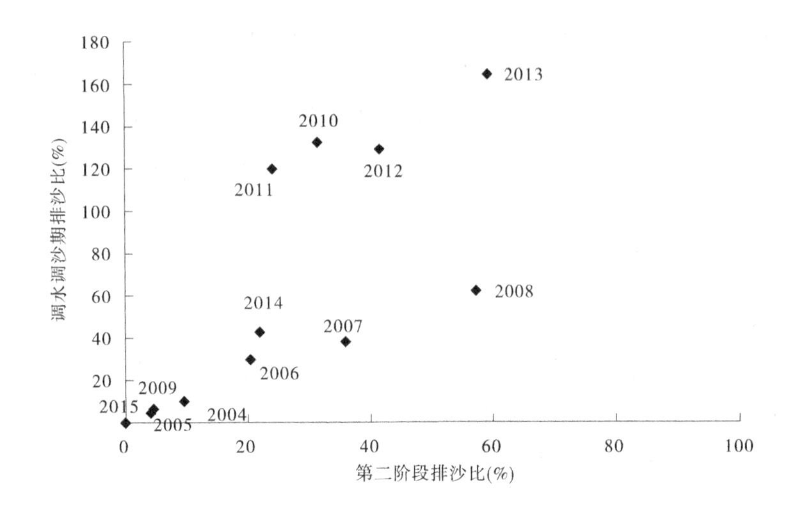

图 4-4　汛前调水调沙期水库排沙比与第二阶段排沙比的关系

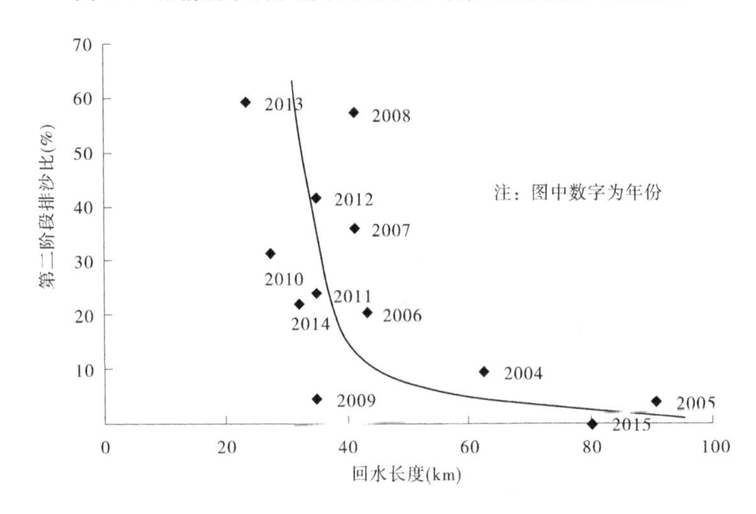

图 4-5　第二阶段排沙比与回水长度的关系

图 4-6 给出了汛前调水调沙期异重流排沙第二阶段排沙比与第二阶段入库水量的关系。随入库水量增加，排沙比增加。2012 年在三门峡水库排沙后期，由于中游来水较大，三门峡水库发生壅水，水库出库沙量较少，因此虽然小浪底水库入库水量较多，但入库沙量较少，故排沙效果受到影响。在排沙比大于 20%，且出库沙量大于 0.05 亿 t 的年份，入库水量一般均在 2.5 亿 m^3 以上。

异重流排沙第二阶段排出的主要为三门峡水库下泄的泥沙，因此第二阶段排沙比与入库沙量有较大关系。从图 4-7 中可以得到，在排沙比大于 20%且出库沙量大于 0.05 亿 t 时，入库沙量均超过 0.25 亿 t。

表 4-2 给出了汛前调水调沙第二阶段排沙相关参数。在第二阶段取得一定排沙效果的年份（排沙比大于 20%，或者出库沙量大于 0.05 亿 t），运用水位对应的回水长度均小于 42 km，入库水量均大于 2.5 亿 m^3，入库沙量均在 0.25 亿 t 以上。

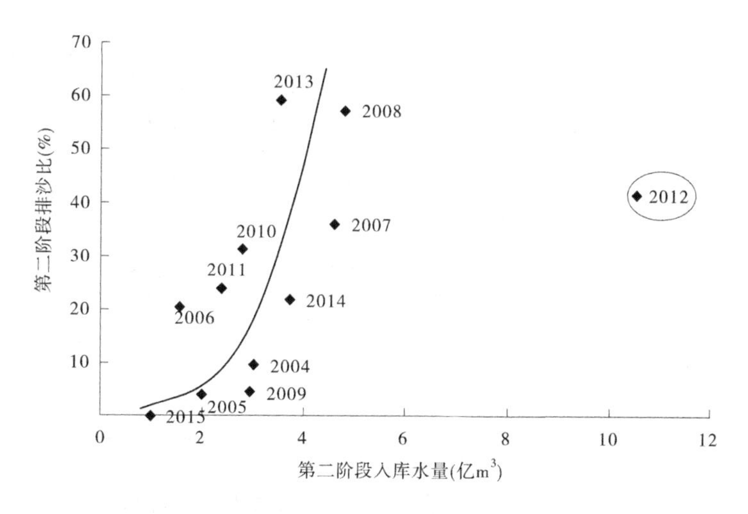

图 4-6　第二阶段排沙比与入库水量的关系

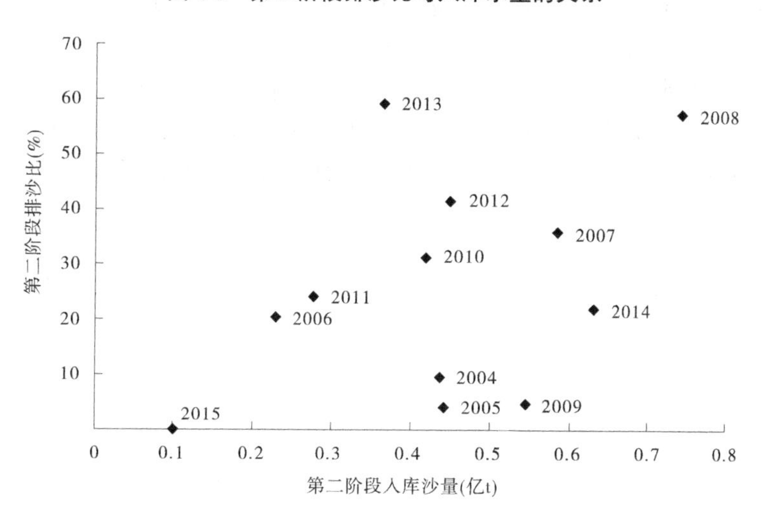

图 4-7　第二阶段排沙比与入库沙量的关系

表 4-2　汛前调水调沙第二阶段排沙量

年份	第二阶段回水长度(km)	第二阶段入库水量(亿 m³)	第二阶段入库沙量(亿 t)	第二阶段出库沙量(亿 t)	第二阶段排沙比(%)
2004	62.49	3.02	0.436	0.042	9.6
2005	90.7	1.99	0.441	0.018	4.1
2006	42.96	1.55	0.23	0.047	20.4
2007	41.1	4.6	0.583	0.209	35.8
2008	41.1	4.8	0.741	0.424	57.2
2009	34.8	2.94	0.545	0.025	4.6

续表 4-2

年份	第二阶段回水长度(km)	第二阶段入库水量(亿 m^3)	第二阶段入库沙量(亿 t)	第二阶段出库沙量(亿 t)	第二阶段排沙比(%)
2010	27.19	2.78	0.418	0.131	31.3
2011	34.8	2.38	0.275	0.066	24.0
2012	34.8	10.5	0.448	0.186	41.5
2013	23.3	3.51	0.365	0.216	59.2
2014	31.85	3.72	0.629	0.137	21.8
2015	80.23	0.99	0.099	0	0

根据前面分析,汛前调水调沙期异重流第二阶段要想排沙出库(取第二阶段排沙比20%,或者出库沙量 0.05 亿 t 为临界),运用水位对应的回水长度应小于 42 km,入库水量应大于 2.5 亿 m^3,入库沙量应在 0.25 亿 t 以上。

2016 年汛前调水调沙期异重流塑造第二阶段,当小浪底水库入库水量大于 2.5 亿 m^3,入库沙量大于 0.25 亿 t 时,要想保证排沙出库,还要满足小浪底水库回水长度不大于 42 km。由图 4-3 可以得到,异重流第二阶段小浪底水库运用水位需降至 228 m。

第五章　对接水位对排沙效果影响的模拟分析

一、小浪底水库一维水沙动力学模型

小浪底水库一维水沙动力学模型是以一维恒定水沙数学模型为基础，针对小浪底库区地形及水库运用等特点，完善补充相应模块，建立的可用于计算库区水沙输移、干流倒灌淤积支流形态、库区异重流产生及输移、河床形态变化与调整、出库水流、含沙量及级配过程的综合模型。

小浪底水库沿程存在多种输沙状态，不同的输沙状态下产生的相应淤积或冲刷对地形的塑造特性也不相同。进口段类似于一般河道，体现出沿程冲淤的特征；水库中段的三角洲顶点附近，若遇降水常发生溯源冲刷，冲刷效率高、输沙强度大，是水库形态优化和库容恢复的重要方式；在水库近坝段，上游输移的高含沙洪水常能形成异重流排沙出库，输沙能力极强，远高于明渠壅水排沙。可见，水库输沙状态沿程复杂多变，对模型架构设计提出较高要求，以期能够对水库输沙的全景机制予以合理描述和模拟。

因此，小浪底水库水沙调度模型以一维恒定水沙数学模型为基础，针对小浪底水库库区地形变化及运用方式较复杂等特点，补充了以下四方面的计算内容：①跌水内边界处理模块；②干支流倒回灌计算模块；③异重流计算模块；④水库调度计算模块。

首先通过划分沿程冲刷、溯源冲刷和壅水排沙三段实现对水库输沙的全景机制的把握，建立起能够考虑溯源冲刷特征的水库动力学模型构架(见图 5-1)。

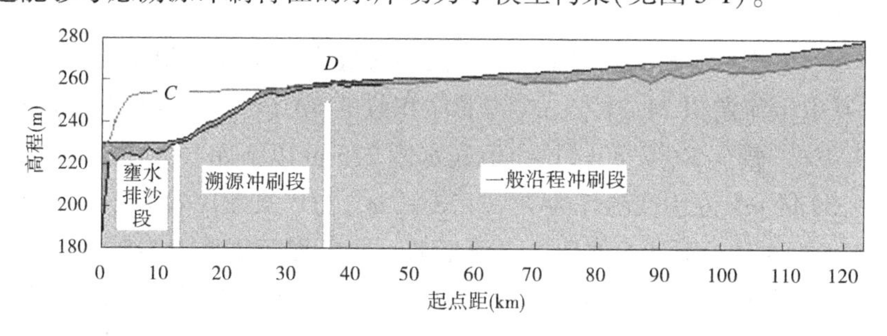

图 5-1　水库水沙模式沿程划分

由图 5-1 可见，水库进口至 D 点为水库上段，具有一般沿程冲淤的特征，称为沿程冲淤段；C 、D 分别位于三角洲顶点的上下端，在水流强度较大时易发生溯源冲刷，称为溯源冲刷段；C 点以下水库近坝段，在水流含沙量较大时多为壅水排沙，称为壅水排沙段。

划分河段后，可根据各段输沙特征，建立相应控制方程。模型先不考虑溯源冲刷和异重流，而按照水沙输移自上游向下游的一般原则进行初步计算；再以此为基础，判别溯源冲刷是否发生，若发生，将该河段按照溯源冲刷模式进行再次计算；最后，进行近坝段浑水输移计算，判断是否有异重流发生，调用相应模式。水库模型的整体架构设计见图 5-2。

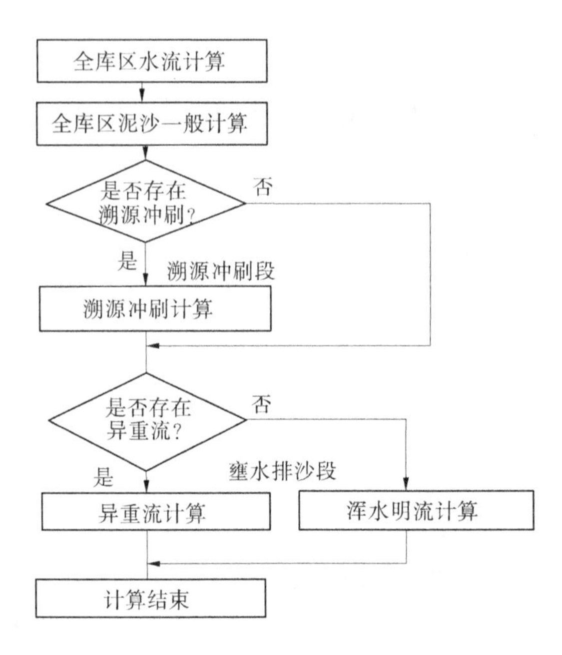

图 5-2 水库模型的整体架构设计

二、小浪底水库水沙模型的率定与验证

采用小浪底水库 2014 年调水调沙及 2015 年调水调沙的实测资料,对模型进行了验证。

(一)2014 年调水调沙验证计算

1. 地形条件

自 1997 年 10 月大坝截流至 2014 年 4 月,小浪底水库累计淤积泥沙 30. 14 亿 m^3(断面法计算),其中干流淤积 24. 31 亿 m^3,占总淤积量的 80. 6%;支流淤积 5. 83 亿 m^3,占总淤积量的 19. 4%。截至 2014 年 4 月,小浪底水库 275 m 以下库容为 97. 39 亿 m^3,其中干流库容为 50. 59 亿 m^3,左岸支流库容为 22. 78 亿 m^3,右岸支流库容为 24. 02 亿 m^3。2013 年 4 月至 2014 年 4 月小浪底水库库区干流最低河底高程变化见图 5-3。水库淤积三角洲顶点有所升高但位置没有明显变化;三角洲顶点至上游 HH36 断面(距坝 60. 13 km)范围内,河底高程发生了明显的抬升,最大抬升高度接近 10 m;三角洲前坡段高程变化不大;HH36 断面至 HH53 断面(距坝 110. 27 km)范围内发生不同程度的冲刷,特别是距坝 80~110 km 范围内冲刷比较明显。

2. 水沙条件

2014 年汛前调水调沙水库调度从 6 月 29 日 8 时开始,到 7 月 9 日 0 时结束,历时约 10 d。6 月 29 日 8 时至 7 月 5 日 0 时为小浪底水库下泄清水阶段,出库流量由 2 000 m^3/s 逐级增大到 3 000 m^3/s、3 300 m^3/s、3 600 m^3/s,小浪底水库水位至 7 月 3 日 5 时降至汛限水位 230 m 以下。三门峡水库于 7 月 5 日 0 时开始按流量 2 600 m^3/s 泄放,之后分级控泄,最大下泄流量 5 420 m^3/s,最低库水位降至汛限水位 305 m 以下,大流量泄放过程历时 78

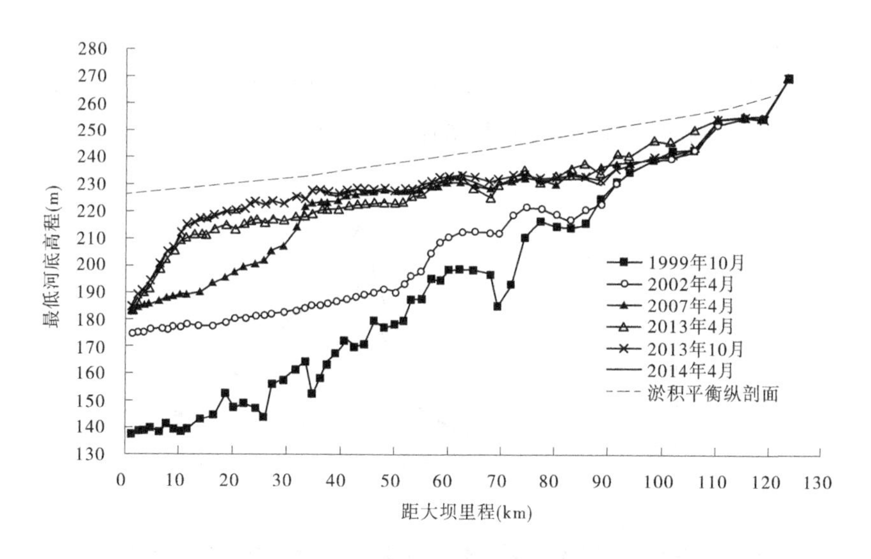

图 5-3　小浪底水库干流主槽最低河底高程沿程变化

h,最大出库含沙量达 330 kg/m³。小浪底水库 7 月 5 日 0 时起出库流量按 1 600 m³/s 控泄,历时 10 h,7 月 5 日 10 时起按 2 600 m³/s 控泄,7 月 8 日 8 时起按 2 100 m³/s 控泄;7 月 9 日 0 时起,调水调沙调度结束(见图 5-4)。

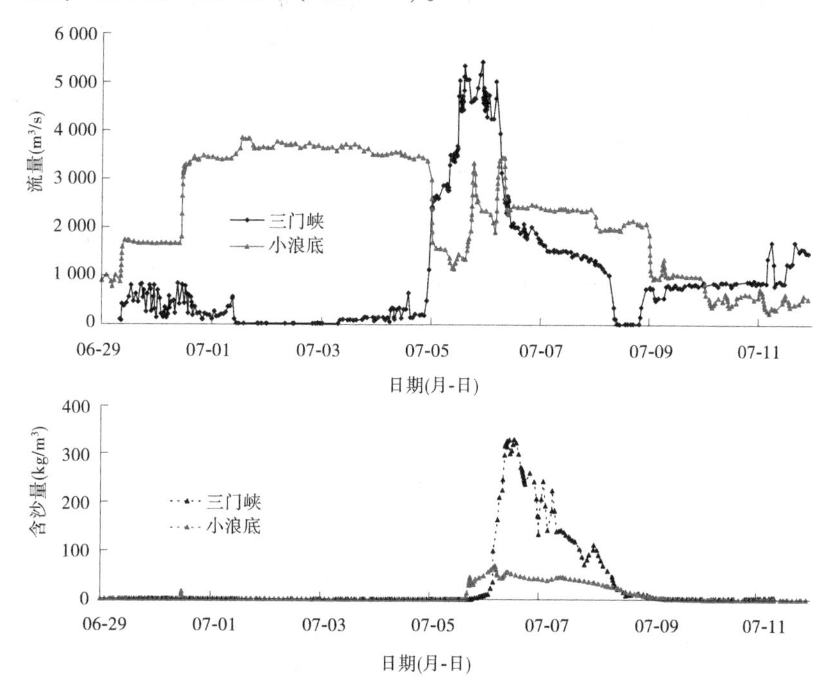

图 5-4　2014 年汛前调水调沙期小浪底进出库水沙过程

整个调水调沙期,小浪底入库水量 8.45 亿 m³,入库沙量 0.616 亿 t,小浪底出库水量 23.15 亿 m³,出库沙量 0.259 亿 t,水库排沙比 42%。

3. 结果分析

图 5-5 给出了 2014 年汛前调水调沙期间小浪底水库出库含沙量过程对比。计算的出库含沙量过程与实测的出库含沙量过程整体一致,峰值稍大。

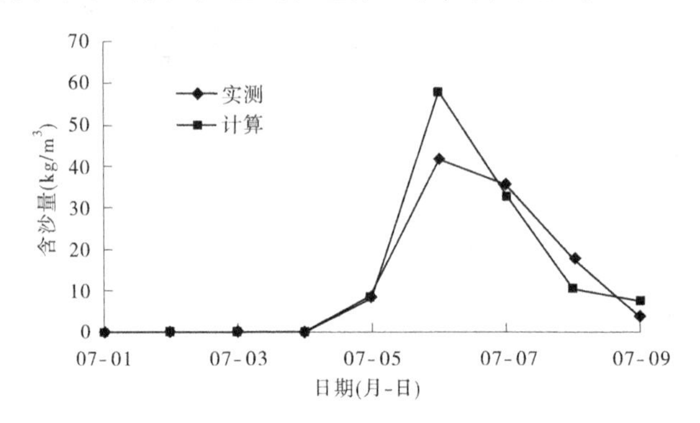

图 5-5　2014 年汛前调水调沙期间小浪底水库出库含沙量过程对比

表 5-1 为 2014 年调水调沙期间小浪底水库排沙情况计算值与实测值对比。计算的出库含沙量较实测的大,与之相应计算出库沙量为 0. 282 亿 t,比实测 0. 259 亿 t 大 0. 023 亿 t。

表 5-1　2014 年调水调沙期间小浪底水库排沙情况计算值与实测值对比

项目	入库沙量(亿 t)	出库沙量(亿 t)	淤积量(亿 t)	排沙比(%)
计算	0. 616	0. 282	0. 334	45
实测	0. 616	0. 259	0. 357	42

图 5-6 进一步给出了 2014 年调水调沙期间不同对接水位下水库排沙比的变化。对接水位低于三角洲顶点时,排沙比明显增大,随着水位的进一步降低,排沙比依然增大,但变化率有所降低。

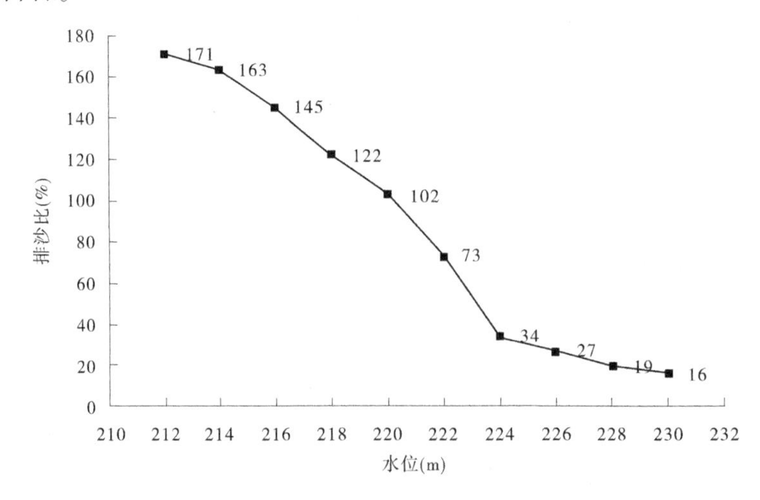

图 5-6　不同对接水位下排沙比

(二)2015年调水调沙验证计算

1.地形条件

自1997年10月大坝截流至2015年4月,小浪底水库累计淤积泥沙30.48亿 m^3(断面法计算),其中干流淤积24.66亿 m^3,占总淤积量的80.9%;支流淤积5.82亿 m^3,占总淤积量的19.1%。2014年4月至2015年4月,库区断面法计算的淤积量为0.33亿 m^3。截至2015年4月,小浪底水库275 m以下库容为97.05亿 m^3,其中干流库容为50.25亿 m^3,左岸支流库容为22.78亿 m^3,右岸支流库容为24.02亿 m^3。

2014年4月至2015年4月,小浪底库区干流最低河底高程变化见图5-7。小浪底水库库区干流淤积形态的变化主要表现在淤积三角洲顶点高程升高和位置上移,和2014年4月相比,淤积三角洲的顶点高程抬升了4.95 m,位置上移了3.55 km。另外,在距坝77~94 km的河段,河底高程明显淤积抬高,最大抬升幅度接近8 m。

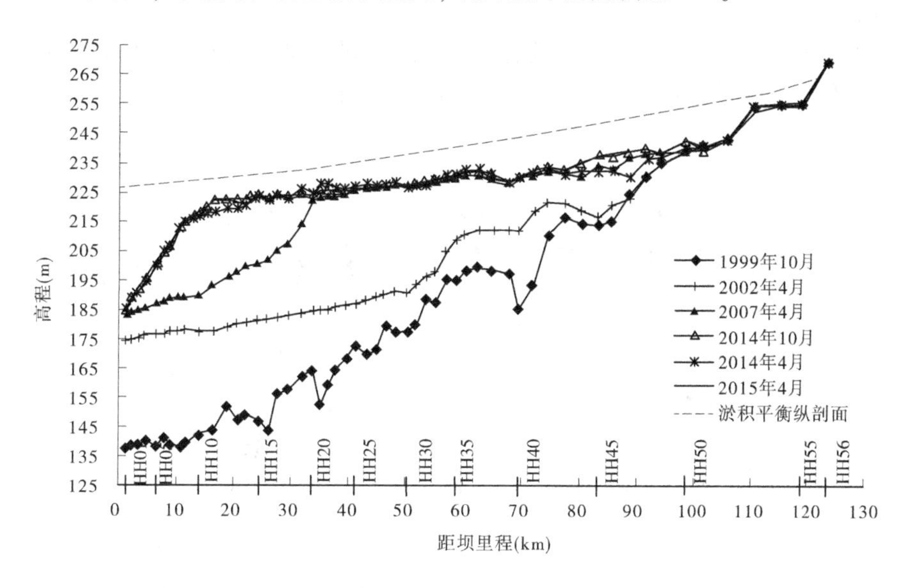

图5-7 小浪底水库干流主槽最低河底高程沿程变化

2.水沙条件

2015年汛前调水调沙水库调度从6月29日9时开始,到7月12日8时结束,历时约13 d,分为清水下泄和浑水排沙两个阶段。第一阶段为6月29日9时起至7月6日8时,出库流量由1 800 m^3/s 逐级增大到2 300 m^3/s、2 600 m^3/s、3 000 m^3/s、3 600 m^3/s。第二阶段为7月6日8时起,7月8日22时,三门峡出库水流开始变浑,含沙量为0.553 kg/m^3,之后到7月9日10时出库含沙量增加不多,其间最高含沙量为7月9日10时的9.16 kg/m^3;从7月9日10时42分开始,出库含沙量迅速增加,7月9日12时达到最大值272 kg/m^3。大含沙量过程持续至7月10日8时。在该阶段,异重流在小浪底库区形成但并未运行至坝前,小浪底站未测出含沙量。7月12日8时小浪底水库调水调沙调度过程结束。日均进出库水沙过程见图5-8。

整个调水调沙期,小浪底入库水量10.64亿 m^3,入库沙量0.101亿t,小浪底出库水量32亿 m^3,水库基本不排沙。

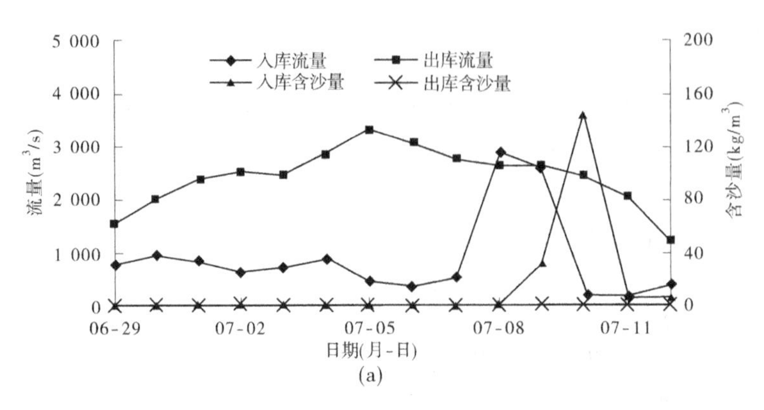

图 5-8　2015 年汛前调水调沙期小浪底进出库水沙过程

3. 结果分析

图 5-9 和图 5-10 给出了 2015 年汛前调水调沙期间小浪底水库计算的调水过程与进出库水沙过程。计算的出库含沙量基本为 0,实际整个调水调沙过程基本不出沙,与实际过程一致。

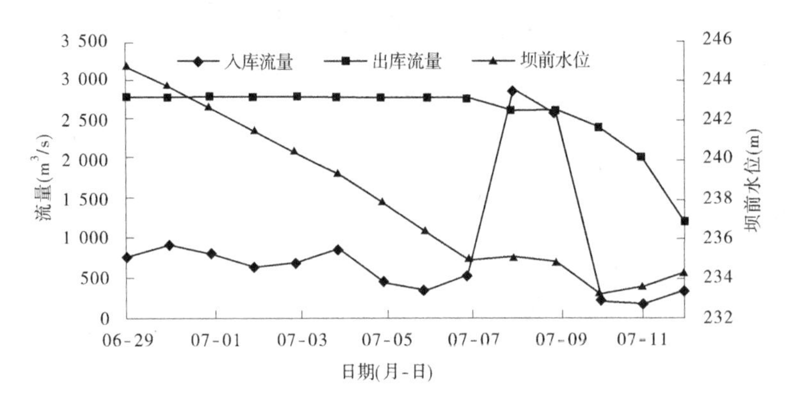

图 5-9　2015 年汛前调水调沙期小浪底水库调水过程计算结果

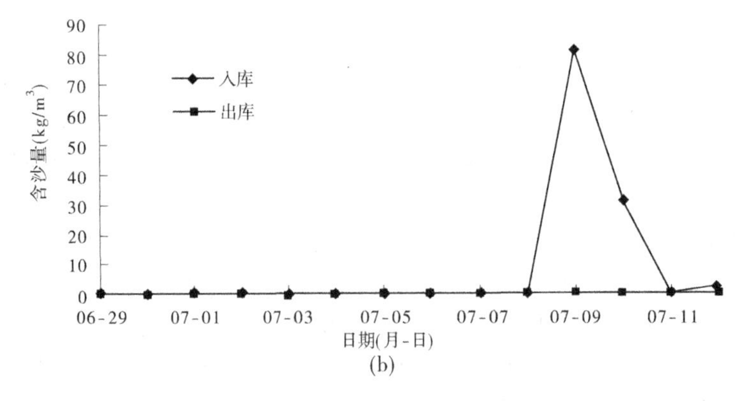

图 5-10　2015 年汛前调水调沙期小浪底进、出库含沙量计算值

表 5-2 为 2015 年调水调沙期间进、出库计算值与实测值对比。计算、实测出库沙量

较为一致,都很小,能够反映2015年调水调沙期间不排沙的特性。

表5-2 汛前调水调沙期小浪底水库进出库泥沙计算值与实测值

项目	入库沙量(亿t)	出库沙量(亿t)	淤积量(亿t)	排沙比(%)
计算	0.101	0.000 6	0.100 4	0.62
实测	0.101	0	0.101	0

图5-11进一步给出了2015年调水调沙期间在不同对接水位下小浪底水库排沙比。对接水位低于三角洲顶点时,排沙比明显增大,随着水位进一步降低,排沙比依然增大,但变化率有所降低。

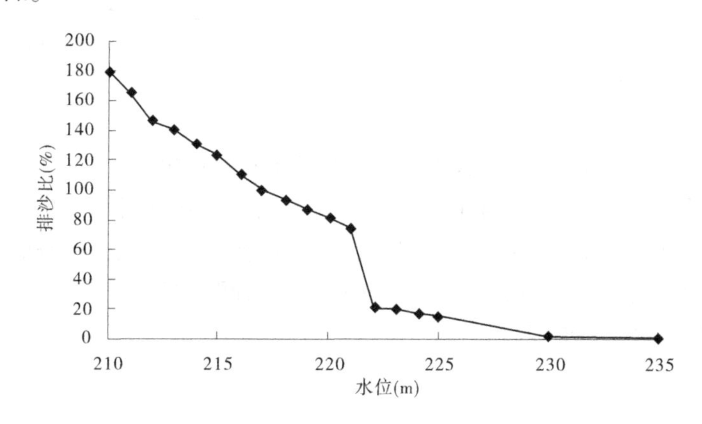

图5-11 不同对接水位排沙比

三、对2016年小浪底水库调水调沙方案计算

(一)方案设置

在2015年汛后实测干支流地形的基础上,分别采用:

方案1:2015年汛后地形,2014年调水调沙排沙阶段水沙过程(2014年7月5—9日);

方案2:2015年汛后地形,2015年调水调沙水沙过程(2015年6月29日至7月12日);

方案3:2014年汛前地形,2015年调水调沙水沙过程(2015年6月29日至7月12日);

方案1和方案2的计算,用来对比入库水沙条件的不同对水库排沙效果的影响,方案2和方案3,用来对比地形的不同对水库排沙效果的影响。

基于不同对接水位的排沙效果分析,具体调控原则为,通过调整清水下泄阶段的出库流量,调控不同对接水位,排沙阶段维持原进出库流量,且水位不低于210 m。

(二)方案1分析

针对2014年调水调沙排沙过程,设定不同对接水位,从235 m逐级降至210 m,共26个方案。

图 5-12 以对接水位 220 m 为例，给出调水过程。在达到设定对接水位后，仍然维持进出库过程与实际一致，按照调洪演算推求坝前水位过程。

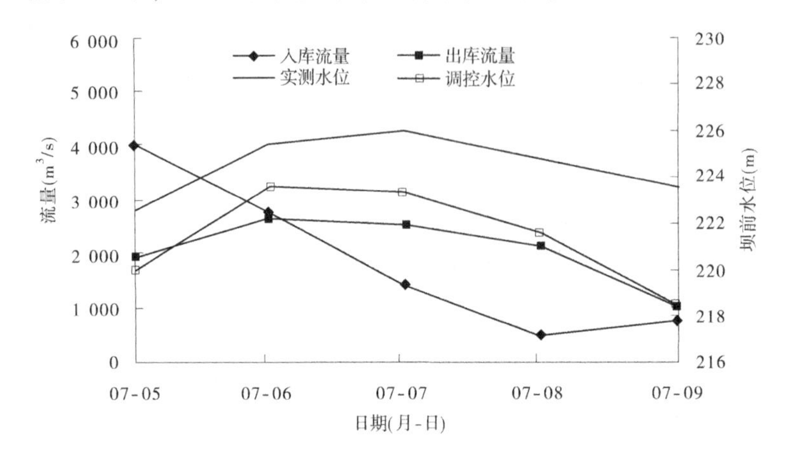

图 5-12　方案 1 调洪过程(对接水位为 220 m)

图 5-13 和图 5-14 为不同对接水位下水库排沙比和排沙量对比。排沙比在对接水位降低到 222 m 出现明显增大，这与三角洲顶点高程存在明显相关，三角洲顶点出露，三角洲面段由沿程冲刷转为溯源冲刷，冲刷强度明显增大；随着水位的进一步降低，排沙比进一步增加，但增加幅度有所减缓。

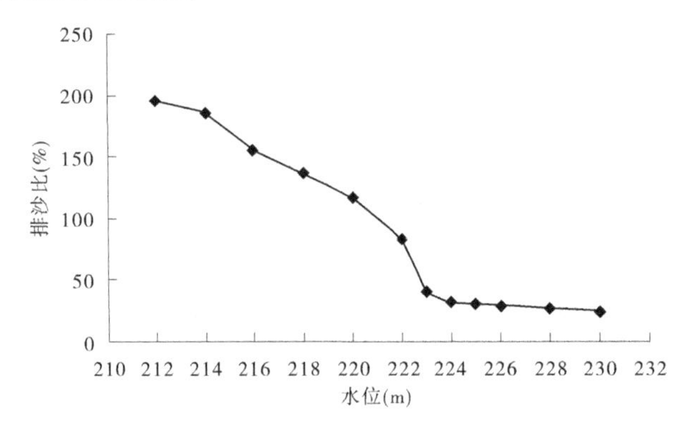

图 5-13　方案 1 不同对接水位的排沙比

(三)方案 2 分析

针对 2015 年调水调沙排沙过程，设定不同对接水位，从 235 m 逐级降至 210 m。

图 5-15 以对接水位 220 m 为例，给出调水过程。在清水下泄阶段加大下泄流量，在 2015 年 7 月 8 日达到设定对接水位 220 m，此后维持进出库过程与实际一致，按照调洪演算推求坝前水位过程，若水位低于 210 m，调水调沙结束。

图 5-16 和图 5-17 为不同对接水位下水库排沙比和排沙量对比。排沙比在对接水位降低到 222 m 时出现明显增大，这与三角洲顶点高程存在明显相关，三角洲顶点出露，三角洲面段由沿程冲刷转为溯源冲刷，冲刷强度明显增大，但由于排沙阶段入库流量较小，溯源冲刷的实际冲刷量并不大；随着水位的进一步降低，排沙比进一步增加，但增加幅度有所减缓。

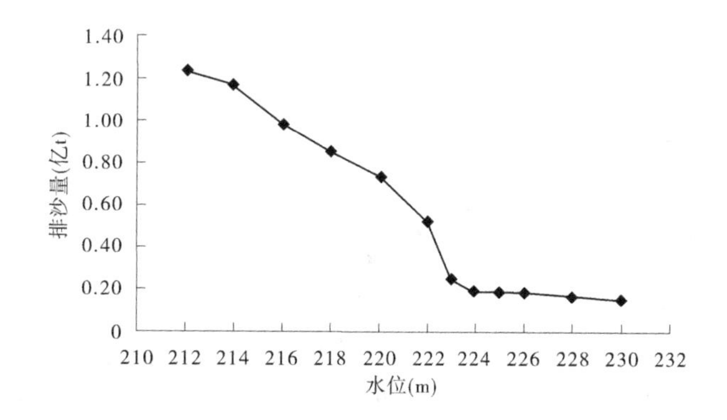

图 5-14　方案 1 不同对接水位的排沙量

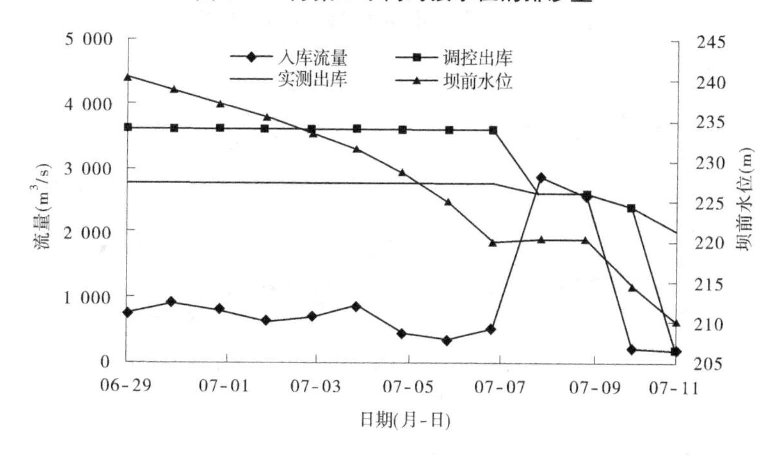

图 5-15　方案 2 调洪过程(对接水位为 220 m)

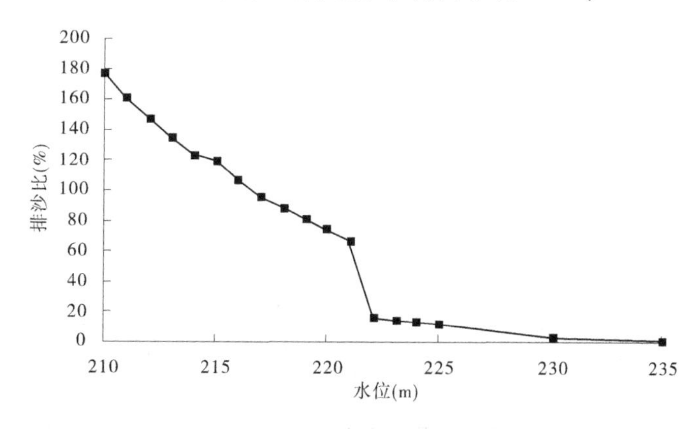

图 5-16　方案 2 不同对接水位的排沙比

(四)方案 3 分析

图 5-18 为 2014 年汛前地形和 2015 年汛前调水调沙水沙过程,图 5-19 为水库调度过程和水库排沙比随对接水位的变化。计算结果表明,2015 年汛前调水调沙 235 m 对接水位条件下,排沙比为 1%,水库不排沙。对接水位为 221 m,则排沙比可达 70%左右。

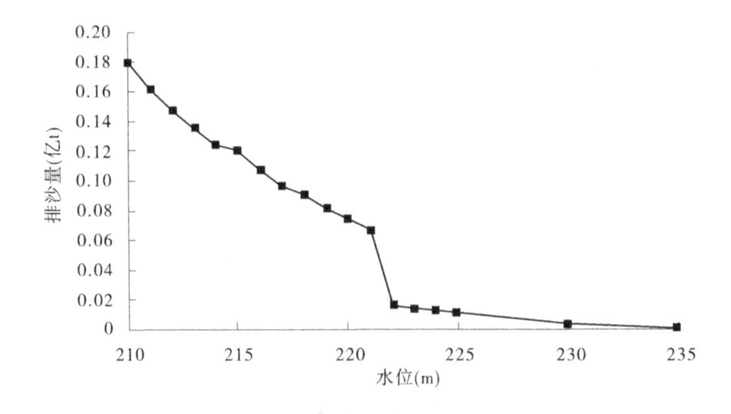

图 5-17　方案 2 不同对接水位的排沙量

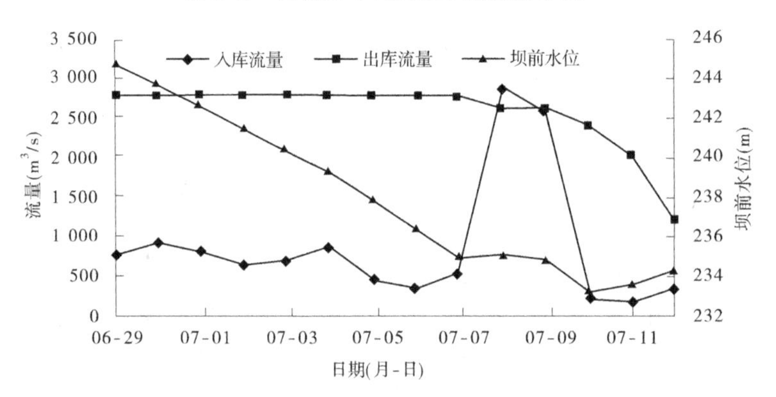

图 5-18　2014 年汛前地形和 2015 年汛前调水调沙水沙过程

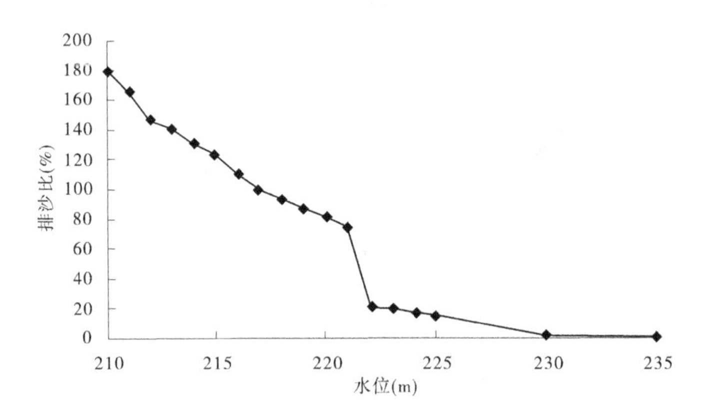

图 5-19　2014 年汛前地形和 2015 年汛前调水调沙水沙排沙比

第六章　2016 年汛前调水调沙推荐对接水位

一、不同降雨和来水情况下汛前调水调沙对接水位

由于计算下游引水能力的时候,需要考虑到伊洛沁河的来水情况,按多年平均值 124.3 m^3/s 考虑,以潼关日流量过程作为中游的来水过程。统计 1990—2015 年 26 a 中,前汛期潼关水文站平均流量小于 700 m^3/s 和大于 700 m^3/s 的年份相同(见表 6-1)。因此,取平均流量 700 m^3/s 作为中游来水平水年。据此将中游来水情况分为不同类型:来水流量小于 400 m^3/s 为特枯年,流量大于 700 m^3/s 为偏丰年,流量 700 m^3/s 左右为平水年。

表 6-1　1990—2015 年潼关站前汛期平均流量分段统计

流量级(m^3/s)	<400	400~500	500~600	600~700	700~800	800~900
出现年数(a)	1	3	1	8	0	0
流量级(m^3/s)	900~1 000	1 000~1 100	1 100~1 200	1 200~1 300	>1 300	小计
出现年数(a)	1	0	1	3	8	26

根据小浪底水库 2015 年汛后库容曲线,可以推求不同可调水量所对应的库水位。

(一)下游平水年

下游需水较少,依靠中游天然来水,即可满足下游的灌溉用水需求。汛前调水调沙对接水位取决于排沙比的要求(见图 6-1)。若要求水库发生明显排沙即可,则对接水位不低于 226 m;若要求水库发生排沙,排沙比达到 50%,则对接水位不高于 222.5 m;若要求水库发生排沙,排沙比达到 100%,则对接水位不高于 221 m。

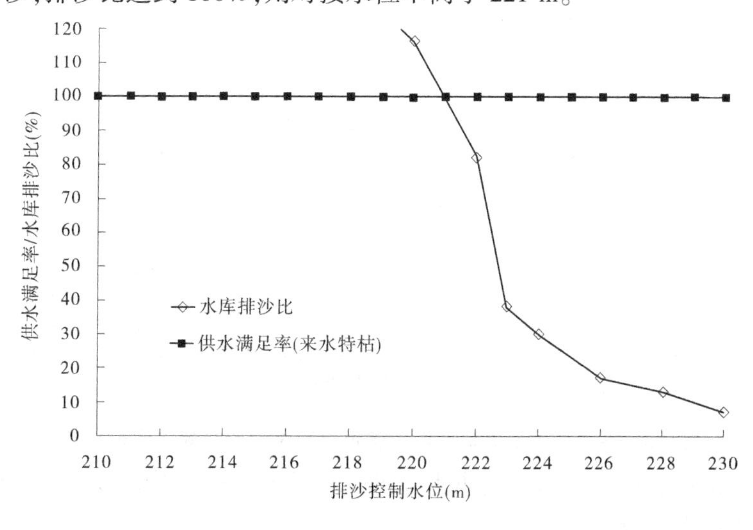

图 6-1　下游平水年型供水满足率和排沙比与对接水位关系

（二）下游一般干旱年

视中游来水情况和水库排沙比需求而定（见图6-2）。

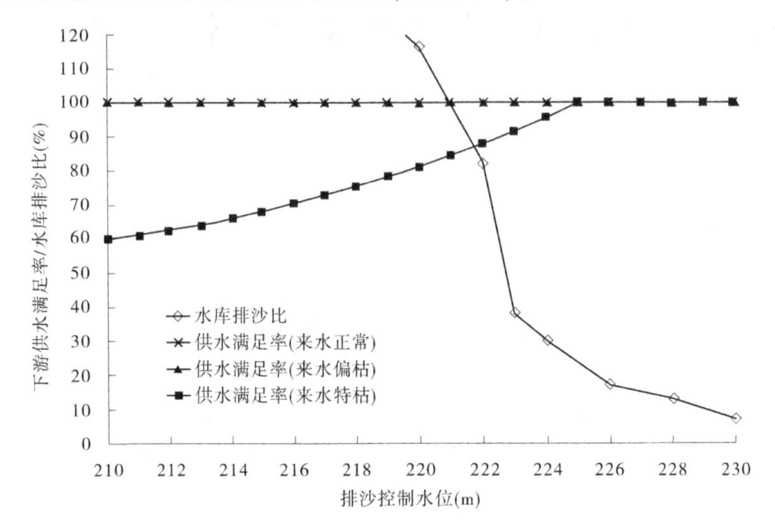

图6-2　下游一般干旱年型供水满足率和排沙比与对接水位关系

当中游来水正常和偏枯时，对接水位按排沙比要求而定，同下游平水年。

当中游来水特枯时，若要求下游供水满足率不低于90%，则水库对接水位不低于222.5 m，此时排沙比约为50%；若要求下游供水满足率不低于80%，则水库对接水位不低于220 m，此时排沙比大于100%。

（三）下游特大干旱年

下游需引水较多，水库对接水位主要取决于下游供水需求和排沙需求（见图6-3）。

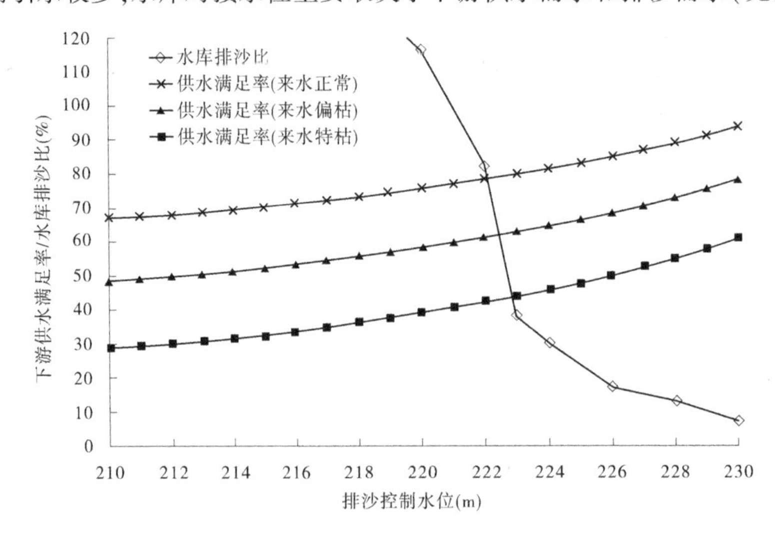

图6-3　下游特大干旱年型供水满足率和排沙比与对接水位关系

当中游来水正常时，若要求下游供水满足率不低于80%，则水库对接水位不低于223 m，此时排沙比约为40%。

当中游来水偏枯时，若下游供水满足率需要达到80%，水库对接水位不高于230 m，此时水库不排沙;若要求汛前调调沙排沙比不小于50%,水库对接水位不低于222.5 m,此时下游供水满足率为60%。

当中游来水特枯时,因受水库汛限水位的限制,对接水位230 m时,下游供水满足率仅能达到60%,水库不排沙。

二、对2016年下游需水量的预测

(一)前汛期降水量预测

1. 基本原理

一个随时间变化的等时距水文要素观测样本,可以看成是有限个不同周期波相互叠加而成的过程,其数学模型如下:

$$x(t) = \sum_{i=1}^{N} P_i(t) + \varepsilon(t)$$

式中:$x(t)$为水文要素系列;$P_i(t)$为第i个周期波系列;$\varepsilon(t)$为误差项。

从样本序列中识别周期波时,可将样本序列分成若干组,当分组组数等于客观存在的周期长度时,组内各数据的差异小,但是组间各数据的差异较大;反之,如果组间差异显著大于组内差异,序列就存在周期,其长度就是组间差异最大,而组内差异最小的分组组数。通常而言,一个序列的总体差异是固定的,组间差异增大,那么组内差异就减小,通常可以通过F检验判断组内差异比组间差异小的程度。

2. 显著性检验

设水文要素随时间变化的等时距样本序列为$X(1),X(2),\cdots,X(n)$,排成表6-2的形式,其中:$j=1,2,\cdots,b$,表示分组为b组,$b=2,3,\cdots,m$($m=\left[\frac{n}{2}\right]$);就是说,样本序列可能存在周期数$b$为$2,3,\cdots,m$;$i$为每组含有的项数,$i=1,2,\cdots$;$a$表示每组有$a$个数据;$\overline{X_j}$为每组的均值。

表6-2 试验周期分组排列

每组项数i	试验周期分组(j)			
	1	2	…	b
1	X_{11}	X_{12}	…	X_{1b}
2	X_{21}	X_{22}	…	X_{2b}
⋮	⋮	⋮		⋮
a	X_{a1}	X_{a2}	…	X_{ab}
$\overline{X_j}$	$\overline{X_1}$	$\overline{X_2}$	…	$\overline{X_b}$

对于不同的b,可计算相应的方差F:

$$F = \frac{s_1/f_1}{s_2/f_2}$$

$$s_1 = \sum_{j=1}^{b} (\overline{X_j} - \overline{X})^2$$

$$s_2 = \sum_{j=1}^{b} \sum_{i=1}^{a} (\overline{X_j} - \overline{X_{ij}})^2$$

$$f_1 = b - 1, f_2 = n - b$$

当 b 分别取 $b=2,3,\cdots,m$ 时，可计算得出 $m-1$ 个 F 值。由 f_1、f_2 以及选定的可信度 a，可查出相应的 $m-1$ 个 F_a，挑选最大的 F 值，与对应的 F_a 值比较，如果 $F<F_a$，则表明在这一信度上不存在周期，要重新选择信度。如果 $F \geqslant F_a$，表明存在周期，对应的 b 即为周期长度，各组均值即为第一周期波隔年的振幅。将所识别的第一周期波按年份排列起来就构成了第一周期波序列，然后从样本中剔除第一周期波序列，形成新序列，再重复上述过程，寻找新周期，直到不能识别或不想识别。然后对所识别的周期波进行外延及线性叠加即可进行预测。

3. 黄河下游引黄灌区 2016 年前汛期降雨量预测结果

利用上述方法，对黄河下游河南、山东两省引黄灌区 1964—2014 年前汛期降雨量进行模拟，模拟值与实测值比较接近（见图 6-4、图 6-5），并预测 2015 年、2016 年前汛期降雨量。通过预测得到 2016 年河南引黄灌区前汛期降雨量为 198 mm，山东引黄灌区前汛期降雨量为 218 mm。

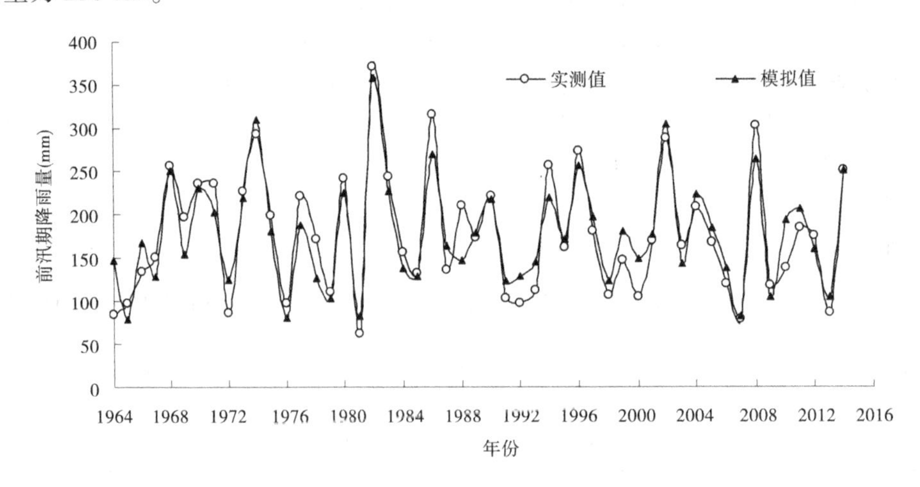

图 6-4　河南引黄灌区前汛期实测降雨量与模拟值

（二）黄河下游 2016 年前汛期需水量预测

根据河南、山东引黄灌区历年前汛期降雨量频率分析成果，2016 年河南引黄灌区前汛期降雨量对应频率为 36%，山东对应频率为 28%，因此 2016 年前汛期降雨较丰沛。由于气象因素的随机性和不确定性，预测结果存在一定的风险，考虑到下游引黄灌区的用水需求和保证程度，从供水安全出发，推荐 2016 年河南、山东引黄灌区前汛期的需水量按 50%年型即正常年考虑。黄河下游 2016 年 7 月中下旬、8 月上中旬的需水流量分别为 123.65 m^3/s、218.80 m^3/s、142.18 m^3/s、182.41 m^3/s（见表 6-3）。

（三）下游需水流量分析

在正常年份，小浪底水库下泄 400 m^3/s，下游地区前汛期供水满足率可以达到 100%；小浪底水库下泄 300 m^3/s，下游地区前汛期供水满足率可以达到 69%，预测 2016 年前汛期引黄灌区降雨较丰。因此，从满足黄河下游用水需求的角度，建议 2016 年前汛期小浪底水库按 400 m^3/s 下泄水量。

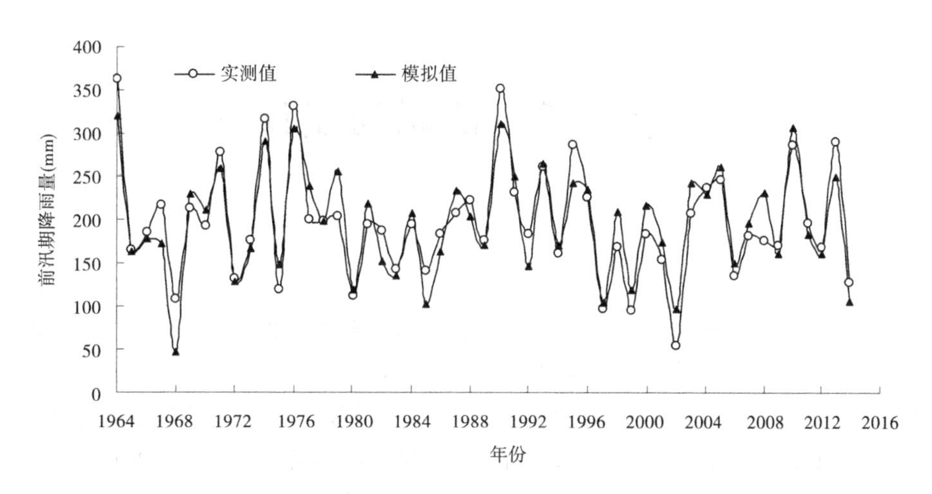

图 6-5 山东引黄灌区前汛期实测降雨量与模拟值

表 6-3 2016 年前汛期逐旬引黄需水流量 (单位:m^3/s)

干旱年型	河段	7 月		8 月	
		中旬	下旬	上旬	中旬
50%	小浪底—花园口	10.25	17.27	19.40	13.01
	花园口—夹河滩	13.39	14.79	15.47	14.02
	夹河滩—高村	7.48	26.46	21.89	19.49
	高村—孙口	5.42	23.01	20.21	16.10
	孙口—艾山	28.71	37.52	28.45	38.58
	艾山—泺口	16.56	33.82	10.47	28.34
	泺口—利津	36.50	57.91	23.75	47.31
	利津以下	5.34	8.02	2.54	5.56
	合计	123.65	218.80	142.18	182.41

三、2016 年汛前调水调沙推荐对接水位

由于前汛期潼关来水平均流量基本都在 400 m^3/s 以上,在小浪底水库不补水情况下,仅靠中游来水也基本能够满足下游的供水需求。

因此,2016 年汛前调水调沙对接水位的确定,主要取决于水库排沙比的要求。建议 2016 年汛前调水调沙小浪底水库对接水位为 221 m,水库排沙比可达到 100%左右。由于小浪底水库排沙量大小与入库沙量关系密切,因此建议开展小浪底水库与三门峡水库、万家寨水库联调模式,利用三门峡水库低水位敞泄排沙,为小浪底水库提供较多的入库沙量和较大的水动力条件。

第七章　认识与建议

一、主要认识

（1）黄河下游94处引黄涵闸中，引水条件好（满足用水要求）的有17处，引水条件中等（采取一定措施后能够基本满足用水要求）的有38处，引水能力差（采取各种措施也不能满足用水要求）的有34处，停用的有5处，其中引水困难和停用的涵闸占总数的42%。在引水特别困难的34处涵闸中，河道冲刷、同流量水位降低造成引水困难的占20%。

（2）将灌区用水需求分为三种类型，即特大干旱年（95%）、干旱年（75%）和平水年（50%）。三种降雨年型下游的需水平均流量分别为168 m^3/s、314 m^3/s、652 m^3/s。按照这一引水需求流量，推算出前汛期41 d不同年型下游需引水量分别为5.96亿m^3、11.13亿m^3和23.10亿m^3。

（3）影响异重流排沙效果的主要因素是回水长度、水库前期淤积量、入库水沙条件。2016年汛前调水调沙期若要发生明显排沙，则运用水位对应的回水长度均小于42 km，入库水量均大于2.5亿m^3，入库沙量均在0.25亿t以上。小浪底水库对接水位应不高于226 m。

（4）在考虑下游降雨平水、干旱和特大干旱三种年型基础上，进一步将中游来水情况分为平水、偏枯和特枯三种年型，各情况下汛前调水调沙对接水位推荐如下：

①当下游降雨为平水年时，依靠中游天然来水，即可满足下游灌溉用水100%需求，推荐水库排沙对接水位为221 m，水库排沙比为100%。

②当下游降雨为干旱年时，若中游来水为平水和偏枯，依靠中游天然来水，即可满足下游灌溉用水100%需求，推荐水库排沙对接水位为221 m，水库排沙比为100%。若中游来水特枯，推荐对接水位为222.5 m，下游供水满足率达到90%，水库排沙比达到60%。

③当下游降雨为特大干旱年时，若中游来水正常，推荐对接水位222.5 m，下游供水满足率达到80%，水库排沙比约为50%；若中游来水偏枯，推荐对接水位227 m，下游供水满足率达到70%，水库排沙比约为15%；若中游来水特枯，因受水库汛限水位的限制，对接水位为230 m，下游供水满足率仅能达到60%，水库排沙比很小，基本不排沙。

（5）预测2016年下游降雨为平水年，前汛期仅靠中游来水即可满足下游的供水需求。2016年汛前调水调沙对接水位主要取决于排沙要求。

二、建议

（1）2016年汛前调水调沙小浪底水库对接水位为221 m，可实现水库排沙比100%，下游需水满足率100%。

（2）继续开展小浪底水库与三门峡水库、万家寨水库多库联合调度的汛前调水调沙模式，利用万家寨水库和三门峡水库为小浪底水库提高较多的入库沙量和较大的水动力条件，提高小浪底水库的排沙量。

（3）开展黄河下游主要供水期小浪底水库对接水位研究，研究黄河下游河道主要用水期用水需求，为小浪底水库优化调度提供技术支撑。

第三专题　2016 年前汛期中小洪水调水调沙试验

小浪底水库总库容 127.46 亿 m^3(1999 年 10 月),其中拦沙库容 75 亿 m^3。至 2006 年汛后,小浪底库区淤积量为 21.582 亿 m^3。根据《小浪底水利枢纽拦沙初期运用调度规程》,已达到了拦沙初期与拦沙后期的界定值。因此,从 2007 年开始,水库运用进入拦沙后期(第一阶段)。

依据《小浪底水利枢纽拦沙后期(第一阶段)运用调度规程》(简称《调度规程》),遵循“合理拦沙尽可能延长小浪底水库拦沙运用年限的同时,通过对出库水沙过程的调节,尽可能减少下游河道主河槽的淤积,增加并维持河道主槽的过流能力”的原则,通过总结小浪底水库运用以来水沙变化及淤积特点,分析水库排沙规律,研究 2007—2015 年前汛期来水来沙及排沙特点,优化近期小浪底水库前汛期排沙运用方式及减少下游河道淤积效果,对于指导今后洪水期水库调度具有很大意义。

第一章　小浪底水库进出库水沙过程及水库运用

一、入库水沙条件

小浪底水库运用以来,黄河枯水少沙(见图 1-1)。在水库拦沙初期,水沙量减少较为明显,水量较 1987—1999 年系列减少 27.6%,沙量减少 50.4%。2007 年小浪底水库进入拦沙后期第一阶段,2007—2015 年平均入库水量、沙量分别为 249.79 亿 m^3、2.320 亿 t,年均入库水量较拦沙初期有所增加,但入库沙量进一步减小(见表 1-1)。

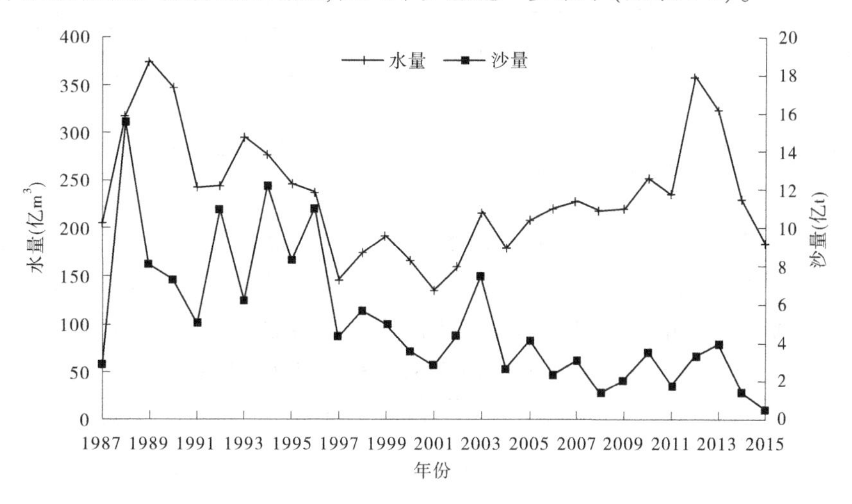

图 1-1　小浪底水库 1987—2015 年入库水沙量变化过程

表 1-1　三门峡站不同时段年均水沙量

时段	水量(亿 m^3)			汛期占全年(%)	沙量(亿 t)			汛期占全年(%)
	非汛期	汛期	全年		非汛期	汛期	全年	
1987—1999 年	137.93	116.02	253.95	45.7	0.409	7.479	7.888	94.8
2000—2006 年	101.34	82.42	183.76	44.9	0.273	3.638	3.911	93.0
2007—2015 年	129.11	120.68	249.79	48.3	0.177	2.143	2.320	92.4
2000—2015 年	116.96	103.94	220.90	47.1	0.219	2.797	3.016	92.7

2007—2015 年,入库水沙年际变化较大。例如 2013 年入库沙量相对较大,为 3.955 亿 t,而 2015 年较少,仅 0.501 亿 t。泥沙主要集中在汛期,2007—2009 年非汛期泥沙主要来自汛前调水调沙。2012 年入库水量相对较大,为 358.24 亿 m^3,而 2015 年较少,仅 183.80 亿 m^3;水量变化主要集中在汛期,非汛期变化相对不大(见表 1-2)。

表 1-2 三门峡站 2007—2015 年年均水沙量

年份	水量(亿 m^3)			汛期占全年(%)	沙量(亿 t)			汛期占全年(%)
	非汛期	汛期	全年		非汛期	汛期	全年	
2007	105.71	122.06	227.77	53.6	0.611	2.514	3.125	80.4
2008	138.10	80.02	218.12	36.7	0.593	0.744	1.337	55.6
2009	135.43	85.01	220.44	38.6	0.365	1.615	1.980	81.6
2010	133.26	119.73	252.99	47.3	0.007	3.504	3.511	99.8
2011	109.28	125.33	234.61	53.4	0.005	1.748	1.753	99.7
2012	146.25	211.99	358.24	59.2	0.002	3.325	3.327	99.9
2013	148.27	174.29	322.56	54.0	0.007	3.948	3.955	99.8
2014	117.89	111.71	229.60	48.7	0	1.389	1.389	100.0
2015	127.78	56.02	183.80	30.5	0	0.501	0.501	100.0
平均	129.11	120.68	249.79	48.3	0.177	2.143	2.320	92.4

表 1-3 给出了小浪底水库招标设计阶段采用的 6 个 20 世纪 50 年代系列小浪底水库入库水、沙量,平均分别为 289.2 亿 m^3、12.74 亿 t,年均入库含沙量为 44 kg/m^3。其中,汛期水量 162.3 亿 m^3,占年水量的 56.1%;汛期沙量 12.26 亿 t,占年沙量的 96.2%。

表 1-3 设计水平各代表系列小浪底入库水沙量特征

系列年	水量(亿 m^3)			沙量(亿 t)		
	汛期	非汛期	全年	汛期	非汛期	全年
1919—1969	165.4	123.9	289.3	12.30	0.54	12.84
1933—1975+1919—1927	170.3	128.3	298.6	12.57	0.50	13.07
1941—1975+1919—1935	151.6	122.5	274.1	11.81	0.49	12.30
1950—1975+1919—1944	155.0	121.5	276.5	11.81	0.51	12.37
1958+1977+1960—1975+1919—1952	157.1	124.5	281.6	12.32	0.23	12.55
1950—1975+1950—1975	174.5	140.5	315.0	12.76	0.59	13.35
平均	162.3	126.9	289.2	12.26	0.48	12.74

表 1-4、图 1-2、图 1-3 给出了小浪底水库运用以来水沙条件与设计水平对比情况。与设计水沙量年均最小系列相比,2007 年以来水量减少 24.31 亿 m^3,沙量减少 9.980 亿 t,减少比例分别为 8.9%、81.1%;与设计水沙量年均最大系列相比,2007 年以来水量减少 65.21 亿 m^3,沙量减少 11.030 亿 t,减少比例分别为 20.7%、82.6%;与 6 个设计系列平均水沙量相比,2007 年以来水量减少 39.41 亿 m^3,沙量减少 10.420 亿 t,减少比例分别为 13.6%、81.8%。

表 1-4　小浪底水库运用以来水沙条件与设计水平对比

系列年			水量(亿 m^3)			沙量(亿 t)		
			汛期	非汛期	全年	汛期	非汛期	全年
水沙量均最小系列(1941—1975+1919—1935)			151.6	122.5	274.1	11.81	0.49	12.30
水沙量均最大系列(1950—1975+1950—1975)			174.5	140.5	315.0	12.76	0.59	13.35
6 个设计系列平均			162.3	126.9	289.2	12.26	0.48	12.74
2000—2006			82.42	101.34	183.76	3.638	0.273	3.911
2007—2015			120.68	129.11	249.79	2.143	0.177	2.320
2000—2015			103.94	116.96	220.90	2.797	0.219	3.016
2007—2015	与最小系列相比	减少量	30.92	-6.61	24.31	9.667	0.313	9.980
		减少比例(%)	20.4	-5.4	8.9	81.9	63.9	81.1
	与最大系列相比	减少量	53.82	11.39	65.21	10.617	0.413	11.03
		减少比例(%)	30.8	8.1	20.7	83.2	70.0	82.6
	与 6 个设计系列平均相比	减少量	41.62	-2.21	39.41	10.117	0.303	10.420
		减少比例(%)	25.6	-1.7	13.6	82.5	63.1	81.8

与设计相比，水沙量减少主要在汛期。与设计水沙量年均最小系列相比，2007 年以来汛期水量减少 30.92 亿 m^3，沙量减少 9.667 亿 t，减少比例分别为 20.4%、81.9%；与设计水沙量年均最大系列相比，水量减少 53.82 亿 m^3，沙量减少 10.617 亿 t，减少比例分别为 30.8%、83.2%；与 6 个设计系列平均水沙量相比，水量减少 41.62 亿 m^3，沙量减少 10.117 亿 t，减少比例分别为 25.6%、82.5%。

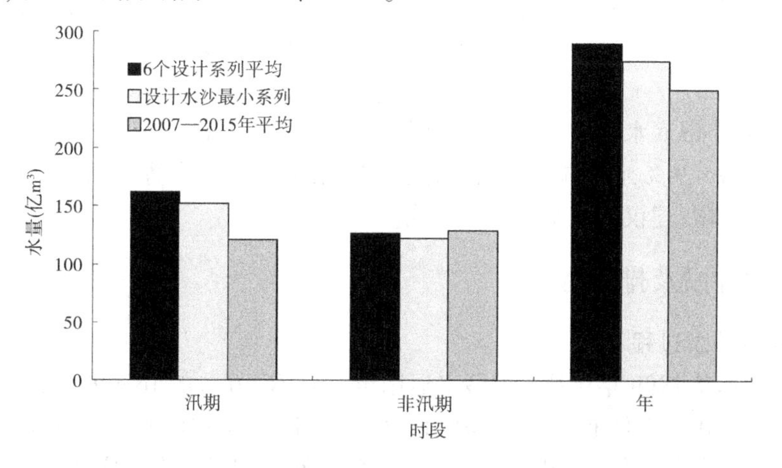

图 1-2　2007—2015 年年均入库水量同设计对比

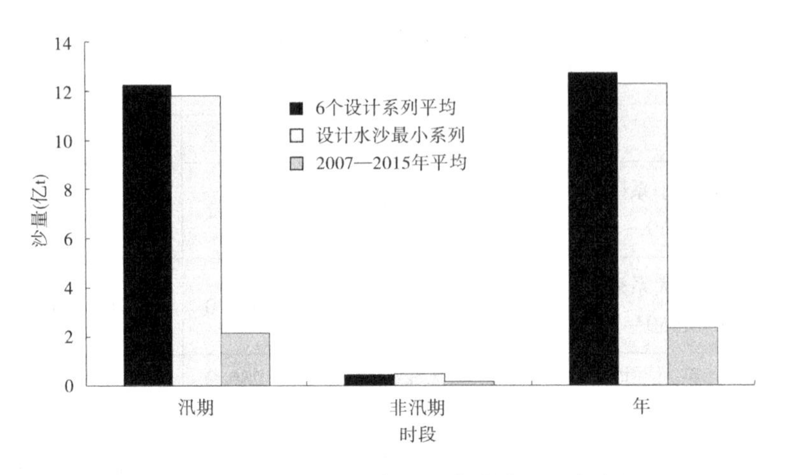

图 1-3　2007—2015 年年均入库沙量同设计对比

表 1-5 给出了小浪底水库拦沙后期防洪减淤运用方式研究中最终推荐方案 60 系列(1960—1979 年)20 a 代表方案水沙量。可以得到,20 世纪 60 年代代表系列平均入库水量、沙量分别为 292.40 亿 m^3、11.297 亿 t,年均入库含沙量为 38.6 kg/m^3。其中,汛期水量 152.17 亿 m^3,占年水量的 52.0%;汛期沙量 11.000 亿 t,占年沙量的 97.4%。

表 1-5　小浪底水库运用以来水沙条件与设计水平代表对比

时段		水量(亿 m^3)			沙量(亿 t)		
		非汛期	汛期	全年	非汛期	汛期	全年
60 系列		140.23	152.17	292.40	0.297	11.000	11.297
2007—2015 年		129.11	120.68	249.79	0.177	2.143	2.320
差值	减少值	11.12	31.49	42.61	0.120	8.857	8.977
	减少比例(%)	7.9	20.7	14.6	40.4	80.5	79.5

与推荐方案相比,2007 年以来水量减少 42.61 亿 m^3,沙量减少 8.977 亿 t,减少比例分别为 14.6%、79.5%。水沙量减少主要在汛期。2007 年以来汛期水量减少 31.49 亿 m^3,沙量减少 8.857 亿 t,减少比例分别为 20.7%、80.5%。

总体来讲,小浪底水库运用以来,水沙偏枯,水沙条件与设计阶段相差较大,前者水量较后者减少 20%~30%,沙量减少 80%以上。因此,为适应新形势下水沙条件,延长小浪底水库的拦沙年限,建议优化水库运用方式。

二、水库冲淤及排沙特点

(一)库区冲淤过程

小浪底水库从 1999 年 9 月开始蓄水运用至 2015 年 10 月的 16 a 内,入库沙量 48.256 亿 t,出库沙量 10.381 亿 t,库区淤积泥沙 37.875 亿 t,年均淤积 2.367 亿 t,见表 1-6。图 1-4 给出了小浪底水库运用以来逐年进出库沙量和淤积量。进出库沙量及淤积量年际差别较大。小浪底水库运用以来,年内最大来沙量为 7.564 亿 t,出现在拦沙初期的 2003

年，相应地，淤积量也是最大的一年，年内淤积量为 6. 358 亿 t；2015 年为入库沙量最少的年份，仅 0. 501 亿 t，虽然全年水库未排沙，淤积量仍为运用以来最小值。

表 1-6　小浪底水库运用以来进出库沙量及冲淤量

年份	入库沙量		汛期占全年(%)	出库沙量		汛期占全年(%)	淤积量		汛期占全年(%)
	全年	汛期		全年	汛期		全年	汛期	
2000	3. 570	3. 341	93. 6	0. 042	0. 042	100. 0	3. 528	3. 299	93. 5
2001	2. 830	2. 83	100. 0	0. 221	0. 221	100. 0	2. 609	2. 609	100. 0
2002	4. 375	3. 404	77. 8	0. 701	0. 701	100. 0	3. 674	2. 703	73. 6
2003	7. 564	7. 559	99. 9	1. 206	1. 176	97. 5	6. 358	6. 383	100. 4
2004	2. 638	2. 638	100. 0	1. 487	1. 487	100. 0	1. 151	1. 151	100. 0
2005	4. 076	3. 619	88. 8	0. 449	0. 434	96. 7	3. 627	3. 185	87. 8
2006	2. 325	2. 076	89. 3	0. 398	0. 329	82. 7	1. 927	1. 747	90. 7
2007	3. 125	2. 514	80. 4	0. 705	0. 523	74. 2	2. 420	1. 991	82. 3
2008	1. 337	0. 744	55. 6	0. 462	0. 252	54. 5	0. 875	0. 492	56. 2
2009	1. 980	1. 615	81. 6	0. 036	0. 034	94. 4	1. 944	1. 581	81. 3
2010	3. 511	3. 504	99. 8	1. 361	1. 361	100. 0	2. 15	2. 143	99. 7
2011	1. 753	1. 748	99. 7	0. 329	0. 329	100. 0	1. 424	1. 419	99. 6
2012	3. 327	3. 325	99. 9	1. 295	1. 295	100. 0	2. 032	2. 03	99. 9
2013	3. 955	3. 948	99. 8	1. 420	1. 420	100. 0	2. 535	2. 528	99. 7
2014	1. 389	1. 389	100. 0	0. 269	0. 269	99. 7	1. 119	1. 120	100. 1
2015	0. 501	0. 501	100. 0	0	0	0	0. 501	0. 501	100. 0
合计	48. 256	44. 755	92. 7	10. 381	9. 873	95. 1	37. 875	34. 882	92. 1
平均	3. 016	2. 797	92. 7	0. 649	0. 617	95. 1	2. 367	2. 180	92. 1

断面法计算小浪底水库全库淤积量为 31. 172 亿 m^3，其中干、支流淤积量分别为 25. 023 亿 m^3、6. 149 亿 m^3，分别占淤积总量的 80. 3%、19. 7%。

（二）进出库泥沙及淤积物组成

1. 水库运用以来

表 1-7 给出了小浪底水库运用以来进出库泥沙及淤积物组成。可以得到，小浪底水库运用以来，累计入库沙量 48. 256 亿 t，其中细泥沙（细颗粒泥沙，$d \leq 0.025$ mm）、中泥沙（中颗粒泥沙，$0.025 \text{ mm} < d \leq 0.05$ mm）、粗泥沙（粗颗粒泥沙，$d > 0.05$ mm）分别为 23. 017 亿 t、12. 331 亿 t、12. 908 亿 t，分别占入库沙量的 47. 7%、25. 6%、26. 7%。

累计出库沙量 10. 381 亿 t，其中细泥沙、中泥沙、粗泥沙分别为 8. 267 亿 t、1. 270 亿 t、0. 844 亿 t，分别占出库沙量的 79. 6%、12. 2%、8. 2%。出库细泥沙占排沙总量的 79. 6%，说明排出库外的绝大部分是细泥沙。

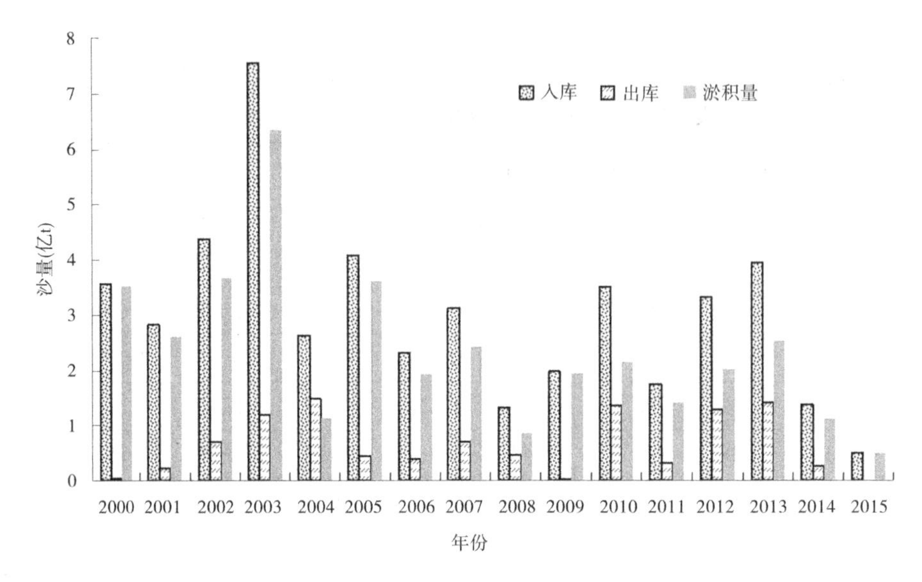

图 1-4 小浪底水库运用以来进出库沙量及淤积量

库区累计淤积量为 37.875 亿 t,其中细泥沙、中泥沙、粗泥沙分别为 14.750 亿 t、11.061 亿 t、12.064 亿 t,分别占淤积物总量的 38.9%、29.2%和 31.9%。

表 1-7 2000—2015 年小浪底水库库区淤积物及排沙组成

级配	入库沙量(亿 t)		出库沙量(亿 t)		淤积量(亿 t)		全年入库泥沙组成(%)	全年排沙组成(%)	全年淤积物组成(%)	全年排沙比(%)
	汛期	全年	汛期	全年	汛期	全年				
细泥沙	21.678	23.017	7.833	8.267	13.845	14.750	47.7	79.6	38.9	35.9
中泥沙	11.263	12.331	1.221	1.270	10.042	11.061	25.6	12.2	29.2	10.3
粗泥沙	11.813	12.908	0.818	0.844	10.995	12.064	26.7	8.2	31.9	6.5
全沙	44.754	48.256	9.872	10.381	34.882	37.875	—	—	—	21.5

2000—2015 年水库年均排沙比为 21.5%,即水库淤积比为 78.5%,说明进入水库的泥沙绝大部分没有排泄出库,而是淤积在水库中。细泥沙的排沙比为 35.9%,中泥沙、粗泥沙排沙比分别为 10.3%、6.5%。这说明大部分中粗颗粒泥沙淤积在水库的同时,入库细泥沙的 64.1%也淤在了水库中。

2. 2007 年以来

表 1-8 给出了 2007—2015 年小浪底水库进出库泥沙及淤积物组成。2007 年以来,累计入库沙量 20.878 亿 t,其中细泥沙、中泥沙、粗泥沙分别为 10.796 亿 t、4.474 亿 t、5.608 亿 t,分别占入库沙量的 51.7%、21.4%、26.9%。

累计出库沙量 5.877 亿 t,其中细泥沙、中泥沙、粗泥沙分别为 4.469 亿 t、0.806 亿 t、0.602 亿 t,分别占出库沙量的 76.0%、13.7%、10.3%。

表 1-8　2007—2015 年小浪底水库库区淤积物及排沙组成

时间及级配		入库沙量（亿 t）		出库沙量（亿 t）		淤积量（亿 t）		全年入库泥沙组成（%）	全年排沙组成（%）	全年淤积物组成（%）	全年排沙比（%）
		汛期	全年	汛期	全年	汛期	全年				
2007	细泥沙	1. 441	1. 702	0. 444	0. 595	0. 997	1. 107	54. 4	84. 3	45. 7	34. 9
	中泥沙	0. 501	0. 664	0. 052	0. 072	0. 449	0. 592	21. 3	10. 2	24. 5	10. 8
	粗泥沙	0. 572	0. 759	0. 027	0. 039	0. 545	0. 720	24. 3	5. 5	29. 8	5. 1
	全沙	2. 514	3. 125	0. 523	0. 706	1. 991	2. 419	100. 0	100. 0	100. 0	22. 6
2008	细泥沙	0. 483	0. 712	0. 186	0. 365	0. 297	0. 347	53. 3	79. 0	39. 6	51. 3
	中泥沙	0. 137	0. 293	0. 036	0. 057	0. 101	0. 236	21. 9	12. 3	27. 0	19. 5
	粗泥沙	0. 124	0. 332	0. 030	0. 040	0. 094	0. 292	24. 8	8. 7	33. 4	12. 0
	全沙	0. 744	1. 337	0. 252	0. 462	0. 492	0. 875	100. 0	100. 0	100. 0	34. 6
2009	细泥沙	0. 802	0. 888	0. 030	0. 032	0. 772	0. 856	44. 8	88. 9	44. 0	3. 6
	中泥沙	0. 379	0. 480	0. 003	0. 003	0. 376	0. 477	24. 2	8. 3	24. 5	0. 6
	粗泥沙	0. 434	0. 612	0. 001	0. 001	0. 433	0. 611	31. 0	2. 8	31. 5	0. 2
	全沙	1. 615	1. 980	0. 034	0. 036	1. 581	1. 944	100. 0	100. 0	100. 0	1. 8
2010	细泥沙	1. 675	1. 681	1. 034	1. 034	0. 641	0. 647	47. 9	76. 0	30. 1	61. 5
	中泥沙	0. 761	0. 762	0. 185	0. 185	0. 576	0. 577	21. 7	13. 6	26. 8	24. 3
	粗泥沙	1. 068	1. 068	0. 142	0. 142	0. 926	0. 926	30. 4	10. 4	43. 1	13. 3
	全沙	3. 504	3. 511	1. 361	1. 361	2. 143	2. 150	100. 0	100. 0	100. 0	38. 8
2011	细泥沙	0. 868	0. 870	0. 219	0. 219	0. 649	0. 651	49. 6	66. 6	45. 7	25. 2
	中泥沙	0. 406	0. 407	0. 063	0. 063	0. 343	0. 344	23. 2	19. 1	24. 2	15. 5
	粗泥沙	0. 474	0. 476	0. 047	0. 047	0. 427	0. 429	27. 2	14. 3	30. 1	9. 9
	全沙	1. 748	1. 753	0. 329	0. 329	1. 419	1. 424	100. 0	100. 0	100. 0	18. 8
2012	细泥沙	1. 691	1. 691	0. 897	0. 897	0. 794	0. 794	50. 8	69. 3	39. 1	53. 0
	中泥沙	0. 663	0. 664	0. 206	0. 206	0. 457	0. 458	20. 0	15. 9	22. 5	31. 2
	粗泥沙	0. 971	0. 972	0. 192	0. 192	0. 779	0. 780	29. 2	14. 8	38. 4	19. 8
	全沙	3. 325	3. 327	1. 295	1. 295	2. 030	2. 032	100. 0	100. 0	100. 0	38. 9
2013	细泥沙	2. 423	2. 429	1. 109	1. 109	1. 313	1. 320	61. 4	78. 1	52. 0	45. 7
	中泥沙	0. 758	0. 758	0. 186	0. 186	0. 572	0. 572	19. 2	13. 1	22. 6	24. 5
	粗泥沙	0. 767	0. 768	0. 125	0. 125	0. 643	0. 643	19. 4	8. 8	25. 4	16. 3
	全沙	3. 948	3. 955	1. 420	1. 420	2. 528	2. 535	100. 0	100. 0	100. 0	35. 9

续表 1-8

时间及级配		入库沙量（亿 t）		出库沙量（亿 t）		淤积量（亿 t）		全年入库泥沙组成（%）	全年排沙组成（%）	全年淤积物组成（%）	全年排沙比（%）
		汛期	全年	汛期	全年	汛期	全年				
2014	细泥沙	0.579	0.579	0.217	0.218	0.362	0.361	41.7	80.9	32.3	37.6
	中泥沙	0.340	0.340	0.034	0.035	0.305	0.305	24.5	12.8	27.2	10.2
	粗泥沙	0.470	0.470	0.017	0.017	0.453	0.453	33.8	6.3	40.5	3.6
	全沙	1.389	1.389	0.268	0.270	1.120	1.119	100.0	100.0	100.0	19.4
2015	细泥沙	0.243	0.243	0	0	0.243	0.243	48.5	0	48.5	0
	中泥沙	0.106	0.106	0	0	0.106	0.106	21.2	0	21.2	0
	粗泥沙	0.152	0.152	0	0	0.152	0.152	30.3	0	30.3	0
	全沙	0.501	0.501	0	0	0.501	0.501	100.0	0	100.0	0
2007—2015合计	细泥沙	10.205	10.796	4.136	4.469	6.069	6.327	51.7	76.0	42.2	41.4
	中泥沙	4.050	4.474	0.765	0.806	3.285	3.668	21.4	13.7	24.4	18.0
	粗泥沙	5.032	5.608	0.581	0.602	4.451	5.006	26.9	10.3	33.4	10.7
	全沙	19.287	20.878	5.482	5.877	13.805	15.001	100.0	100.0	100.0	28.1

库区累计淤积量为 15.001 亿 t，其中细泥沙、中泥沙、粗泥沙分别为 6.327 亿 t、3.668 亿 t、5.006 亿 t，细泥沙、中泥沙、粗泥沙分别占淤积物总量的 42.2%、24.4%和 33.4%。

2007—2015 年，水库年均排沙比 28.1%，即水库淤积比为 71.9%，说明进入水库的泥沙绝大部分没有排泄出库，而是淤积在水库中。其中，细泥沙排沙比为 41.4%，中泥沙、粗泥沙排沙比分别为 18.0%、10.7%。库区泥沙淤积较多，尤其是细颗粒泥沙淤积较多，入库细泥沙的 58.6%也落淤在了水库中。对下游不会造成大量淤积的细颗粒泥沙淤积在水库中，减少了拦沙库容，降低了水库的拦沙效益，水库排沙较少，缩短了水库的使用寿命。

（三）2007 年以来泥沙进出库过程

1. 年内分配

表 1-9 给出了小浪底水库 2007—2015 年进出库泥沙时段分配。小浪底水库进出库泥沙一般集中在汛前调水调沙期和汛期*（汛期*指汛期扣除汛前调水调沙期），汛前调水调沙期和汛期*来沙量占年入库沙量的 99.2%。其中，汛前调水调沙期和汛期年均来沙分别为 0.460 亿 t、1.843 亿 t，分别占全年来沙量的 19.8%、79.4%。可见，汛期*是水库来沙的主要时段。

汛前调水调沙期和汛期*年均出库沙量分别为 0.343 亿 t、0.310 亿 t，分别占全年排沙总量的 52.5%、47.5%。汛前调水调沙期排沙量略高于汛期*。

由表1-9可以得到,汛前调水调沙期和汛期*水库排沙比分别为74.6%、16.8%。虽然汛前调水调沙期间小浪底水库排沙比达到74.6%,但是由于汛前调水调沙期间入库沙量仅占年入库沙量的19.8%,而汛期*入库沙量相对较多,而排沙比仅16.8%,所以小浪底水库年均排沙比还是较低的,仅28.1%。因此,除进行汛前调水调沙外,增加汛期排沙机会是减少小浪底水库淤积的有效途径。

表1-9 小浪底水库2007—2015年不同时段进出库泥沙量

年份	入库					出库				
	沙量(亿t)			占全年(%)		沙量(亿t)			占全年(%)	
	全年	汛前调水调沙期	汛期*	汛前调水调沙期	汛期*	全年	汛前调水调沙期	汛期*	汛前调水调沙期	汛期*
2007	3.125	0.613	2.448	19.6	78.3	0.705	0.234	0.471	33.2	66.8
2008	1.337	0.741	0.533	55.4	39.9	0.462	0.462	0	100.0	0
2009	1.980	0.545	1.433	27.5	72.4	0.036	0.036	0	100.0	0
2010	3.511	0.418	3.086	11.9	87.9	1.361	0.553	0.808	40.6	59.4
2011	1.753	0.273	1.475	15.6	84.1	0.329	0.329	0	100.0	0
2012	3.327	0.448	2.877	13.5	86.5	1.295	0.576	0.719	44.5	55.5
2013	3.955	0.377	3.571	9.5	90.3	1.42	0.632	0.788	44.5	55.5
2014	1.389	0.636	0.753	45.8	54.2	0.269	0.269	0	100.0	0.0
2015	0.501	0.089	0.412	17.8	82.2	0	0	0	0	0
平均	2.320	0.460	1.843	19.8	79.4	0.653	0.343	0.310	52.5	47.5

注:汛期*指汛期扣除汛前调水调沙期,下同。

2.汛期分配

依据《调度规程》,8月21日起水库蓄水位可以向后汛期汛限水位过渡。2007—2015年小浪底水库8月下旬库水位均超过前汛期汛限水位,库水位相对较高。因此,8月21日之后,水库排沙机会较少。

根据水库实际运用情况,表1-10统计了小浪底水库2007—2015年汛期不同时段进出库沙量及排沙情况。可以得到,汛期*年均进出库沙量分别为1.843亿t、0.310亿t,其中前汛期年均进出库沙量分别为0.993亿t、0.229亿t,分别占汛期*进出库沙量的50.5%、96.5%。前汛期排沙量占汛期*排沙总量的96.5%,说明该时段是汛期排沙的主要时段。

虽然前汛期是水库的主要排沙时段,但该时段排沙比仅为32.1%,而该时段入库沙量占汛期*入库沙量的50.5%,因此汛期*排沙比不高,仅16.8%。要想提高汛期*排沙效果,需要提高前汛期排沙比。

表 1-10　2007—2015 年不同时段进出库沙量及排沙比

年份	入库			出库			排沙比(%)	
	汛期*沙量(亿 t)	前汛期沙量(亿 t)	前汛期占汛期*(%)	汛期*沙量(亿 t)	前汛期沙量(亿 t)	前汛期占汛期*(%)	汛期*	前汛期
2007	2.448	1.191	48.7	0.471	0.456	96.8	19.2	38.3
2008	0.533	0.138	25.9	0	0	—	0	0
2009	1.433	0.179	12.5	0	0	—	0	0
2010	3.086	1.993	64.6	0.808	0.755	93.4	26.2	37.9
2011	1.475	0.056	3.8	0	0	—	0	0
2012	2.877	1.439	50.0	0.719	0.693	96.4	25.0	48.2
2013	3.571	2.959	82.9	0.788	0.785	99.6	22.1	26.5
2014	0.753	0.040	5.3	0	0	—	0	0
2015	0.412	0.389	94.4	0	0	—	0	0
平均	1.843	0.993	50.5	0.310	0.229	96.5	16.8	32.1

三、2007 年以来水库运用

2007 年以来，以满足黄河下游防洪、减淤、防凌、防断流以及供水等为主要目标，小浪底水库进行了防洪和春灌蓄水、调水调沙及供水等一系列调度(见图 1-5)。小浪底水库运用一般可划分为三个时段：

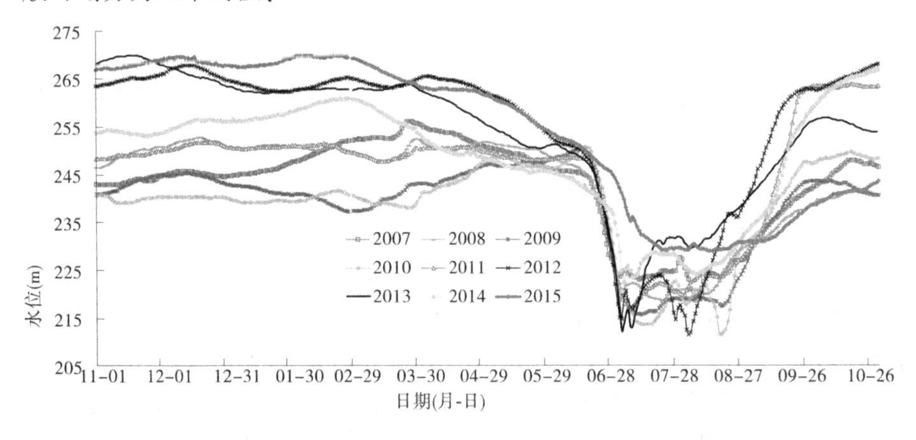

图 1-5　2007—2015 年小浪底库水位

第一阶段一般为当年 11 月 1 日至次年汛前调水调沙前，该期间又可分为防凌、春灌蓄水期和春灌泄水期，其间水位整体变化不大，水库主要任务是保证黄河下游工农业生产、城市生活及生态用水，水库向下游补水。

第二阶段为汛前调水调沙生产运行期，一般从 6 月下旬至 7 月上旬。该阶段调水调沙生产运行又可分为两个时段，第一时段为小浪底水库清水下泄阶段，其间库水位大幅度下降;第二时段为小浪底水库排沙阶段。

第三阶段为防洪运用以及水库蓄水,一般从 7 月中旬至 10 月。前汛期,由于受汛前调水调沙的影响,初期水位一般较低,汛前调水调沙结束水库蓄水,水位逐渐靠近汛限水位。在利用洪水进行汛期调水调沙的 2007 年、2010 年以及 2012 年,前汛期进行过降低水位排沙,其他年份水库蓄水至汛限水位附近后基本维持在汛限水位附近。调水调沙调度期最低水位均出现在前汛期之间,前汛期最高水位为 235.12 m(2013 年),见表 1-11。依据《调度规程》,8 月 21 日起水库蓄水位可以向后汛期汛限水位过渡,库水位持续抬升。2007 年以来,8 月下旬库水位均超过前汛期汛限水位。

表 1-11　2007—2015 年小浪底水库汛期不同时段水位特征参数

年份	前汛期汛限水位(m)	超汛限水位日期(月-日)	7 月 11 日至 9 月 30 日				前汛期最高水位(m)
			最高水位		最低水位		
			水位(m)	出现日期(月-日)	水位(m)	出现日期(月-日)	
2007	225	08-22	242.04	09-30	218.83	08-07	227.74
2008	225	08-22	238.70	09-30	218.80	07-23	224.10
2009	225	08-30	243.57	09-30	215.84	07-13	219.50
2010	225	08-26	247.62	09-27	211.60	08-19	222.66
2011	225	08-24	263.26	09-30	218.98	07-11	224.32
2012	230	08-18	262.92	09-28	211.59	08-04	233.21
2013	230	08-09	256.04	09-30	216.97	07-11	235.12
2014	230	08-26	258.66	09-30	224.14	08-08	228.67
2015	230	08-14	238.60	09-30	229.12	08-14	233.98

2007 年以来,小浪底水库汛期最高水位达到 268.09 m(2012 年 10 月 31 日),最高水位 241.60 m(2008 年 10 月 19 日);非汛期最高水位达到 270.04 m(2013 年 11 月 19 日),最低水位 225.10 m(2008 年 6 月 30 日),见表 1-12。

表 1-12　2007—2015 年小浪底水库特征水位

年份	汛限水位(m)	汛期				非汛期			
		最高水位(m)	日期(月-日)	最低水位(m)	日期(月-日)	最高水位(m)	日期(月-日)	最低水位(m)	日期(月-日)
2007	225	248.01	10-19	218.83	08-07	256.15	03-27	226.79	06-30
2008	225	241.60	10-19	218.80	07-22	252.90	12-20	225.10	06-30
2009	225	243.61	10-01	215.84	07-13	250.23	06-16	226.09	06-30
2010	225	249.70	10-18	211.60	08-19	250.84	06-18	230.56	06-30
2011	225	263.94	10-18	215.39	07-04	251.90	12-25	228.19	06-30
2012	230	268.09	10-31	211.59	08-04	267.90	12-16	226.18	06-30
2013	230	256.83	10-07	212.19	07-04	270.04	11-19	228.25	06-30
2014	230	266.86	10-31	222.51	07-05	260.86	02-24	236.62	06-30
2015	230	244.32	07-01	229.12	08-14	269.91	02-09	245.08	06-30

四、2007年以来水库淤积形态

图1-6、图1-7给出了2007年以来小浪底水库干流淤积纵剖面及三角洲顶点变化过程。2007—2012年,小浪底水库干流淤积三角洲顶点不断向坝前推进,顶点高程不断下降,其中2007—2009年三角洲洲面不断抬升;2010—2012年调水调沙期,由于运用水位相对较低,三角洲洲面冲刷剧烈,洲面高程逐渐下降。2012年以后,三角洲顶点不断抬升并且向上游移动,三角洲洲面逐渐抬高。至2015年汛后,淤积三角洲顶点位于距坝16.39 km的HH11断面,三角洲顶点高程222.35 m,坝前淤积面高程约185.32 m。

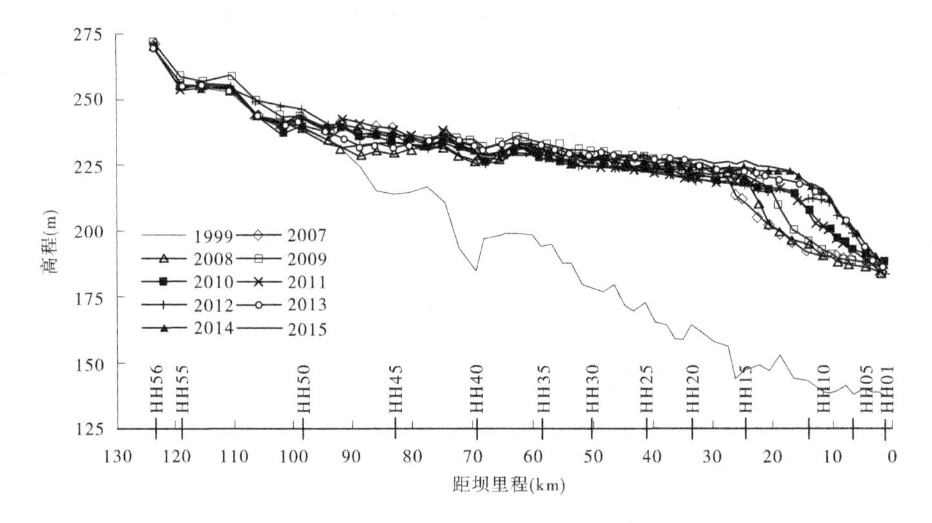

图1-6 2007年以来小浪底水库干流淤积纵剖面

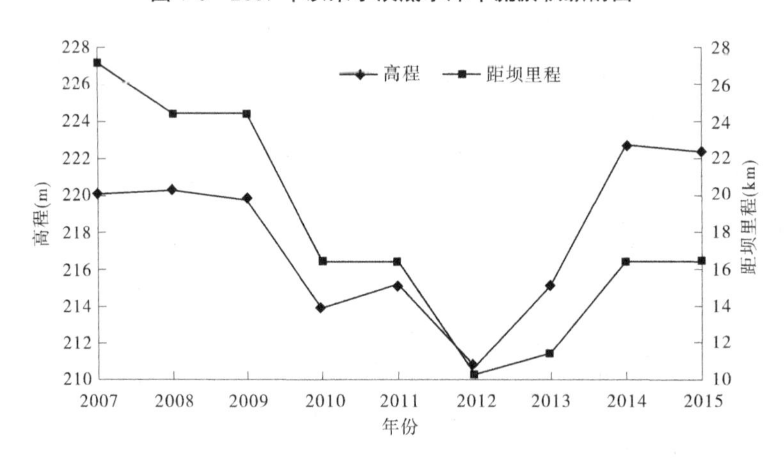

图1-7 2007年以来小浪底水库淤积三角洲顶点及高程变化

第二章　水库排沙影响因素分析

一、洪水期水库排沙影响因素

小浪底水库汛期排沙效果与入库水沙、水库调度、边界条件等因素密切相关。表 2-1、表 2-2 给出了 2007—2015 年汛期 5 场洪水排沙的相关参数。

表 2-1　2007—2015 年洪水期间特征参数

年份			2007	2010	2010	2012	2013
时段(月-日)			07-29—08-08	07-24—08-03	08-11—08-21	07-24—08-06	07-11—08-05
历时(d)			11	11	11	14	26
三门峡水文站	水量(亿 m^3)		13.008	13.275	15.456	23.337	59.556
	沙量(亿 t)		0.834	0.901	1.092	1.152	2.673
	流量(m^3/s)	最大值	2 150.0	2 380.0	2 280.0	3 530.0	4 740.0
		平均值	1 368.7	1 396.8	1 626.3	1 929.3	2 651.2
	含沙量(kg/m^3)	最大值	171.00	183.00	208.00	103.00	164.00
		平均值	64.12	67.87	70.67	49.38	44.89
小浪底水文站	水量(亿 m^3)		19.739	14.376	19.824	30.491	48.127
	沙量(亿 t)		0.426	0.258	0.508	0.660	0.756
	滞留沙量(亿 t)		0.408	0.643	0.584	0.492	1.917
	流量(m^3/s)	最大值	2 930.0	2 140.0	2 650.0	3 100.0	3 590.0
		平均值	2 076.9	1 512.6	2 085.8	2 520.7	2 142.4
	含沙量(kg/m^3)	最大值	74.59	45.40	41.20	41.40	34.20
		平均值	21.56	17.93	25.61	21.657	15.70
小浪底水库库区	三角洲顶点	距坝里程(km)	33.48	24.43	24.43	16.93	10.32
		高程(m)	221.94	219.61	219.61	214.16	208.91
	三角洲比降(‰)	顶坡段	2.63	2.04	2.04	3.46	3.46
		前坡段	16.48	22.10	22.10	20.58	30.32
	水位(m)	最小值	218.83	217.53	211.60	211.59	216.97
		最大值	227.74	222.66	221.66	222.71	231.99
		洪水前	224.85	217.53	221.58	222.71	216.97
		洪水后	219.73	217.99	212.65	214.31	229.59
	最大回水距坝(km)		52.35	34.15	33.70	46.32	71.70
	洲面最大明流壅水输沙距离(km)		18.87	9.72	9.27	29.39	61.38
小浪底水库排沙比(%)			51.02	28.61	46.48	57.29	28.28

表 2-2　2007—2015 年洪水期小浪底入库输沙率大于 100 t/s 时的特征参数

年份		2007	2010	2010	2012	2013
时段(月-日)		07-29—31	07-26—29	08-12—16	07-24、07-29—08-01	07-14—15、07-19—20、07-23—30
历时(d)		3	4	5	4	12
水量（亿 m^3）	入库	5.31	7.52	7.38	11.15	34.58
	出库	5.00	6.14	10.20	11.95	26.80
	蓄泄量	0.31	1.38	-2.82	-0.80	7.78
沙量（亿 t）	入库	0.672	0.868	0.965	0.841	2.135
	出库	0.231	0.218	0.303	0.348	0.480
	冲淤量	0.441	0.650	0.662	0.493	1.655
水库排沙比(%)		34.4	25.1	31.4	41.4	22.5
入库沙量占整场洪水入库沙量比例(%)		80.6	96.3	88.4	73.0	79.9
滞留量占整场洪水比例(%)		108.1	101.1	113.4	100.2	86.3
排沙水位(m)		226.37	222.01	219.49	217.80	230.07
回水距坝(km)		43.85	33.94	24.23	31.12	58.00
洲面明流壅水输沙距离(km)		10.37	9.51	0	14.70	47.68
水位与三角洲顶点高差(m)		4.43	2.40	-0.12	3.64	21.16

2007 年 7 月 29 日至 8 月 8 日与 2010 年 7 月 24 日至 8 月 3 日，入库水量、沙量相差不大，前者最大回水范围 52.35 km，明显大于后者 34.15 km，前者出库沙量和排沙比分别为 0.426 亿 t、51.02%，而后者分别为 0.258 亿 t、28.61%，前者明显大于后者。分析发现，输沙率大于 100 t/s 期间入库沙量占整场洪水入库沙量比例较大，两者分别为 80.6%、96.3%。在此期间，虽然前者排沙水位与三角洲顶点高差 4.43 m 大于后者 2.40 m，但在洪水过程中前者蓄水 0.31 亿 m^3，明显小于后者蓄水 1.38 亿 m^3，水库蓄水使得运行至坝前的浑水大量滞留，泥沙落淤，影响了排沙效果。两场洪水在入库输沙率大于 100 t/s 期间滞留泥沙分别为 0.441 亿 t、0.650 亿 t，排沙比分别为 34.4%、25.1%，前者排沙效果优于后者。

对比 2010 年 7 月 24 日至 8 月 3 日与 8 月 11—21 日两场洪水可以发现，在地形条件相差不大，后者入库水量、沙量相对大一些的情况下，两个时段出库沙量分别为 0.258 亿 t、0.508 亿 t，排沙比分别为 28.61%、46.48%，后者排沙效果明显优于前者。分析发现，输沙率大于 100 t/s 期间入库沙量占整场洪水入库沙量比例较大，两个时段分别为 96.3%、88.4%。在此期间，后者排沙水位低于三角洲顶点 0.12 m，水库泄量大于入库；而前者排沙水位高于三角洲顶点 2.40 m,水库处于蓄水状态,泥沙落淤严重。入库输沙率大于 100 t/s 期间两场洪水排沙比分别为 25.1%、31.4%,后者排沙效果优于前者。

总体来看,虽然 2010 年 8 月 11—21 日洪水排沙效果优于 7 月 24 日至 8 月 3 日,入库输沙率大于 100 t/s 期间水库泄量大于入库,但在入库输沙率达到最大值 368 t/s 的 8 月 12 日,进出库流量分别为 1 770 m^3/s、1470 m^3/s,库区滞留沙量 0.307 亿 t。

2013 年 7 月 11 日至 8 月 5 日入库水量、沙量为这 5 次洪水中最大,水量为 59.556 亿 m^3,沙量为 2.673 亿 t。输沙率大于 100 t/s 的水流入库期间,小浪底水库处于持续蓄水状态,蓄水量达到 7.78 亿 m^3;水位高达 230.07 m,库区三角洲顶坡段壅水明流输沙距离达到 47.68 km,洲面泥沙落淤严重,滞留沙量 1.655 亿 t,排沙比 22.5%。由于本场洪水入库沙量大,排沙量也比较大,为 0.756 亿 t,但排沙比仅 28.28%,为这 5 场洪水中最小值。

2012 年 7 月 24 日至 8 月 6 日洪水,是这几次洪水过程中排沙效果最好的,出库沙量 0.660 亿 t,排沙比为 57.29%。分析发现,输沙率大于 100 t/s 的水流入库期间,水库整体下泄水量大于入库水量,水库补水 0.80 亿 m^3,滞留沙量 0.493 亿 t,排沙比 41.4%,而且本场洪水中后期,水库运用水位持续降低,提高了排沙效果。虽然如此,7 月 24 日入库输沙率为 254.4 t/s,而出库为 0,造成库区滞留泥沙 0.220 亿 t,这也使入库输沙率大于 100 t/s 的水流的排沙效果受到影响,从而也影响到整场洪水的排沙效果。

分析以上 5 场洪水过程及水库调度情况可以发现,洪水初期,入库沙量较大,一般占整场洪水沙量的 80%以上。而在此期间,5 场洪水排沙调度均存在库水位相对较高、下泄流量小于入库的现象。水位较高意味着高含沙洪水运行至坝前时壅水输沙距离较长,下泄流量小于入库说明运行至坝前的高含沙洪水不能及时排泄出库,这种调度大大降低了水库排沙效果,从而使整场洪水的排沙效果受到影响。入库输沙率大于 100 t/s 期间,5 场洪水滞留沙量均较大,占整场洪水滞留沙量的 86%以上,而此期间,水库排沙比较小,最大为 41.4%。

二、汛前调水调沙水库排沙影响因素

汛前调水调沙期间,小浪底水库人工塑造异重流一般分两个阶段:第一阶段为小浪底库水位降至对接水位,三门峡水库下泄清水过程,对小浪底水库回水末端以上的淤积物进行冲刷,使得水流含沙量增加,浑水进入小浪底水库回水末端形成异重流并向库区下游运行。该阶段小浪底水库异重流运行及排沙情况主要取决于三门峡水库的前期蓄水量与泄流过程、潼关断面来水过程、小浪底水库对接水位、前期地形条件以及淤积物组成。

第二阶段为三门峡水库水位降至对接水位,万家寨水库下泄流量过程进入三门峡水库,在三门峡水库产生溯源冲刷和沿程冲刷,产生高含沙水流进入小浪底水库,为第一阶段形成的异重流提供后续动力。该阶段小浪底水库排沙及异重流运行情况主要取决于潼关来水情况、三门峡水库控制水位及小浪底水库运用水位。

由于受入库水沙条件、边界条件等因素的影响,汛前调水调沙期间,各年排沙效果差别较大。如 2013 年,小浪底出库沙量为 0.632 亿 t,排沙比为 164.4%,而 2004 年、2005 年、2009 年和 2015 年小浪底出库沙量和排沙比均较小,出库沙量最小为 0.020 亿 t,排沙比最小为 4.4%。

(一)异重流排沙第一阶段

小浪底水库汛前调水调沙异重流第一阶段的异重流排沙主要取决于三门峡水库的前期蓄水量与泄流过程、潼关断面来水、小浪底水库对接水位、前期地形条件以及淤积物组成。

汛前调水调沙期小浪底水库排出的泥沙主要由两部分组成,一是异重流第一阶段排出的三门峡水库冲刷进入小浪底水库库区的淤积物,二是异重流第二阶段排出的三门峡水库下泄的泥沙。两个阶段排出的泥沙与整个排沙期沙量密切相关。图 2-1 给出了汛前调水调沙期水库排沙比与异重流第一阶段出库沙量的关系。汛前调水调沙期水库排沙比与第一阶段出库沙量呈正相关关系,即随着出库沙量的增加,水库排沙比增加。

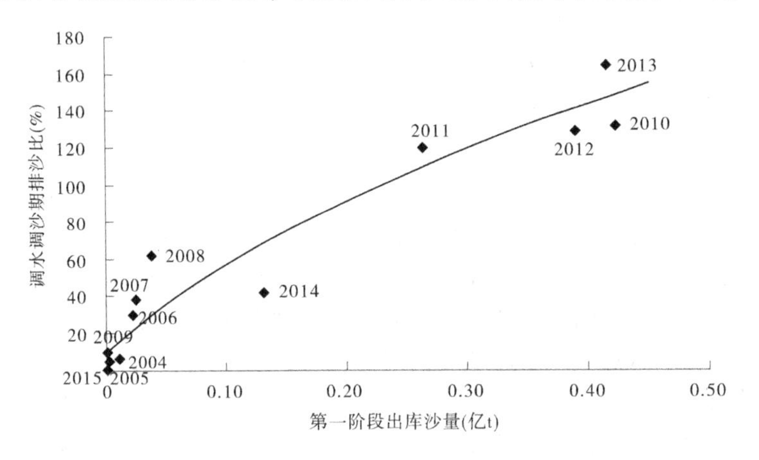

图 2-1 汛前调水调沙期水库排沙比与异重流第一阶段出库沙量的关系

汛前调水调沙人工塑造异重流期间,小浪底水库库区输沙流态一般分为明流均匀流输沙、壅水明流输沙和异重流输沙三种。排沙期水库回水长度是影响水库排沙的关键因素。三门峡水库下泄清水期间,小浪底水库回水长度越长,越增加壅水明流的输沙距离,弱化异重流潜入条件,加长异重流输沙距离,从而减小水库排沙效果,甚至不能排沙出库。图 2-2 给出了汛前调水调沙期异重流排沙第一阶段出库沙量与对接水位对应的回水长度的关系。

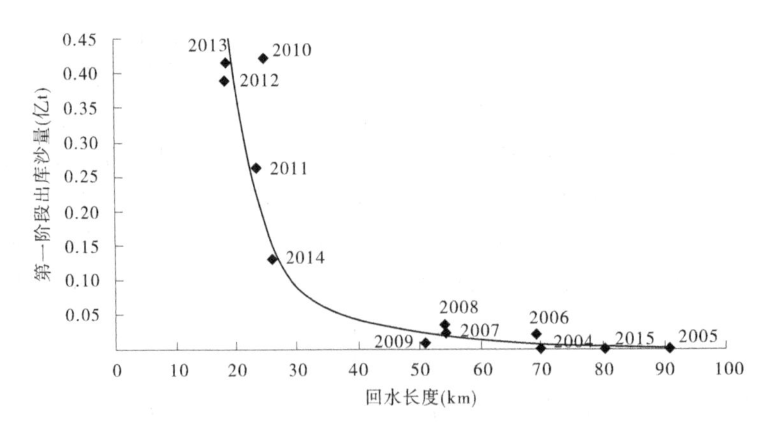

图 2-2 第一阶段出库沙量与回水长度(对接水位)的关系

异重流排沙第一阶段排出的泥沙为小浪底水库库区前期淤积物,因此第一阶段出库沙量不仅与回水长度有关系,还与前期地形条件密切相关。而淤积物分布能够很清楚地展现地形情况,回水以上淤积量能够很好地反映异重流排沙第一阶段小浪底水库库区可冲刷的淤积物。图 2-3 给出了汛前调水调沙期异重流第一阶段出库沙量与回水以上淤积量的关系,随着淤积量的增加,第一阶段出库沙量增加。

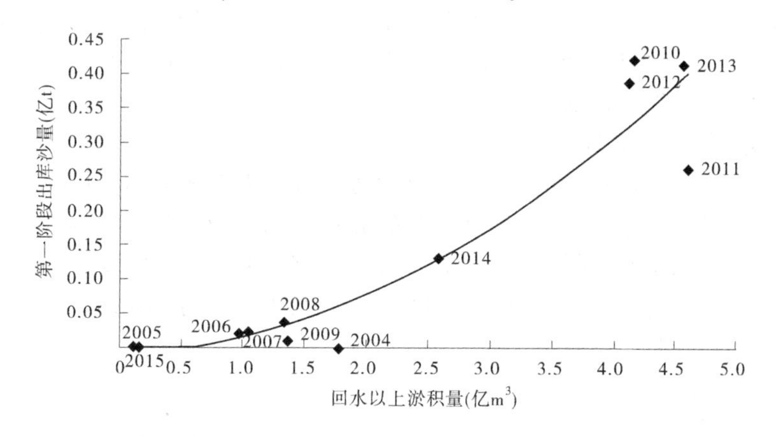

图 2-3　第一阶段出库沙量与回水以上淤积量的关系

除受回水长度、地形条件影响外,异重流第一阶段排沙还与来水密切相关。一般情况下,随入库水量增加,出库沙量增加。表 2-3 给出了汛前调水调沙第一阶段排沙相关参数。在回水长度与回水以上淤积量相当的 2007 年、2008 年与 2009 年,以及 2012 年与 2013 年,随着入库水量的增加,出库沙量增加。还可以得到,出库沙量大于 0. 1 亿 t 的年份入库水量均在 3. 4 亿 m^3 以上。

表 2-3　汛前调水调沙第一阶段排沙相关参数

年份	回水长度(km)	回水以上淤积量(亿 m^3)	第一阶段入库水量(亿 m^3)	第一阶段出库沙量(亿 t)
2004	69. 6	1. 779	3. 64	0. 001
2005	90. 7	0. 113	1. 89	0. 002
2006	68. 9	0. 959	3. 71	0. 022
2007	54. 1	1. 035	1. 77	0. 025
2008	53. 7	1. 330	2. 03	0. 038
2009	50. 7	1. 366	1. 37	0. 011
2010	24. 5	4. 151	3. 43	0. 422
2011	23. 3	4. 598	3. 61	0. 263
2012	18. 3	4. 108	4. 65	0. 390
2013	18. 5	4. 559	6. 56	0. 416
2014	25. 6	2. 569	3. 74	0. 132
2015	80. 23	0. 150	4. 02	0

因此,要想异重流排沙第一阶段取得较好的效果,除减少壅水输沙距离、增大回水以

上淤积量外,还要尽可能增加第一阶段入库水量。

在入库水量相近的2004年、2006年、2010年、2011年、2014年与2015年,回水距离越短,回水以上淤积量越大,第一阶段出库沙量越大。对比2010年与2011年可以发现,两年的对接水位对应的回水距离、回水以上淤积量以及入库水量相近,但出库沙量相差较大。分析水位变化过程发现,2010年第一阶段平均水位与对接水位比较接近,仅相差0.28 m,平均水位对应的回水距离变化不大,而2011年第一阶段平均水位高于对接水位1.36 m,平均水位对应的回水距离增加较大,回水距离由23.3 km增加至31.85 km,壅水输沙距离增大,导致排沙效果降低。

(二)异重流排沙第二阶段

汛前调水调沙异重流排沙第二阶段小浪底水库排沙及异重流运行情况主要取决于三门峡水库泄空后的潼关来水过程、三门峡水库控制水位以及小浪底水库运用水位。

图2-4给出了汛前调水调沙期水库排沙比与异重流第二阶段排沙比的关系。汛前调水调沙期水库排沙比与第二阶段排沙比也呈一定的正相关关系,即随着第二阶段排沙比的增加,调水调沙期排沙比增加。

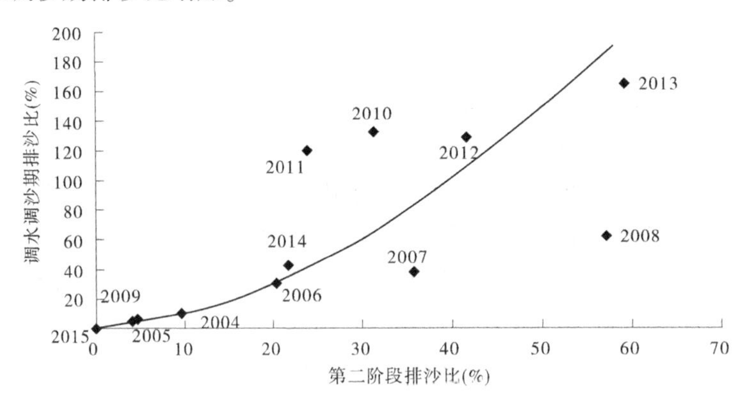

图2-4 汛前调水调沙期水库排沙比与第二阶段排沙比的关系

在三门峡水库排沙阶段,回水距离过长同样会增加壅水明流的输沙距离,延长异重流运移距离,最终减小水库排沙比或使异重流中途停滞。图2-5给出了汛前调水调沙期异重流排沙第二阶段排沙比与回水长度的关系。与第一阶段相似,第二阶段排沙比与回水长度呈负相关关系,即随着回水长度增加,排沙比减少。当回水长度超过42 km时,排沙比均低于20%,对应的出库沙量均小于0.05亿t。

图2-6点绘了汛前调水调沙期异重流排沙第二阶段出库沙量与第二阶段入库水量的关系。随入库水量增加,出库沙量增加。在排沙比大于20%且出库沙量大于0.05亿t的年份,入库水量一般均在2.5亿m^3以上。

异重流排沙第二阶段排出的泥沙主要为冲刷三门峡水库库区淤积物形成的含沙水流,因此第二阶段排沙比与入库沙量有较大关系。图2-7点绘了第二阶段排沙比与入库沙量的关系。除个别年份外,随着入库沙量的增加,第二阶段排沙比增加。2004年、2005年与2015年,由于回水距离较长,回水对排沙的影响远远超过其他因素,因此排沙比较小,与之相反的是2013年,回水较短,排沙比较高;2009年和2014年,第二阶段较大流量历时相对较短,致使出库沙量和排沙比相对较小。

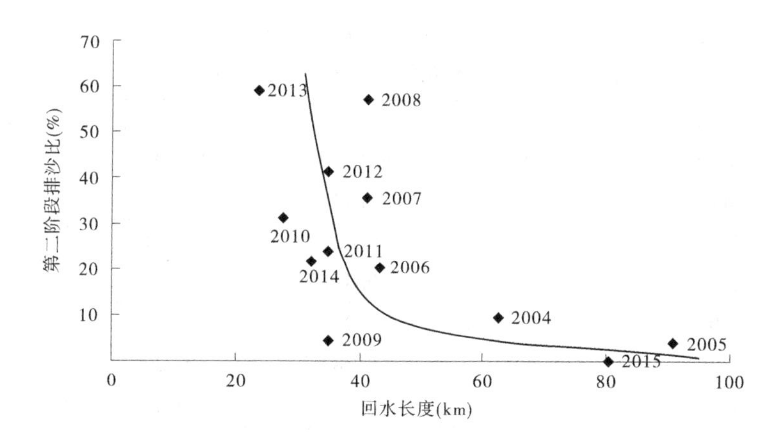

图 2-5　第二阶段排沙比与回水长度的关系

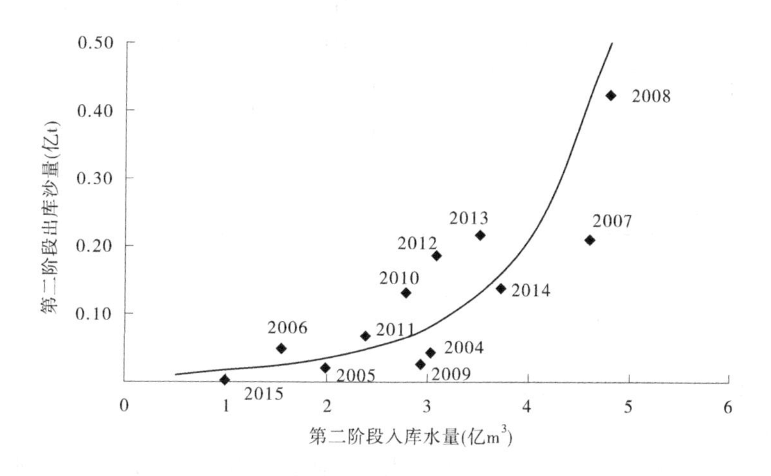

图 2-6　第二阶段出库沙量与入库水量的关系

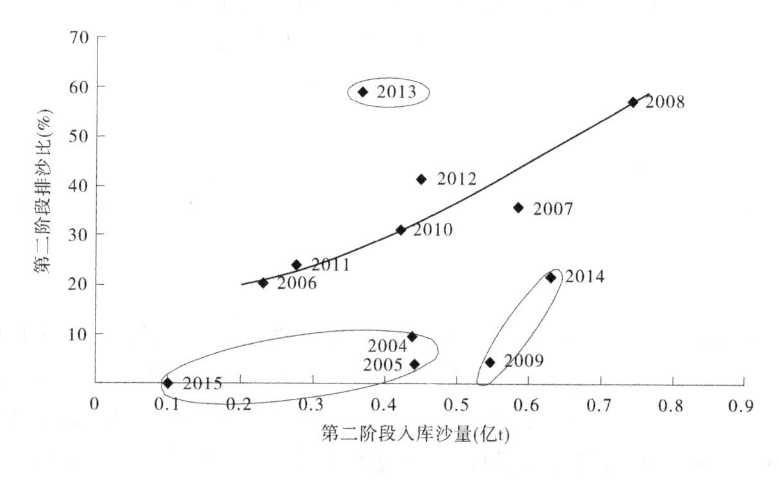

图 2-7　第二阶段排沙比与入库沙量关系

表 2-4 给出了汛前调水调沙第二阶段排沙相关参数。在第二阶段取得一定排沙效果的年份(排沙比大于 20%,或者出库沙量大于 0.05 亿 t),运用水位对应的回水长度均小

于 42 km，入库水量均大于 2.5 亿 m^3，入库沙量均在 0.25 亿 t 以上。

表 2-4　汛前调水调沙第二阶段排沙相关参数

年份	第二阶段回水长度（km）	第二阶段入库水量（亿 m^3）	第二阶段入库沙量（亿 t）	第二阶段出库沙量（亿 t）	第二阶段排沙比（%）
2004	62.49	3.02	0.436	0.042	9.6
2005	90.70	1.99	0.441	0.018	4.1
2006	42.96	1.55	0.230	0.047	20.4
2007	41.10	4.60	0.583	0.209	35.8
2008	41.10	4.80	0.741	0.424	57.2
2009	34.80	2.94	0.545	0.025	4.6
2010	27.19	2.78	0.418	0.131	31.3
2011	34.80	2.38	0.275	0.066	24.0
2012	34.80	10.50	0.448	0.186	41.5
2013	23.30	3.51	0.365	0.216	59.2
2014	31.85	3.72	0.629	0.137	21.8
2015	80.23	0.99	0.099	0	0

三、水库排沙规律分析

（一）分组泥沙与全沙排沙关系

1. 水库运用年

图 2-8 给出了 2000—2015 年全沙排沙比与分组泥沙排沙比（分组泥沙排沙比是指各分组泥沙的出库沙量占该分组泥沙入库沙量的百分数的）的关系。随着全沙排沙比的增加，各分组泥沙的排沙比也在增大。其中，细泥沙排沙比增大最快，中泥沙次之，粗泥沙增量缓慢。因此，要想减小库区细泥沙淤积量，需提高水库排沙效果。

图 2-9 给出了出库分组泥沙含量（出库分组泥沙含量是指各分组泥沙的出库沙量占总出库沙量的百分数）与全沙排沙比的关系。可以看出，随着全沙排沙比的增大，出库细泥沙含量呈减少的趋势，中泥沙和粗泥沙所占比例有所增大，当排沙比超过某一范围时，分组泥沙比例趋于稳定。

2. 洪水时段

小浪底水库运用以来，主要排沙形式为异重流排沙或异重流形成的浑水水库排沙。这里涉及的洪水时段包括人造洪水和自然洪水。2004—2015 年汛前调水调沙累计入库沙量 5.292 亿 t，出库沙量 3.224 亿 t，水库排沙比为 60.9%，其中细泥沙排沙比为 123.8%。2007—2014 年汛期洪水期间，进行过 5 次排沙调度，累计入库沙量 4.001 亿 t，出库沙量 1.864 亿 t，水库排沙比为 46.6%，其中细泥沙排沙比为 73.1%，见表 2-5。

根据洪水时段排沙资料，点绘了小浪底水库分组泥沙排沙比与全沙排沙比的关系，见图 2-10，可以看出，随着全沙排沙比的增加，分组泥沙的排沙比也在增大，其中细泥沙排沙

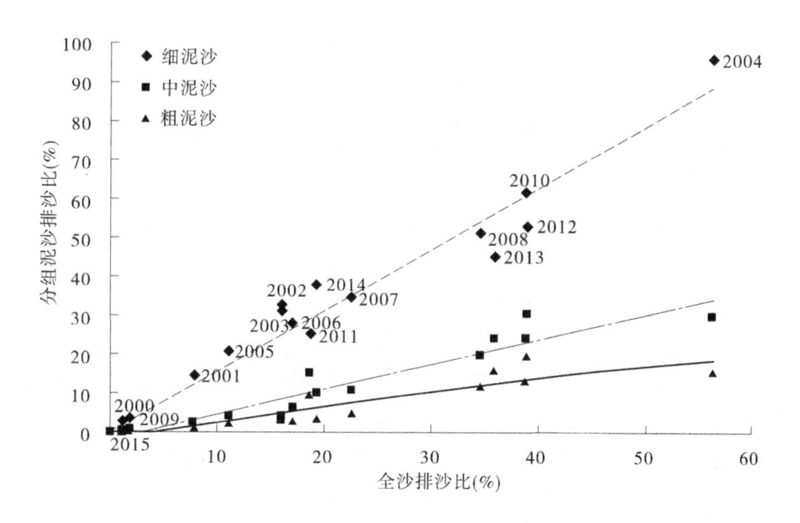

图 2-8 2000—2015 年全沙排沙比与分组泥沙的关系

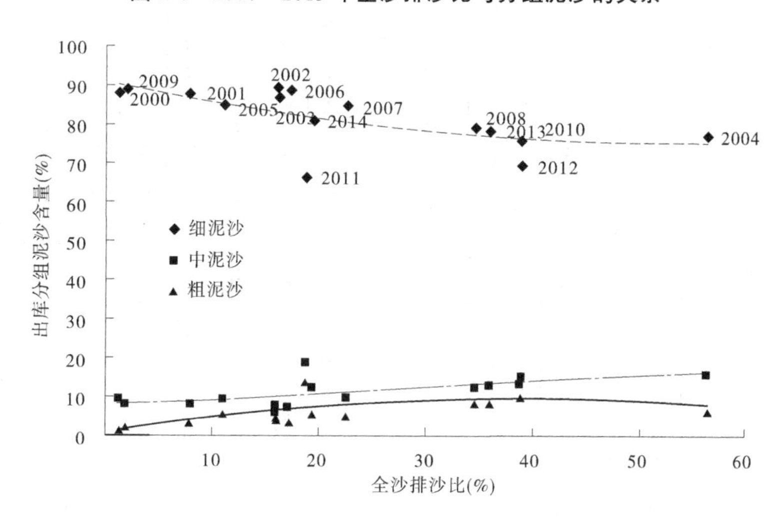

图 2-9 2000—2015 年出库分组泥沙含量与全沙排沙比的关系

比增大最快,中泥沙次之,粗泥沙增量缓慢。

图 2-11 给出了洪水期出库分组泥沙含量与全沙排沙比的关系。洪水期随着出库排沙比的增大,细泥沙所占的含量有减少的趋势,中泥沙和粗泥沙所占比例有所增大。

(二)排沙比与回水长度之间的关系

调水调沙期间,小浪底水库库区水流输沙流态一般分为明流均匀流输沙、壅水明流输沙和异重流输沙三种。水库回水长度是影响水库排沙的关键因素。图 2-12 点绘了 2004—2015 年调水调沙期小浪底水库排沙比与水库回水长度之间的关系。水库排沙比与回水长度呈负相关关系。也就是说,在调水调沙期,小浪底水库回水长度越长,越会减少明流段的冲刷量,增加壅水明流的输沙距离,弱化异重流潜入条件,加长异重流输沙距离,从而减小水库排沙比,降低水库排沙效果,甚至不能排沙出库。

表 2-5　小浪底水库 2004—2015 年调水调沙期排沙量

汛前/汛期	年份	时段（月-日）	入库沙量(亿 t)				出库沙量(亿 t)				排沙比(%)				出库分组泥沙百分数(%		
			全沙	细泥沙	中泥沙	粗泥沙	全沙	细泥沙	中泥沙	粗泥沙	全沙	细泥沙	中泥沙	粗泥沙	细泥沙	中泥沙	粗泥沙
汛前调水调沙	2004	06-19—07-13	0.436	0.148	0.152	0.136	0.042	0.038	0.003	0.001	9.9	26.0	2.2	1.0	88.4	7.0	2.3
	2005	06-09—07-01	0.457	0.167	0.129	0.160	0.020	0.019	0.001	0	4.4	11.2	0.9	0.3	95.0	5.0	0
	2006	06-09—06-29	0.230	0.099	0.058	0.073	0.068	0.059	0.006	0.003	29.9	59.8	11.1	4.3	86.8	8.8	4.4
	2007	06-19—07-03	0.621	0.247	0.170	0.204	0.234	0.202	0.023	0.009	37.7	81.9	13.5	4.5	86.3	9.8	3.9
	2008	06-19—07-03	0.741	0.239	0.208	0.294	0.462	0.361	0.057	0.044	62.3	151.1	27.4	15.0	78.2	12.3	9.5
	2009	06-19—07-03	0.545	0.147	0.154	0.244	0.036	0.032	0.003	0.001	6.6	21.8	1.9	0.4	89.2	8.0	2.8
	2010	06-19—07-08	0.418	0.126	0.117	0.175	0.553	0.356	0.094	0.103	132.3	282.7	80.5	58.9	64.3	17.0	18.7
	2011	06-19—07-08	0.275	0.114	0.065	0.096	0.330	0.219	0.063	0.048	119.8	191.2	97.3	49.7	66.4	19.1	14.5
	2012	06-19—07-12	0.448	0.142	0.097	0.209	0.577	0.296	0.129	0.152	128.8	208.6	132.6	72.7	51.3	22.4	26.3
	2013	06-19—07-09	0.384	0.146	0.087	0.151	0.632	0.419	0.124	0.089	164.4	286.6	143.3	58.6	66.3	19.7	14.0
	2014	06-29—07-09	0.636	0.174	0.185	0.277	0.270	0.218	0.035	0.017	42.3	125.0	18.6	6.1	80.9	12.8	6.3
	2015	06-29—07-12	0.101	0.043	0.024	0.035	0	0	0	0	0	0	0	0	0	0	0
	合计		5.292	1.792	1.446	2.054	3.224	2.219	0.538	0.467	60.9	123.8	37.2	22.7	68.8	16.7	14.5
汛期调水调沙	2007	07-29—08-07	0.828	0.442	0.160	0.226	0.426	0.356	0.045	0.025	51.4	80.5	28.1	10.9	83.6	10.6	5.8
	2010	07-24—08-03	0.901	0.411	0.183	0.307	0.258	0.212	0.029	0.016	28.6	51.6	15.9	5.3	82.4	11.3	6.3
	2010	08-11—08-21	1.092	0.581	0.217	0.294	0.508	0.429	0.057	0.022	46.5	73.8	26.4	7.4	84.4	11.3	4.3
	2012	07-23—07-28	0.380	0.186	0.080	0.114	0.124	0.105	0.013	0.007	32.7	56.4	15.7	5.8	84.6	10.1	5.3
	2012	07-29—08-08	0.800	0.503	0.125	0.172	0.548	0.449	0.063	0.036	68.5	89.4	50.2	20.7	82.0	11.5	6.5
	合计		4.001	2.123	0.765	1.113	1.864	1.551	0.207	0.106	46.6	73.1	27.0	9.5	83.2	11.1	5.7

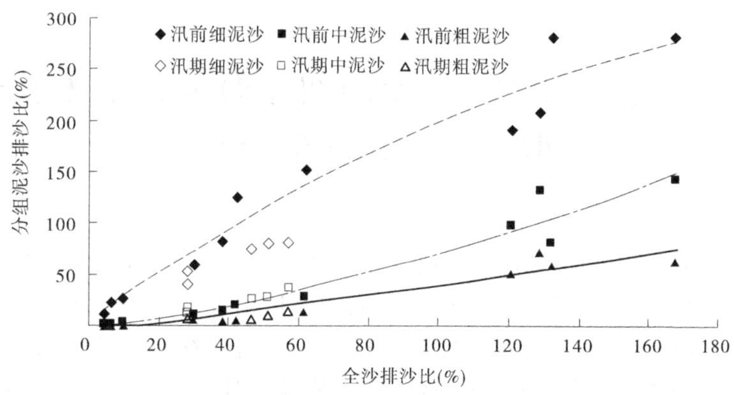

图 2-10　洪水期全沙排沙比与分组泥沙排沙比的关系

图 2-11 给出了洪水期出库分组泥沙含量与全沙排沙比的关系。洪水期随着出库排沙比的增大,细泥沙所占的含量有减少的趋势,中泥沙和粗泥沙所占比例有所增大。

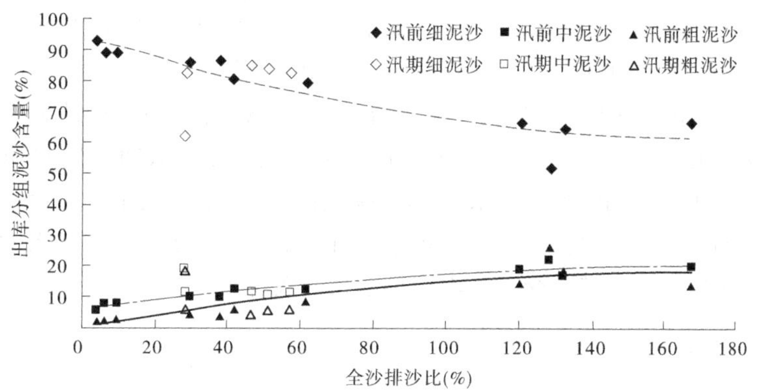

图 2-11　洪水期出库分组泥沙含量与全沙排沙比的关系

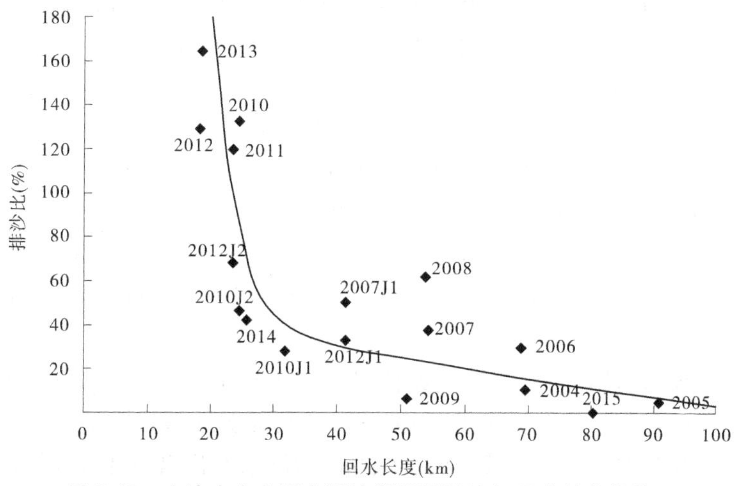

图 2-12　小浪底水库调水调沙期间排沙比与回水长度的关系

第三章 2007—2015年前汛期小浪底水库来水来沙分析

黄河勘测规划设计研究院有限公司在小浪底水库拦沙后期防洪减淤运用方式研究中，提出了拦沙后期减淤运用推荐方案。目前，水库运用进入拦沙后期第一阶段(拦沙初期结束至水库淤积量达到42亿 m^3 之前的时期)。根据推荐方案，拦沙后期减淤运用推荐方案第一阶段(7月11日至9月10日)，当入库流量加黑石关水文站和武陟水文站流量小于4 000 m^3/s 时，水库运用主要包括三种方式，即：①当水库可调节水量大于等于13亿 m^3 时，水库蓄满造峰，凑泄花园口水文站流量大于等于3 700 m^3/s。②当潼关站、三门峡站平均流量大于等于2 600 m^3/s 且水库可调节水量大于等于6亿 m^3 时，水库相机凑泄造峰，凑泄花园口水文站流量大于等于3 700 m^3/s。③当入库流量大于等于2 600 m^3/s，且入库含沙量大于等于200 kg/m^3 时，进入高含沙水流调度。

2007年以来，小浪底水库汛期排沙主要集中在前汛期，该期间排沙量占水库汛期排沙量的96.5%。由于受汛前调水调沙及水库调度的影响，前汛期初期水位一般相对较低，随着汛前调水调沙结束，水库蓄水，水位逐渐抬升并趋于汛限水位。该时期出现洪水时，适当降低水位调度将有利于水库排沙，减缓水库淤积。8月21日起水库蓄水位向后汛期汛限水位过渡，库水位持续抬升，水库排沙机会较少。

一、潼关水沙

根据小浪底水库拦沙后期防洪减淤运用方式研究成果，当潼关水文站、三门峡水文站平均流量大于等于2 600 m^3/s 且小浪底水库可调节水量大于等于6亿 m^3 时，小浪底水库相机凑泄造峰；当潼关流量大于等于2 600 m^3/s 且入库含沙量大于等于200 kg/m^3 时，进入高含沙水流调度；当预报花园口洪峰流量大于4 000 m^3/s 时，转入防洪运用；当小浪底水库可调节水量大于等于13亿 m^3 时，小浪底水库蓄满造峰。

图3-1给出了潼关2007—2015年前汛期流量、含沙量关系。潼关日均流量大于等于2 600 m^3/s 的洪水出现机会较少，仅2012年和2013年出现过，分别为4 d和9 d，共出现13 d(见表3-1、表3-2)。潼关流量大于2 600 m^3/s 时，含沙量一般不超过50 kg/m^3，最大含沙量为52.8 kg/m^3(2013年7月25日)。潼关流量大于等于4 000 m^3/s 的洪水仅2013年出现过1 d。

根据三门峡水库运用要求，当潼关站流量大于1 500 m^3/s 时，三门峡水库敞泄。由图3-1和表3-3可知，当潼关流量大于1 500 m^3/s 时，潼关含沙量一般较小。潼关流量大于等于1 500 m^3/s 且含沙量大于等于50 kg/m^3 的洪水共出现9 d，分别为2007年1 d、2010年4 d、2012年1 d、2013年3 d。除2013年7月25日潼关流量达到3 960 m^3/s，其他8 d潼关流量均介于1 500~2 600 m^3/s。

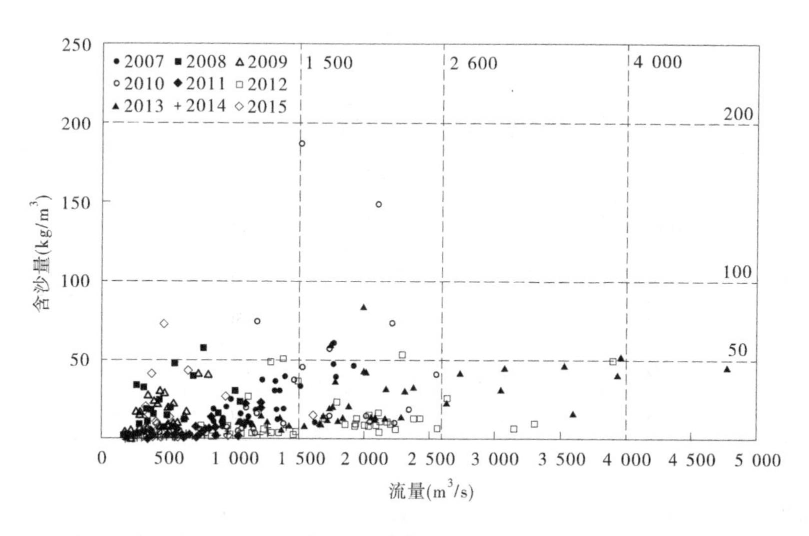

图 3-1　2007—2015 年前汛期潼关水文站流量、含沙量关系

表 3-1　2007—2015 年前汛期潼关不同流量、含沙量级天数

年份	$Q_{潼}$<1 500 m³/s			1 500 m³/s≤$Q_{潼}$<2600 m³/s			$Q_{潼}$≥2600 m³/s		
	天数(d)	$S_{潼}$≥50 kg/m³	$S_{潼}$≥100 kg/m³	天数(d)	$S_{潼}$≥50 kg/m³	$S_{潼}$≥100 kg/m³	天数(d)	$S_{潼}$≥50 kg/m³	$S_{潼}$≥100 kg/m³
2007	35	0	0	6	1	0	0	0	0
2008	41	1	0	0	0	0	0	0	0
2009	41	0	0	0	0	0	0	0	0
2010	30	1	0	11	4	2	0	0	0
2011	41	0	0	0	0	0	0	0	0
2012	16	1	0	21	1	0	4	0	0
2013	8	0	0	24	2	0	9	1	0
2014	41	0	0	0	0	0	0	0	0
2015	40	1	0	1	0	0	0	0	0

表 3-2　2007—2015 年前汛期潼关水文站 Q≥2 600 m³/s 的洪水参数

日期(年-月-日)	潼关			三门峡		
	流量(m³/s)	含沙量(kg/m³)	沙量(亿 t)	流量(m³/s)	含沙量(kg/m³)	沙量(亿 t)
2012-07-29	3 900	49.5	0.167	3 530	45.9	0.140
2012-08-01	2 640	26.6	0.061	2 100	56.7	0.103
2012-08-19	3 140	7.1	0.019	3 010	10.0	0.026
2012-08-20	3 310	10.2	0.029	3 510	19.5	0.059
2013-07-14	2 730	42.1	0.099	3 050	103.0	0.271

续表 3-2

日期（年-月-日）	潼关			三门峡		
	流量（m^3/s）	含沙量（kg/m^3）	沙量（亿 t）	流量（m^3/s）	含沙量（kg/m^3）	沙量（亿 t）
2013-07-20	2 630	23.7	0.054	2 470	55.9	0.119
2013-07-23	3 600	16.8	0.052	3 520	28.0	0.085
2013-07-24	4 780	46.2	0.191	4 740	42.0	0.172
2013-07-25	3 960	52.8	0.181	4 650	65.2	0.262
2013-07-26	3 930	41.2	0.140	3 650	71.2	0.225
2013-07-27	3 530	46.7	0.143	3 660	60.7	0.192
2013-07-28	3 050	32.0	0.084	3 300	35.5	0.101
2013-07-29	3 080	45.5	0.121	3 400	33.2	0.098

表 3-3　2007—2015 年前汛期潼关水文站 $Q \geqslant 1500\ m^3/s$ 且 $S \geqslant 50\ kg/m^3$ 的洪水参数

日期（年-月-日）	潼关			三门峡		
	流量（m^3/s）	含沙量（kg/m^3）	沙量（亿 t）	流量（m^3/s）	含沙量（kg/m^3）	沙量（亿 t）
2007-07-30	1 760	60.80	0.092	2 150	171.0	0.318
2010-07-26	2 100	149.05	0.270	2 150	147.0	0.273
2010-08-12	1 510	187.42	0.245	1 770	208.0	0.318
2010-08-14	2 210	74.21	0.142	1 920	102.0	0.169
2010-08-15	1 730	57.57	0.086	2 050	114.0	0.202
2012-07-30	2 290	53.28	0.105	3 260	88.7	0.250
2013-07-12	1 740	60.34	0.091	2 170	24.8	0.046
2013-07-18	1 990	83.92	0.144	2 450	34.2	0.072
2013-07-25	3 960	52.78	0.181	4 650	65.2	0.262

二、三门峡水沙

图 3-2 给出了 2007—2015 年前汛期三门峡水文站不同流量、含沙量级关系。三门峡日均流量大于等于 2 600 m^3/s 的洪水出现机会也不多，与潼关出现天数相同，分别为 2012 年 4 d，2013 年 9 d，共出现 13 d（见表 3-4）。三门峡流量大于 2 600 m^3/s 且含沙量超过 50 kg/m^3 的洪水出现 5 d，最大含沙量为 103 kg/m^3，未出现过流量大于等于 2 600 m^3/s 且含沙量大于等于 200 kg/m^3 的洪水，即未出现过满足高含沙水流调度的水沙过程。三门峡流量大于等于 4 000 m^3/s 的洪水仅 2013 年出现过 2 d。

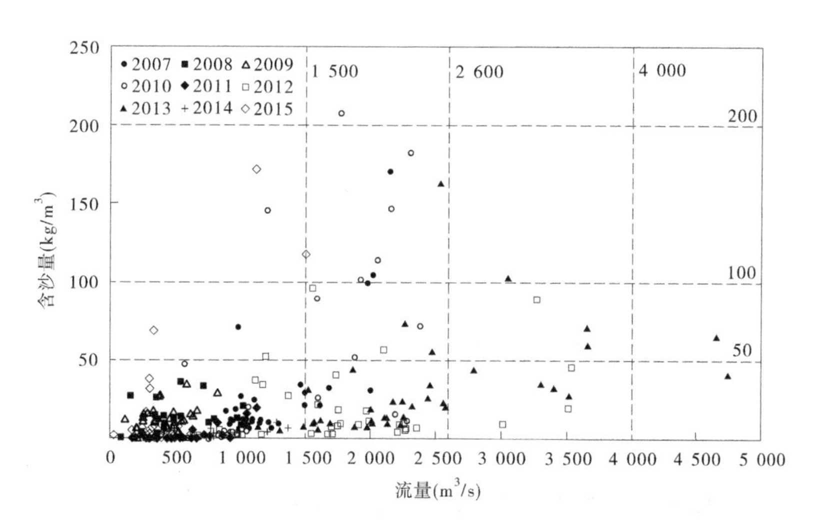

图 3-2　2007—2015 年前汛期三门峡水文站流量、含沙量关系

表 3-4　2007—2015 年前汛期三门峡水文站 $Q \geq 2\ 600\ m^3/s$ 的洪水参数

日期 (年-月-日)	潼关			三门峡		
	流量(m^3/s)	含沙量(kg/m^3)	沙量(亿 t)	流量(m^3/s)	含沙量(kg/m^3)	沙量(亿 t)
2012-07-29	3 900	49.5	0.167	3 530	45.9	0.140
2012-07-30	2 290	53.3	0.105	3 260	88.7	0.250
2012-08-19	3 140	7.1	0.019	3 010	10.0	0.026
2012-08-20	3 310	10.2	0.029	3 510	19.5	0.059
2013-07-14	2 730	42.1	0.099	3 050	103.0	0.271
2013-07-23	3 600	16.8	0.052	3 520	28.0	0.085
2013-07-24	4 780	46.2	0.191	4 740	42.0	0.172
2013-07-25	3 960	52.8	0.181	4 650	65.2	0.262
2013-07-26	3 930	41.2	0.140	3 650	71.2	0.225
2013-07-27	3 530	46.7	0.143	3 660	60.7	0.192
2013-07-28	3 050	32.0	0.084	3 300	35.5	0.101
2013-07-29	3 080	45.5	0.121	3 400	33.2	0.098
2013-07-30	2 380	33.5	0.069	2 780	44.2	0.106

汛期当潼关站流量大于等于 1 500 m^3/s 时，由于三门峡水库敞泄冲刷，与潼关相比，三门峡沙量一般增加(见图 3-3)。洪水期间，相同含沙量级的天数，三门峡有所增加(见表 3-5)。

2007—2015 年前汛期三门峡流量大于等于 1 500 m^3/s 且含沙量大于等于 50 kg/m^3 的洪水共出现 23 d，分别为 2007 年 3 d、2010 年 8 d、2012 年 4 d、2013 年 7 d、2015 年 1 d(见表 3-6)。

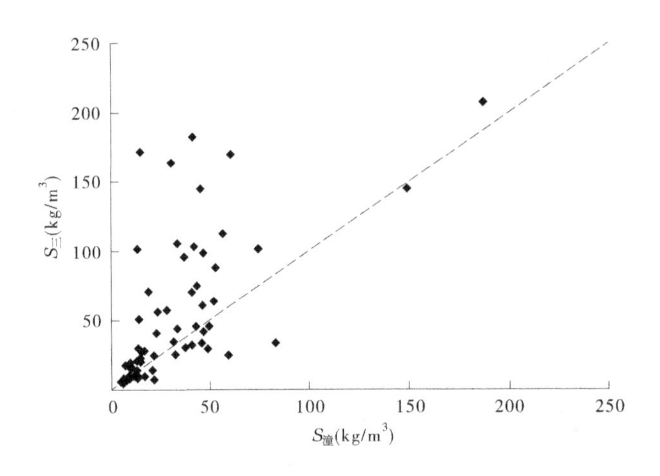

图 3-3　潼关、三门峡水文站含沙量关系($Q_{潼} \geq 1\ 500\ m^3/s$)

表 3-5　2000—2015 年前汛期三门峡水文站不同流量、含沙量级天数

年份	$Q_{三}<1\ 500\ m^3/s$			$1\ 500\ m^3/s \leq Q_{三}<2\ 600\ m^3/s$			$Q_{三} \geq 2\ 600\ m^3/s$		
	天数(d)	$S_{三} \geq 50$ kg/m³	$S_{三} \geq 100$ kg/m³	天数(d)	$S_{三} \geq 50$ kg/m³	$S_{三} \geq 100$ kg/m³	天数(d)	$S_{三} \geq 50$ kg/m³	$S_{三} \geq 100$ kg/m³
2007	34	1	0	7	3	3	0	0	0
2008	41	0	0	0	0	0	0	0	0
2009	41	0	0	0	0	0	0	0	0
2010	30	1	1	11	8	5	0	0	0
2011	41	0	0	0	0	0	0	0	0
2012	14	1	0	23	3	1	4	1	0
2013	3	0	0	29	3	1	9	4	1
2014	41	0	0	0	0	0	0	0	0
2015	40	2	1	1	1	1	0	0	0

表 3-6　2007—2015 年 7 月 11 日至 8 月 20 日三门峡水文站 $Q \geq 1\ 500\ m^3/s$ 且 $S \geq 50\ kg/m^3$ 洪水参数

日期(年-月-日)	潼关			三门峡		
	流量(m³/s)	含沙量(kg/m³)	沙量(亿 t)	流量(m³/s)	含沙量(kg/m³)	沙量(亿 t)
2007-07-29	1 510	33.8	0.044	2 020	105.0	0.183
2007-07-30	1 760	60.8	0.092	2 150	171.0	0.318
2007-07-31	1 920	46.8	0.078	1 980	100.0	0.171
2010-07-26	2 100	149.0	0.270	2 150	147.0	0.273
2010-07-27	2 550	41.2	0.091	2 300	183.0	0.364
2010-07-28	2 340	18.7	0.038	2 380	71.8	0.148
2010-07-29	1 730	14.5	0.022	1 880	51.6	0.084

续表 3-6

日期（年-月-日）	潼关			三门峡		
	流量（m^3/s）	含沙量（kg/m^3）	沙量（亿 t）	流量（m^3/s）	含沙量（kg/m^3）	沙量（亿 t）
2010-08-12	1 510	187.4	0.245	1 770	208.0	0.318
2010-08-14	2 210	74.2	0.142	1 920	102.0	0.169
2010-08-15	1 730	57.6	0.086	2 050	114.0	0.202
2010-08-16	1 460	38.1	0.048	1 590	89.3	0.123
2012-07-24	2 420	13.4	0.028	2 470	103.0	0.220
2012-07-30	2 290	53.3	0.105	3 260	88.7	0.250
2012-07-31	1 500	37.1	0.048	1 550	96.1	0.129
2012-08-01	2 640	26.6	0.061	2 100	56.7	0.103
2013-07-14	2 730	42.1	0.099	3 050	103.0	0.271
2013-07-15	2 010	43.1	0.075	2 270	74.0	0.145
2013-07-19	2 310	30.9	0.062	2 530	164.0	0.358
2013-07-20	2 630	23.7	0.054	2 470	55.9	0.119
2013-07-25	3 960	52.8	0.181	4 650	65.2	0.262
2013-07-26	3 930	41.2	0.140	3 650	71.2	0.225
2013-07-27	3 530	46.7	0.143	3 660	60.7	0.192
2015-08-05	935	26.4	0.021	1 500	117	0.152

三、潼关、三门峡水文站水沙综合分析

表 3-7 为 2007—2015 年前汛期潼关不同流量级时潼关、三门峡水量变化。前汛期潼关年均水量为 33.51 亿 m^3，三门峡为 33.32 亿 m^3。

表 3-8 为 2007—2015 年前汛期潼关不同流量级时潼关、三门峡沙量统计。前汛期潼关、三门峡年均沙量分别为 0.665 亿 t、0.932 亿 t。

泥沙主要集中在洪水期，前汛期潼关日均流量大于等于 1 500 m^3/s 时，潼关沙量 0.474 亿 t，占时段来沙量的 71.2%。由于三门峡水库敞泄排沙，三门峡水文站沙量明显增加，为 0.767 亿 t，占该时段来沙量的 82.3%。其中，潼关 1 500~2 600 m^3/s 量级洪水时潼关年均来沙量为 0.325 亿 t，占时段来沙量的 48.8%；三门峡为 0.561 亿 t，占时段来沙量的 60.2%。进一步分析发现，在潼关出现流量 1 500~2 600 m^3/s 且含沙量大于 50 kg/m^3 洪水的年份，潼关沙量基本均超过 0.3 亿 t，而三门峡沙量更大，均在 0.8 亿 t 以上（见图 3-4）。因此，当潼关流量介于 1 500~2 600 m^3/s 时，小浪底水库应进行排沙运用，以减少水库泥沙淤积，提高水库排沙效果。

表 3-7 前汛期潼关站不同流量级下潼关站、三门峡站水量

年份	$Q_{潼}<1\ 500\ m^3/s$			$1\ 500\ m^3/s \le Q_{潼} < 2\ 600\ m^3/s$				$Q_{潼} \ge 2\ 600\ m^3/s$				合计		
	出现天数(d)	水量(亿 m^3)		天数(d)		水量(亿 m^3)		天数(d)		水量(亿 m^3)		出现天数(d)	水量(亿 m^3)	
		潼关	三门峡	出现	持续	潼关	三门峡	出现	持续	潼关	三门峡		潼关	三门峡
2007	35	27.67	27.33	6	3	8.94	9.61	0	0	0	0	41	36.61	36.94
2008	41	13.94	13.57	0	0	0	0	0	0	0	0	41	13.94	13.57
2009	41	14.62	14.90	0	0	0	0	0	0	0	0	41	14.62	14.9
2010	30	19.52	17.72	11	4	18.99	18.77	0	0	0	0	41	38.51	36.49
2011	41	21.82	19.74	0	0	0	0	0	0	0	0	41	21.82	19.74
2012	14	12.60	12.29	21	17	37.51	36.60	4	2	11.22	10.50	39	61.33	59.39
2013	8	8.55	11.08	24	7	40.11	44.57	9	7	27.03	28.03	41	75.69	83.68
2014	41	20.99	19.62	0	0	0	0	0	0	0	0	41	20.99	19.62
2015	40	16.73	14.60	1	1	1.39	0.98	0	0	0	0	41	18.12	15.58
年均	32.3	17.38	16.76	7.0	—	11.88	12.28	1.44	—	4.25	4.28	40.8	33.51	33.32

注:表中 2012 年扣除汛前调水调沙。

表 3-8　前汛期潼关站不同流量级下潼关站、三门峡站沙量

年份	$Q_{潼}<1\ 500\ m^3/s$				$1\ 500\ m^3/s \leq Q_{潼}<2\ 600\ m^3/s$				$Q_{潼} \geq 2\ 600\ m^3/s$				合计(亿 t)	
	潼关		三门峡		潼关		三门峡		潼关		三门峡		潼关	三门峡
	沙量(亿 t)	占合计(%)	沙量(亿 t)	占合计(%)	沙量(亿 t)	占合计(%)	沙量(亿 t)	占合计(%)	沙量(亿 t)	占合计(%)	沙量(亿 t)	占合计(%)		
2007	0. 466	56. 3	0. 408	34. 2	0. 362	43. 7	0. 783	65. 7	0	0	0	0	0. 828	1. 191
2008	0. 238	100	0. 138	100	0	0	0	0	0	0	0	0	0. 238	0. 138
2009	0. 210	100	0. 179	100	0	0	0	0	0	0	0	0	0. 210	0. 179
2010	0. 219	17. 7	0. 194	9. 7	1. 016	82. 3	1. 798	90. 3	0	0	0	0	1. 235	1. 992
2011	0. 123	100	0. 056	100	0	0	0	0	0	0	0	0	0. 123	0. 056
2012	0. 182	18. 6	0. 146	10. 1	0. 521	53. 2	0. 965	67. 1	0. 276	28. 2	0. 328	22. 8	0. 979	1. 439
2013	0. 092	4. 3	0. 101	3. 4	1. 001	46. 4	1. 333	45. 0	1. 065	49. 4	1. 525	51. 5	2. 158	2. 959
2014	0. 053	100	0. 040	100	0	0	0	0	0	0	0	0	0. 053	0. 040
2015	0. 144	87. 3	0. 224	57. 1	0. 021	12. 3	0. 168	42. 9	0	0	0	0	0. 165	0. 392
年均	0. 192	28. 8	0. 165	17. 7	0. 325	48. 8	0. 561	60. 2	0. 149	22. 4	0. 206	22. 1	0. 665	0. 932

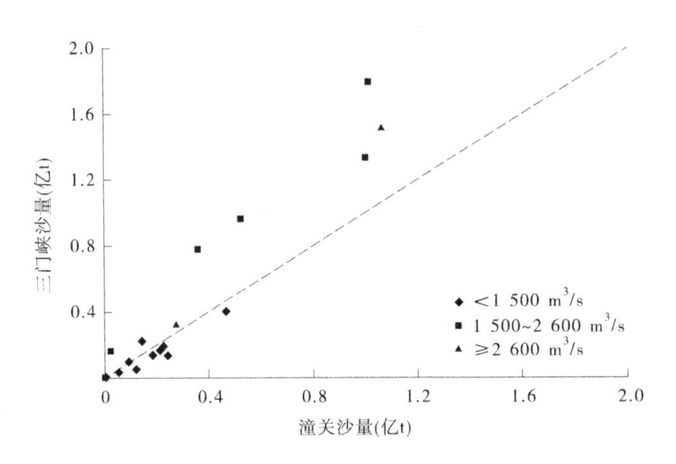

图 3-4　2007—2015 年前汛期潼关水文站不同流量级下潼关、三门峡水文站沙量关系

2007 年以来潼关共出现 5 场流量大于 1 500 m^3/s 且含沙量大于 50 kg/m^3 的洪水。表 3-9 给出了洪水期间各水文站沙量及其与前汛期沙量比例。2007—2015 年前汛期潼关、三门峡沙量分别为 5.989 亿 t、8.386 亿 t，潼关流量大于 1 500 m^3/s 且含沙量超过 50 kg/m^3 的洪水过程中两水文站沙量分别为 4.177 亿 t、6.639 亿 t，即潼关出现流量大于 1 500 m^3/s 且含沙量超过 50 kg/m^3 的洪水过程时，小浪底入库沙量占前汛期的 79.1%。从表 3-9 还可以看出，2007 年、2012 年和 2013 年，洪水期间入库沙量占前汛期的 70.0% 以上。如 2010 年、2013 年，前汛期小浪底入库沙量分别为 1.992 亿 t、2.959 亿 t，而潼关站出现流量大于 1 500 m^3/s 且含沙量超过 50 kg/m^3 的洪水过程期间入库沙量分别为 1.980 亿 t、2.673 亿 t，分别占前汛期入库沙量的 99.4%、90.3%。三门峡未出现该洪水过程的 2008 年、2009 年、2011 年，前汛期小浪底入库沙量也较小，分别为 0.138 亿 t、0.179 亿 t、0.056 亿 t。因此，潼关站出现流量大于 1 500 m^3/s 且含沙量超过 50 kg/m^3 的洪水过程时，应开展以小浪底水库减淤为目的的汛期调水调沙。

表 3-9　潼关出现流量大于 1 500 m^3/s 且含沙量大于 50 kg/m^3 洪水时各水文站沙量及比例

年份	时段（月-日）	潼关沙量（亿 t）	三门峡沙量（亿 t）	洪水期占前汛期比例(%)	
				潼关	三门峡
2007	前汛期	0.828	1.191		
	07-29—08-08	0.369	0.834	44.6	70.0
2008	前汛期	0.238	0.138		
2009	前汛期	0.210	0.179		
2010	前汛期	1.235	1.992		
	07-24—08-03	0.469	0.901	38.0	45.2
	08-11—08-20	0.738	1.079	59.8	54.2
2011	前汛期	0.123	0.056		
2012	前汛期	0.979	1.439		
	07-24—08-06	0.683	1.152	69.8	80.1

续表 3-9

年份	时段（月-日）	潼关沙量（亿 t）	三门峡沙量（亿 t）	洪水期占前汛期比例(%)	
				潼关	三门峡
2013	前汛期	2. 158	2. 959		
	07-11—08-05	1. 918	2. 673	88. 9	90. 3
2014	前汛期	0. 053	0. 040		
2015	前汛期	0. 165	0. 392		
合计	前汛期	5. 989	8. 386		
	洪水期	4. 177	6. 639	69. 7	79. 1

前汛期潼关、三门峡平均流量大于等于 2 600 m^3/s 的洪水仅出现 12 d，见表 3-10，分别为 2012 年 4 d，2013 年 8 d，集中出现在 4 场洪水。同时满足水库可调节水量大于等于 6 亿 m^3 进行相机凑泄造峰的洪水仅有 2 场。由此可见，2007—2015 年前汛期水库凑泄造峰机会也不多。

表 3-10　2007—2015 年前汛期潼关站、三门峡站平均 $Q \geq 2\ 600\ m^3/s$ 的洪水参数

日期（年-月-日）	潼关			三门峡			小浪底水库	
	流量（m^3/s）	含沙量（kg/m^3）	沙量（亿 t）	流量（m^3/s）	含沙量（kg/m^3）	沙量（亿 t）	库水位（m）	可调水量（亿 m^3）
2012-07-29	3 900	49. 5	0. 167	3 530	45. 9	0. 140	214. 8	1. 730
2012-07-30	2 290	53. 3	0. 105	3 260	88. 7	0. 250		
2012-08-19	3 140	7. 1	0. 019	3 010	10. 0	0. 026	231. 7	14. 520
2012-08-20	3 310	10. 2	0. 029	3 510	19. 5	0. 059		
2013-07-14	2 730	42. 1	0. 099	3 050	103. 0	0. 271	222. 7	5. 968
2013-07-23	3 600	16. 8	0. 052	3 520	28. 0	0. 085	230. 4	13. 046
2013-07-24	4 780	46. 2	0. 191	4 740	42. 0	0. 172		
2013-07-25	3 960	52. 8	0. 181	4 650	65. 2	0. 262		
2013-07-26	3 930	41. 2	0. 140	3 650	71. 2	0. 225		
2013-07-27	3 530	46. 7	0. 143	3 660	60. 7	0. 192		
2013-07-28	3 050	32. 0	0. 084	3 300	35. 5	0. 101		
2013-07-29	3 080	45. 5	0. 121	3 400	33. 2	0. 098		

第四章　2016 年前汛期小浪底水库调控方式研究

一、2016 年小浪底水库输沙方式

小浪底水库运用以来,随着库区淤积的发展,三角洲顶点不断向坝前推进。至 2015 年汛后,淤积三角洲顶点位于距坝 16.39 km 的 HH11 断面,三角洲顶点高程 222.35 m(见图 4-1)。三角洲顶点以下库容为 5.345 亿 m^3,起调水位 210 m 以下库容 1.618 亿 m^3,前汛期汛限水位 230 m 以下为 10.381 亿 m^3(见表 4-1)。

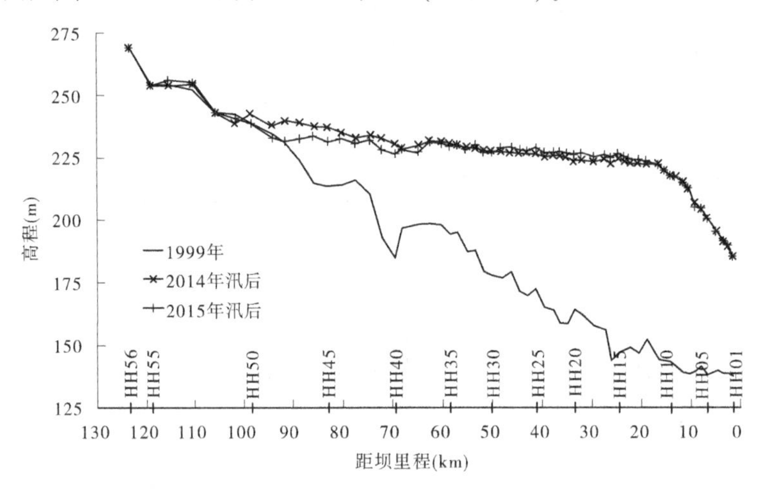

图 4-1　小浪底水库 2015 年汛后地形

表 4-1　2015 年 10 月各特征水位及对应库容

高程(m)	210	215	220	222.35	225	230	248	275
库容(亿 m^3)	1.618	2.617	4.327	5.345	6.721	10.381	36.295	96.289

根据水库不同的运用方式,淤积三角洲洲面输沙流态可表现为均匀明流输沙、壅水明流输沙、异重流输沙、溯源冲刷、沿程冲刷,或者不同输沙流态的组合。从淤积形态及目前运用方式分析,2016 年小浪底水库排沙方式仍为异重流排沙。洪水期当水库运用水位接近或低于 222 m 时,异重流在三角洲顶点附近潜入,由于回水较短(见图 4-2),形成异重流之后很容易排沙出库,同时三角洲洲面发生溯源冲刷,洲面冲刷能使水流含沙量大幅度增加,增大水库排沙效果;当水库运用水位较高时,三角洲洲面发生壅水明流输沙,入库泥沙会在洲面产生淤积,对水库排沙不利。因此,汛期洪水期,建议库水位降至 222 m,甚至更低,以增大水库排沙效果。

二、2016 年前汛期小浪底水库调控方式

若小浪底水库全沙排沙比小,则粗细泥沙都大量落淤在库内,大量细泥沙淤占拦沙库

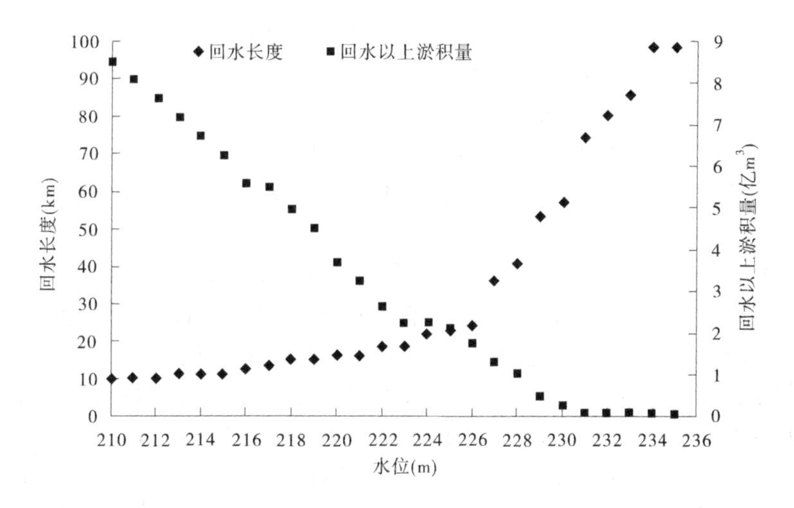

图 4-2 不同运用水位对应的回水长度及回水以上淤积量(2015 年汛后地形)

容,水库拦沙对下游减淤的效率减小。为了充分发挥小浪底水库的拦沙减淤作用,主汛期就要多拦粗颗粒泥沙和中颗粒泥沙,少拦细颗粒泥沙。为此,要求:①水库在主汛期拦沙和调水调沙运用中控制低壅水拦沙,降低拦沙率,提高排沙比;②发挥黄河下游河道大流量的输沙能力,提高大流量的排沙比;③保持水库主汛期调水调沙,使水沙两极分化,避免黄河下游河槽小水和平水淤积,以较大流量、较大含沙量进入黄河下游,就能在水库合理拦沙的同时,在黄河下游河道输沙减淤或在河槽微冲微淤限制塌滩展宽河道,保持主流线位置相对稳定,防止发生重大河势变化及重大险情,有利于黄河下游在大量减淤的同时进行河道整治,促进河型、河性朝有利方向转化。

起调水位下的死库容淤满后,逐步抬高主汛期水位控制低壅水拦沙和调水调沙,控制水库主汛期 2 000 m^3/s 以上流量的大水排沙比 70%左右,拦粗排细,发挥大水输沙减淤作用;在黄河来水流量及来水含沙量较大时,在黄河下游安全行洪前提下,水库相机适当降低水位冲刷,泄水造峰,下泄有较大含沙量的 5 000~8 000 m^3/s 小洪水,在下游形成低漫滩洪水,淤滩刷槽,进一步改善宽、浅、散、乱的河床形态,增大滩槽高差和平滩流量,提高河槽排洪能力。

小浪底水库运用以来遇黄河枯水少沙系列,拦沙初期或拦沙后期第一阶段与设计阶段相差较大。已有的关于洪水期运用方式的研究成果不能完全适应目前入库水沙条件,采用蓄水拦沙运用的方式,粗泥沙、细泥沙、中泥沙大部分被拦蓄在水库内。相对于来沙量来说,水库排沙比较小,水库淤积量/淤积比相对较大,水库的拦沙减淤效益不能得到充分发挥。

2007—2015 年小浪底水库年均排沙比仅 28.2%,细泥沙排沙比仅 41.4%;而潼关流量大于等于 1 500 m^3/s 持续 2 d、含沙量大于 50 kg/m^3 的洪水过程的沙量较高,而且出现频率相对较多。因此,为适应新形势下水沙条件,延长小浪底水库的拦沙年限,依据《小浪底水利枢纽拦沙后期(第一阶段)运用调度规程》,遵循"合理拦沙尽可能延长小浪底水库拦沙运用年限的同时,通过对出库水沙过程的调节,尽可能减少下游河道主河槽的淤积,增加并维持河道主槽的过流能力"的原则,提出前汛期小浪底水库中常洪水(潼关站流量大于等于 1 500 m^3/s 持续 2 d、含沙量大于 50 kg/m^3)运用方式:

当预报潼关流量大于等于 1 500 m³/s 持续 2 d、含沙量大于 50 kg/m³ 时，小浪底水库开始进行调水调沙，塑造有利于下游输沙塑槽的洪水过程。小浪底水库按控制花园口流量等于 4 000 m³/s 提前 2 d 开始预泄。

若 2 d 内已经预泄到控制水位，根据来水情况控制出库流量：①来水小于等于 4 000 m³/s，按出库流量等于入库流量下泄；②来水大于等于 4 000 m³/s，控制花园口流量 4 000 m³/s 运用。

若预泄 2 d 后未到控制水位，根据来水情况控制出库流量：①来水小于等于 4 000 m³/s，仍凑泄花园口流量等于 4 000 m³/s，直至达到控制水位后，按出库流量等于入库流量下泄；②来水大于 4 000 m³/s，控制花园口流量 4 000 m³/s 运用。

根据后续来水情况尽量将三门峡水库敞泄时间放在小浪底水位降至低水位后，三门峡水库敞泄排沙时小浪底水库维持低水位排沙。当潼关流量小于 1 000 m³/s 且三门峡水库出库含沙量小于 50 kg/m³ 时，或者小浪底水库保持低水位持续 4 d 且三门峡水库出库含沙量小于 50 kg/m³ 时，水库开始蓄水，小浪底水库按满足灌溉、发电用水并考虑下游河道生态用水要求控制出库流量。

按上述运用方式，小浪底水库出库水沙过程在初始是大流量清水过程，对维持下游河槽过流能力有利，后期是小水高含沙过程，会在黄河下游河道淤积，主要是淤积在花园口以上河段，可待下次调水调沙恢复。

调节指令见图 4-3。

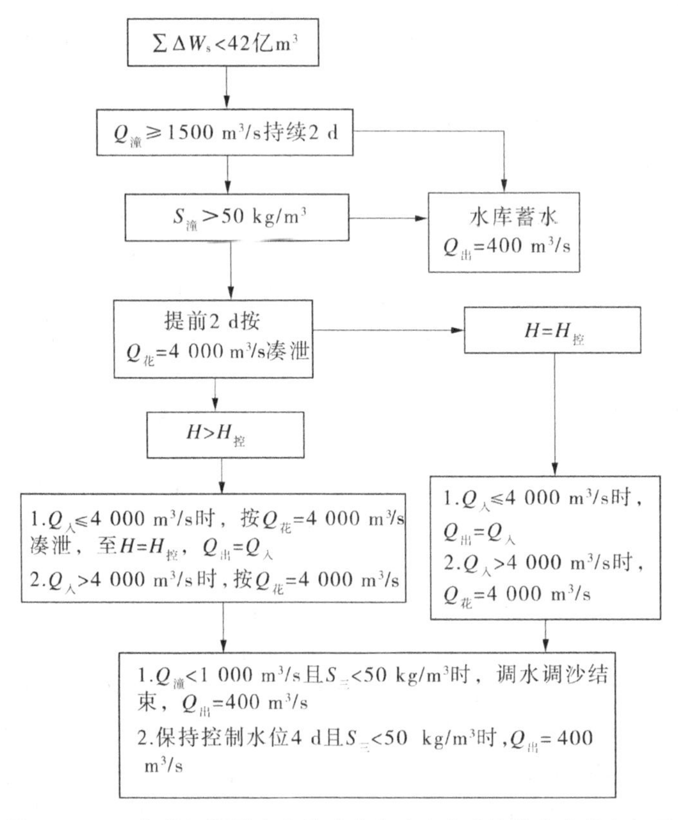

图 4-3　2016 年前汛期较高含沙洪水小浪底水库调节指令执行框图

第五章　小浪底水库排沙效果

一、小浪底水库一维水动力学模型

小浪底水库一维水动力学模型的水流模块可模拟恒定和非恒定两种流态。在河道非恒定流求解的基础上，考虑水库非恒定水流边界特征，引入特殊处理方法，进行非恒定模块的构建。水流构件设计中整合了已有模型的水流计算构件的 preissmann 四点隐格式模块，扩充了近年来实用性较好的 MC 算法及侧向通量算法模块。

泥沙模块基于水流挟沙力、河床糙率、异重流计算、床沙级配计算、悬移质泥沙级配计算等方面的最新研究成果；针对黄河泥沙的运动规律，解决了非均匀沙沉速、水流分组挟沙力、床沙级配、动床阻力等关键技术的应用问题，且泥沙构件的计算模式兼顾了基于不同理论背景的研究成果；进一步，根据小浪底水库特征，考虑了沿程冲刷、溯源冲刷、支流淤积倒灌及异重流泥沙输移等多种输沙特征。模型可用于计算库区水沙输移、干流倒灌淤积支流形态、库区异重流产生及输移变化过程、库区河床形态变化过程等，对出库水流、含沙量、级配过程等做出预测分析。

二、方案设置

（一）水沙条件

小浪底水库进入拦沙后期以来，前汛期实际出现过 6 场潼关流量大于等于 1 500 m^3/s 持续 2 d、含沙量大于 50 kg/m^3 的洪水过程，洪水期间水沙参数统计见表 5-1。为了对比不同方案水库排沙效果，选取入库水沙相对较大的 2013 年 7 月 11—22 日洪水过程为计算水沙条件，2013 年 7 月 23 日至 8 月 5 日虽然入库水沙较大，但小浪底水库入库流量超过 4 000 m^3/s，小浪底水库进入防洪运用，因此不考虑作为计算水沙条件。

2013 年 7 月 11—22 日洪水期间，小浪底水库进出库水量分别为 22.97 亿 m^3、12.76 亿 m^3，进出库沙量分别为 1.267 亿 t、0.260 亿 t；最大入库流量 3 050 m^3/s，最大含沙量 164 kg/m^3（见表 5-1）。洪水期间潼关、三门峡、小浪底三个水文站实测水沙过程见图 5-1。

（二）地形条件

选用小浪底水库 2015 年汛后地形作为本次计算的边界条件。

表 5-1　2007—2015 年洪水期间特征参数

年份			2007	2010	2010	2012	2013	2013
时段(月-日)			07-29—08-08	07-24—08-03	08-11—08-21	07-24—08-06	07-11—07-22	07-23—08-05
历时(d)			11	11	11	14	12	14
潼关站	水量(亿 m^3)		12.29	13.90	16.10	25.5	21.92	33.95
	沙量(亿 t)		0.369	0.469	0.754	0.69	0.803	1.115
	流量(m^3/s)	最大值	1 920	2 550	2 230	3 900	2 730	4 780
		平均值	1 293.4	1 462.6	1 694.5	1 970	2 114.2	2 806.4
	含沙量(kg/m^3)	最大值	60.8	149.0	187.4	53.3	83.9	52.8
		平均值	30.0	33.7	46.8	27.0	36.6	32.9
三门峡站	水量(亿 m^3)		13.008	13.275	15.456	23.337	22.970	36.590
	沙量(亿 t)		0.834	0.901	1.092	1.152	1.267	1.406
	流量(m^3/s)	最大值	2 150.0	2 380.0	2 280.0	3 530.0	3 050.0	4 740.0
		平均值	1 368.7	1 396.8	1 626.3	1 929.3	2 215.0	3 025.0
	含沙量(kg/m^3)	最大值	171.00	183.00	208.00	103.00	164.00	71.20
		平均值	64.12	67.87	70.67	49.38	55.20	38.40
小浪底站	水量(亿 m^3)		19.739	14.376	19.824	30.491	12.76	35.36
	沙量(亿 t)		0.426	0.258	0.508	0.660	0.260	0.491
	流量(m^3/s)	最大值	2 930.0	2 140.0	2 650.0	3 100.0	2 570.0	3 590.0
		平均值	2 076.9	1 512.6	2 085.8	2 520.7	1 231	2 923.6
	含沙量(kg/m^3)	最大值	74.59	45.40	41.20	41.40	34.20	27.00
		平均值	21.56	17.93	25.61	21.657	20.7	13.9

(三)水库调度方案

根据历次汛前调水调沙实测资料分析，结合 2015 年水库汛后边界条件，当水库运用水位高于 222 m 时，三角洲洲面发生壅水明流输沙，入库泥沙会在洲面产生淤积，对水库排沙不利；当水库运用水位接近或低于三角洲顶点 222 m 时，形成的异重流在三角洲顶点下游附近潜入，三角洲洲面发生溯源冲刷，增大水库排沙比。

为了对比不同调度方案下小浪底水库排沙情况，设定控制水位 230 m、225 m、220 m、215 m、210 m 进行方案计算，初始水位设定为 230 m。

三、计算结果

依据小浪底水库中常洪水(潼关流量大于等于 1 500 m^3/s 持续 2 d、含沙量大于 50 kg/m^3)调控方式及控制水位，通过计算，得到不同方案出库流量、含沙量及水位过程(见

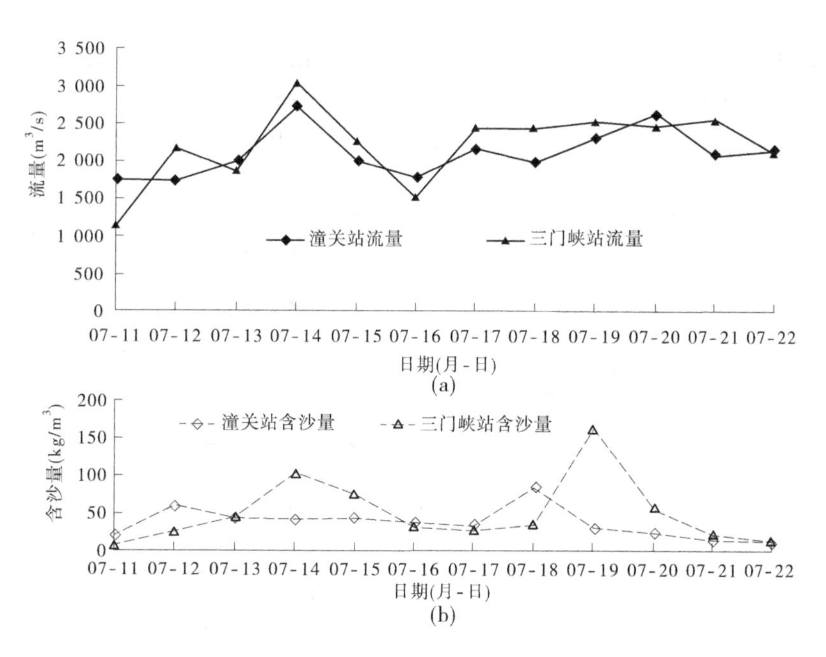

图 5-1　2013 年 7 月 11—22 日潼关、三门峡、小浪底水文站实测水沙过程

图 5-2~图 5-4)。

根据选取的入库水沙过程和推荐的水库调控方式,洪水初期,各方案均可进行调控。由于控制水位不同,洪水初期各方案出库流量过程差别较大(见图 5-2)。当水位达到控制水位,各方案基本保持进出库平衡运用,直至调控结束,水库蓄水运用,水位升高。

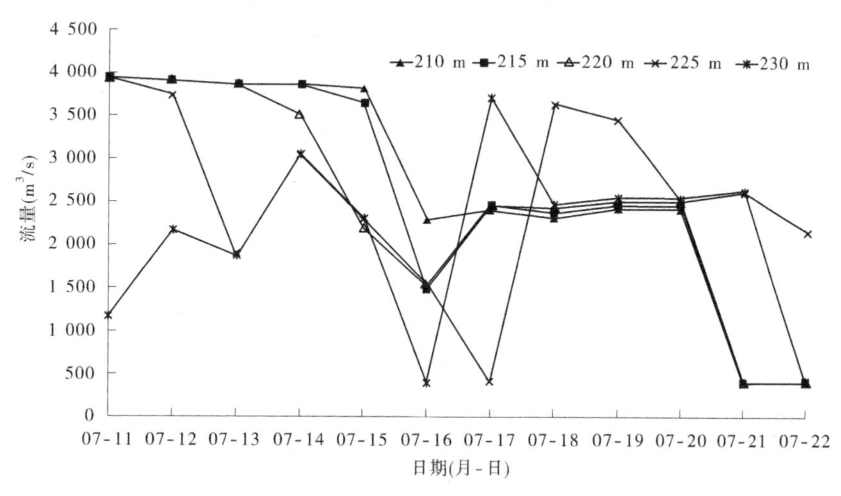

图 5-2　不同方案出库流量过程对比

由于 210 m、215 m、220 m 方案运用时，控制水位相对较低，调控历时长，调控过程中再次出现满足条件的洪水时只需持续进行调控即可，因此该 3 个方案相当于进行过一次相对长历时的洪水调控。当调控结束时，水库蓄水水位上升(见图 5-3)。

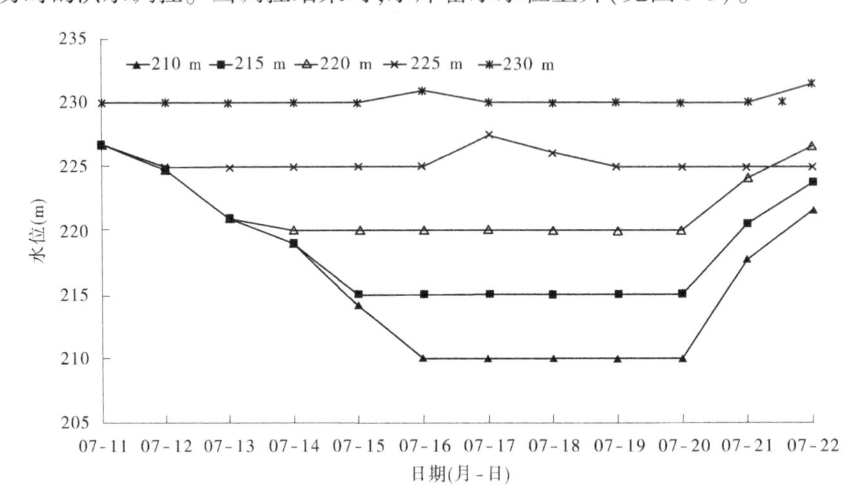

图 5-3 不同方案库水位过程对比

而 225 m 和 230 m 方案的控制水位相对较高，根据调控方式，达到调控结束条件较早，一次调控历时较短。当满足条件的洪水再次出现时，需要再次调控，因此该两个方案控制水位会出现短暂抬升过程。

从图 5-4 可见，随着控制水位的降低，出库含沙量逐渐升高。

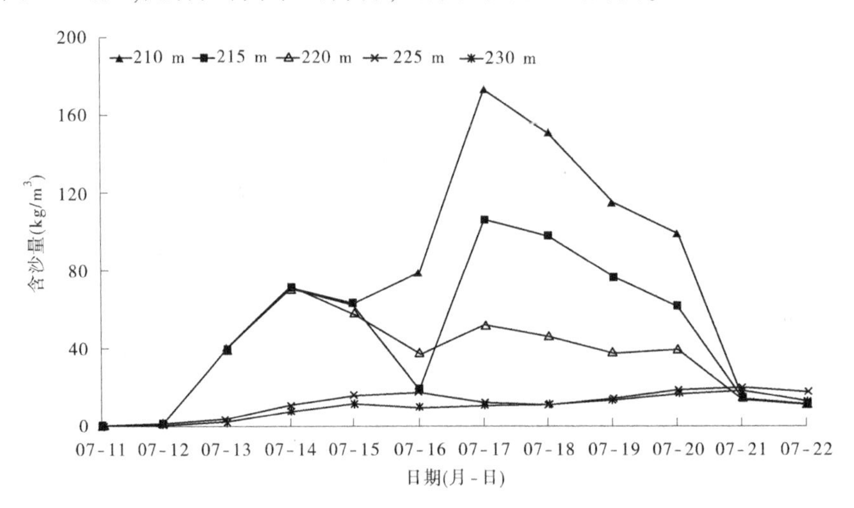

图 5-4 不同方案出库含沙量过程对比

表 5-2 给出了不同方案出库水沙量统计。洪水期间，水库排沙效果与控制水位密切相关，随着水位降低，出库沙量不断增加。尤其是 210~225 m 方案，在出库水量增加不大的情况下，出库沙量迅速增加，从 0.294 亿 t 增加至 1.857 亿 t，排沙比由 23.2%提高至 146.5%。可见，洪水期降低水位运用，能够有效减缓水库淤积，提高水库排沙效果。

表 5-2　不同方案进出库水沙统计

方案水位(m)	水量(亿 m^3)		沙量(亿 t)		排沙比(%)
	入库	出库	入库	出库	
210	22.97	27.68	1.267	1.856	146.5
215		27.00		1.325	104.5
220		25.61		0.895	70.6
225		26.99		0.294	23.2
230		21.88		0.221	17.4

从表 5-3、图 5-5、图 5-6 可以得到，随着控制水位的降低，各分组泥沙出库沙量、排沙比均呈不断增加趋势。其中细泥沙增加幅度最快，中泥沙次之，粗泥沙最缓。此外，细泥沙出库沙量增加较快，这也说明随着水库排沙效果的提高，水库拦粗排细效益得到体现。因此，建议当出现类似洪水时，小浪底水库尽可能降低水位排沙，以减少水库淤积。

表 5-3　分组泥沙排沙统计

方案水位(m)	入库沙量(亿 t)			出库沙量(亿 t)				排沙比(%)			
	细泥沙	中泥沙	粗泥沙	全沙	细泥沙	中泥沙	粗泥沙	全沙	细泥沙	中泥沙	粗泥沙
210	0.804	0.263	0.200	1.856	1.685	0.137	0.034	146.5	209.6	52.1	16.8
215				1.325	1.182	0.113	0.030	104.5	147.0	42.9	15.0
220				0.895	0.769	0.096	0.030	70.6	95.7	36.5	15.0
225				0.294	0.275	0.018	0.001	23.2	34.2	6.8	0.6
230				0.221	0.214	0.007	0	17.4	26.6	2.7	0

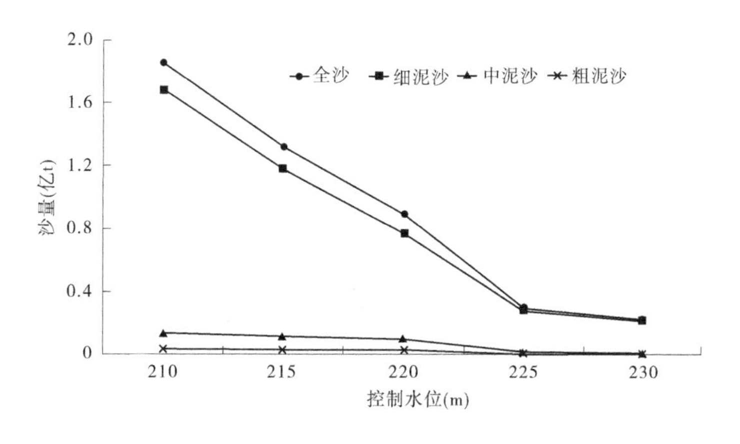

图 5-5　不同方案水库分组泥沙出库沙量

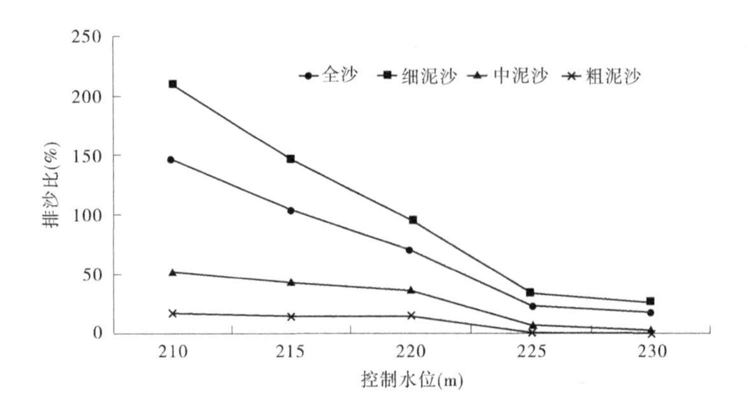

图 5-6　不同方案水库分组泥沙排沙比

第六章　黄河下游河道冲淤计算

一、黄河下游一维非恒定流水沙数学模型

黄河下游一维非恒定流水沙演进数学模型吸收了国内外最新的建模思路和理论,对模型进行了标准化设计,注重了泥沙成果的集成,引入最新的悬移质挟沙级配理论等研究成果,通过对已有一维模型的调研,在继承优势模块和水沙关键问题处理方法等基础上,增加了近年来黄河基础研究的最新成果。

同时,该模型在整体设计中引入软件工程理念,注重模型设计的结构化、构件化等。对于水流构件重新进行了标准化改造,增加了能适用于复杂流态模拟的侧向通量格式、MC 格式等,并选择水力学中的水跃试验对水动力学模型进行测试。

模型建成后在黄河下游生产与科研项目中进行了应用。利用模型开展了 2007—2015 年汛前调水调沙方案计算,并对汛前调水调沙过程进行了跟踪计算及调水调沙后评估;参与了 2007 年后历年黄河汛期防御大洪水方案编制计算;开展了 1974—1999 年、2002—2010 年长系列水沙过程验证计算;先后在"黄河防洪抗旱指挥系统二期"、水利部公益专项"水污染应急调度关键技术研究""小浪底水库淤积形态优选与调控"、"黄河中下游中常洪水水沙风险调控关键技术研究"等科研中进行了应用。

二、方案设置

(一)水沙条件

为了对比不同调度方案下游河道冲淤情况,选取小浪底水库控制水位为 230 m、220 m、210 m 三种方案的出库水沙过程以及相应时段黑石关、武陟实测水沙过程作为进入下游河道的水沙过程,见图 6-1、图 6-2。表 6-1 给出了各方案进入下游的水沙量。

表 6-1　各方案水沙量统计

方案	小浪底水库水量(亿 m^3)	黑武水量(亿 m^3)	沙量(亿 t)
210 m	27.68	3.03	1.857
220 m	25.61	3.03	0.895
230 m	21.88	3.03	0.221

注:黑武水量指黑石关+武陟水量。

各河段引水流量采用 2015 年该河段实测资料(见表 6-2)。利津水位—流量关系采用 2015 年排洪能力设计计算成果。

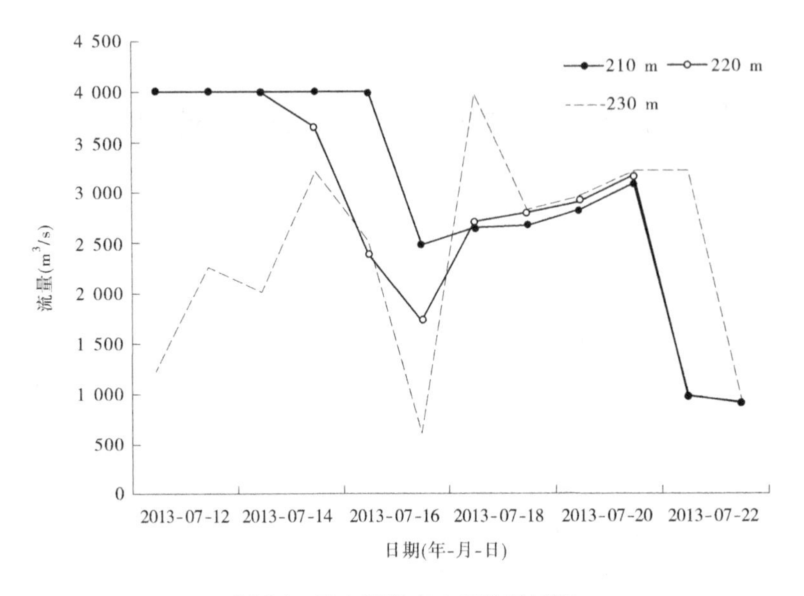

图 6-1　进入下游各方案流量过程

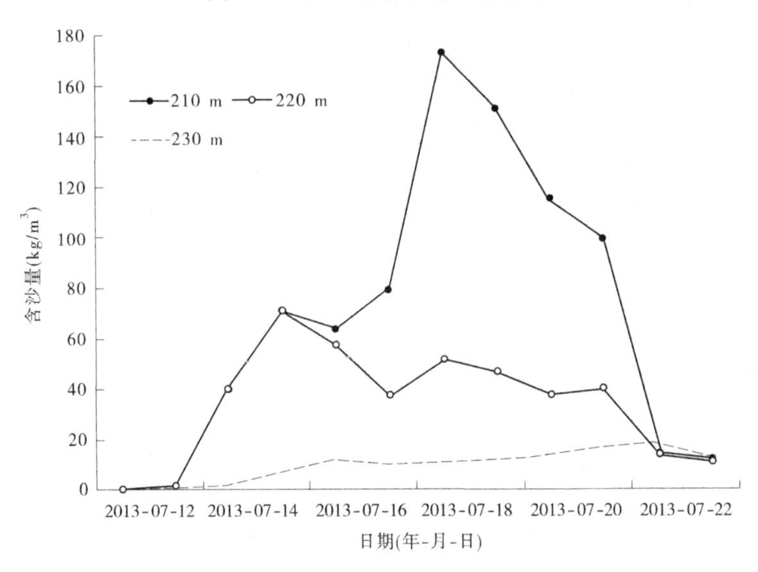

图 6-2　进入下游各方案含沙量过程

表 6-2　黄河下游各河段引水流量　　（单位：m^3/s）

时间(年-月-日)	不同河段引水量						
	小花	花夹	夹高	高孙	孙艾	艾泺	泺利
2015-07-12	30.90	42.59	75.35	36.20	0	14.08	263.35
2015-07-13	21.30	38.19	64.93	46.44	0	15.00	299.00
2015-07-14	21.53	39.24	59.72	46.98	46.7	14.11	351.17
2015-07-15	17.36	41.09	59.14	46.78	32.4	14.58	346.23

续表 6-2

时间 (年-月-日)	不同河段引水量(m^3/s)						
	小花	花夹	夹高	高孙	孙艾	艾泺	泺利
2015-07-16	14.00	38.42	53.81	42.87	23.8	33.34	332.53
2015-07-17	13.77	34.83	40.64	38.28	14.6	66.40	323.32
2015-07-18	14.25	33.90	33.49	36.66	7.30	65.21	307.02
2015-07-19	14.82	34.70	33.26	36.05	0	64.61	260.66
2015-07-20	14.24	41.55	31.46	31.08	0	66.06	228.99
2015-07-21	14.24	41.55	31.46	31.08	0	66.06	228.99
2015-07-22	14.24	41.55	31.46	31.08	0	66.06	228.99
2015-07-23	14.24	41.55	31.46	31.08	0	66.06	228.99

注:小花指小浪底—花园口;花夹指花园口—夹河滩;夹高指夹河滩—高村;高孙指高村—孙口;孙艾指孙口—艾山;艾泺指艾山—泺口;泺利指泺口—利津。

(二)地形条件

选用黄河下游 2015 年汛后地形资料概化作为本次计算的边界条件。

三、计算结果

表 6-3、图 6-3~图 6-5 给出了各方案下游河道冲淤情况。210 m 方案全下游呈淤积状态,淤积量为 1 014 万 t。各河段冲淤表现不同,淤积以小浪底—夹河滩河段为主,淤积量为 1 476 万 t,夹河滩—艾山河段发生冲刷,冲刷量为 610 万 t,艾山以下发生少量淤积。

220 m 方案全下游处于微冲状态,冲刷量为 324 万 t。其中,淤积主要集中在小浪底—花园口河段,淤积量为 251 万 t,花园口以下河段,除艾山—泺口河段发生少量淤积外,其他均出现冲刷。

230 m 方案全下游各河段均呈冲刷状态,全下游冲刷量为 1 586 万 t。

表 6-3 黄河下游各河段冲淤量 (单位:万 t)

河段	210 m 方案	220 m 方案	230 m 方案
小浪底—花园口	1 190	251	-426
花园口—夹河滩	286	-176	-364
夹河滩—高村	-382	-132	-239
高村—孙口	-137	-119	-264
孙口—艾山	-91	-121	-148
艾山—泺口	92	18	-36
泺口—利津	56	-45	-109
全下游	1 014	-324	-1 586

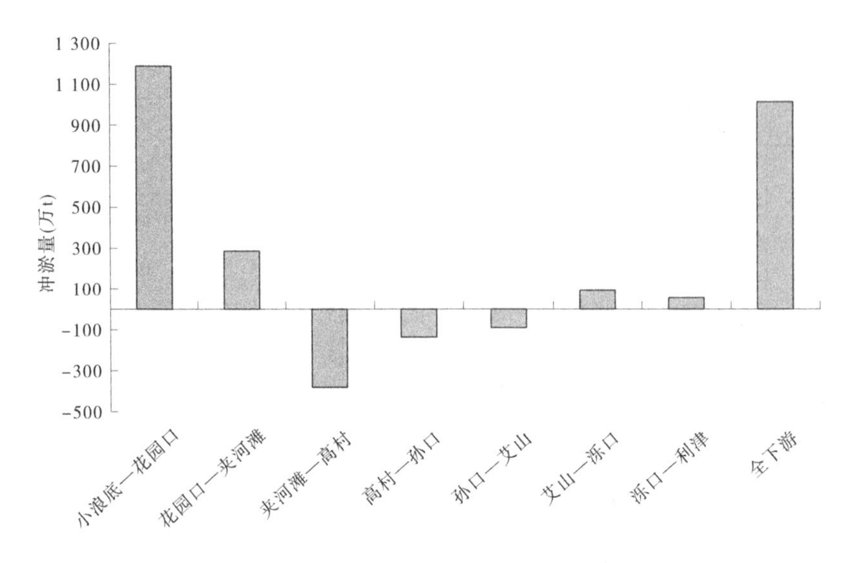

图 6-3 210 m 方案下游各河段冲淤量分布

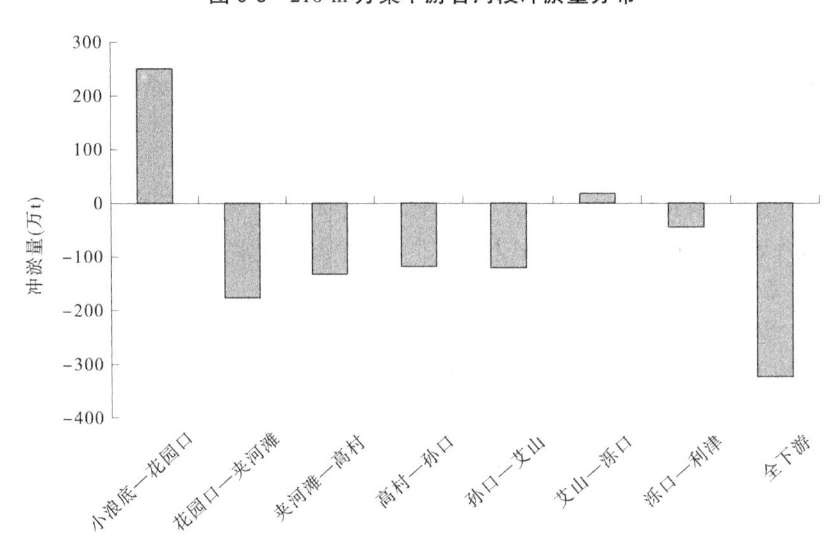

图 6-4 220 m 方案下游各河段冲淤量分布

四、控制水位 210 m 运用效果综合分析

洪水期水库排沙效果与控制水位关系密切,水位越低,排沙比越大,排沙效果越好。小浪底水库数学模型计算结果表明,对于选定的洪水过程,推荐调控方式控制水位 210 m 时出库沙量 1.857 亿 t,排沙比 146.5%,有效地减少了水库淤积。对于选定的洪水过程,下游河道数学模型计算结果表明,推荐调控方式控制水位 210 m 时,全下游呈淤积状态,淤积量为 1 014 万 t。其中,小浪底—夹河滩河段淤积量为 1 476 万 t,是淤积的主体,夹河滩—艾山河段发生冲刷,冲刷量为 610 万 t,艾山以下发生少量淤积。

小浪底水库运用以来以拦沙运用为主,通过水库拦沙和汛前调水调沙运用,进入下游

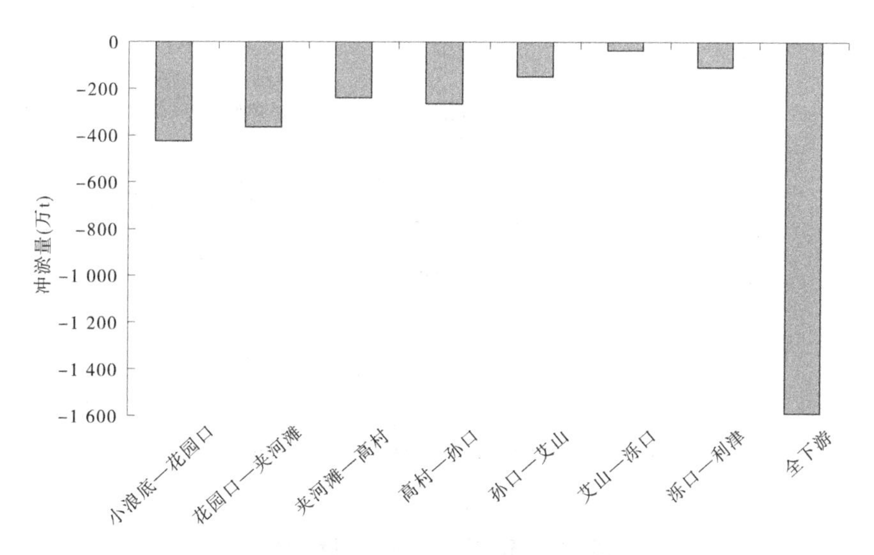

图 6-5 230 m 方案下游各河段冲淤量分布

的水流以清水为主,下游河道发生持续冲刷。目前,黄河下游最小平滩流量已从 2002 年汛前的不足 1 800 m^3/s 增加到 4 250 m^3/s(见图 6-6)。特别是高村以上河段,平滩流量已经达到 6 000 m^3/s 以上,夹河滩以上平滩流量更大。因此,短时间内,下游河道尤其是夹河滩以上河段具有一定的滞沙能力,能够承受一定程度的淤积。

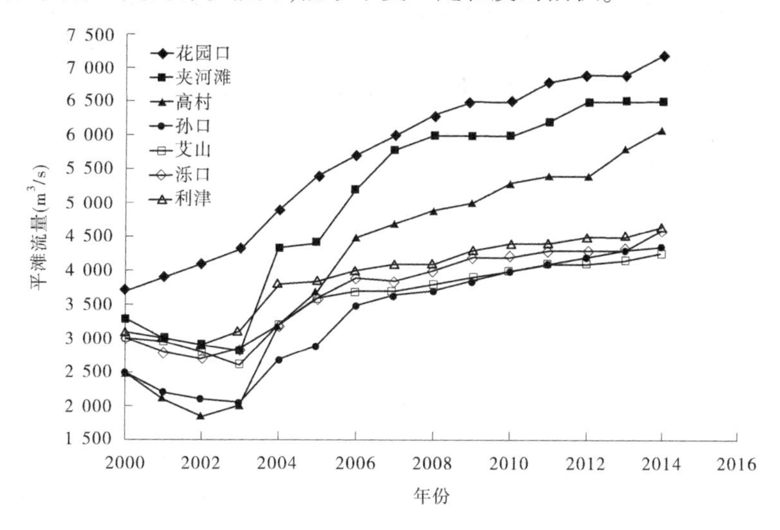

图 6-6 下游平滩流量变化

小浪底水库清水下泄过程中,下游河道冲刷效率与流量关系密切(见图 6-7),随着平均流量的增加而增大。随着冲刷的发展,下游河床发生显著粗化,清水冲刷效率明显降低。2004 年汛前调水调沙清水下泄过程下游河道的冲刷效率为 14 kg/m^3 左右,2015 年汛前调水调沙冲刷效率降低为 6.0 kg/m^3 左右,不足 2004 年的一半。因此,要想提高清水冲刷效率,需要补充河道可冲刷泥沙。换句话说,就是洪水期淤积到河道的泥沙,在下次汛前调水调沙或者小浪底水库清水下泄过程中,是能够冲刷并向下游输送的。

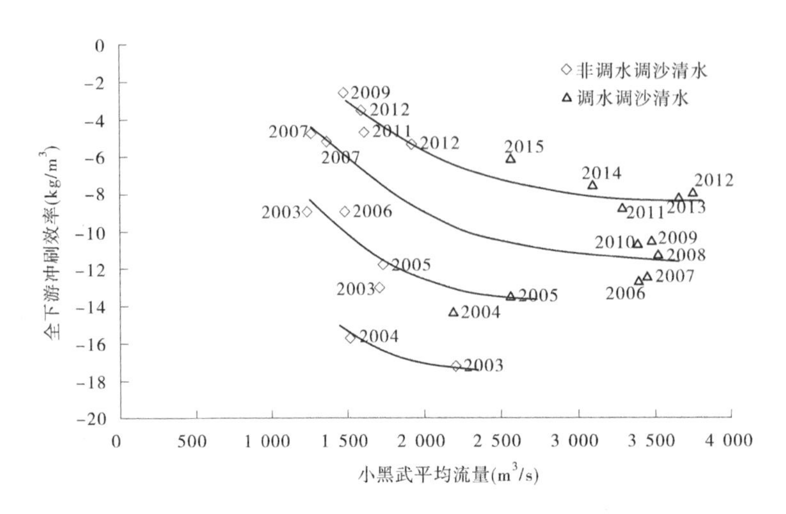

图 6-7 清水冲刷效率与流量关系

此外,水利部公益性行业科研专项"小浪底水库淤积形态的优选与调控"(编号:200901015)在论证了水库淤积形态对水沙输移影响机制的基础之上,提出了小浪底库区优选淤积形态——三角洲淤积形态,可使调节库容前移,在优化出库水沙过程、支流库容有效利用、拦粗排细效果、长期保持有效库容等方面更优于锥体淤积形态,见图 6-8。结合水库输沙规律的研究,该项目提出小浪底水库拦沙后期淤积形态优化调度原则与方法,即"适时延长或拓展相机降水冲刷"的水库优化方式。并通过数学模型与实体模型对设计的 1990 年 20 年系列计算与试验证明,优化调控方式可达到预期效果,即减少库区淤积,保持三角洲淤积形态,增大或保持防洪库容和近坝段库容,同时对下游河道冲淤影响不大(见图 6-9、图 6-10)。

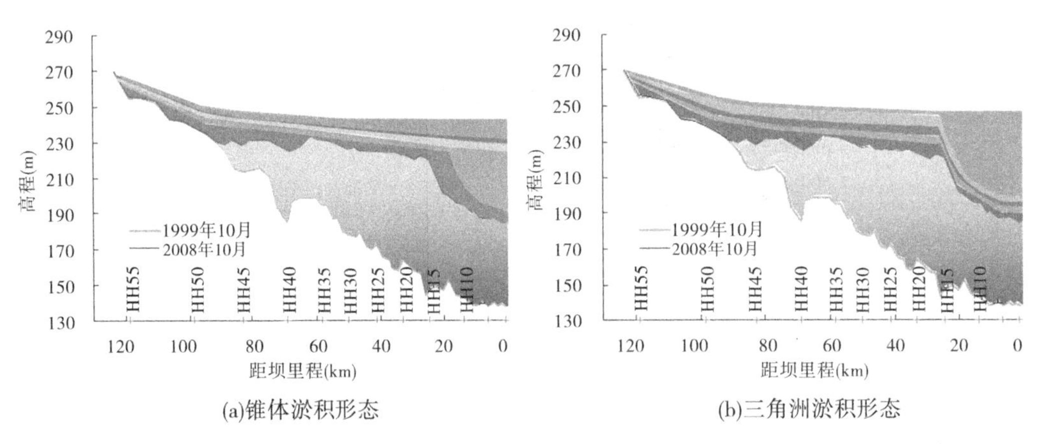

(a)锥体淤积形态　　(b)三角洲淤积形态

图 6-8 不同形态淤积过程与蓄水体示意图

五、控制水位 220 m 运用效果综合分析

对于选定的洪水过程,推荐调控方式控制水位 220 m 时,小浪底水库出库沙量 0.895 亿 t,排沙比 70.6%,细泥沙排沙比达到 95.7%,水库有效地起到拦粗排细的作用。下游

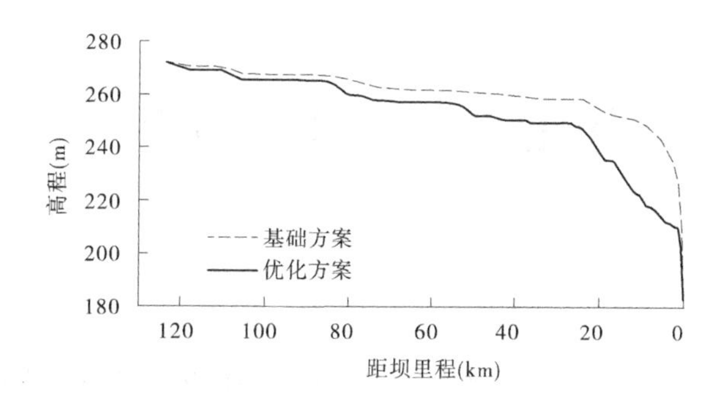

图 6-9　小浪底库区干流纵剖面形态

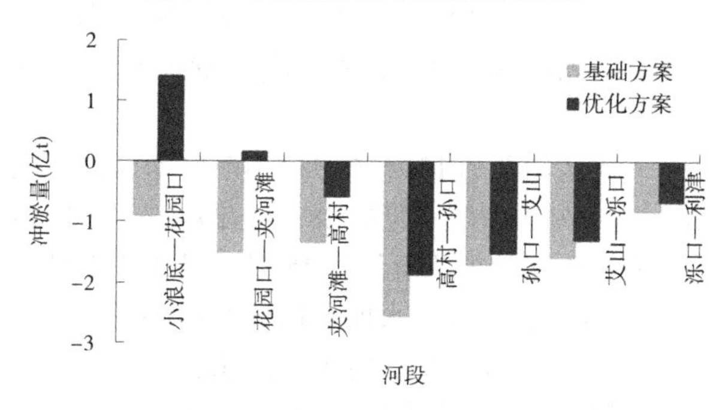

图 6-10　黄河下游分河段累计冲淤量

河道数学模型计算结果表明,下游河道小浪底—花园口、艾山—泺口呈少量淤积状态,其他河段均为冲刷,全下游整体呈冲刷状态。此外,根据 2007 年以来下游需水情况,220 m 以下小浪底库区 4.5 亿 m^3 蓄水能够满足下游需水要求。

第七章　认识与建议

一、主要认识

(1)小浪底水库运用以来,黄河枯水少沙,与设计阶段的水沙条件相差较大。2007—2015年平均入库水量、沙量分别为249.79亿m^3、2.320亿t,与设计水沙量年均最小系列相比,水量减少24.31亿m^3,沙量减少9.980亿t,减少比例分别为8.9%、81.1%。与设计水沙量年均最大系列相比,水量减少65.21亿m^3,沙量减少11.030亿t,减少比例分别为20.7%、82.6%。

(2)从1999年9月蓄水运用至2015年10月,小浪底库区淤积泥沙37.875亿t。其中,细泥沙、中泥沙、粗泥沙分别占淤积总量的38.9%、29.2%和31.9%。

2007—2015年小浪底水库累计淤积量约为15亿t,其中细泥沙、中泥沙、粗泥沙分别占淤积总量的42.2%、24.4%和33.4%。水库年均排沙比28.1%,其中,细泥沙、中泥沙、粗泥沙排沙比分别为41.4%、18.0%、10.7%;水库淤积比为71.9%。进入下游后可在较大流量下输送运的细泥沙颗粒淤积在水库中,减少了拦沙库容,降低了水库的拦沙效益,缩短了水库的使用寿命。

(3)小浪底水库进出库泥沙集中在汛前调水调沙期和汛期*。2007—2015年汛前调水调沙期和汛期*年年均来沙分别为0.406亿t、1.843亿t,分别占来沙总量的19.8%、79.4%,汛期*是水库来沙的主要时段。汛前调水调沙期和汛期*年均出库沙量分别占全年排沙总量的52.5%、47.5%,汛前调水调沙期排沙量略高于汛期*。

(4)2007—2015年水库年均排沙比较低,仅28.1%。汛前调水调沙期和汛期*水库排沙比分别为74.6%、16.8%。虽然汛前调水调沙期排沙比较高,但是汛前调水调沙期入库沙量相对较少,所以小浪底水库年均排沙比较低。因此,除进行汛前调水调沙外,增加汛期排沙机会是减少小浪底水库淤积的有效途径。

(5)小浪底水库细泥沙排沙随全沙排沙比的增加而大幅度增加,因此增大水库排沙比,能够减少细泥沙淤积占用拦沙库容,提高水库拦沙效益。

(6)小浪底水库排沙比与回水长度呈负相关关系。调水调沙期,小浪底水库回水长度越长,越增加壅水明流的输沙距离,弱化异重流潜入条件,从而减小水库排沙比,降低水库排沙效果。

(7)小浪底水库前汛期入库沙量集中出现在潼关站流量$Q \geqslant 1\ 500\ m^3/s$且$S \geqslant 50\ kg/m^3$的洪水。2007—2015年前汛期该量级洪水出现5场,5场洪水期间小浪底水库入库沙量6.639亿t,占时段入库沙量的79.1%。

(8)前汛期是水库汛期排沙的主要时段,但排沙比较低,仅32.1%。因此,要想提高水库汛期排沙效果,需要提高前汛期排沙比。

(9)近期前汛期来水来沙条件及边界条件与已有水库运用方式的启用阈值差别较大。

2007—2015 年未出现过入库流量大于等于 2 600 m^3/s,且入库含沙量大于等于 200 kg/m^3 的洪水;汛限水位以下水库可调节水量不足 13 亿 m^3,因此不能满足水库蓄满造峰和高含沙水流调度。同时,潼关、三门峡平均流量大于等于 2 600 m^3/s,满足水库可调节水量大于等于 6 亿 m^3 的洪水仅出现 2 场,因此水库进行相机凑泄造峰机会较少。

(10)潼关出现流量大于等于 1 500 m^3/s 持续 2 d、含沙量大于 50 kg/m^3 的洪水时,可以对小浪底水库运用方式进行优化。小浪底水库水位降低至 220 m、210 m,全沙排沙比分别为 70.6%、146.5%,其中细泥沙排沙比分别为 95.7%、209.6%。小浪底水库控制水位 210 m 时下游河道淤积量 0.101 4 亿 t,其中艾山—利津河段淤积泥沙 0.014 8 亿 t;控制水位 220 m 时下游河道冲刷 0.032 4 亿 t,其中艾山—利津河段冲刷泥沙 0.002 7 亿 t。因此,低水位控制方案能够有效减缓水库淤积,同时并不明显增加下游河道淤积,不会减小下游河道平滩流量。

二、建议

(1)鉴于小浪底水库 2007—2015 年年均排沙比仅 28.1%,细泥沙排沙比仅 41.4%,建议前汛期当潼关水文站出现流量大于等于 1 500 m^3/s 持续 2 d、含沙量大于 50 kg/m^3 的洪水(较高含沙洪水)时,小浪底水库采用优化方案推荐的运用方式,控制水位 220 m。

(2)加强原型观测,增加洪水期库区水沙因子、水位的观测频次,以持续跟踪对小浪底水库溯源冲刷、沿程冲刷与异重流运行规律的研究,不断提高认识水平,为小浪底水库精细调度服务。

第四专题　花园口以上河段近年来河势下挫的原因及治理对策

1999年10月小浪底水库下闸蓄水运用以来,其下游河道的来水、来沙条件发生了巨大变化,十多年的持续清水小水冲刷,使得黑岗口以上河段现有河道整治工程对水流的控制作用稍差一些,出现了部分河段河势下挫,桃花峪—花园口河段控导工程脱河等现象,局部河段还出现了畸形河湾等。黑岗口以下河段目前对水库运用后的水沙条件较为适应,整治工程对河势控制作用较好。

为搞清长期持续清水、小水下泄对河势的影响及其这种水沙条件下的河势演变规律,通过原型资料分析、概化模型试验等,分析了近年来游荡性河段特别是花园口以上河段的河势变化规律、原因及未来发展趋势,并提出了相应的治理对策和建议。

第一章　微弯型河道整治的控导作用

一、黑岗口以下河段整治工程控导效果

游荡性河道“微弯型”整治在“控制河势游荡摆动范围、确保大堤安全、保障沿黄引水、减少滩地坍塌、保护临河村庄”等方面取得了良好的效果，同时随着游荡摆动特性的减弱，河道平面形态、断面形态也都得到了一定程度的改善。小浪底水库投入运用以来，黑岗口以下河段河势总体趋于规划治导线方向发展(见图 1-1)，较好地适应了长期持续的清水、小水的水沙条件。

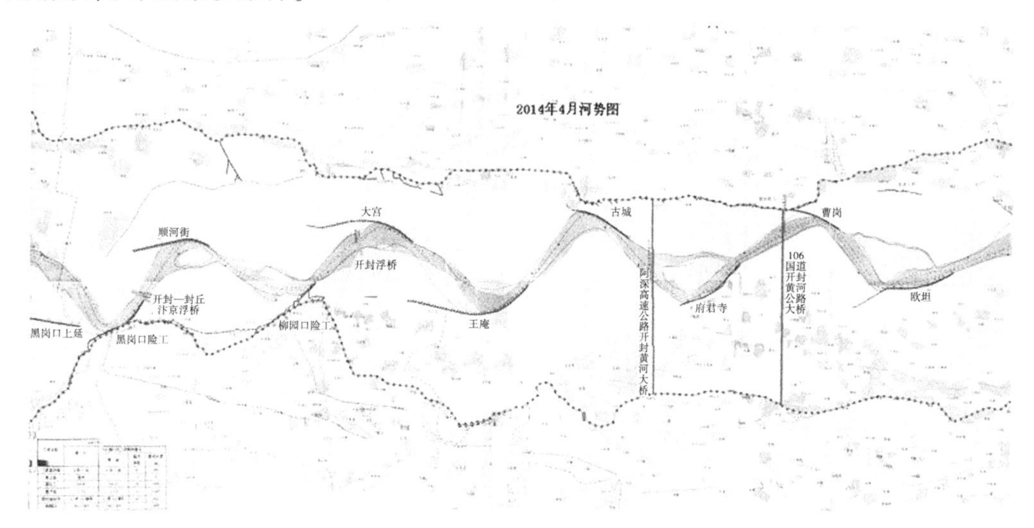

图 1-1　黑岗口—夹河滩河段河势

部分控导工程较为完善、控制性较好的河段(如来童寨附近)河势基本稳定(见图 1-2)、断面较为窄深(见图 1-3)，主槽河宽自 1992 年以来基本稳定在 600 m 左右(见图 1-4)。

分析 1960 年以来各河段平均主溜摆动幅度的变化过程可以看出(见图 1-5)，随着河道整治工程的不断完善，主槽最大摆动幅度已由 1992 年前的约 1 500 m 减少到 2010 年前后的约 500 m。铁谢—伊洛河口、黑岗口 2000 年以来下游河道持续清水小水使河床冲刷，游荡性河段河势总体趋于规划治导线方向发展，尤其黑岗口以下河段河道整治工程相对较为完善，能够较好地适应近年来的水沙条件。黑岗口以上河段现有河道整治工程对水流的控制作用稍差一些，出现了部分河段河势下挫、桃花峪—花园口河段控导工程脱河的现象；同时过渡性河段也出现了局部河段河势的调整，对沿黄引水造成了一定的影响。

夹河滩—高村河段平均主流摆幅基本控制在 200~400 m 范围以内，有效地防止了堤防的冲决。

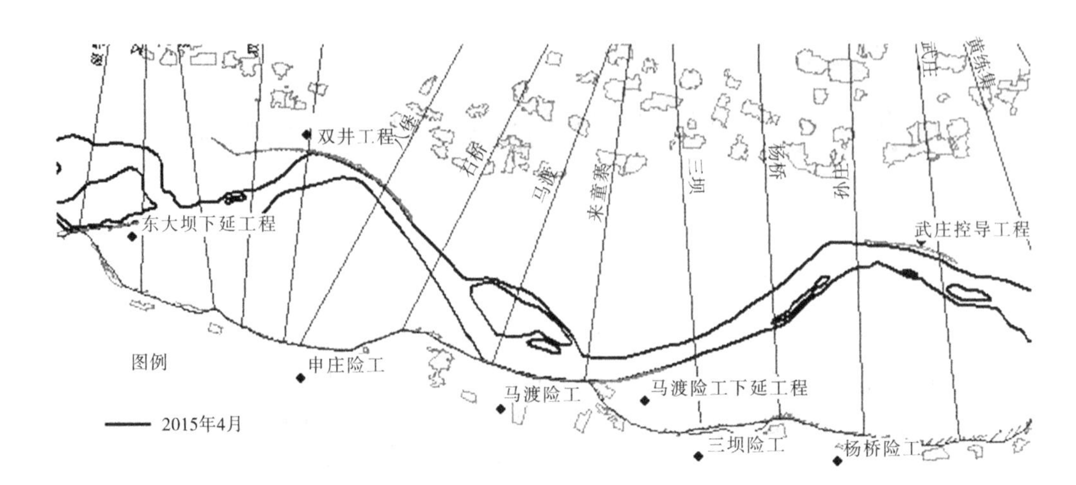

图 1-2　来童寨附近 2015 年河势

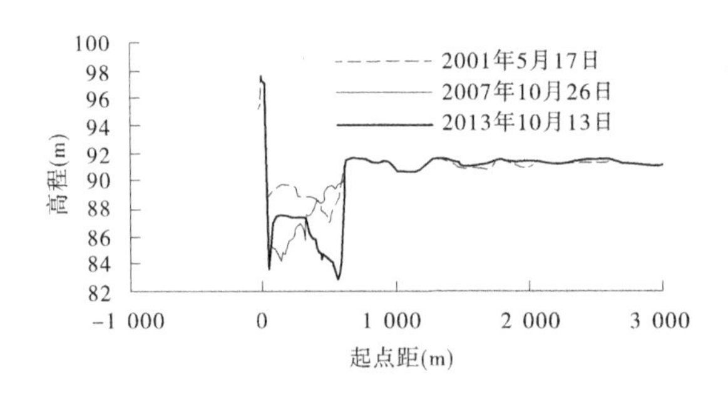

图 1-3　来童寨断面套绘

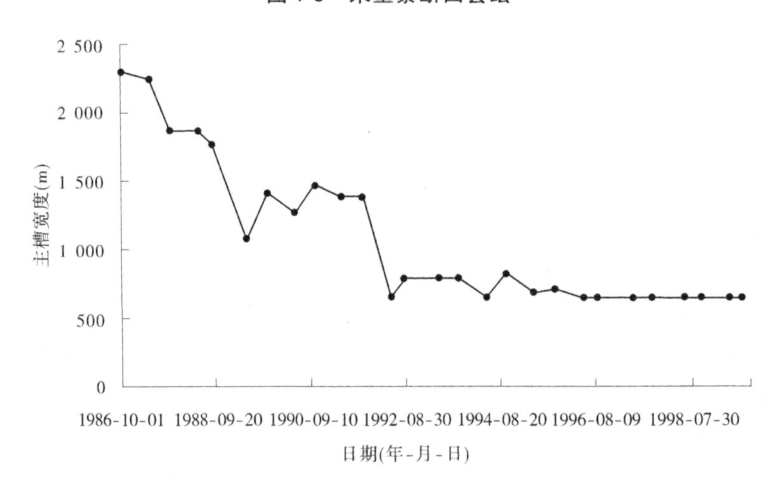

图 1-4　来童寨断面主槽宽度变化过程

二、河势控制效果明显的四种模式

系统分析游荡性、过渡性河段的河势演变特点，归纳出“大弯整治(禅房—堡城)”“小弯整治(铁谢—伊洛河口、黑岗口—夹河滩)”“辅助工程送溜整治(李桥—郭集—吴老

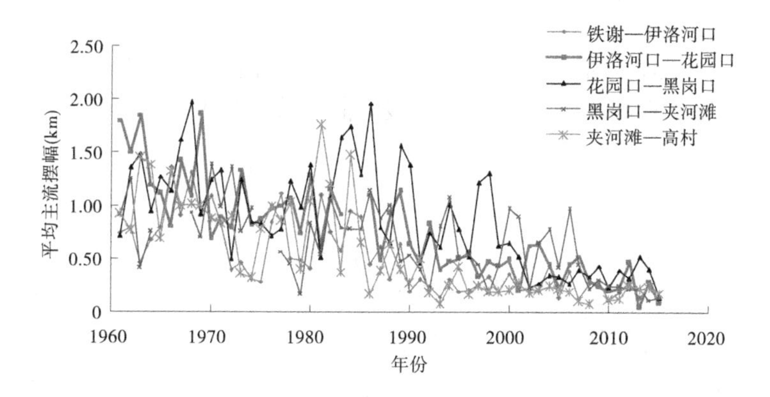

图 1-5　铁谢—高村各河段 1985 年以来主流摆幅变化过程

家—苏阁)”和“顺直整治(影堂—国那里)”等 4 种典型整治模式。

(一)大弯整治模式

例如夹河滩 2000 年以来下游河道持续清水小水,河床冲刷,游荡性河段河势总体趋于规划治导线方向发展,尤其黑岗口以下河段河道整治工程相对较为完善,能够较好地适应近年来新的水沙条件。黑岗口以上河段现有河道整治工程对水流的控制作用稍差一些,出现了部分河段河势下挫、桃花峪—花园口河段控导工程脱河的现象,同时过渡性河段也出现了局部河段河势的调整,对沿黄引水造成了一定的影响。

“大弯整治”模式如禅房—堡城(见图 1-6),对岸工程间距约 6 km,同岸整治工程间距约 12 km,治导线弯曲系数为 1.24。

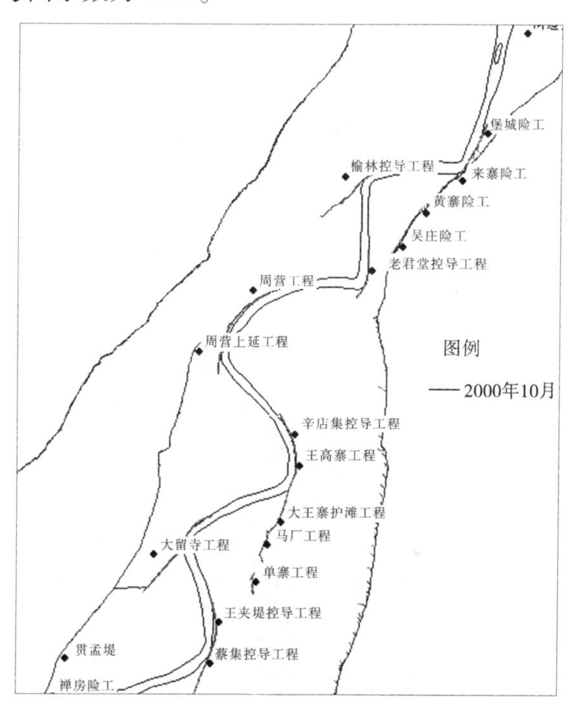

图 1-6　禅房—堡城河段整治模式

(二)小弯整治模式

例如铁谢—伊洛河口河段(见图1-7)和黑岗口—夹河滩河段(见图1-8),对岸工程间距4.5~5 km,同岸工程间距约10 km,治导线弯曲系数约为1.2。

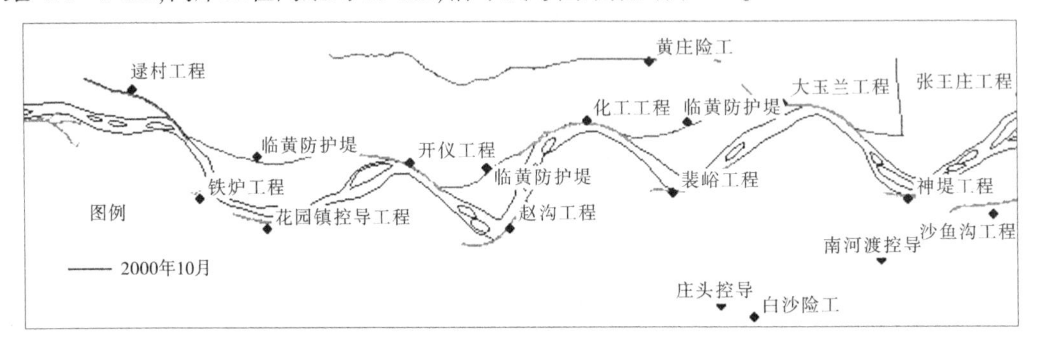

图1-7 铁谢—伊洛河口河段整治模式

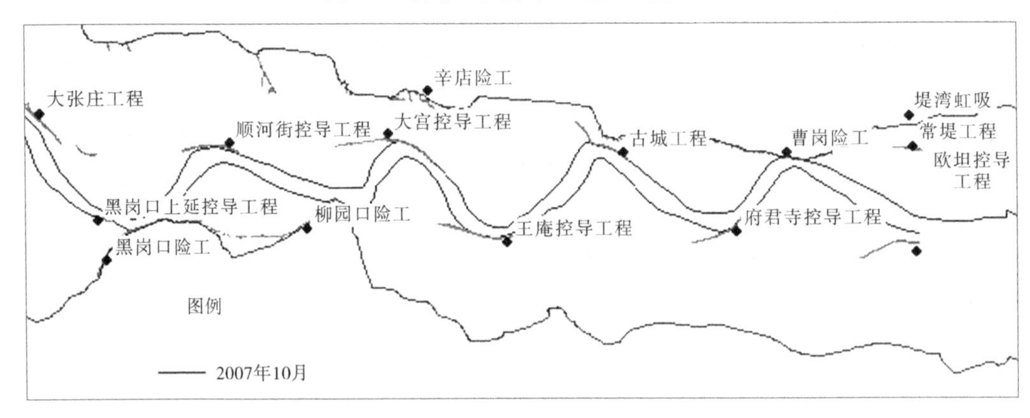

图1-8 黑岗口—夹河滩河段整治模式

(三)工程辅助送溜整治模式

辅助送溜模式如"李桥—郭集—吴老家—苏阁"河段(见图1-9),对岸整治工程间距约6 km,弯曲系数为1.08。郭集、吴老家工程起着辅助送溜作用。

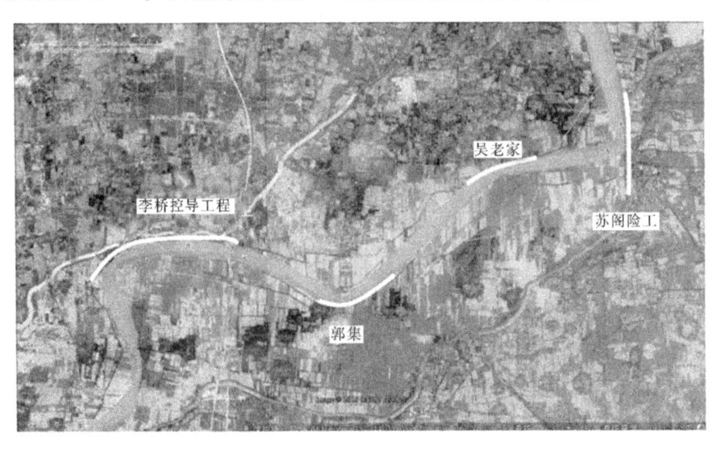

图1-9 "李桥—郭集—吴老家—苏阁"河段整治模式

（四）顺直整治模式

影堂—朱丁庄—枣包楼—国那里为顺直整治河段（见图1-10），影堂—国那里12 km顺直河段内，中间有2处工程辅助送溜（每工程间距3.3 km），即为长河段辅助送溜顺直整治。弯曲系数约1.03。

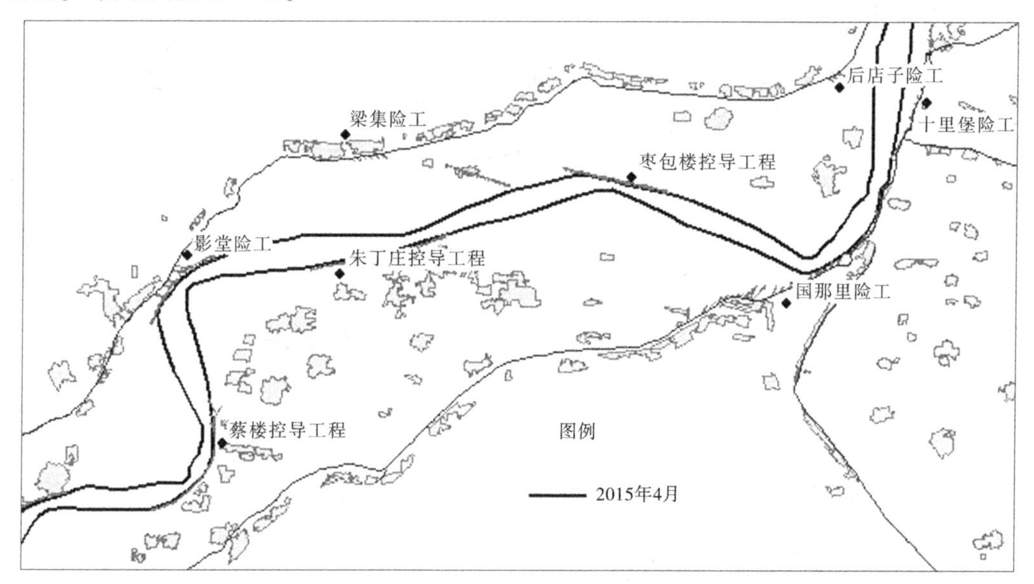

图1-10　影堂—朱丁庄—枣包楼—国那里河段整治模式

各典型治理模式所相应的主要特征参数指标见表1-1。

表1-1　黄河下游典型治理模式主要特征参数

整治模式	对应河段	同岸相邻工程间距（km）	对岸相邻工程间距（km）	弯曲系数	平均弯曲半径（km）	过渡段长（km）
大弯模式	禅房—堡城	12	6	1.24	3.9	4.2
小弯模式	铁谢—伊洛河口 黑岗口—夹河滩	10	4.5~5	1.2	2.8	2.7
辅助送溜模式	李桥—苏阁	16	6	1.08		
顺直整治	影堂—国那里	12	3.3	1.03		

到2016年汛前，只有“大玉兰—神堤—张王庄—金沟（见图1-11）”“桃花峪—老田庵—保合寨—马庄—花园口（见图1-12）”“三官庙—韦滩—大张庄—黑岗口（见图1-13）”等三个分别长约15.7 km、14.9 km和16.3 km的河段线还存在较大的河势变化，与规划治导线还存在较大的差距。

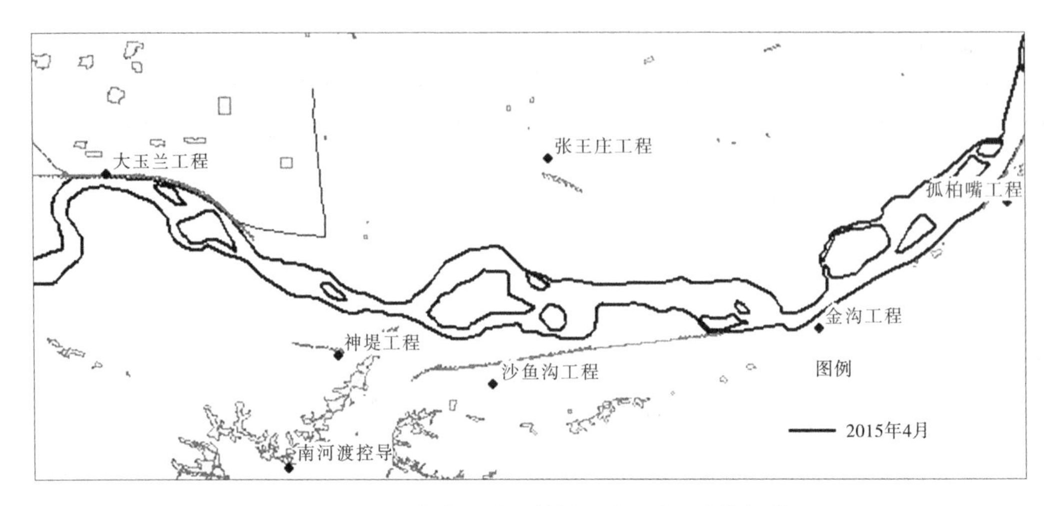

图 1-11　2015 年大玉兰—神堤—张王庄—金沟河段

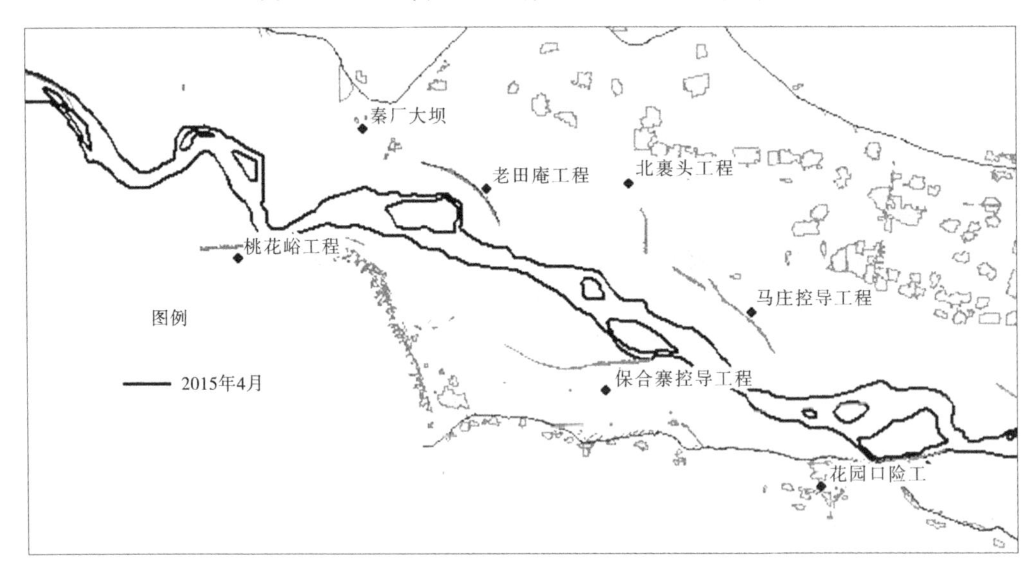

图 1-12　2015 年桃花峪—老田庵—保合寨—马庄—花园口河段河势

与其他大江大河以“双岸顺直整治”为主的指导思想不同，黄河下游游荡性河段“单岸微弯整治”的目标是：“通过在同一河段的单岸修建控导工程，促使原较为顺直、不稳定的河势（弯曲系数 1.08）趋于微弯、稳定的方向（弯曲系数 1.20）发展。”微弯型整治最大的优势在于：只在同一河段的单岸修建控导工程，即可减少河势（主槽）的游荡摆动幅度、摆动范围，防止大堤冲决，减少了塌滩，同时为洪水期主槽展宽、行洪能力增大等留出了较大的余地和空间，在控导工程对岸，对洪水水位的影响较小。

欧洲的莱茵河、美国的密西西比河、我国的汉江中下游等广泛采用的“对口丁坝双岸顺直整治”在同一河段的两岸同时做控导工程，显著缩窄了主槽宽度，并限制了洪水期主槽的冲刷展宽，对洪水水位的影响较大。

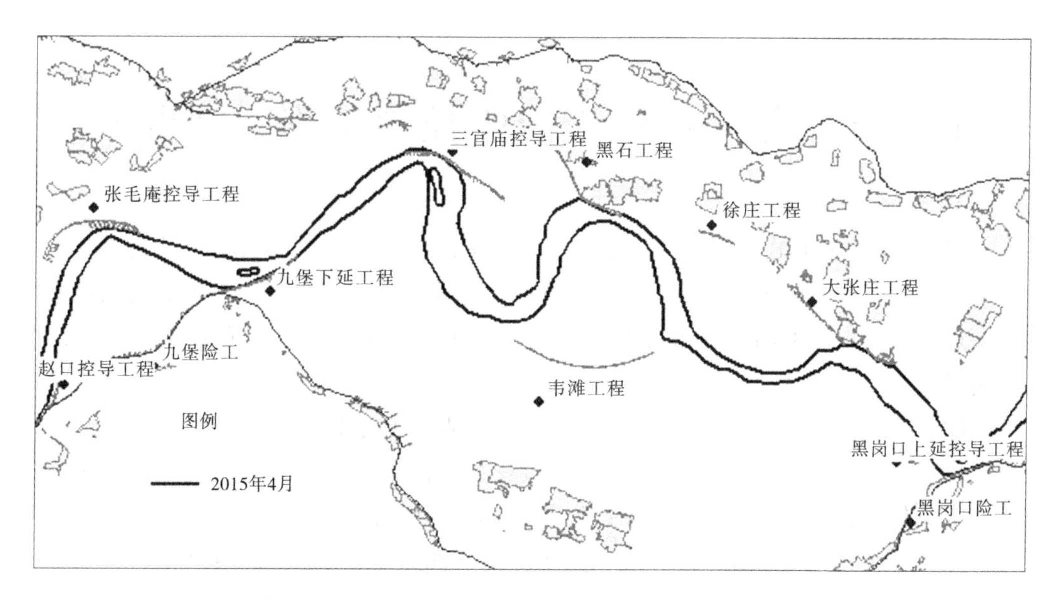

图 1-13 2015 年三官庙—韦滩—大张庄—黑岗口河段河势

第二章　花园口以上河段控导工程脱河现象

小浪底水库2000年投入运用以来长期持续清水小水，与微弯型整治设计条件（中水、含沙量较高）差异很大，同时由于河道整治工程情况的不同，下游河段河势变化也具有不同的特点。黑岗口以上河段总体表现为河势下挫，其中花园口以上河段河势下挫的现象更加明显。

铁谢—花园口河段处于游荡性河道的上段，河势变化受水沙条件的影响相对更大，系统分析历年来主流线长度、弯曲系数的变化过程可以看出（见图2-1）：在河道整治工程逐步完善的条件下，河势经历了较为明显的“顺直（1992年前）—弯曲—河势下挫、趋直—外形轮廓顺直框架下的不规则小湾”等4个阶段，弯曲系数也经历了“明显增大（1993—2000年）—明显减小（2001—2010年）—再有所增大（2011—2015年）”的3个变化过程，在一定程度上也反映了流量、含沙量及河道冲淤对河势的影响。

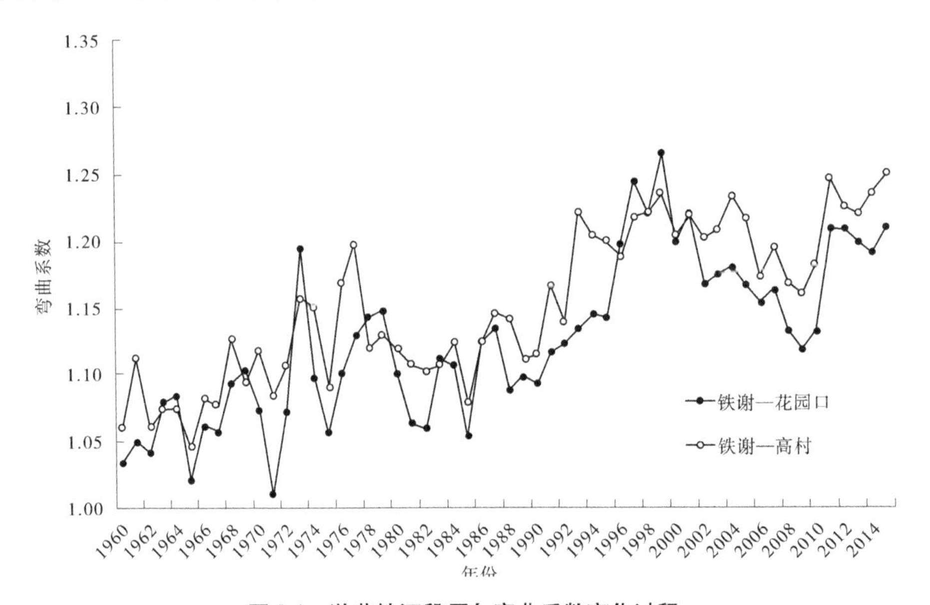

图2-1　游荡性河段历年弯曲系数变化过程

同时，受京汉铁路桥桥墩阻水的影响，桃花峪—花园口河段2000年以来河势趋于顺直，老田庵、保合寨、马庄、花园口等工程脱河。

一、小浪底水库运用前河势演变特点

（一）1960—1992年河势总体较为顺直

1960—1992年游荡性河段河道整治工程较少，以自然演变为主，随着径流量的减少尤其洪水的减少和含沙量的增高，加之部分控导工程的建设，弯曲系数呈略微增大的趋势,但增幅较小。铁谢—高村河段由1960年前后的1.08增大为1992年前后的1.14,其中铁谢—花园口由1.04增大为1.12。弯曲系数与年水量之间总体上也具有一定的正相关趋势,随着年水量的减小,弯曲系数呈增大趋势(见图2-2)。

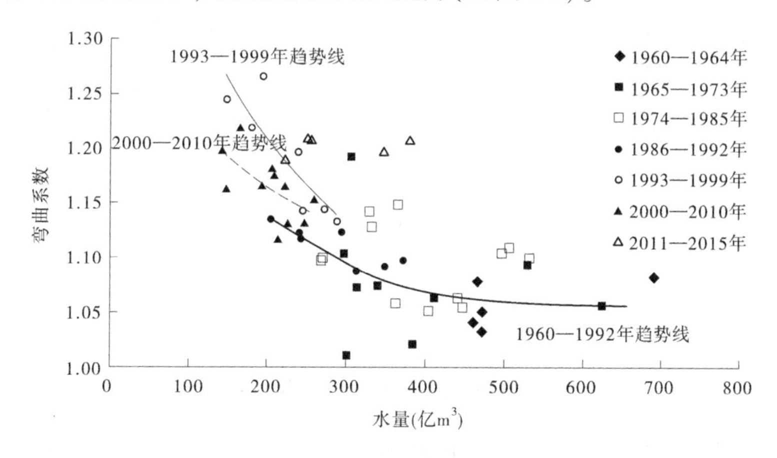

图2-2 铁谢—花园口河段弯曲系数与年水量相关关系

(二)1993—1999年河势明显趋于弯曲性方向发展

随着控导工程的逐渐增多,尤其温孟滩移民安置区控导工程逐步完善(1995年河道整治工程长度已达到河长的95%),同时受1988年、1992年高含沙洪水截支(汊)强干(主槽)、塑槽作用较强的影响,铁谢—花园口河段河势明显趋于弯曲性方向发展,弯曲系数由1993年的1.12增大到1999年的1.26,是各历时时期中最大的(见图2-1)。由于控导工程的促进作用,弯曲系数—流量相关关系总体上位于相关图的左上方(见图2-2)。

河道整治工程能够较好地适应当时的水沙条件、控制河势,铁谢—伊洛河口(见图2-3)、孤柏嘴—花园口(见图2-4)河段河势与规划治导线基本一致。

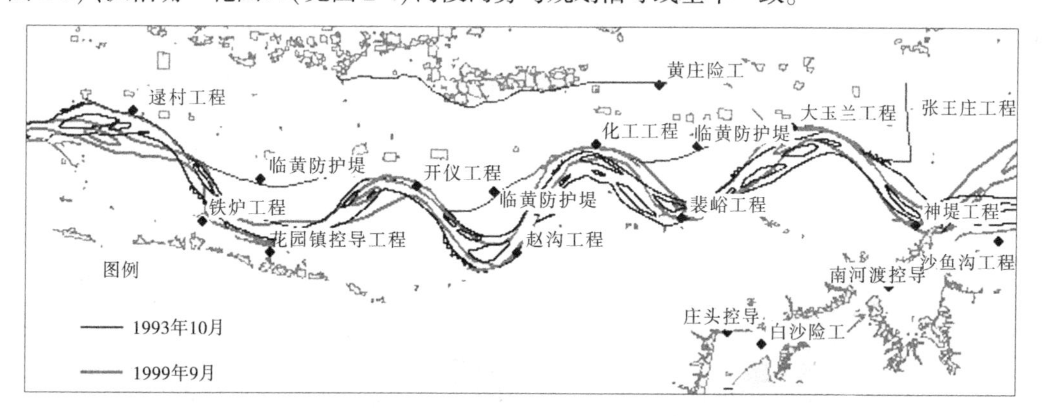

图2-3 铁谢—伊洛河口河段1993年、1999年河势

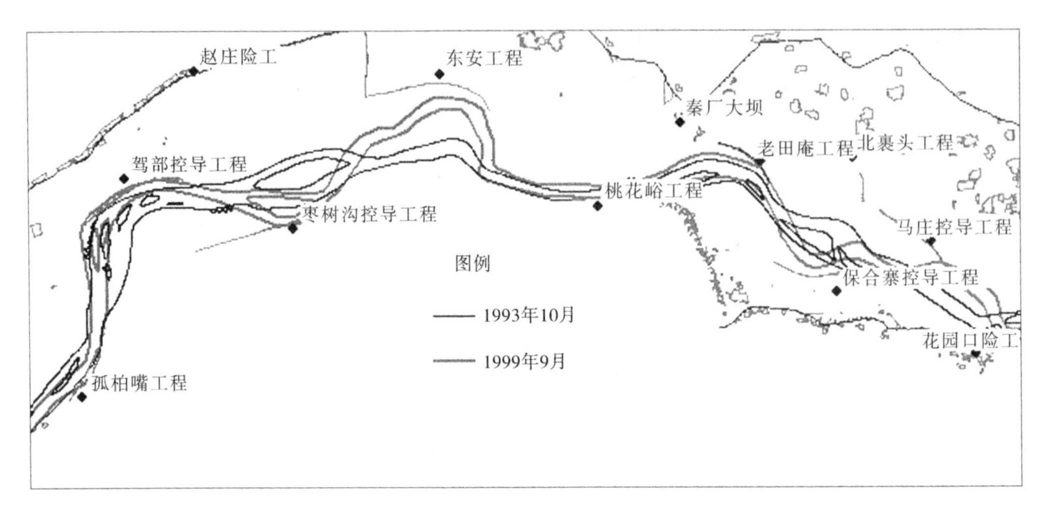

图 2-4 孤柏嘴—花园口河段 1993 年、1999 年河势

二、小浪底水库运用后河势演变特点

(一)2000—2010 年河势

在前期河槽淤积萎缩、河势较为弯曲的条件下,2000—2010 年长期清水小水、河床持续冲刷,花园口以上河段河势总体趋于顺直方向发展,弯曲系数由 1999 年的 1.26 减小为 1.12,与 1992 年前后较为接近(见图 2-1)。同流量条件下的弯曲系数较 1993—1999 年也有较为明显的降低(见图 2-2)。同期铁谢—高村河段的弯曲系数也由 1999 年的 1.24 减小为 1.16,与 1992 年前后较为接近(见图 2-1)。

河势趋直、控导工程附近河势下挫也较为明显。温孟滩移民安置区河段位于游荡段的上段,共有控导工程 9 处。在控导工程较为完善(1995 年整治工程已达河长的 95%)的情况下,除逯村、大玉兰、赵沟控导工程河势有所上提外(逯村、大玉兰工程分别上提了 0.7 km 和 0.5 km,赵沟上提较短),其他工程的靠河位置都有不同程度的下挫(见图 2-5、表 2-1)。铁谢、花园镇、开仪、化工、裴峪和神堤等控导工程河势下挫分别为 1.3 km、0.3 km、1.5 km、2.0 km、2.0 km 和 1.8 km。

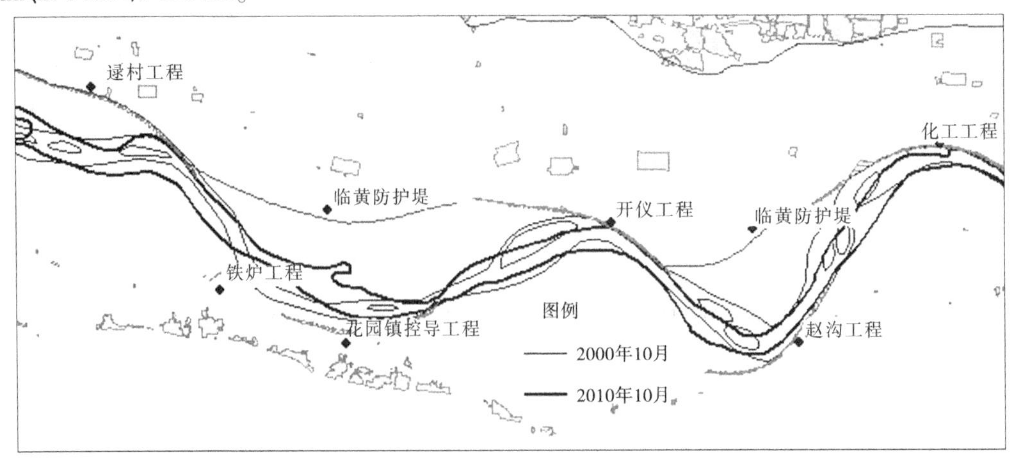

图 2-5 逯村—化工河势

表 2-1　花园口以上河段控导工程河势(靠溜)情况

控导工程名称	靠主溜坝号			靠溜位置的变化		备注
	1999 年	2010 年	2015 年	1999—2010 年	2010—2015 年	
铁谢	1—10	1—下延 3	1—下延 15	下挫	下挫	
逯村	37—40	30—40	32—40	上提	下挫	
花园镇	26—29	27—29	20—29	下挫	上提	
开仪	7—37	22—37	0	下挫	上提	
赵沟	-5—18	0	-13—18	下挫	上提	
化工	1—38	23—38	2—38	下挫	上提	
裴峪	-8—26	13—26	17—26	下挫	下挫	
大玉兰	6—44	1—44	+2—44	上提	上提	
神堤	1—28	21—28	0	下挫	下挫	
伊洛河口						
张王庄	3—8	0	0	下挫	下挫	趋直右摆
金沟	0	23—24	21—24	下挫	上提	
孤柏嘴	4—17	8—17	1—17	下挫	上提	
驾部	13 垛—35	38—45	0	下挫	下挫	
枣树沟	-3—37	1—19	-3—19	下挫	上提	
东安	0	迎溜段	全部靠溜	上提	上提	潜坝
桃花峪	-9—39	0	32—39	下挫	下挫	
老田庵	16—31	0	0	下挫	下挫	
保合寨	0	0	38—41	下挫	下挫	趋直左摆
马庄	7—8	0	0	下挫	下挫	
花园口	118—125	0	0	下挫	下挫	
合计				3 处上提,17 处下挫	9 处上提、11 处下挫	

由表 2-1 还可看出:①2010 年较 1999 年各河段工程均以下挫为主,如铁谢—伊洛河口河段,仅 1 处上提,9 处都为下挫;伊洛河口—花园口河段,也是仅 1 处河势上提,其他 10 处工程都为河势下挫。②2015 年较 2010 年河势有上提也有下挫,例如铁谢—伊洛河口河段河势上提 5 处、下挫 4 处;伊洛河口—花园口河段,河势上提 4 处、下挫 8 处。

桃花峪—花园口河段河势趋直的现象表现得更为明显。在小浪底水库运用前以浑水为主的条件下,按照微弯型整治的思路,建成了较为完善的“桃花峪—老田庵—保合寨(南裹头)—马庄—花园口(东大坝)”控导工程体系,取得了“一弯导一弯”的良好效果,并曾被称作为治理的“模范河段”(见图 2-6)。但小浪底水库运用后,长期持续清水小水,河势持续趋直、下挫,目前自桃花峪工程下首至花园口(东大坝)下首,河势基本演变成了长约 15 km 的顺直河段,老田庵、保合寨、马庄、花园口等连续四处控导工程脱河,保合寨(南裹头)下游右侧路堤 2010 年被冲塌(见图 2-7)。

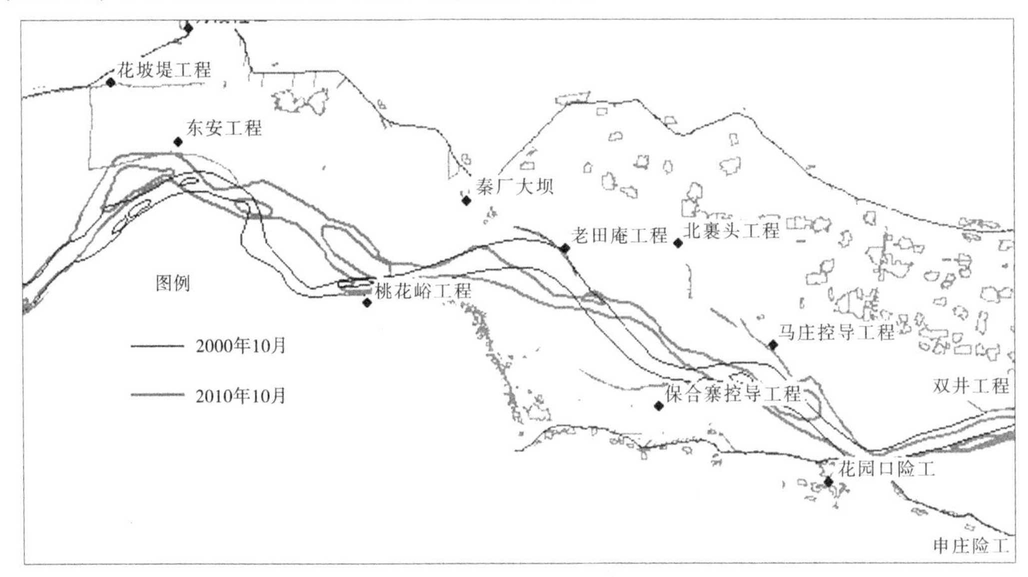

图 2-6 桃花峪—花园口河段河势

图 2-7 南裹头工程下游 2010 年路基塌滩情况

(二)2011—2015 年河势

花园口以上河段在 2010 年以前受清水趋直作用的影响更加明显,河势总体表现为趋直的趋势。2011—2015 年受小水趋弯的影响更加明显,河势总体上趋于“小湾”方向发展。主要表现为长期持续小水（800 m^3/s 流量级以下历时明显增长），部分河段送溜不力，在两岸控导工程之间长约 5 km 的顺直河段又出现了不规则的或者呈小 S 形的河湾（见表 2-2），弯曲系数再次趋于增大方向发展。2015 年铁谢—高村、铁谢—花园口河段弯曲系数增大，分别增大为 1.24、1.21（见图 2-1）。

表 2-2　黑岗口以上河段控导工程迎、送溜关系

河段划分	工程区间	迎、送遛情况			着溜情况
		直线	坐弯	二次着溜	
白鹤—伊洛河口	白鹤—白坡	√			全段着溜
	白坡—铁谢	√			全段着溜
	铁谢—逯村		√有发展趋势		逯村工程尾部着溜
	逯村—花园镇	√			花园镇送溜段着溜
	花园镇—开仪	√		√	开仪着溜段着溜、尾部靠水边
	开仪—赵沟		√		赵沟全段着溜
	赵沟—化工	√			化工全段着溜
	化工—裴峪			√	裴峪工程尾部靠边溜
	裴峪—大玉兰		√有恶化趋势	√	大玉兰迎溜段、送溜段着溜
	大玉兰—神堤	√			神堤工程尾部着边溜
	小计	6	3	2	
伊洛河口—花园口	神堤—沙鱼沟		√有发展趋势		神堤尾部着边溜、沙鱼沟不靠溜
	沙鱼沟—金沟	√			金沟工程尾部靠水边
	金沟—驾部		√		驾部送溜段靠溜
	驾部—枣树沟		√有发展趋势		枣树沟着溜段、送溜段靠溜
	枣树沟—东安	√			东安工程着溜段、送溜段靠溜
	东安—桃花峪		√有发展趋势		桃花峪送溜段着溜
	桃花峪—老田庵		√有发展趋势		老田庵尾部靠水边
	老田庵—保合寨	√			保合寨不靠溜
	保合寨—马庄	√			马庄不靠溜
	马庄—花园口	√			花园口险工不靠溜
	小计	5	5	0	

续表 2-2

河段划分	工程区间	迎、送溜情况			着溜情况
		直线	坐弯	二次着溜	
花园口—黑岗口	花园口—东大坝		√		东大坝下延靠水边
	东大坝—双井		√		双井工程着溜段、送溜段靠溜
	双井—马渡	√			马渡工程着溜段、送溜段靠溜
	马渡—武庄	√			武庄全段靠溜
	武庄—赵口	√			赵口全段靠溜
	赵口—毛庵	√			毛庵工程着溜段、送溜段靠溜
	毛庵—九堡	√			九堡全段靠溜
	九堡—三官庙	√			三官庙迎溜段靠溜
	三官庙—韦滩		√		韦滩不靠溜
	韦滩—黑石	√			黑石工程着溜段、送溜段靠溜
	黑石—徐庄		√		徐庄不靠溜
	徐庄—大张庄		√有发展趋势		大张庄送溜段靠溜
	大张庄—黑岗口	√			黑岗口全段靠溜
	小计	8	5	0	

顺直河段不规则或者呈小 S 形的河湾部分出现在顺直河段的中部，导致下游控导工程附近河势下挫（见图 2-8）。当长期小水下泄时，河湾持续发展，同时缺少漫滩洪水“裁弯趋直”的机会，则存在逐步发展成“S 形、畸形河湾”的可能，2015 年东安—桃花峪河段“畸形河势”的雏形已经显现（见图 2-9）。

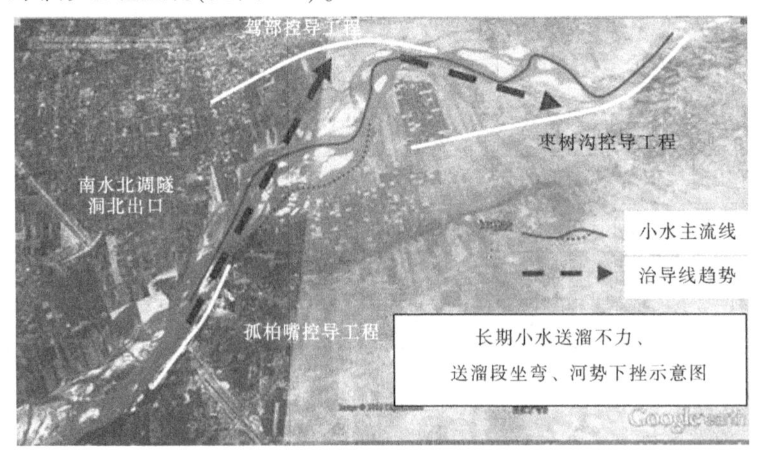

图 2-8　2011 年孤柏嘴—驾部—枣树沟控导工程之间顺直河段的小 S 形河湾

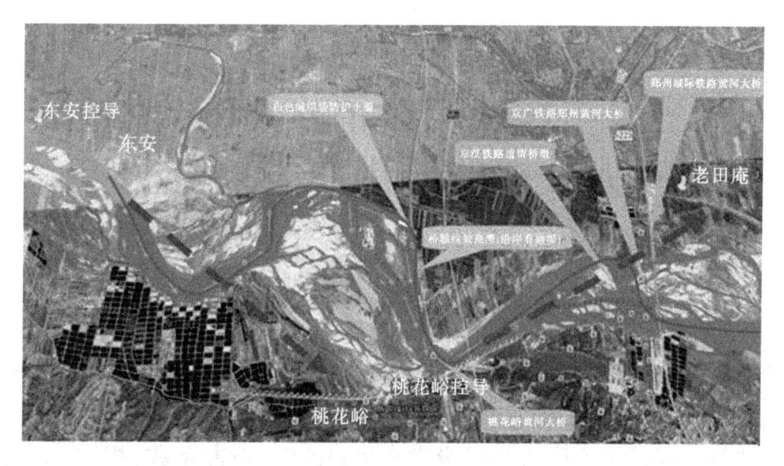

图 2-9　2016 年东安—桃花峪控导工程之间顺直河段的小 S 形河湾

部分河段小 S 形河湾的出现位置更靠近下游，常出现在下游控导工程附近。分析铁谢—伊洛河口河段 2015 年河势变化特点可以看出（见图 2-10），由于小水送溜不力，开仪、裴峪、大玉兰控导工程附近均表现 2 次靠河，尤其开仪和裴峪控导工程两次出现靠河的趋势，但并没有靠上主溜，都是依靠在工程下游出现的（滩区）弯道导流，进一步降低了对其下游河势的控导作用和导溜能力。

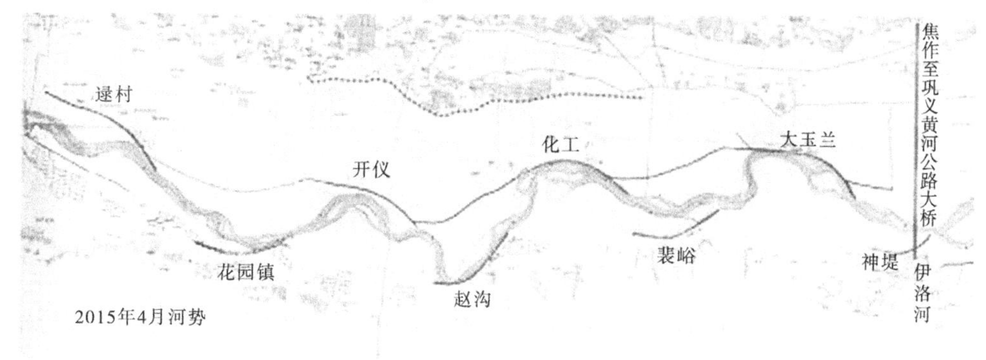

图 2-10　温孟滩河段 2015 年河势及控导工程前小 S 形河湾

总体上看，花园口以上河段 2015 年河势仍被约束在两岸控导工程之间，对河道防洪影响不大，但部分控导工程河势下挫甚至脱河。另外，温孟滩移民安置区河段开仪、裴峪控导工程附近，东安—桃花峪河段等 3 处 S 形河湾存在进一步向“畸形河湾”发展的可能性，对移民围堤、滩区安全将构成一定的威胁，需要加强防范。

第三章 长期持续清水小水条件下河势下挫的原因及发展趋势

一、不同含沙量级洪水河势演变规律概化模型试验

由于河势演变影响因素多、规律复杂，除河床边界、控导工程、河势等前期边界条件，水流尤其洪水条件等影响因素外，与水流含沙量也具有一定的关系。为揭示含沙量因子变化对河势的影响，开展了不同含沙量级洪水河势演变（弯曲系数）规律（对比）概化模型试验（见图 3-1）。试验结果表明：

图 3-1 不同含沙量级洪水河势演变规律概化模型试验场景

（1）对于含沙水流，在河道冲淤基本平衡（控制洪水期来沙系数 $S/Q=0.014$）的条件下，弯曲系数随着洪水流量减小、河床比降减小呈增大趋势，河势更加趋于弯曲性方向发展，反映了“小水趋弯”“下游河段更易趋弯”的机制（见图 3-2 中的点划线）。

（2）在相同河床边界条件和洪水流量条件下，与含沙水流相比，低含沙（清水）洪水河势更加趋直，河道弯曲程度有所降低，弯曲系数—流量相关关系位于含沙水流关系的偏下方（见图 3-2 中的虚线）。

二、花园口以上河段河势下挫的原因及发展趋势

（一）河势下挫原因

小浪底水库 2000 年投入运用以来，黄河枯水少沙，下游长期清水小水，河道持续冲刷。总体上看，2010 年以前，黑岗口尤其花园口以上河段受清水趋直的影响更加明显，河势总体向趋直方向发展；2011 年以后，受小水趋弯的影响更加明显，河势总体上趋于“小湾”方向发展。黑岗口以下河段总体上受小水趋弯的影响更加明显，河势更加趋于弯曲、上提方向发展。

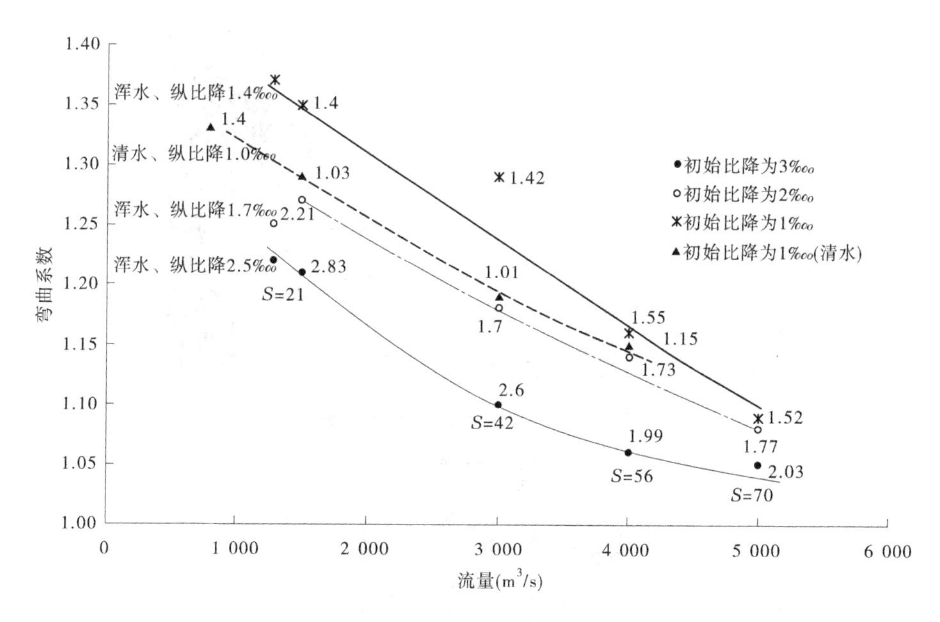

图 3-2　概化模型试验弯曲系数—流量关系

结合实测资料分析,花园口以上河段河势下挫的原因主要为:

(1)2000—2010 年长期清水(低含沙),河势易于趋直下挫。河势通常有“大水趋直、小水坐弯”演变规律。但对于这一阶段的花园口以上河势而言,在调水调沙期的洪水涨水阶段大水趋直,水流易造成冲刷、塌滩(岸滩冲刷)和打尖(凸岸滩唇冲刷);落水阶段则由于没有足够的泥沙塑造河床,弯顶对面的滩尖和控导工程下首的滩地都得不到及时淤积,加之其他长时期都是小水、清水作用,使冲刷作用加剧,从而导致河势更易于向趋直、下挫方向发展。

(2)2011 年之后,河槽内容易冲刷的床沙已经基本完成冲刷,此时小水坐弯的能力已大于清水冲刷的能力,加之持续小水的送溜不力,这样在前期冲刷、较为顺直的河槽内部分河段出现了不规则的河湾,进一步加剧了河势下挫的局面。

(3)滩岸坍塌、河槽相对宽浅,河岸对水流约束作用的降低,进一步加剧了河势的变化,并易于形成不利河势。下游河道主槽持续冲刷下切的同时,滩岸坍塌、主槽展宽,对长期持续清水小水条件下河势的约束作用减弱,河势变化的随机性增大。小水多弯(不出槽)流路的发展又进一步加剧了河岸的坍塌,易于形成“长期小水、不规则河湾形成—河岸塌滩加剧—小水河湾进一步发展”的恶性循环。

(4)老京汉铁路桥桥墩对桃花峪—花园口河段河势下挫(趋直)有一定的影响。长期持续清水小水冲刷,河床下切,老京汉铁路桥桥墩及抛石更加明显地高出水面,到 2015 年抛石高程已高出上游水面(枯水流量约 400 m^3/s)约 1.5 m(见图 3-3),形成较为明显的局部侵蚀基面,上下游水位差约 0.7 m(见图 3-4)。

通过点绘老京汉桥上下游水位看出(见图 3-5),在 2012 年开始出现水位差,截至 2015 年汛后,跌水水位差为 0.71 m。

图 3-3　废弃的京汉铁路桥桥墩

图 3-4　老京汉桥墩水位差

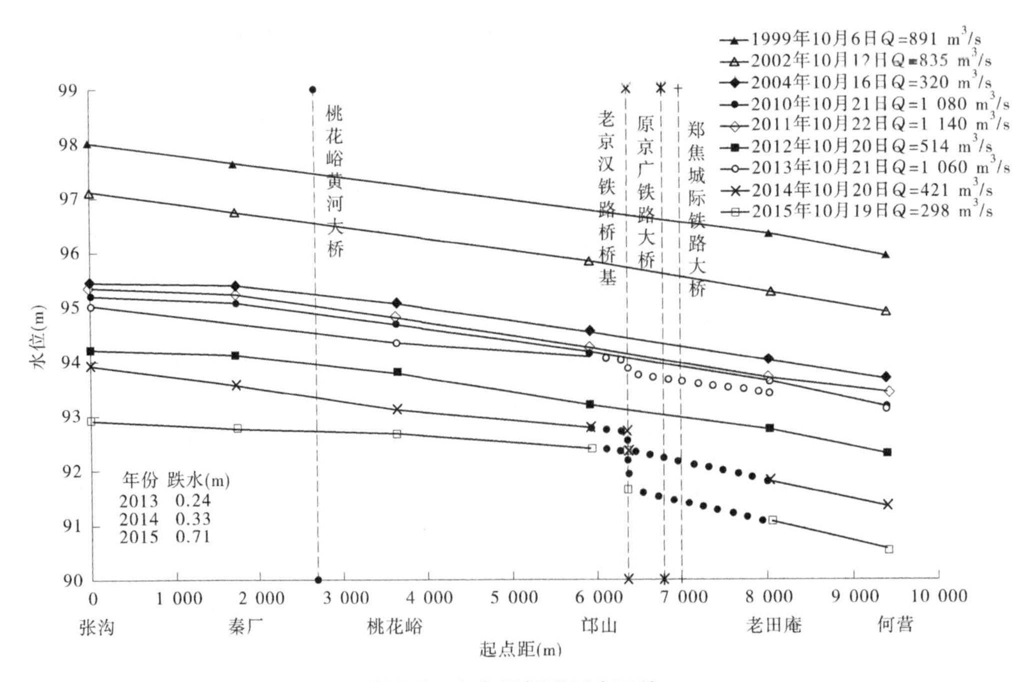

图 3-5　老京汉桥附近水面线

长期枯水条件下的京汉铁路桥附近的河势在很大程度上取决于桥墩及抛石的分布情况，由于抛石高程在横断面分布上较为均匀，目前河势主要集中在右岸(南岸)0.9 km范围内，水流较为均匀地下泄(见图3-6)，致使本河段入溜河势就较为明显地偏离了规划治导线，桥位位置现有主流线位置向南岸偏离规划治导线约0.35 km(本河段规划治导线为0.8 km)。

(a)老京汉铁路桥

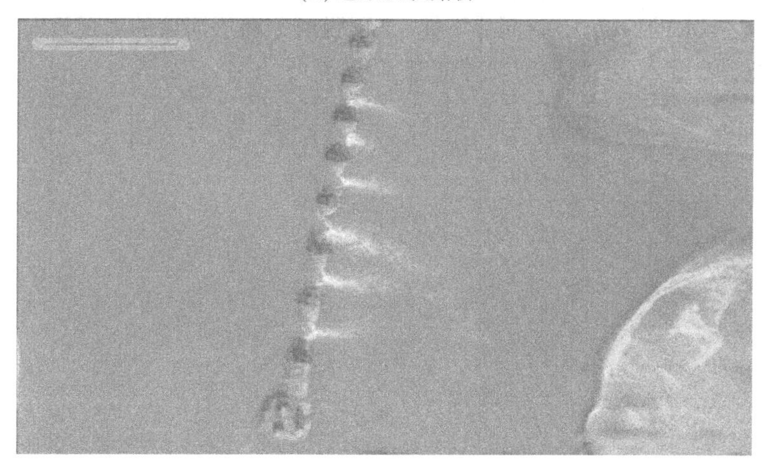

(b)京汉铁路桥

图3-6 桥墩及抛石对枯水(400 m^3/s)流量的梳篦作用

现场查勘还表明，在老京汉铁路桥下游约400 m(见图3-6)，原京广铁路桥桥墩及抛石在枯水条件下也已经露出水面(见图3-7)，对河势演变、洪水期壅水也具有一定的不利影响，桥位位置现有主流不在规划治导线内，偏离规划治导线约0.7 km。

(二)河势未来发展趋势

小浪底水库运用15 a来，花园口以上河段长期持续清水、小水，河道冲刷，同时河势下挫，滩地坍塌，形成许多不规则小弯甚至出现了一些畸形河湾。

2010年之后，随着河道过流能力的增加，夹河滩以下河段的河势也发生了剧烈变化。河槽下切打破了原来的冲淤平衡，河势下挫趋势明显，部分险工、控导工程失去控溜作用，

图 3-7　原京广铁路桥桥墩及抛石枯水(400 m^3/s)期露出水面的情况

造成滩地坍塌,工程频繁出险,甚至威胁防洪安全。如夹河滩—孙口河段,多年靠河较好的工程如辛店集、老君堂、堡城—三合村、刘庄、苏泗庄和老宅庄—芦井、苏阁、杨集等工程也都出现了靠河不稳、河势下挫、频繁出险等情况。

随着清水、小水的持续作用,河势下挫、工程脱河和畸形河湾的出现将向下游延伸,直至含沙量恢复到一定程度,河段河势才能基本稳定。

第四章　认识与建议

一、主要认识

（1）黄河下游游荡性河段采用"微弯型"整治取得了减少河势游荡摆动范围的效果，总体上对长期持续清水小水也具有较好的适应性。小浪底水库运用之前特别是1993—1999年，铁谢—花园口河段整治工程对河势控制作用较好，1999年河势与规划治导线基本一致，弯曲系数约1.26。

（2）小浪底水库运用以后的2000—2010年，铁谢—花园口河段河势发生了较大变化，其中2000—2010年河势以趋直、工程靠河以下挫为主，老田庵—花园口河段大部分工程脱河。这一时期的平均弯曲系数减小为1.12。主要原因是长期清水下泄，凸岸滩尖被逐渐冲刷，且得不到泥沙回淤，致使河势逐渐下挫、河势向趋直方向发展。

（3）2011年之后，低含沙水流为了达到自身的挟沙能力，必然冲刷河床，但在无滩尖和易冲河岸可冲刷的条件下，为寻求泥沙，加之小水坐弯的特性，水流在易冲河岸位置冲刷、淘刷，因此出现了在部分河段河势坐弯或形成多个小S形的河湾，并有向"畸形河湾"发展的趋势。

（4）随着小浪底水库继续下泄清水小水，河势下挫、趋直甚至出现畸形河湾的趋势将向下游继续发展，直至含沙量恢复到一定程度，河段河势才能保持相对稳定。

二、建议

（1）对长期持续清水小水条件下，工程送溜不力，河势下挫甚至出现畸形河湾的情况，建议在现有微弯型整治工程的基础上，对一些工程需要下延潜坝，增加控导工程对清水小水河势的送溜长度，促进河势更加趋于治导线方向发展，避免出现顺直河段范围内再出现小S形河湾、河势下挫甚至工程脱河的不利局面。

（2）对河势趋直、部分控导工程脱河的"桃花峪—花园口"河段需采取综合措施，以重要工程"花园口将军坝"附近靠河、保障引水和景观需求为目标，进行综合整治。首先，进一步全面掌握老京汉铁路桥、原京广铁路桥桥墩及抛石的情况，分析其对河势的影响。若废弃桥墩和抛石对河势具有重大甚至决定性影响，可考虑在治导线范围内对阻水桥墩及抛石进行彻底清理，初步解决桃花峪—老田庵河段入溜（龙头）河势的突出问题。

同时，加强对长期持续清水小水条件下桃花峪—花园口河段及"大玉兰—金沟"、"三官庙—黑岗口"等河势较为散乱河段的河势演变规律和不同治理方案整治效果的研究工作。通过系统的模型试验对"现有规划微弯型整治""单岸辅助送溜整治""对口丁坝双岸整治"等方案进行综合比选，立足于控制小水河势，减少塌滩，使重要防洪工程（花园口、黑岗口）靠河，改善引水条件为主要目标，并兼顾输沙减淤，减缓"上冲下淤"及"沿程冲刷不均衡性"、生态环境与景观需求，提出相对较优的整治方案。

第五专题　宁蒙河道减淤途径及风沙入黄量

宁蒙河段入黄风沙量一直是研究的焦点和难点。搞清宁蒙河段入黄风沙量对于科学制定宁蒙河道治理对策及论证黑山峡河段开发工程建设均具有重要意义。为此，在专题系统论证分析了以往有关研究成果的合理性，并通过风沙试验观测、遥感影像解译、模型模拟和气象要素统计分析，初步研究了宁蒙河道减淤途径，以及石嘴山—巴彦高勒、宁蒙河段的入黄风沙量，为宁蒙河段河道治理、风沙治理提供了基础数据。

第一章　宁蒙河道减淤途径研究

一、宁蒙河道水沙特点

黄河上游水资源和水力资源丰富,已修建的龙羊峡、刘家峡两座干流大型调蓄水库在供水、水电开发和防洪防凌等方面取得了一定的社会经济效益。根据黄河治理开发规划,在黄河上游拟在黑山峡河段修建大柳树工程,然而关于黑山峡河段的开发方式却长期争论不休。

其中争论的泥沙问题在于两点:一是入黄风沙量及宁蒙河道淤积主因;二是粗泥沙输送能力及洪水过程的作用大小。争议的产生主要是由于对宁蒙河段的泥沙属性、输移规律及河床演变的认识还不够清楚。针对上述关键问题,在前期多年工作的基础上,开展了系统的分组泥沙资料收集和整理工作,分析了宁蒙河道主要河段不同粒径泥沙的时空分布及其与水沙条件的定量关系,揭示了宁蒙河道不同粒径泥沙冲淤调整机制,剖析了宁蒙河道淤积及淤积加重的原因,为求回答黑山峡河段开发争议的焦点问题,提出宁蒙河道"拦粗排细"综合治理的建议。

(一)泥沙来源及其组成

根据黄河泥沙特点,划分细泥沙粒径为小于0.025 mm,中泥沙粒径为0.025~0.05 mm,较粗泥沙粒径为0.05~0.1 mm,特粗泥沙粒径为大于0.1 mm;较粗泥沙和特粗泥沙合称为粗泥沙,粒径大于0.05 mm。

以宁蒙河道干流进口控制水文站下河沿为基准(见图1-1),合计至头道拐的河段支流来沙和风沙,得到宁蒙河道的总来沙量,同时根据不同来源的泥沙组成可计算出总来沙量的泥沙组成(见表1-1)。多年平均(1959—2012年)宁蒙河道总来沙量年均1.76亿t,其中大部分来自下河沿以上地区,年均约1.05亿t,约占总量的60%;其次来自区间支流(清水河、苦水河等),年均0.357亿t,约占20%;其他为十大孔兑来沙和风沙,分别为0.197亿t和0.156亿t,约各占宁蒙河道总来沙量的10%。

宁蒙河道总来沙中细泥沙将近1亿t,占总量的54.1%,是来沙的主体;其次是中泥沙,为0.334亿t,占总量的19.0%;较粗泥沙和特粗泥沙来量较少,分别为0.222亿t和0.252亿t,占总量的12.6%和14.3%。

宁蒙河道不同粒径泥沙来源比较分明。细泥沙、中泥沙和较粗泥沙主要来自干流下河沿以上和区间部分支流(清水河、苦水河等),这两部分来源的细泥沙比例在60%以上,合计细泥沙量占宁蒙河道总细泥沙量的91.8%;这两部分来源的中泥沙比例在20%以上,合计中泥沙量占宁蒙河道总中泥沙量的92.6%;这两部分来源的较粗泥沙比例在10%以上,合计较粗泥沙量占宁蒙河道总较粗泥沙量的77.5%。特粗泥沙则主要来源于十大孔兑和风沙,尤其是风沙中特粗泥沙含量达到85%,因此十大孔兑和风沙中的特粗泥沙分别占宁蒙河道总特粗泥沙量的26.2%和52.8%,两者合计占79%。

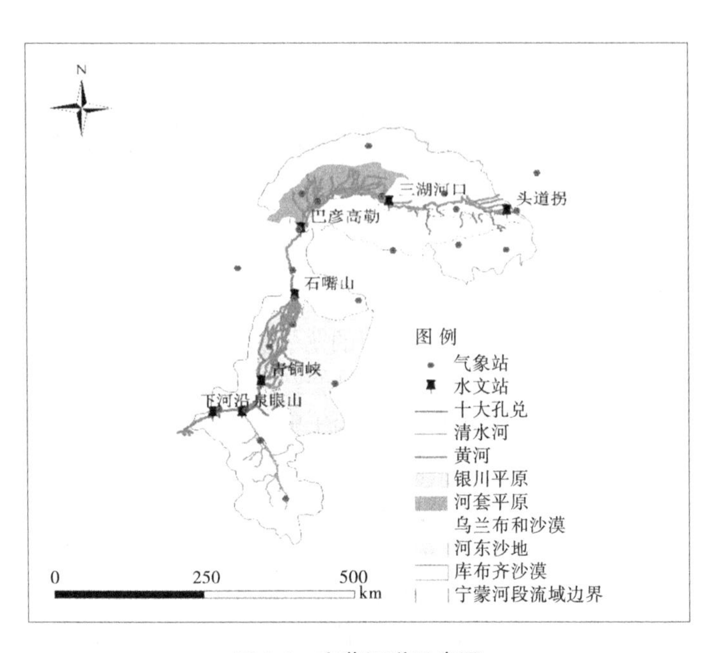

图 1-1　宁蒙河道示意图

表 1-1　1959—2012 年宁蒙河道泥沙来源及分组构成

项目	区间	分组泥沙量				
		全沙	细泥沙 (<0.025 mm)	中泥沙 (0.025~0.05 mm)	较粗泥沙 (0.05~0.1 mm)	特粗泥沙 (>0.1 mm)
沙量 (亿 t)	宁蒙	1.760	0.952	0.334	0.222	0.252
	下河沿	1.050	0.654	0.227	0.122	0.047
	支流	0.357	0.219	0.082	0.050	0.006
	孔兑	0.197	0.079	0.025	0.027	0.066
	风沙	0.156	0	0	0.023	0.133
分组泥沙 比例 (%)	宁蒙	100	54.1	19.0	12.6	14.3
	下河沿	100	62.3	21.6	11.6	4.5
	支流	100	61.4	23.0	14.0	1.6
	孔兑	100	39.9	12.8	13.6	33.7
	风沙	100	0	0	15.0	85.0
来源区 分组泥沙 占宁蒙 分组泥沙 比例(%)	宁蒙	100	100	100	100	100
	下河沿	59.6	68.8	68.0	55.0	18.7
	支流	20.3	23.0	24.6	22.5	2.4
	孔兑	11.2	8.2	7.4	12.2	26.2
	风沙	8.9	0	0	10.3	52.8

(二)宁蒙河道不同时期来水来沙特点

以龙羊峡水库、刘家峡水库运用和水沙变化,将宁蒙河道长时期划分为 1952—1960

年、1961—1968 年、1969—1986 年、1987—1999 年、2000—2012 年 5 个时期，其中 1952—1960 年为天然时期，1961—1968 年为盐锅峡和青铜峡运用时期，1969—1986 年为刘家峡水库单库运用时期，1987—2012 年为龙羊峡水库、刘家峡水库联合运用时期，由于 2000 年前后河道来沙量变化较大，因此又将该时期分为 1987—1999 年和 2000—2012 年。

1. 干流来水来沙特点

1）来水来沙量变化特点

表 1-2 为宁蒙河道干流各水文站不同时期运用年水沙量。与 1952—2012 年长时段相比，1961—1968 年、1969—1986 年两个时期年均水量偏多，各水文站分别偏多 28.2%~40.4%和 2.4%~12.1%。而 1987—1999 年和 2000—2012 年水量有所减少，减少范围在 16.1%~26.8%和 12.9%~25.0%。各水文站年均沙量 1961—1968 年有所偏多，偏多范围在 33.5%~108.8%，在 1969 年之后，除头道拐站偏多 9.8%外，其他各站年均沙量均减少，随着时间变化，减幅增大，即 1969—1986 年、1987—1999 年和 2000—2012 年分别减少 9.3%~28.0%、19.8%~55.8%和 47.5%~64.4%。

表 1-2　宁蒙河道不同时期运用年水沙量

项目	时段	下河沿	青铜峡	石嘴山	巴彦高勒	三湖河口	头道拐
年水量（亿 m^3）	1952—1960 年	300.6	296.3	281.0	271.1	236.1	233.0
	1961—1968 年	379.6	322.7	358.7	301.9	299.1	299.6
	1969—1986 年	318.7	242.9	295.9	234.7	245.1	239.2
	1987—1999 年	248.3	181.2	227.4	159.3	168.2	162.5
	2000—2012 年	258.0	191.2	226.3	163.2	172.0	161.8
	1952—2012 年	296.1	237.1	272.5	217.6	218.9	213.3
年沙量（亿 t）	1952—1960 年	2.338	2.661	2.115	2.156	1.824	1.466
	1961—1968 年	1.923	1.492	1.935	1.694	1.971	2.098
	1969—1986 年	1.070	0.806	0.971	0.834	0.929	1.103
	1987—1999 年	0.871	0.897	0.911	0.703	0.507	0.444
	2000—2012 年	0.423	0.475	0.599	0.500	0.538	0.437
	1952—2012 年	1.189	1.118	1.174	1.043	1.024	1.005
与 1952—2012 年相比水量变幅（%）	1961—1968 年	28.2	36.1	31.7	38.7	36.7	40.4
	1969—1986 年	7.6	2.4	8.6	7.9	12.0	12.1
	1987—1999 年	-16.1	-23.6	-16.5	-26.8	-23.1	-23.8
	2000—2012 年	-12.9	-19.3	-17.0	-25.0	-21.4	-24.1
与 1952—2012 年相比沙量变幅（%）	1961—1968 年	61.8	33.5	64.8	62.5	92.4	108.8
	1969—1986 年	-10.0	-28.0	-17.3	-20.1	-9.3	9.8
	1987—1999 年	-26.7	-19.8	-22.4	-32.6	-50.6	-55.8
	2000—2012 年	-64.4	-57.5	-49.0	-52.0	-47.5	-56.5

与水沙量时期均值减少相伴，年最大水沙量也在减少（见表 1-3），水沙量的变幅

降低。

表 1-3　宁蒙河道典型水文站年最大、最小水沙量

水文站	时段	水量(亿 m^3)		沙量(亿 t)	
		最大值	最小值	最大值	最小值
下河沿	1952—1960 年	412.5(1955)	244.1(1956)	4.356(1989)	0.855(1960)
	1961—1968 年	509.1(1967)	289.5(1965)	3.892(1964)	0.625(1965)
	1969—1986 年	426.5(1976)	209.8(1969)	1.916(1979)	0.402(1982)
	1987—1999 年	372.8(1989)	188.7(1997)	1.433(1989)	0.302(1987)
	2000—2012 年	369.8(2012)	192.9(2003)	0.692(2012)	0.220(2004)
石嘴山	1952—1960 年	379.9(1955)	225.6(1957)	3.655(1958)	1.161(1953)
	1961—1968 年	491.3(1967)	269.4(1965)	3.771(1964)	1.085(1965)
	1969—1986 年	408.2(1976)	182.8(1969)	1.601(1979)	0.273(1969)
	1987—1999 年	344.5(1989)	160.1(1997)	1.496(1989)	0.334(1987)
	2000—2012 年	354.9(2012)	166.4(2003)	0.872(2007)	0.370(2011)
巴彦高勒	1952—1960 年	372.8(1955)	187.1(1960)	3.531(1959)	1.251(1960)
	1961—1968 年	436.7(1967)	207.1(1965)	2.974(1964)	0.721(1965)
	1969—1986 年	353.6(1976)	129.8(1969)	1.559(1981)	0.152(1969)
	1987—1999 年	267.0(1989)	97.8(1997)	1.197(1989)	0.224(1987)
	2000—2012 年	269.0(2012)	114.1(2003)	0.683(2007)	0.254(2011)
三湖河口	1952—1960 年	337.6(1955)	169.2(1957)	2.896(1958)	1.069(1957)
	1961—1968 年	443.5(1967)	205.7(1965)	3.226(1967)	0.830(1965)
	1969—1986 年	368.1(1976)	131.6(1969)	1.777(1976)	0.234(1969)
	1987—1999 年	266.7(1989)	105.2(1997)	1.021(1989)	0.179(1987)
	2000—2012 年	287.6(2012)	120.7(2001)	1.134(2012)	0.265(2001)
头道拐	1952—1960 年	334.6(1955)	163.6(1957)	2.587(1955)	0.773(1957)
	1961—1968 年	442.5(1967)	209.4(1965)	3.193(1967)	0.929(1965)
	1969—1986 年	368.9(1976)	130.6(1969)	2.116(1976)	0.261(1969)
	1987—1999 年	267.7(1989)	105.8(1998)	1.139(1989)	0.154(1987)
	2000—2012 年	285.0(2012)	110.9(2003)	0.760(2012)	0.188(2001)

2)水沙量年内分配

宁蒙河道各典型水文站水沙量年内分配情况见表 1-4。由表 1-4 可以看到,1968 年之后的各时期汛期水量减少,非汛期水量大多时段都有所增加。1968 年之前汛期水量占年水量的比例范围在 60%以上,1969—1986 年汛期水量占年水量比例减少到 50%多,1987 年之后进一步减少到不足 45%,非汛期水量 1968 年之后变化不大,如下河沿站水量在

142.9 亿~149.6 亿 m³,头道拐站非汛期水量在 97.2 亿~109.3 亿 m³,约占年水量的60%。

表 1-4　下河沿—头道拐河段主要水文站水沙量年内分配

水文站	时段	水量(亿 m³)					沙量(亿 t)				
		1952—1960	1961—1968	1969—1986	1987—1999	2000—2012	1952—1960	1961—1968	1969—1986	1987—1999	2000—2012
下河沿	非汛期	115.3	144.6	149.6	142.9	147.3	0.267	0.289	0.175	0.176	0.110
	汛期	185.2	235.0	169.1	105.4	110.7	2.071	1.634	0.895	0.695	0.314
	运用年	300.5	379.6	318.7	248.3	258.0	2.338	1.923	1.070	0.871	0.424
	汛期/年(%)	61.6	61.9	53.1	42.4	42.9	88.6	85.0	83.6	79.8	74.1
石嘴山	非汛期	105.3	130.4	133.5	127.4	124.8	0.354	0.420	0.257	0.296	0.239
	汛期	175.7	228.4	162.3	100.0	101.4	1.761	1.515	0.714	0.614	0.360
	运用年	281.0	358.8	295.8	227.4	226.2	2.115	1.935	0.971	0.910	0.599
	汛期/年(%)	62.5	63.7	54.9	44.0	44.8	83.3	78.3	73.5	67.5	60.2
巴彦高勒	非汛期	102.0	110.6	110.2	100.2	99.4	0.305	0.292	0.203	0.269	0.246
	汛期	169.1	191.2	124.5	59.1	63.9	1.851	1.402	0.630	0.434	0.255
	运用年	271.1	301.8	234.7	159.3	163.3	2.156	1.694	0.833	0.703	0.501
	汛期/年(%)	62.4	63.3	53.0	37.1	39.1	85.8	82.8	75.6	61.8	50.9
三湖河口	非汛期	89.5	109.1	114.2	102.4	103.3	0.263	0.373	0.198	0.184	0.243
	汛期	146.6	190.0	130.9	65.8	68.6	1.561	1.599	0.732	0.323	0.295
	运用年	236.1	299.1	245.1	168.2	171.9	1.824	1.972	0.930	0.507	0.538
	汛期/年(%)	62.1	63.5	53.4	39.1	39.9	85.6	81.1	78.7	63.7	54.8
头道拐	非汛期	88.5	110.6	109.3	97.9	97.2	0.219	0.424	0.235	0.164	0.211
	汛期	144.4	189.0	129.9	64.6	64.6	1.247	1.674	0.868	0.280	0.226
	运用年	232.9	299.6	239.2	162.5	161.8	1.466	2.098	1.103	0.444	0.437
	汛期/年(%)	62.0	63.1	54.3	39.8	39.9	85.1	79.8	78.7	63.0	51.8

由表 1-4 可以看到,天然情况下下河沿—头道拐主要控制站汛期沙量变化范围为 1.247 亿 ~2.071 亿 t,占年沙量的比例为 80%以上,刘家峡水库单库运用期间下降为 0.630 亿~0.895 亿 t,两库联合运用之后的 1987—1999 年进一步减少,在 0.280 亿~0.695 亿 t,占年沙量比例为 61.8%~79.8%;到 2000—2012 年,汛期沙量占年沙量比例下降到 50.9%~74.1%。

3)汛期大流量级特点

由于不同时期天然降雨条件和人类活动的不同,宁蒙河道不同时期汛期水流过程也有所不同,以小于 1 000 m^3/s、1 000~2 000 m^3/s、2 000~3 000 m^3/s 和大于 3 000 m^3/s 四个流量级的出现频次为指标,统计汛期小于各流量级的历时、水量(见表 1-5、表 1-6)。宁蒙河道 4 个主要站下河沿、石嘴山、三湖河口和头道拐站随着刘家峡水库和龙羊峡水库相继投入运用,各站汛期大流量级历时及水量减少,小流量级历时及水量明显增加。以头道拐站为例,在无人类活动影响的 1956—1960 年,汛期小于 1 000 m^3/s 流量级仅 48 d,之后由于 1961—1968 年来水量较丰,因此小于 1 000 m^3/s 流量级减少到 33 d,而到刘家峡水库单库运用期间增加到 63 d,龙羊峡水库和刘家峡水库联合运用后的 1987—1999 年,进一步增加到 102 d,与天然情况下相比该流量级历时占汛期比例也由 38.9%提高到 82.9%。2000—2012 年,流量进一步偏枯,小于 1 000 m^3/s 流量级增加至 106 d,占汛期比例进一步增大到 86.1%。而 1 000~2 000 m^3/s 流量级历时由 1956—1960 年的 64 d 减少到刘家峡水库单库运用时期的 38 d,两库联合运用之后进一步减少,1987—1999 年该流量级历时年均为 18 d,2000—2012 年进一步减少到年均仅 14 d。该流量级占汛期历时的比例由 1956—1960 年的 52.4%减少到 2000—2012 年的 11.3%。2 000~3 000 m^3/s 流量级历时 1961—1968 年平均最长为 37 d,而 1956—1960 年仅有 10 d,到刘家峡单库运用时期减少到年均 15 d,到龙羊峡水库运用之后,该流量级历时进一步减少,1987—1999 年和 2000—2012 年两个时期该流量级都只有 3 d。该流量级占汛期历时的比例由 1956—1960 年 8.0%增加到 1961—1968 年 30.0%;之后比例减少到 2000—2012 年的 2.6%。对于 3 000 m^3/s 以上流量级的历时而言,在水量相对较丰的时期,出现的天数相对较大,如 1961—1968 年和 1969—1986 年两个时期该流量级年均分别为 9 d 和 7 d,在龙羊峡水库运用之后的两个时期,该流量级年均都仅出现 0.08 d。分析该流量级历时占汛期历时的比例可以看到,由丰水时期的 1961—1968 年的 7.2%减少到两库联合运用之后的年均 0.1%。

表 1-5 汛期各站不同时期各流量级历时

水文站	时段	历时(d)				占汛期总天数的比例(%)			
		<1 000 m^3/s	1 000~2 000 m^3/s	2 000~3 000 m^3/s	>3 000 m^3/s	<1 000 m^3/s	1 000~2 000 m^3/s	2 000~3 000 m^3/s	>3 000 m^3/s
下河沿	1951—1960 年	32	53	31	7	26.0	42.9	25.4	5.7
	1961—1968 年	10	45	44	24	8.3	36.4	36.0	19.3
	1969—1986 年	32	61	20	10	25.9	49.3	16.4	8.4
	1987—1999 年	81	38	2	2	65.5	31.0	1.8	1.6
	2000—2012 年	62	57	3	1	50.7	46.5	2.1	0.7
石嘴山	1950—1960 年	28	66	25	4	22.5	54.0	20.0	3.5
	1961—1968 年	10	47	46	20	8.1	38.5	37.5	15.9
	1969—1986 年	41	52	20	10	33.4	42.5	16.2	7.9
	1987—1999 年	85	33	4	1	69.5	27.1	2.9	0.5
	2000—2012 年	73	46	3	1	59.6	37.3	2.6	0.5

续表 1-5

水文站	时段	历时(d)				占汛期总天数的比例(%)			
		<1 000 m^3/s	1 000~2 000 m^3/s	2 000~3 000 m^3/s	>3 000 m^3/s	<1 000 m^3/s	1 000~2 000 m^3/s	2 000~3 000 m^3/s	>3 000 m^3/s
三湖河口	1952—1960 年	34	70	17	1	27.4	57.3	14.2	1.2
	1961—1968 年	33	43	36	12	26.4	35.3	29.0	9.3
	1969—1986 年	64	37	15	7	52.0	29.8	12.6	5.6
	1987—1999 年	103	17	3	0	83.4	14.1	2.6	0.0
	2000—2012 年	104	15	4	0	84.9	12.2	2.9	0.0
头道拐	1956—1960 年	48	64	10	1	38.9	52.4	8.0	0.8
	1961—1968 年	33	45	37	9	26.4	36.4	30.0	7.2
	1969—1986 年	63	38	15	7	51.1	31.1	11.9	5.8
	1987—1999 年	102	18	3	0.08	82.9	14.3	2.8	0.1
	2000—2012 年	106	14	3	0.08	86.1	11.3	2.6	0.1

表 1-6 各站不同时期汛期各流量级水量

水文站	时段	各流量级水量(亿 m^3)				占汛期比例(%)			
		<1 000 m^3/s	1 000~2 000 m^3/s	2 000~3 000 m^3/s	>3 000 m^3/s	<1 000 m^3/s	1 000~2 000 m^3/s	2 000~3 000 m^3/s	>3 000 m^3/s
下河沿	1951—1960 年	10.5	69.4	64.7	21.2	6.4	41.9	39.0	12.8
	1961—1968 年	6.4	55.8	94.5	76.9	2.7	23.9	40.5	32.9
	1969—1986 年	21.9	71.3	42.9	32.9	13.0	42.2	25.4	19.5
	1987—1999 年	54.5	40.9	4.5	5.6	51.7	38.8	4.3	5.3
	2000—2012 年	42.9	59.9	5.6	2.3	38.8	54.1	5.0	2.1
石嘴山	1950—1960 年	11.4	85.7	50.3	12.4	7.1	53.6	31.5	7.7
	1961—1968 年	6.5	59.9	99.8	62.1	2.9	26.2	43.7	27.2
	1969—1986 年	27.1	62.6	42.4	30.2	16.7	38.6	26.1	18.6
	1987—1999 年	54.8	36.7	7.6	1.6	54.4	36.5	7.5	1.6
	2000—2012 年	43.5	49.3	7.0	1.7	42.9	48.6	6.9	1.7
三湖河口	1952—1960 年	19.5	87.4	35.5	4.2	13.3	59.6	24.2	2.9
	1961—1968 年	19.4	58.0	74.6	37.9	10.2	30.6	39.3	20.0
	1969—1986 年	31.8	44.8	32.7	21.6	24.3	34.2	25.0	16.5
	1987—1999 年	40.3	19.2	6.3	0	61.3	29.2	9.6	0
	2000—2012 年	45.1	16.3	7.3	0	65.7	23.7	10.7	0

续表 1-6

水文站	时段	各流量级水量(亿 m³)				占汛期比例(%)			
		<1 000 m³/s	1 000~2 000 m³/s	2 000~3 000 m³/s	>3 000 m³/s	<1 000 m³/s	1 000~2 000 m³/s	2 000~3 000 m³/s	>3 000 m³/s
头道拐	1956—1960 年	28.6	77.2	20.2	2.8	22.2	60.0	15.7	2.2
	1961—1968 年	19.1	60.3	76.5	24.9	10.6	33.4	42.3	13.8
	1969—1986 年	29.8	46.4	30.9	21.7	23.1	36.0	24.0	16.9
	1987—1999 年	38.0	19.1	7.2	0.2	58.9	29.6	11.1	0.3
	2000—2012 年	43.0	14.6	6.9	0.2	66.5	22.5	10.7	0.3

从头道拐站不同时期各流量级水量(见表 1-6)可以看到,龙刘水库联合运用之后,头道拐站小于 1 000 m^3/s 流量级的水量明显增加,在龙刘水库运用之前的两个时期 1956—1960 年和 1961—1968 年,小于 1 000 m^3/s 流量级水量分别为 28.6 亿 m^3 和 19.1 亿 m^3,占汛期总量的比例分别为 22.2%和 10.6%,刘家峡水库单库运用时期,该流量级的水量占汛期比例与 1956—1960 年基本相当。而到龙羊峡水库运用之后的两个时期,小于 1 000 m^3/s 流量级水量明显增加,1987—1999 年和 2000—2012 年该流量级水量分别为 38.0 亿 m^3 和 43.0 亿 m^3,占汛期总水量的比例增加到 58.9%和 66.5%。对比分析 1 000~2 000 m^3/s 流量级水量的变化情况可以看到,龙刘水库运用之后明显减少,由 1956—1960 年的 77.2 亿 m^3 下降到刘家峡水库单库运用时期的 46.4 亿 m^3,龙刘水库联合运用之后该流量级水量进一步减少, 2000—2012 年为 14.6 亿 m^3,占汛期水量比例由 1956—1960 年的 60.0%下降到单库运用的 36.0%,两库运用后进一步下降到 22.5%。大于 2 000 m^3/s 的水量减少幅度更大,其中 2 000~3 000 m^3/s 的水量在 1956—1960 年为 20.2 亿 m^3,刘家峡水库单库运用时期,该流量级水量增加到 30.9 亿 m^3,龙刘水库联合运用之后,该流量级水量进一步减少,2000—2012 年该流量级水量仅有 6.9 亿 m^3,占汛期总水量的比例由 1956—1960 年的 15.7%下降到两库联合运用的 10.7%。随着大流量级历时的减少,3 000 m^3/s 以上流量级水量也明显减少,占汛期总水量的比例由 1956—1960 年、1961—1968 年的 2.2%、13.8%下降到龙刘水库联合运用时期的 0.3%。

分析不同时期汛期各流量级的沙量(见表 1-7)可以看到,在 1951—1960 年,下河沿—头道拐各站沙量均集中于 1 000~3 000 m^3/s 流量级,其中下河沿水文站比例最高的是在 2 000~3 000 m^3/s 这个流量级,占汛期沙量的 53.5%,而石嘴山、三湖河口和头道拐 3 个水文站 1 000~2 000 m^3/s 沙量最多,占总沙量的 45.5%~66.2%。而 1961—1968 年水量较丰,沙量都集中在 2 000~3 000 m^3/s 流量级中,占总沙量的 43.0%~48.3%。1969—1986 年沙量主要集中在 1 000~3 000 m^3/s 流量级中,沙量最大的比例是在 1 000~2 000 m^3/s 流量级中,4 个水文站沙量占汛期比例在 31.5%~49.1%。1987 年以后沙量主要集中在 2 000 m^3/s 流量级以下,其中下河沿和石嘴山比例最高的是在 1 000~2 000 m^3/s 流量级中,1987—1999 年各流量级沙量所占比例分别为 59.8%和 52.3%;2000—2012 年分别为 47.6%和 53.4%，而三湖河口和头道拐最大比例降低到 1 000 m^3/s 以下流量级，1987—1999 年分别为 44.7%和 42.7%，2000—2012 年分别为 55.5%和 58.6%。

表 1-7　各站不同时期汛期各流量级沙量情况

水文站	时段	各流量级沙量(亿 t)				占汛期比例(%)			
		<1 000 m^3/s	1 000~2 000 m^3/s	2 000~3 000 m^3/s	>3 000 m^3/s	<1 000 m^3/s	1 000~2 000 m^3/s	2 000~3 000 m^3/s	>3 000 m^3/s
下河沿	1951—1960 年	0.039	0.544	0.847	0.152	2.5	34.4	53.5	9.6
	1961—1968 年	0.011	0.298	0.647	0.550	0.7	19.8	43.0	36.5
	1969—1986 年	0.088	0.440	0.199	0.167	9.9	49.1	22.3	18.7
	1987—1999 年	0.224	0.415	0.037	0.018	32.3	59.8	5.3	2.6
	2000—2012 年	0.132	0.149	0.025	0.008	42.1	47.6	7.9	2.4
石嘴山	1950—1960 年	0.059	0.636	0.581	0.122	4.2	45.5	41.5	8.8
	1961—1968 年	0.021	0.313	0.732	0.449	1.4	20.7	48.3	29.6
	1969—1986 年	0.074	0.284	0.211	0.145	10.3	39.8	29.6	20.3
	1987—1999 年	0.235	0.321	0.050	0.008	38.2	52.3	8.2	1.3
	2000—2012 年	0.144	0.192	0.021	0.004	39.9	53.4	5.8	1.0
三湖河口	1952—1960 年	0.120	0.787	0.443	0.044	8.6	56.4	31.8	3.2
	1961—1968 年	0.081	0.428	0.703	0.387	5.1	26.8	43.9	24.2
	1969—1986 年	0.089	0.230	0.233	0.179	12.1	31.5	31.8	24.5
	1987—1999 年	0.144	0.137	0.042	0	44.7	42.4	12.9	0
	2000—2012 年	0.164	0.089	0.042	0	55.5	30.2	14.3	0
头道拐	1956—1960 年	0.186	0.827	0.224	0.013	14.9	66.2	17.9	1.0
	1961—1968 年	0.091	0.547	0.772	0.231	5.5	33.3	47.1	14.1
	1969—1986 年	0.093	0.321	0.283	0.164	10.8	37.3	32.9	19.0
	1987—1999 年	0.119	0.112	0.047	0.001	42.7	40.1	16.7	0.5
	2000—2012 年	0.133	0.080	0.014	0	58.6	35.2	6.0	0.1

从不同时期汛期各流量级的含沙量和水沙搭配参数可以看到(见表 1-8)，在 1951—1960 年，相比于其他各时期，各流量级含沙量都比较大，含沙量更高集中的流量级是 2 000~3 000 m^3/s，各水文站平均含沙量在 11.1~13.1 kg/m^3，该时期水沙搭配参数值最大的是在 1 000 m^3/s 以下流量级，各水文站来沙系数范围在 0.009 1~0.010 9 kg · s/m^6。在 1961—1986 年，各流量级含沙量均有所降低，到 1987—1999 年，含沙量有所升高，各水文站含沙量较高的量级是在 1 000~3 000 m^3/s，除头道拐最大含沙量在 2 000~3 000 m^3/s，其他各水文站含沙量最大的是在 1 000~2 000 m^3/s。到 2000—2012 年，与其他几

个时期相比,含沙量都有所降低,但是仍是 1 000 ~2 000 m³/s 流量级含沙量较大,各水文站含沙量范围在 2.5~5.5 kg/m³。

表 1-8　汛期各流量级平均含沙量、来沙系数

水文站	时段	平均含沙量(kg/m³)				来沙系数(kg·s/m⁶)			
		<1 000 m³/s	1 000~2 000 m³/s	2 000~3 000 m³/s	>3 000 m³/s	<1 000 m³/s	1 000~2 000 m³/s	2 000~3 000 m³/s	>3 000 m³/s
下河沿	1951—1960 年	3.7	7.8	13.1	7.2	0.009 6	0.005 1	0.005 5	0.002 0
	1961—1968 年	1.7	5.4	6.8	7.2	0.002 3	0.003 7	0.002 8	0.001 9
	1969—1986 年	4.0	6.2	4.6	5.1	0.005 1	0.004 5	0.001 9	0.001 4
	1987—1999 年	4.1	10.2	8.2	3.2	0.005 3	0.008 2	0.003 5	0.001 0
	2000—2012 年	3.1	2.5	4.4	3.3	0.003 9	0.002 1	0.001 8	0.001 1
石嘴山	1950—1960 年	5.2	7.4	11.5	9.9	0.010 9	0.005 0	0.004 9	0.003 0
	1961—1968 年	3.2	5.2	7.3	7.2	0.004 2	0.003 6	0.002 9	0.002 0
	1969—1986 年	2.7	4.5	5.0	4.8	0.003 6	0.003 3	0.002 0	0.001 3
	1987—1999 年	4.3	8.7	6.7	4.8	0.005 8	0.006 9	0.002 7	0.001 6
	2000—2012 年	3.3	3.9	3.0	2.0	0.004 8	0.003 1	0.001 2	0.000 6
三湖河口	1952—1960 年	6.1	9.0	12.5	10.6	0.009 1	0.006 3	0.005 3	0.003 1
	1961—1968 年	4.2	7.4	9.4	10.2	0.006 1	0.004 8	0.003 9	0.002 7
	1969—1986 年	2.8	5.1	7.1	8.3	0.004 9	0.003 6	0.002 9	0.002 3
	1987—1999 年	3.6	7.1	6.6	0	0.007 9	0.005 5	0.002 8	0
	2000—2012 年	3.6	5.5	5.8	0	0.007 3	0.004 4	0.002 4	0
头道拐	1956—1960 年	6.5	10.7	11.1	4.5	0.009 4	0.007 7	0.004 7	0.001 4
	1961—1968 年	4.8	9.1	10.1	9.3	0.007 0	0.005 8	0.004 2	0.002 9
	1969—1986 年	3.1	6.9	9.2	7.5	0.005 7	0.004 9	0.003 8	0.002 2
	1987—1999 年	3.1	5.9	6.5	6.6	0.007 3	0.004 7	0.002 7	0.002 2
	2000—2012 年	3.1	5.5	2.0	1.6	0.006 6	0.004 5	0.000 8	0.000 5

2. 区间水沙特点

1) 支流水沙变化特点

宁蒙河段入汇较大的支流有清水河、苦水河和十大孔兑。资料比较系统的有清水河、苦水河和十大孔兑的毛不拉沟、西柳沟。由表 1-9 可以看到,宁蒙河段各支流的来水量较小,4 条支流多年平均来水量合计为 2.471 亿 m³,其中清水河和苦水河水量稍大,年均约 1 亿 m³,两条孔兑每条年均仅 0.1 亿~0.3 亿 m³。相对于水量支流来沙量较大,年均合计 0.378 亿 t,其中清水河沙量最大,年均为 0.250 亿 t,占合计沙量的 60%,其他支流年沙量

在 0.039 亿~0.050 亿 t,水少沙多,各条支流的含沙量都非常高,除苦水河多年平均含沙量在 50 kg/m³ 外,其他支流含沙量都在 133~335 kg/m³。

表 1-9 宁蒙河段各支流水文站实测水沙统计(运用年)

水文站	时段	年径流量		年输沙量		来沙系数(kg·s/m⁶)
		年平均值(亿 m³)	与多年平均比较(%)	年平均值(亿 t)	与多年平均比较(%)	
清水河(泉眼山)	1961—1968 年	1.537	40.6	0.206	-16.9	27.5
	1969—1986 年	0.791	-27.6	0.177	-28.4	89.3
	1987—1999 年	1.262	15.5	0.400	61.5	79.1
	2000—2011 年	1.065	-2.5	0.216	-12.7	60.0
	1961—2011 年	1.093		0.250		65.4
苦水河(郭家桥)	1961—1968 年	0.225	-76.8	0.022	-55.7	138.8
	1969—1986 年	0.664	-31.5	0.030	-40.7	21.4
	1987—1999 年	1.534	58.3	0.103	104.7	13.8
	2000—2011 年	1.312	35.3	0.043	-15.3	7.8
	1961—2011 年	0.970		0.050		16.9
西柳沟(龙头拐)	1961—1968 年	0.364	25.7	0.039	0.6	92.4
	1969—1986 年	0.289	-0.3	0.033	-13.5	126.4
	1987—1999 年	0.337	16.6	0.071	84.4	197.3
	2000—2011 年	0.189	-34.7	0.011	-71.5	97.0
	1961—2011 年	0.289		0.039		145.3
毛不拉沟(图格日格)	1961—1968 年	0.094	-21.1	0.027	-31.7	970.8
	1969—1986 年	0.109	-8.6	0.024	-39.9	635.9
	1987—1999 年	0.195	63.3	0.090	124.8	745.6
	2000—2011 年	0.070	-41.5	0.018	-54.1	1 187.4
	1961—2011 年	0.119		0.040		884.3
四条支流年均总量	1961—1968 年	2.220	-10.2	0.294	-21.8	18.8
	1969—1986 年	1.853	-25.0	0.264	-29.8	24.3
	1987—1999 年	3.329	34.7	0.664	76.3	18.9
	2000—2011 年	2.636	6.7	0.288	-23.5	13.1
	1961—2011 年	2.471		0.378		19.4

清水河和苦水河各时期水量变幅较大,但没有明显的变化趋势,而孔兑水量在 2000—2011 年明显较小,较多年平均减少 34.7%~41.5%。沙量变化特别明显,1987—

1999 年各支流来沙量都很大,合计沙量 0.664 亿 t,较多年平均增加 76.3%。两条孔兑 2000—2011 年沙量明显减少,年均沙量较多年平均偏少 54.1%~71.5%。因此,2000—2011 年含沙量除清水河外其他支流都是各时期最低的。平均来沙系数除毛不拉沟孔兑外都是降低的。

2)引水引沙特点

收集了宁蒙河段主要灌区 6 个引水渠的引水引沙资料,分别是宁夏河段青铜峡灌区的秦渠、汉渠、唐徕渠以及内蒙古河段河套灌区的巴彦高勒总干渠、沈乌干渠和南干渠。从表 1-10 可见,统计灌区 1961—2011 年平均引水 122.8 亿 m^3,1968 年后引水量增加,至 1987—1999 年平均引水 135.0 亿 m^3 最多。从引水量年内分布来看,汛期(7—10 月)引水量占全年的 50%~60%。

表 1-10　宁蒙河道汛期和年引水引沙量

时段	汛期		全年		汛期/年	
	引水量(亿 m^3)	引沙量(亿 t)	引水量(亿 m^3)	引沙量(亿 t)	引水量(%)	引沙量(%)
1961—1968 年	57.9	0.287	96.8	0.347	59.8	82.7
1969—1986 年	68.9	0.264	126.2	0.317	54.6	83.4
1987—1999 年	72.9	0.413	135.0	0.519	54.0	79.6
2000—2011 年	63.0	0.211	121.8	0.279	51.7	75.4
1961—2011 年	66.8	0.293	122.8	0.364	54.4	80.5

1961—2011 年多年平均引沙量为 0.364 亿 t, 1987—1999 年平均引沙量为 0.519 亿 t 最大, 2000—2011 年最小仅 0.279 亿 t。

3)入黄风积沙量

风沙入黄量较难准确确定,现有研究成果差别较大,本次研究主要参考水利部公益性行业科研专项经费项目《黄河宁蒙河段主槽淤积萎缩原因及治理措施和效果研究》(编号:200701020)以及中国科学院《黄土高原地区北部风沙区土地沙漠化综合治理》报告,再辅以实地查勘等多种方法,确定采用的入黄风积沙量见表 1-11。青铜峡—石嘴山、石嘴山—三盛公、三盛公—三湖河口河段风沙加入量分别为 430 万 t、722 万 t 和 407 万 t;非汛期加入量远大于汛期。下河沿—青铜峡河段和三湖河口—头道拐河段不考虑入黄风积沙。

表 1-11　宁蒙河道入黄风积沙采用成果

河段	不同时期入黄量(万 t)		
	11 月至次年 6 月	7—10 月	11 月至次年 10 月
下河沿—青铜峡	0	0	0
青铜峡—石嘴山	350	80	430
石嘴山—磴口	290	71	361

续表 1-11

河段	不同时段入黄量(万 t)		
	11 月至次年 6 月	7—10 月	11 月至次年 10 月
磴口—三盛公	290	71	361
三盛公—三湖河口	354	53	407
三湖河口—昭君坟	0	0	0
昭君坟—头道拐	0	0	0
下河沿—头道拐	1 284	275	1 559

二、宁蒙河道冲淤特点

(一)冲淤量计算方法

一般采用断面法和沙量平衡法计算河道冲淤量。但是由于宁蒙河道淤积断面测量次数较少,断面法数据仅能说明长时期的冲淤变化,难以反映较短时期的冲淤调整。因此,用沙量平衡法数据说明短时期(年、月、洪水期)的冲淤调整特点,但两种方法计算的冲淤量已经过比对,变化趋势基本一致。

本次研究采用沙量平衡法计算河道冲淤量,即根据河段内进出沙量平衡计算河段冲淤量。河段冲淤量=河段进口来沙量+河段汇入沙量-河段输出沙量。计算公式如下:

$$\Delta W_s = W_{s进} + W_{s支流} + W_{s风沙} - W_{s引} - W_{s水库} - W_{s出} \tag{1-1}$$

式中:ΔW_s 为河段冲淤量,亿 t;$W_{s进}$ 为河段进口沙量,亿 t;$W_{s支流}$ 为支流加入沙量,亿 t;$W_{s风沙}$ 为河段加入风积沙量,亿 t;$W_{s引}$ 为河段渠系引沙量,亿 t;$W_{s水库}$ 为河段内水库库区冲淤量,亿 t;$W_{s出}$ 为河段出口沙量,亿 t。

分组泥沙冲淤量计算方法与全沙计算方法相同,只是各项沙量换成分组泥沙量。

(二)冲淤量时空分布

宁蒙河道长时期(1952—2013 年)淤积 23. 920 亿 t,年均淤积 0. 386 亿 t(见表 1-12)。除 1961—1968 年冲刷 3. 149 亿 t 外,各时期都是淤积的,其中 1952—1960 年和 1987—1999 年淤积最多,分别占长时期总淤积量的 44. 4%和 49. 4%,年均淤积达 1. 180 亿 t 和 0. 908 亿 t。与 1952—1960 年相比,1987—1999 年宁蒙河道淤积加重。

表 1-12　宁蒙河道不同时段冲淤量

淤积量	1952—1960 年	1961—1968 年	1969—1986 年	1987—1999 年	2000—2013 年	1952—2013 年
淤积总量(亿 t)	10. 623	-3. 149	1. 732	11. 805	2. 909	23. 920
占总量比例(%)	44. 4	-13. 2	7. 2	49. 4	12. 2	100
年均淤积量(亿 t)	1. 180	-0. 394	0. 096	0. 908	0. 208	0. 386

从冲淤的空间分布来看,淤积最严重的河段为三湖河口—头道拐河段,长时期和

1987—1999 年平均淤积量高达 0.196 亿 t 和 0.374 亿 t,分别占相应时段宁蒙河道总淤积量的 50.9%和 41.1%(见表 1-13、图 1-2)。

表 1-13 宁蒙河道冲淤量空间分布

河段	1952—2013 年			1987—1999 年		
	淤积量(亿 t)	年均(亿 t)	占全河段淤积量比例(%)	淤积量(亿 t)	年均(亿 t)	占全河段淤积量比例(%)
下河沿—青铜峡	3.325	0.054	13.7	0.554	0.043	4.7
青铜峡—石嘴山	1.268	0.021	5.5	1.846	0.142	15.6
石嘴山—巴彦高勒	4.066	0.065	16.9	1.099	0.085	9.4
巴彦高勒—三湖河口	3.086	0.050	13.0	3.440	0.265	29.2
三湖河口—头道拐	12.175	0.196	50.9	4.866	0.374	41.1
下河沿—头道拐	23.920	0.386	100.0	11.805	0.909	100.0

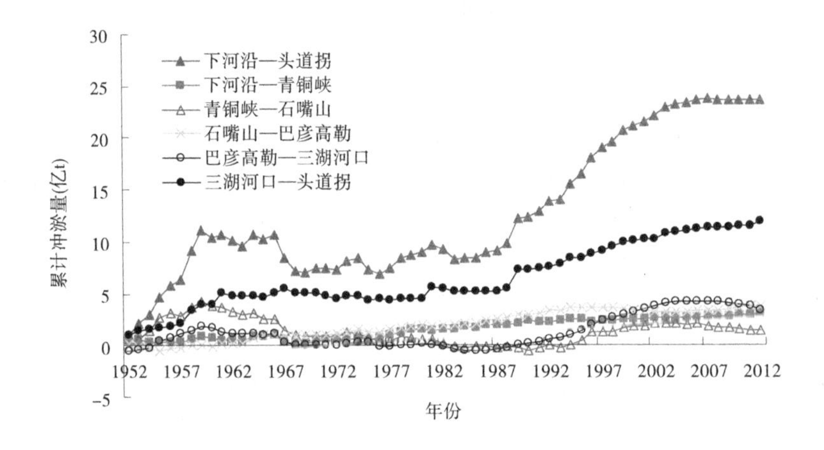

图 1-2 宁蒙河道分河段累计冲淤量

三、1987—1999 年淤积加重原因

1987—1999 年河道淤积比增大,而且主要淤积发生在主槽里,导致河道排洪输沙能力急剧降低,洪凌灾害频发。探究该时期宁蒙河道淤积加重的原因,对减缓宁蒙河道淤积、维持河道行洪输沙功能非常重要。受泥沙级配资料的限制,本次主要分析宁蒙河道主要冲淤调整段巴彦高勒—头道拐河段 1959—2012 年分组泥沙的冲淤变化。

(一)河段淤积泥沙构成

巴彦高勒—头道拐河段长时期来沙量年均 1.185 亿 t(见表 1-14),年均淤积 0.203 亿 t,淤积比为 17.1%。由各粒径组泥沙可见,不同粒径泥沙输送差异非常大,细泥沙和中泥沙易于输送,淤积比很小,来沙中分别只有 4.1%和 9.2%的泥沙淤积下来,因此这两部分泥沙在淤积物中的比例也较低,分别仅占淤积总量的 12.6%和 10.6%。较粗泥沙淤积比稍大为 24.5%，因此虽然来沙量小，但在淤积物中占 20.6%。最难以输送的是特粗泥沙，虽然年均仅来沙 0.158 亿 t，但淤积量达到 0.114 亿 t，有 72.1%的来沙淤积下来，在淤积物中的比例高达 56.2%。因此，从长时期来看，宁蒙河道淤积的大部分是粗泥沙，其中又以特粗泥沙为主。

表 1-14 巴彦高勒—头道拐 1959—2012 年分组泥沙冲淤量

项目		全沙	细泥沙（<0.025 mm）	中泥沙（0.025~0.05 mm）	较粗泥沙（0.05~0.1 mm）	特粗沙（>0.1 mm）
来沙量（亿 t）	总量	64.046	33.757	12.553	9.203	8.533
	年均	1.185	0.625	0.232	0.170	0.158
来沙量构成（%）		100.0	52.7	19.6	14.4	13.3
冲淤量（亿 t）	总量	10.940	1.378	1.157	2.257	6.148
	年均	0.203	0.026	0.021	0.042	0.114
冲淤量构成（%）		100.0	12.6	10.6	20.6	56.2
淤积比（%）		17.1	4.1	9.2	24.5	72.1

注：来沙量构成=分组泥沙量/总沙量（%）；冲淤量构成=分组冲淤量/总冲淤量（%）；淤积比=分组冲淤量/分组来沙量（%）。

从不同时段河段全沙和分组泥沙的累计冲淤量（见图 1-3）以及逐年分组冲淤量可以看到（见图 1-4），长时期该河段全沙淤积量变化比较大，随着来水来沙的变化发生不同的冲淤调整。不过，特粗泥沙是持续淤积的，基本不随其他因素改变，说明特粗泥沙是河段淤积的主体。同时可以看到，在一些年份特粗泥沙淤积量出现“台阶”状的抬升，分析发现这些年份基本上都是孔兑来沙量较大的时期，说明孔兑来沙对特粗泥沙的淤积影响比较大。与特粗泥沙不同的是，细泥沙、中泥沙甚至是较粗泥沙的冲淤调整都与全沙的变化趋势一致，随水沙条件而变化，因此说明细泥沙和中泥沙决定了该河段冲淤的发展方向。

（二）1987—1999 年淤积泥沙构成

1959—1968 年期间仅在 1961 年后修建了青铜峡水库和三盛公水利枢纽，对研究河段水沙在短时期内变化有一定影响。本次主要将 1987—1999 年和 1959—1968 年沙量冲淤特点进行对比，以阐明河段淤积加重的原因。

巴彦高勒—头道拐河段 1959—1968 年平均来沙量 2.162 亿 t（见表 1-15），河道年均淤积 0.070 亿 t，淤积比为 3.2%。该时期细泥沙和中泥沙易于输送，处于冲刷的状态；较粗泥沙淤积比较大，为 10.4%，在淤积物中占 39.9%，而特粗泥沙最难以输送，虽然年均仅来沙 0.179 亿 t，但淤积量达到 0.123 亿 t，淤积比例高达 68.7%，在淤积物中占 176.1%，因此从该时期来看，内蒙古河道淤积的大部分是粗泥沙，其中又以特粗泥沙为主。而在 1987—1999 年，来沙量减少到 1.098 亿 t，淤积量为 0.639 亿 t，尽管来沙量小，但淤积比较高达 57.7%。从不同粒径组泥沙冲淤特点看，这一时期，较粗泥沙、特粗泥沙淤积比较高，分别达到 63.4%和 87.3%；其次相比于 1959—1968 年细泥沙、中泥沙冲刷特点，该时期，细泥沙、中泥沙来沙量呈淤积的状态，淤积量分别为 0.524 亿 t 和 0.199 亿 t，淤积比例达到 43.7%和 60.5%，并且细泥沙在淤积物组成中最大占 36.1%，中泥沙为

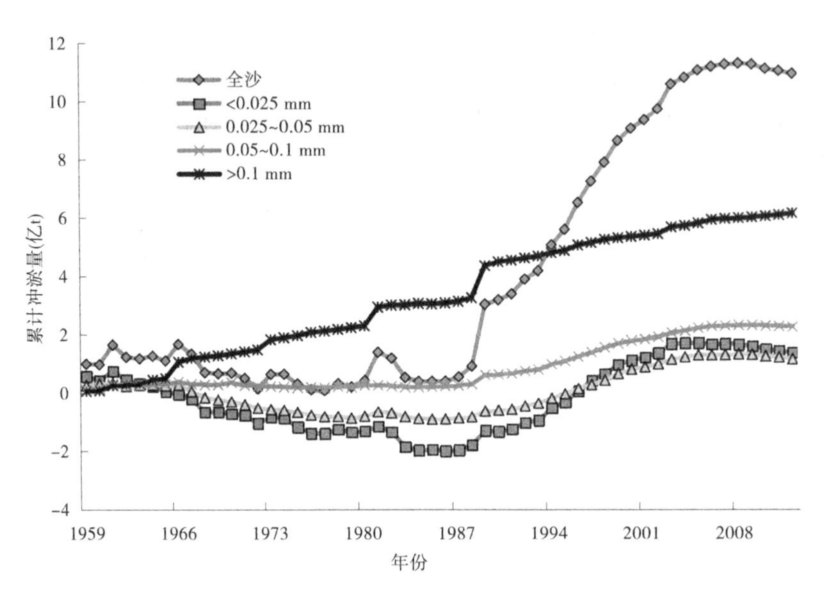

图 1-3 巴彦高勒—头道拐河段分组泥沙累计冲淤量

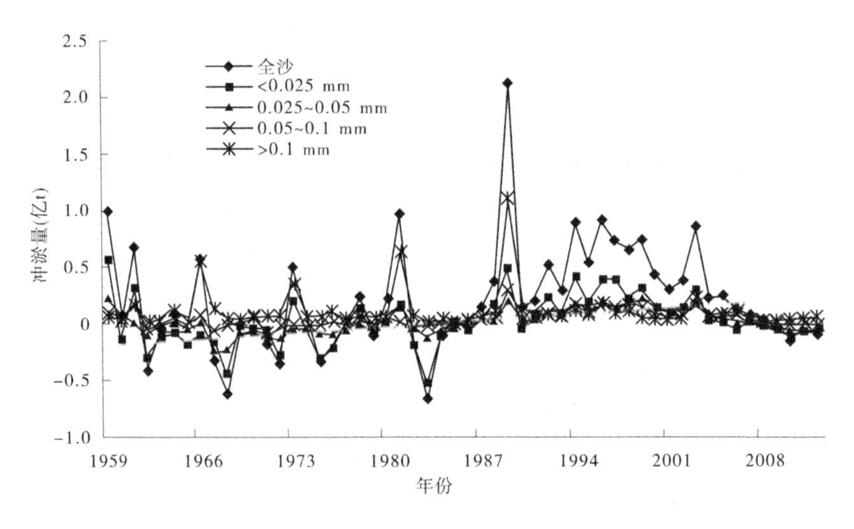

图 1-4 巴彦高勒—头道拐河段分组泥沙逐年冲淤量

19.0%,导致该时期淤积加重。

(三)1987—1999 年河道淤积加重原因

黄河流域的地质水文特点形成黄河上游水沙过程特点,年内水沙过程可分为 3 个时段,以 1954—1968 年为例:

(1)主汛期 7—8 月。由图 1-5 可见,该时段洪水较大,大流量持续时间较长,年均水量超过 100 亿 m^3(见表 1-16),此时段正是流域面上的来沙时期,水流含沙量较高(见图 1-6),因此主汛期是输沙的主要时期,通过大流量输送走大部分细泥沙和中泥沙、少量的粗泥沙,大部分粗泥沙难以输送,淤积下来。

表 1-15　巴彦高勒—头道拐河段各时期全年分组泥沙冲淤量

项目	时期	全沙	细泥沙(<0.025 mm)	中泥沙(0.025~0.05 mm)	较粗泥沙(0.05~0.1 mm)	特粗泥沙(>0.1 mm)
巴彦高勒来沙量(亿 t)	1959—1968 年	2.162	1.285	0.428	0.270	0.179
	1969—1986 年	1.108	0.575	0.225	0.153	0.155
	1987—1999 年	1.098	0.524	0.199	0.178	0.197
	2000—2012 年	0.633	0.289	0.127	0.110	0.107
来沙量构成(%)	1959—1968 年	100.0	59.4	19.8	12.5	8.3
	1969—1986 年	100.0	51.9	20.3	13.8	14.0
	1987—1999 年	100.0	47.7	18.1	16.2	18.0
	2000—2012 年	100.0	45.7	20.0	17.4	16.9
冲淤量(亿 t)	1959—1968 年	0.070	-0.065	-0.016	0.028	0.123
	1969—1986 年	-0.017	-0.075	-0.041	-0.003	0.102
	1987—1999 年	0.634	0.229	0.120	0.113	0.172
	2000—2012 年	0.177	0.031	0.038	0.043	0.065
冲淤量构成(%)	1959—1968 年	100.0	-93.0	-23.0	39.9	176.1
	1969—1986 年	100.0	449.4	246.9	15.9	-612.2
	1987—1999 年	100.0	36.1	19.0	17.8	27.1
	2000—2012 年	100.0	17.6	21.6	24.3	36.5
淤积比(%)	1959—1968 年	3.2	-5.1	-3.8	10.4	68.7
	1969—1986 年	-1.5	-13.0	-18.3	-1.7	65.9
	1987—1999 年	57.7	43.7	60.5	63.4	87.3
	2000—2012 年	28.0	10.8	30.2	39.2	60.7

注：来沙量构成=分组泥沙量/总沙量(%)；冲淤量构成=分组冲淤量/总冲淤量(%)；淤积比=分组冲淤量/分组来沙量(%)。

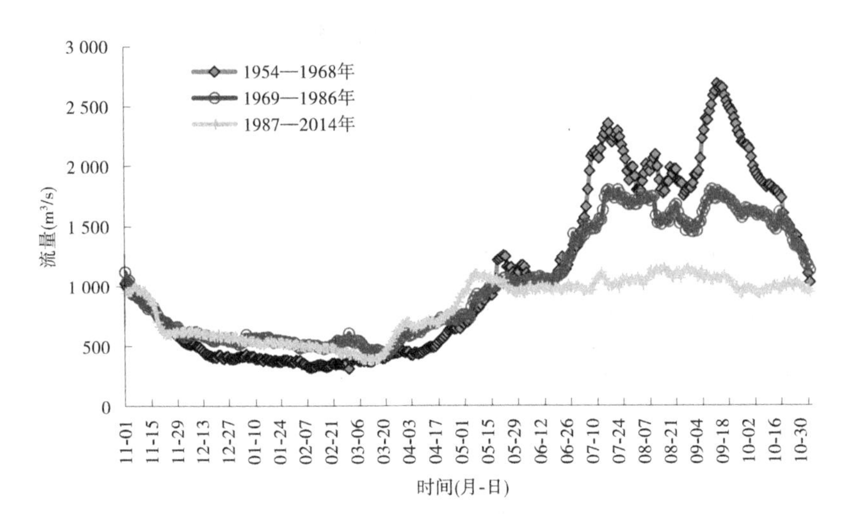

图 1-5　下河沿各时期平均流量过程

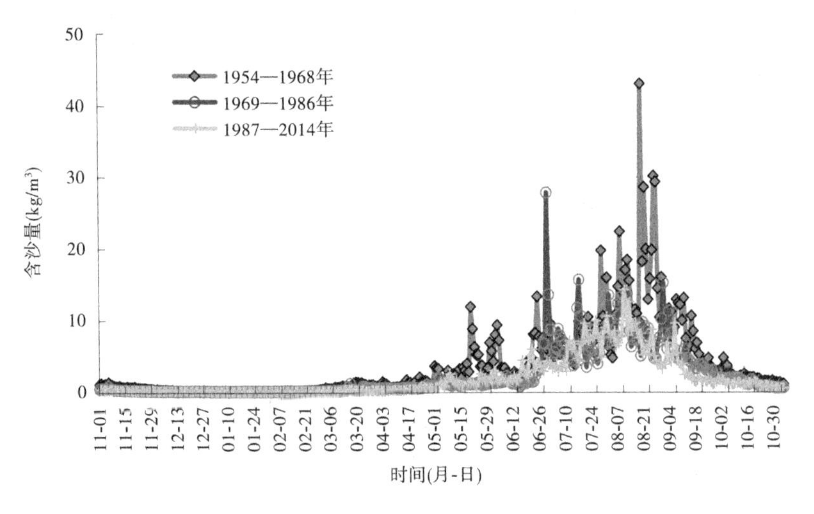

图 1-6　下河沿各时期含沙量过程

(2)秋汛期 9—10 月。该时段由于上游经常有秋汛洪水,因此流量也较大,年均水量基本与主汛期相当,但是由于此时流域来沙较少,因此这一时段河道以冲刷为主,不仅将前期淤积的细泥沙和中泥沙冲走,而且由于流量大可以冲刷部分粗泥沙,对河道起到了很好的恢复作用。

(3)非汛期(11 月至次年 6 月)。此时流域来沙很少,同时流量也很小,冲淤调整微弱,基本是微冲,但是由于流量小冲刷的仍是细泥沙,粗泥沙是淤积下来的。

水库运用开始改变年内水沙过程。刘家峡水库 1968 年运用后对水流已有一定影响,但由于调节能力不大影响有限,主要是水库拦沙作用较大,形成 1968—1986 年宁蒙河道自然情况下难以出现的连续冲刷过程;龙羊峡水库 1986 年投入运用后,对水流过程影响大,导致整个年内的泥沙输移和冲淤调整特点,尤其是与水流强度关系密切的中细泥沙冲淤调整发生质的改变,由此引起一系列河道和洪凌问题。

表 1-16　不同时期下河沿年内各时段径流量

径流量	时段	径流参数	1954—1968 年	1969—1986 年	1987—2014 年
水量（亿 m^3）	主汛期（7—8 月）	水量	105.2	86.6	56.9
		变化量		-18.6	-48.3
	秋汛期（9—10 月）	水量	104.3	82.3	53.0
		变化量		-22.0	-51.3
	非汛期(11 月至次年 6 月)	水量	132.2	149.5	147.6
		变化量		17.3	15.4
平均流量（m^3/s）	主汛期（7—8 月）	流量	1 963	1 616	1 062
		变化量		-347	-901
	秋汛期（9—10 月）	流量	1 979	1 562	1 007
		变化量		-417	-973
	非汛期(11 月至次年 6 月)	流量	629	712	703
		变化量		82	73

注:变化量为各时期与 1954—1968 年相比。

从年内各时期水量变化可以看到(见表 1-16),1954—1968 年主汛期、秋汛期水量分别为 105.2 亿 m^3、104.3 亿 m^3,而到水库运用之后的 1969—1986 年、1987—2014 年两个时期,水量均有所减少,其中主汛期水量分别减少 18.6 亿 m^3、48.3 亿 m^3,流量相应减少 347 m^3/s 和 901 m^3/s;秋汛期水量也分别减少 22.0 亿 m^3、51.3 亿 m^3,流量相应减少 417 m^3/s 和 973 m^3/s;而非汛期水量有所增加,较 1954—1968 年,两个时期分别增加 17.3 亿 m^3、15.4 亿 m^3,平均流量相应增加 82 m^3/s 和 73 m^3/s。

统计巴彦高勒—头道拐河段各时期主汛期分组泥沙冲淤情况可以看到(见表 1-17),在 1959—1968 年,巴彦高勒—头道拐河段主汛期来沙量年均 1.157 亿 t,年均淤积 0.317 亿 t,淤积比为 27.3%。该时期各粒径组泥沙都处于淤积状态,特粗泥沙淤积比例最大,为 85.3%,在淤积物中占 27.5%;其次较粗沙淤积比较大,为 29.3%,淤积物中占 11.3%;细泥沙、中泥沙淤积比较小,分别为 22.4%和 15.0%,在淤积物组成中占 51.7%和 9.5%。该时期细泥沙淤积比小但是淤积量大的原因,初步分析是大流量漫滩引起的,该时段超过 3 000 m^3/s 的洪水较多(见图 1-7)。对比 1987—1999 年,主汛期来沙量减少到 1.675 亿 t,淤积量为 0.486 亿 t,淤积比却高达 72.0%。该时期各粒径组泥沙淤积比均有所增加,特别是细泥沙、中泥沙的淤积比增加很大,分别达到 61.6%和 71.8%,说明主汛期细泥沙和中泥沙难以输送,导致该时期中细沙成为淤积的主体,分别占淤积总量的 42.1%和 16.3%。

表 1-17　巴彦高勒—头道拐河段主汛期分组泥沙冲淤量

冲淤参数	时期	全沙	细泥沙（<0.025 mm）	中泥沙（0.025~0.05 mm）	较粗泥沙（0.05~0.1 mm）	特粗泥沙（>0.1 mm）
来沙量（亿 t）	1959—1968 年	1.157	0.733	0.199	0.123	0.102
	1969—1986 年	0.486	0.277	0.093	0.057	0.059
	1987—1999 年	0.675	0.333	0.110	0.108	0.124
	2000—2012 年	0.214	0.117	0.037	0.031	0.029
来沙量构成（%）	1959—1968 年	100.0	63.4	17.2	10.6	8.8
	1969—1986 年	100.0	57.0	19.1	11.8	12.1
	1987—1999 年	100.0	49.3	16.3	16.0	18.4
	2000—2012 年	100.0	54.7	17.3	14.5	13.5
冲淤量（亿 t）	1959—1968 年	0.317	0.164	0.030	0.036	0.087
	1969—1986 年	0.065	0.026	-0.009	0.007	0.041
	1987—1999 年	0.486	0.205	0.079	0.084	0.118
	2000—2012 年	0.112	0.058	0.017	0.017	0.020
冲淤量构成（%）	1959—1968 年	100.0	51.7	9.5	11.4	27.4
	1969—1986 年	100.0	40.0	-13.8	10.8	63.0
	1987—1999 年	100.0	42.1	16.3	17.2	24.4
	2000—2012 年	100.0	51.7	15.1	15.1	18.1
淤积比（%）	1959—1968 年	27.3	22.4	15.0	29.3	85.3
	1969—1986 年	13.4	9.4	-9.7	12.3	69.5
	1987—1999 年	72.0	61.6	71.8	77.8	95.2
	2000—2012 年	52.3	49.6	45.9	54.8	69.0

注：来沙量构成=分组泥沙量/总沙量（%）；冲淤量构成=分组冲淤量/总冲淤量（%）；淤积比=分组冲淤量/分组来沙量（%）。

巴彦高勒—头道拐河段 1959—1968 年秋汛期来沙量年均 0.660 亿 t，年均冲刷 0.173 3 亿 t（见表 1-18）。冲刷的主要是细泥沙、中泥沙和较粗泥沙，而特粗泥沙处于淤积的状态，尽管来沙量较少，仅为 0.028 亿 t，但是淤积比高达 31.4%。对比 1987—1999 年，秋汛期来沙量减少到 0.110 亿 t，但是河道转为淤积 0.011 6 亿 t，淤积比为 10.5%。特粗泥沙仍是淤积的，淤积比增高到 46.7%，关键是细泥沙和中泥沙由冲刷转为淤积，淤积比分别为 12.4%和 2.4%，占总淤积量的 74.7%和 3.1%。说明该时期不仅不能冲刷主汛期淤积的细泥沙和中泥沙，而且又增加了这两部分泥沙的淤积。

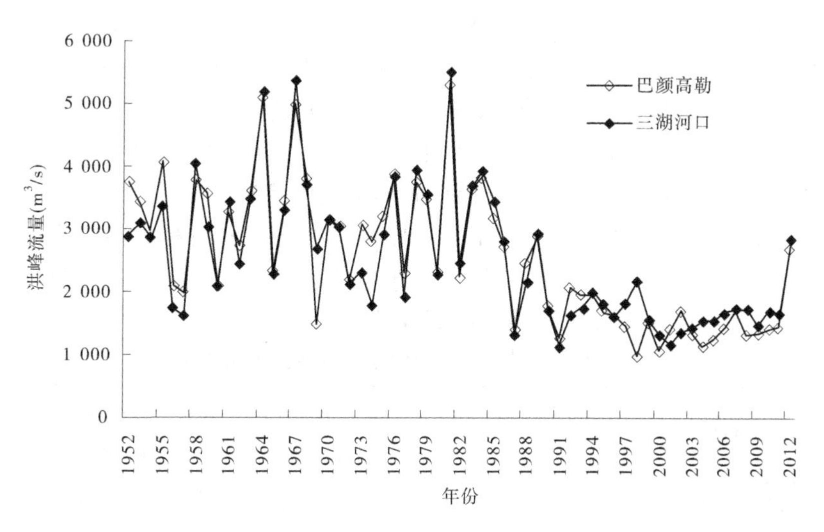

图 1-7　下河沿历年最大洪峰流量

表 1-18　巴彦高勒—头道拐河段秋汛期分组泥沙冲淤量

冲淤参数	时期	全沙	细泥沙（<0.025 mm）	中泥沙（0.025~0.05 mm）	较粗泥沙（0.05~0.1 mm）	特粗泥沙（>0.1 mm）
来沙量（亿 t）	1959—1968 年	0.660	0.379	0.158	0.095	0.028
	1969—1986 年	0.375	0.210	0.080	0.050	0.035
	1987—1999 年	0.110	0.071	0.017	0.013	0.009
	2000—2012 年	0.130	0.074	0.026	0.019	0.011
来沙量构成（%）	1959—1968 年	100.0	57.4	24.0	14.4	4.2
	1969—1986 年	100.0	55.9	21.4	13.4	9.3
	1987—1999 年	100.0	65.4	15.2	11.5	7.9
	2000—2012 年	100.0	56.6	20.2	14.4	8.8
冲淤量（亿 t）	1959—1968 年	-0.174	-0.136	-0.038	-0.009	0.009
	1969—1986 年	-0.078	-0.050	-0.028	-0.016	0.016
	1987—1999 年	0.011	0.009	0	-0.002	0.004
	2000—2012 年	-0.002	-0.005	0.002	0.001	0
冲淤量构成（%）	1959—1968 年	100.0	78.2	21.8	5.2	-5.2
	1969—1986 年	100.0	64.1	35.9	20.5	-20.5
	1987—1999 年	100.0	81.8	0	-18.2	36.4
	2000—2012 年	100.0	250.0	-100	-50.0	0
淤积比（%）	1959—1968 年	-26.4	-35.9	-24.0	-9.5	32.1
	1969—1986 年	-20.8	-23.8	-35.0	-32.0	45.7
	1987—1999 年	10.0	12.7	0	-15.4	44.4
	2000—2012 年	-1.5	-6.8	7.7	5.3	0

注：来沙量构成＝分组泥沙量/总沙量（%）；冲淤量构成＝分组冲淤量/总冲淤量（%）；淤积比＝分组冲淤量/分组来沙量（%）。

巴彦高勒—头道拐河段1959—1968年非汛期年均来沙量为0.344亿t(见表1-19),年均冲刷0.073 0亿t。冲刷的主要是细泥沙和中泥沙,分别冲刷0.093 1亿t和0.008 2亿t。而较粗泥沙和特粗泥沙处于淤积状态,淤积比分别为1.7%和55.9%,可见该时期河道淤积的大部分是粗泥沙,其中又以特粗泥沙为主。而1987—1999年,河段来沙量与前一时期基本相当,年均为0.312亿t,但该时期呈淤积状态,年均淤积量为0.135 6亿t,淤积比高达43.5%。除来沙中22.6%和36.2%的较粗泥沙和特粗泥沙淤积下来,淤积比高达53.9%和76.7%外,最主要是细泥沙、中泥沙转冲为淤,淤积比分别为12.9%和56.1%,在淤积物组成中分别占11.4%和29.8%。

表1-19 巴彦高勒—头道拐河段非汛期分组泥沙冲淤量

冲淤参数	时期	全沙	细泥沙(<0.025 mm)	中泥沙(0.025~0.05 mm)	较粗泥沙(0.05~0.1 mm)	特粗泥沙(>0.1 mm)
来沙量(亿t)	1959—1968年	0.344	0.173	0.070	0.052	0.049
	1969—1986年	0.247	0.088	0.052	0.046	0.061
	1987—1999年	0.312	0.119	0.072	0.057	0.064
	2000—2012年	0.288	0.098	0.064	0.060	0.066
来沙量构成(%)	1959—1968年	100.0	50.2	20.4	15.1	14.3
	1969—1986年	100.0	35.6	20.9	18.7	24.8
	1987—1999年	100.0	38.1	23.1	18.3	20.5
	2000—2012年	100.0	34.0	22.2	20.8	23.0
冲淤量(亿t)	1959—1968年	-0.073	-0.093	-0.008	0.001	0.027
	1969—1986年	-0.003	-0.050	-0.004	0.006	0.045
	1987—1999年	0.135	0.015	0.040	0.031	0.049
	2000—2012年	0.067	-0.022	0.019	0.026	0.044
冲淤量构成(%)	1959—1968年	100.0	127.4	11.0	-1.4	-37.0
	1969—1986年	100.0	1 666.7	133.3	-200	-1 500.0
	1987—1999年	100.0	11.1	29.6	23.0	36.3
	2000—2012年	100.0	-32.5	28.5	38.2	65.8
淤积比(%)	1959—1968年	-21.2	-53.8	-11.4	1.9	55.1
	1969—1986年	-1.2	-56.8	-7.7	13.0	73.8
	1987—1999年	43.3	12.9	55.6	54.4	76.6
	2000—2012年	23.3	-22.4	29.7	43.3	66.7

注:来沙量构成=分组泥沙量/总沙量(%);冲淤量构成=分组冲淤量/总冲淤量(%);淤积比=分组冲淤量/分组来沙量(%)。

综合1987—1999年和1959—1968年分组泥沙的冲淤情况可见,水流过程变化导致年内各时期不同粒径组的泥沙输移发生改变,各粒径组泥沙淤积比都增大,但是最大的变化是细泥沙和中泥沙,由冲刷转为淤积,成为淤积的主体,也是1987—1999年淤积加重的主要原因。

四、减缓宁蒙河道淤积的措施

(一)减缓淤积加重的措施

淤积加重的主要来源是细泥沙和中泥沙,这部分泥沙与水流强度的跟随性较好,最适宜的治理措施为“排和调”,即通过调节水流过程多排出河道。

1. 恢复汛期大流量过程

细泥沙和中泥沙的输移与流量大小关系非常密切,提高大流量能够高效地提高这两部分泥沙的输沙能力、减少河道淤积。以细泥沙为例(见图 1-8),各级含沙量时都随流量的增大淤积效率(单位水量的淤积量)迅速降低或冲刷效率增加,说明在大流量时细泥沙能够输送出河道不淤积,小流量时细泥沙也会发生淤积。

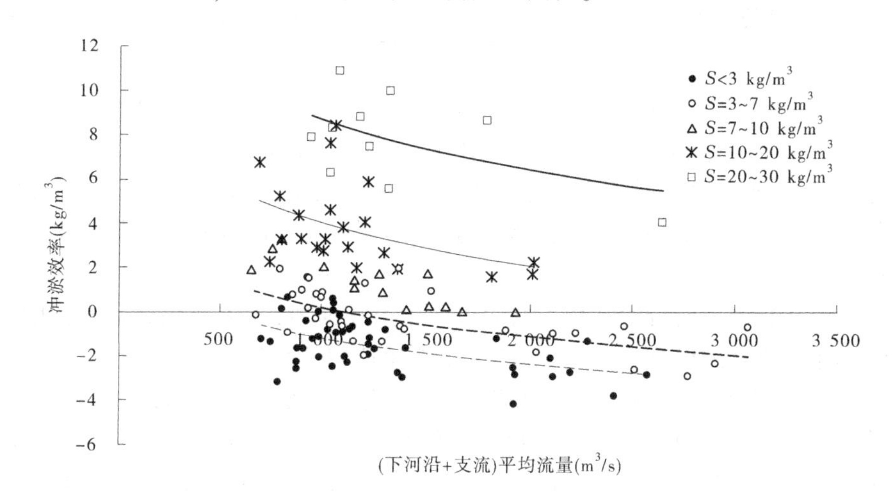

图 1-8 宁蒙河道洪水期细泥沙冲淤与水沙条件的关系

根据实测资料分析含沙量较低(3~7 kg/m³)时不同流量条件下分组泥沙的冲淤状况表明(见表 1-20),洪水期平均流量从 1 000 m³/s 增加到 2 500 m³/s 时淤积效率明显降低,全沙从淤积 0.54 kg/m³ 变为冲刷 2.82 kg/m³,减少淤积 3.36 kg/m³。从分组泥沙的冲淤效率变化可见,减少的主要是细泥沙淤积,占总减少量的 52%;其次为中泥沙,占 27%;较粗泥沙所占比例比较小,仅占 15%;特粗泥沙在流量提高到 2 500 m³/s 后仍是淤积的,仅减淤 0.22 kg/m³,占全沙减淤量的 6%。

表 1-20 不同洪水期平均流量的冲淤效率(全沙含沙量 3~7 kg/m³) (单位:kg/m³)

冲淤计算参数	全沙	细泥沙	中泥沙	较粗泥沙	特粗泥沙
1 000 m³/s	0.54	0.15	0.09	0.07	0.23
2 500 m³/s	-2.82	-1.60	-0.82	-0.42	0.02
冲淤效率变化	-3.36	-1.74	-0.91	-0.49	-0.22
分组沙变化量占全沙变化量的比例(%)	100	52	27	15	6

含沙量较高时，流量增大时的减淤效果更为显著（见表1-21）。当洪水期平均含沙量为20~30 kg/m^3 时，从1 000 m^3/s 增加到2 500 m^3/s 时，全沙冲淤效率降低4.75 kg/m^3。其中，细泥沙减淤的比例明显较低含沙量时增高，细泥沙减淤3.04 kg/m^3，占总减淤量的63%。而其他分组泥沙与低含沙相比变化都不太多。

表1-21　不同洪水期平均流量的冲淤效率（全沙含沙量20~30 kg/m^3）

（单位：kg/m^3）

冲淤计算参数	全沙	细泥沙	中泥沙	较粗泥沙	特粗泥沙
1 000 m^3/s	14.45	8.66	3.37	1.56	0.86
2 500 m^3/s	9.70	5.62	2.39	1.2	0.49
冲淤效率变化	-4.75	-3.04	-0.98	-0.36	-0.37
分组沙变化量占全沙的比例(%)	100.0	63	21	8	8

上述分析说明，提高流量对细泥沙减淤效果非常显著。同时宁蒙河道细泥沙有2个特点非常有利于调节水流高效输送：一是沙量比较大，年均0.952亿t，占总来沙量的54.1%，若控制了细泥沙的淤积就能起到显著的减淤效果；二是来源区集中，细泥沙中68.8%来自下河沿以上、23.0%来自清水河等支流，因此便于调节流量集中输送。

2. 压减非汛期流量

对于巴彦高勒以下河段尤其是三湖河口—头道拐河段，水流变化导致淤积增加的另一原因是非汛期流量的增大。由于地处宁蒙河道的尾部段，其冲淤演变与上游河段冲淤调整密切相关，存在平水期的“上冲下淤”现象。“上冲下淤”为低含沙小流量时，引起上游河段冲刷、下游河段淤积的现象，一般发生在平水期。由图1-9可见，在1 500 m^3/s 以下时宁蒙河道发生该现象，三湖河口以上冲刷、三湖河口—头道拐淤积，淤积最大的流量级在500~1 000 m^3/s。估算该现象的影响（见表1-22），平水期流量小于500 m^3/s 和500~1 000 m^3/s 时，三湖河口以上冲刷量的45%和77%淤积在三湖河口—头道拐河段，明显增加该河段淤积。龙刘水库非汛期兴利需要增大平水期流量、增长平水期历时，500~1 000 m^3/s 流量历时达到229 d，占全年的63%，大大加剧了“上冲下淤”的作用。

表1-22　宁蒙河道“上冲下淤”冲淤效率　（单位：kg/m^3）

河段	<500 m^3/s	500~1 000 m^3/s
下河沿—三湖河口	-1.1	-1.3
三湖河口—头道拐	0.5	1.0
下淤占上冲比例(%)	45	77

因此，总体来看，依靠调节流量过程，汛期恢复一定历时的大流量，非汛期减少下泄流量，可以在很大程度上减少细泥沙和中泥沙的淤积，遏制内蒙古河道淤积现象的加重。

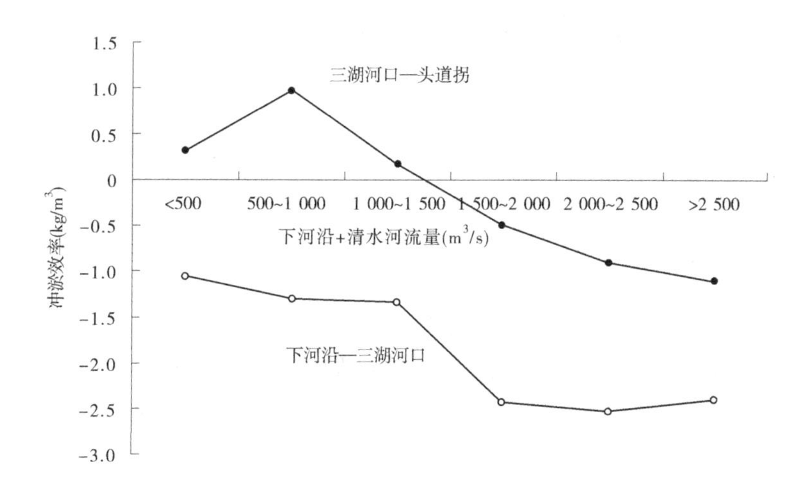

图 1-9　低含沙条件下不同河段冲淤效率随流量变化

(二)减缓淤积的措施

1. 粗泥沙来源特点

宁蒙河道粗泥沙特别是特粗泥沙主要来源于风沙入黄和十大孔兑产沙,分别占总特粗泥沙量的 52.8%和 26.2%,因此控制住这两部分来沙就能在很大程度上控制河道根本淤积。而风沙是沿黄进入的,具有散在、不集中的特点,因此水流很难集中输送。同时由图 1-10 可见,风沙主要在非汛期 3—5 月比较大,而此时期正是干流流量较小的时期,水流也难以输送。

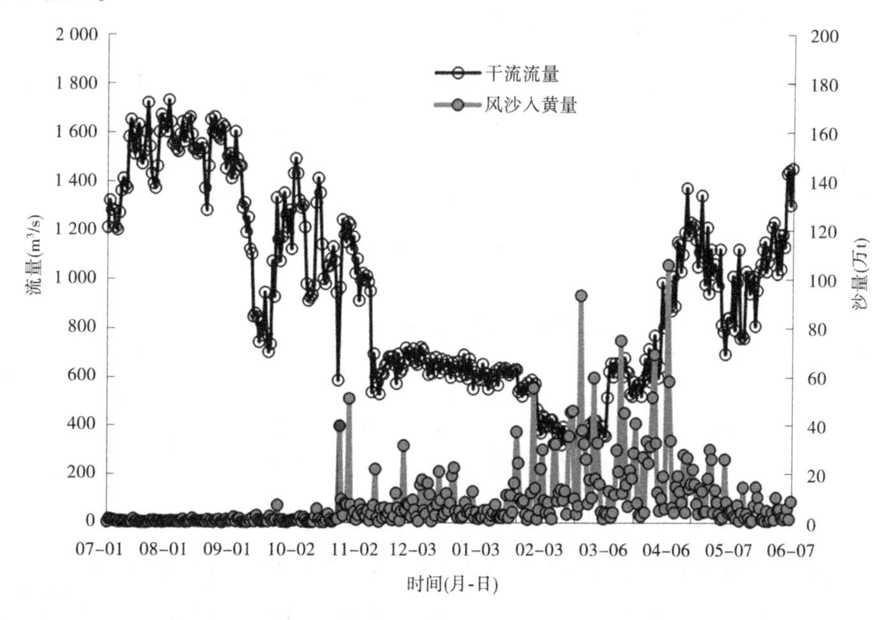

图 1-10　宁蒙河道年内干流流量过程和风沙过程

2. 粗泥沙冲刷效率低

由图 1-11 可见,宁蒙河道特粗泥沙与水流条件的关系并不紧密,在流量 3 000 m³/s

以下基本上都是淤积的，仅在流量很大时才出现冲刷，而且幅度也非常小。

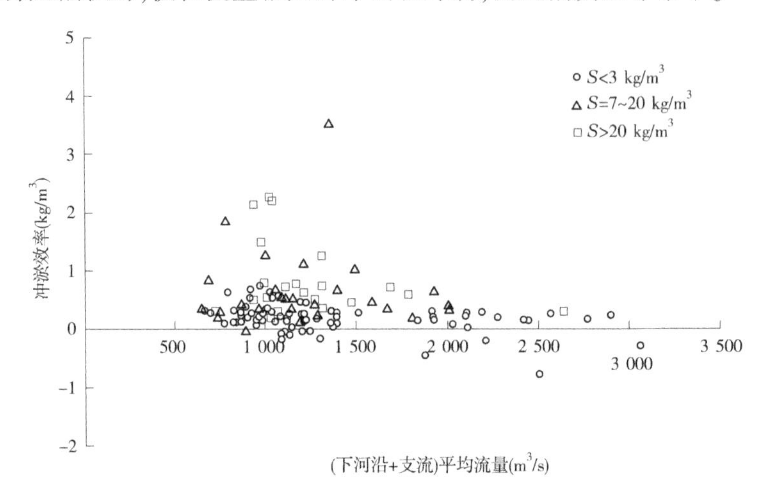

图 1-11　宁蒙河道洪水期特粗泥沙冲淤与水沙条件的关系

表 1-20 和表 1-21 计算表明，特粗泥沙无论是低含沙冲刷还是含沙量较高时提高流量之后的减淤作用都不大，减少的淤积效率都不足 0.5 kg/m³，占总减淤效率的比例不到 10%。因此提高流量对特粗泥沙有一定作用，但效果较差。

因此，针对风沙和孔兑来沙的治理，应以“拦”为主，减少其进入河道的机会。同时，对孔兑高含沙洪水还可采取放淤等多种措施。

五、宁蒙河道减淤措施方案计算

为量化不同治理措施的效果并探求宁蒙河道不淤积的可能性，利用宁蒙河道一维水动力学模型对设置的各类方案进行了计算分析。河道地形为 2012 年汛后地形。

（一）计算方案

根据前述对宁蒙河道淤积物构成、淤积加重原因的分析，以现状方案 1990—2012 年实测水沙系列为基础，增加各类泥沙治理的减淤措施，共设置了 5 个计算方案，进行对比计算分析（见表 1-23）。

表 1-23　不同计算方案水沙条件

方案编号	方案说明	下河沿		区间支流	孔兑	风沙量（亿 t）	引水引沙	
		水量（亿 m³）	沙量（亿 t）	沙量（亿 t）	沙量（亿 t）		水量（亿 m³）	沙量（亿 t）
现状方案	现状	249.4	0.630	0.393	0.114	0.155 9	127.0	0.392
方案 0	水库调节 2 000 m³/s 方案	249.6	0.662	0.393	0.114	0.155 9	127.0	0.392
方案 1	水库调节加粗泥沙治理	249.6	0.662	0.393	0.017 5	0.043 2	127.0	0.392
方案 2	水库调节加粗细泥沙治理	249.6	0.389	0.158	0.017 5	0.043 2	127.0	0.128
方案 3	粗细泥沙治理	249.4	0.370	0.158	0.017 5	0.043 2	127.0	0.128

水库调节方案为根据1990—2012年刘家峡实测入库水沙系列开展水库调控计算，水库地形选取2012年汛后地形，通过数学模型计算刘家峡水库的出库水沙条件。一方面，考虑干支流来沙特性，调整龙刘水库现状运用方式，使其在来沙较多时期能够加大下泄流量，以利于宁蒙河道的输沙，在沙峰期过后的9月和10月进行蓄水，以此弥补7月和8月损失的发电效益。另一方面，考虑宁蒙河道的平滩流量为2 500 m^3/s。2012年宁蒙河道大洪水过后，宁蒙河道水文站的平滩流量基本达到了2 200 m^3/s左右。将此优化方案设计为沙峰期通过水库调控，使得宁蒙河道在沙峰期的平均流量维持在2 000 m^3/s左右（按兰州水文站控制），平均增加洪水期水量约28亿m^3。考虑水库蓄水较多的时期以及来沙集中的时期在7月下旬至8月中旬，因此优化调控时段为7月20日至8月20日（见图1-12）。与现状方案相比，方案0水库调节方案，主要年内水流过程发生了改变。

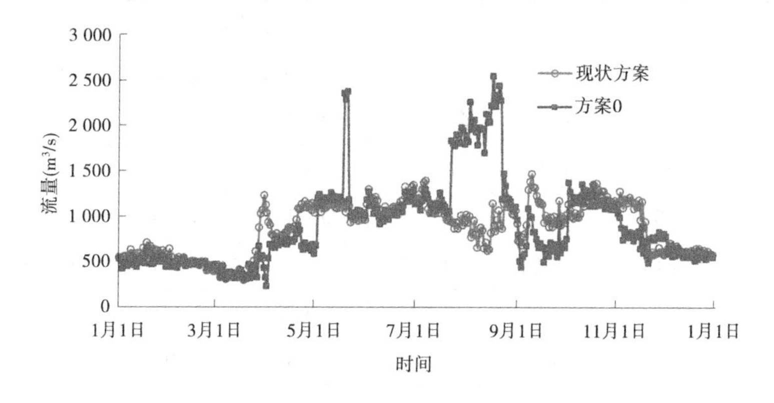

图1-12　宁蒙河段进口下河沿站流量过程

在水利水土保持和风沙治理措施方案中，对支流和孔兑减沙措施考虑以近期来沙较少的2008—2012年均值为目标，即能够实现的减沙量，相应引沙量也有所变化。风沙变化以石嘴山—巴彦高勒段乌兰布和沙漠观测为参考，综合近期河段入黄风沙量研究成果，取其平均在200万t左右。进行沙量的同倍比缩小得到水土保持措施和风沙治理后的方案水沙系列。方案1为在水库调控基础上增加粗泥沙治理（孔兑和风沙治理），在方案0的基础上十大孔兑和风沙量分别减少到0. 017 5亿t和0. 043 2亿t，分别减少84. 6%和72. 3%；方案2为在方案1的基础上进一步增加减少细泥沙治理（下河沿以上和支流治理），因此下河沿水文站年均沙量减少到0. 389亿t，与现状方案相比减少38. 2%，区间支流沙量减少到0. 158亿t，同时引沙量相应减少到0. 128亿t，减少67. 2%；方案3为单纯的减沙方案，即在现状基础上进行全沙治理而不进行水库调控，方案3与方案2的差别只有下河沿的水沙过程不同，所有的水沙量都基本相同，这两个方案可比较在减少来沙条件下水库调控的效果。

（二）计算结果分析

各方案宁蒙河道冲淤状况见表1-24。

从全河段来看，进行调水调沙后（方案0）淤积量有所减少，年均淤积0. 343亿t，与现状方案相比年均减淤0. 125亿t。对粗泥沙来源区进行治理，减少来沙0. 209亿t后（方案1），河道年均淤积量进一步减至0. 202亿t，减淤0. 142亿t，与现状方案相比年均减淤

0. 266 亿 t。再进一步进行细泥沙来源区治理减沙 0. 508 亿 t 后(方案 2),宁蒙河道转淤为微冲,年均冲刷 0. 024 亿 t;与现状方案相比年均来沙减少 0. 716 亿 t,年均减淤 0. 492 亿 t。方案 3 的来沙条件与方案 2 相同,即减沙 0. 716 亿 t,但是无水库调峰,可见全河段仍年均淤积 0. 114 亿 t,但是与现状方案相比减淤效果也较好,达到 0. 354 亿 t。需要说明的一点是,在细泥沙来源区泥沙减少的情况下,干流引沙也相应减少了 0. 263 亿 t,增加了河道淤积。从全宁蒙河段来看,任何一种单项治理措施都不能够将河道变为不淤积,减淤效果都是有限的,只有“调”和“拦”综合治理,才能达到不淤积的目标。同时,对比减粗泥沙来源区和细泥沙来源区沙量的减淤效果,同样减 1 亿 t 泥沙,前者减少河道淤积 0. 68 亿 t,后者为 0. 44 亿 t,拦减粗泥沙减淤效果更好。

表 1-24　宁蒙河道不同计算方案各河段冲淤量变化

项目	方案	各河段冲淤量(亿 t)					
		下河沿—青铜峡	青铜峡—石嘴山	石嘴山—巴彦高勒	巴彦高勒—三湖河口	三湖河口—头道拐	全河段
年均	现状方案	0. 065	−0. 008	0. 077	0. 132	0. 202	0. 468
	方案 0	0. 043	−0. 025	0. 074	0. 094	0. 157	0. 343
	方案 1	0. 043	−0. 042	0. 041	0. 070	0. 090	0. 202
	方案 2	−0. 127	−0. 095	0. 051	0. 061	0. 086	−0. 024
	方案 3	−0. 106	−0. 080	0. 057	0. 105	0. 138	0. 114
与现状方案相比年均变化量	方案 0	−0. 022	−0. 017	−0. 003	−0. 038	−0. 045	−0. 125
	方案 1	−0. 022	−0. 034	−0. 036	−0. 062	−0. 112	−0. 266
	方案 2	−0. 192	−0. 087	−0. 026	0. 071	−0. 116	−0. 492
	方案 3	−0. 171	−0. 072	−0. 02	−0. 027	−0. 064	−0. 354
与现状方案相比变化幅度(%)	方案 0	−33. 8	212. 5	−3. 9	−28. 8	−22. 3	−26. 7
	方案 1	−33. 9	425. 0	−46. 8	−47. 0	−55. 4	−56. 8
	方案 2	−295. 4	1 087. 5	−33. 8	−53. 8	−57. 4	−105. 1
	方案 3	−263. 1	900. 0	−26. 0	−20. 5	−31. 7	−75. 6
各河段减少量占总量比例(%)	方案 0	17. 6	13. 6	2. 4	30. 4	36. 0	100. 0
	方案 1	8. 3	12. 8	13. 5	23. 3	42. 1	100. 0
	方案 2	39. 0	17. 7	5. 3	14. 4	23. 6	100. 0
	方案 3	48. 3	20. 3	5. 7	7. 6	18. 1	100. 0

由于宁蒙河道淤积的重点是三湖河口—头道拐河段,因此需要着重分析各方案对该河段的作用如何。从各河段的淤积分布来看,各方案下淤积较严重的均为三湖河口—头道拐河段。相对现状方案,方案 0~方案 3 中该河段的淤积逐步减轻,由现状的年均淤积 0. 202 亿 t 减少到全部措施应用后的 0. 086 亿 t,年均减淤 0. 116 亿 t。但是与全河段不同

的是,各方案下该河段均发生淤积,没有冲刷。说明该河段恢复7—8月2 000 m^3/s流量过程增加水量28亿m^3,再加上减沙0.716亿t,仍淤积0.086亿t。要想维持该河段不淤积,这些措施仍是不够的,可采取西线南水北调等进一步的治理措施。

对比减沙方案(方案3)和水库调峰方案(方案0)可见,对三湖河口—头道拐河段来说,河道淤积量和减淤量相差不大;但是从该河段减淤量占全河段比例可见,水库调峰方案的减淤量中该河段占36.0%,也就是说1/3以上的减淤集中于该河段,而单纯减沙方案中该河段减淤量仅占全河的18.1%,不到1/5。对比说明,针对三湖河口—头道拐河段减淤,调节大流量过程更为有效。因此,如果要进一步解决三湖河口—头道拐河段的淤积问题,增加调控大流量的水量更为有利。

六、小结

(1)宁蒙河道1959—2012年的泥沙量有60%来自下河沿以上。中细泥沙是来沙的主体。细泥沙中90%以上来源于下河沿以上和清水河等支流,特粗泥沙的79%来源于风沙和十大孔兑。

(2)宁蒙河道50%以上的淤积都在三湖河口—头道拐河段。1952—1960年和1987—1999年淤积量较大。

(3)宁蒙河道1987—1999年淤积集中的主要原因是水流过程的改变,减少了7—8月主汛期细泥沙和中泥沙的输送量,削弱了秋汛期9—10月细泥沙和中泥沙的冲刷机会。

(4)根据不同泥沙的来源和水流输送能力特点提出上游泥沙治理的建议:需要针对性地开展多种措施综合治理,粗泥沙尤其是特粗泥沙以“拦”为主,细泥沙和中泥沙以水流调节“排和调”为主。

(5)任何一种单项治理措施都不能够将河道转变为不淤积,减淤效果都是有限的,只有“调”和“拦”综合治理,才能达到不淤积的目标。

第二章　黄河石嘴山—巴彦高勒风沙入黄量

一、研究河段概况

(一)河道特征

石嘴山—海勃湾库尾河段,河长约 20. 3 km,比降为 0. 56‰,黄河左岸为贺兰山脉,右岸为桌子山;海勃湾库区段长 33. 0 km,左岸为乌兰布和沙漠,右岸为乌海市。海勃湾水利枢纽—磴口水文站河段长 33. 1 km,比降为 0. 15‰,左岸为乌兰布和沙漠,右岸为鄂尔多斯台地。磴口水文站以下为三盛公库区,库区段长 54. 2 km(见表 2-1)。

表 2-1　石嘴山—巴彦高勒河段河道特征

河段	河型	河长(km)	平均河宽(m)	主槽宽(m)	比降(‰)
石嘴山—海勃湾库尾	峡谷型	20. 3	400	400	0. 56
海勃湾库区		33. 0	540	400	
海勃湾坝下—磴口	峡谷型	33. 1	1 800	500	0. 15
三盛公库区		54. 2	2 000	1 000	
合计		140. 6			

(二)沿岸土地类型

石嘴山—巴彦高勒河段右岸为桌子山以及鄂尔多斯台地,且该区域主风向为西北风,因此右岸基本无风沙进入河道。左岸为乌兰布和沙漠,河道的风沙主要来源于此。研究乌兰布和沙漠风沙入黄特征,需要首先对河道左侧边界进行界定:

(1)石嘴山水文站—海勃湾库尾河段,以河道左侧村庄和农田的左边界为河道左边界。

(2)对于三盛公库区河段,即磴口水文站以下区域,对磴口水文站—刘拐沙头河段,按照库区淤积断面的左侧端点界定河道左边界,断面左端点基本与沙漠边界重合;刘拐沙头—三盛公枢纽河段,以三盛公库区围堤为河道左边界。

(3)海勃湾枢纽—磴口水文站河段,左侧有堤防,以堤防为河道的左边界。

(4)海勃湾库区河段,以冬季冰期结冰覆盖范围为河道左边界。

基于以上对河道边界的界定,根据 2015 年的卫星图片,识别了石嘴山水文站—三盛公枢纽河段沿岸(左岸)的土地类型(见表 2-2)。沿岸的主要土地类型如下:

表 2-2 石嘴山—巴彦高勒河段左岸土地类型

河段	长度(km)	河岸附近土地类型	备注
石嘴山水文站—海勃湾库区(乌兰淖尔镇)	50.0	河道左侧 5~10 km 范围内为城市、村庄和农田	该范围西侧为贺兰山脉
海勃湾库区(乌兰淖尔镇—海勃湾枢纽)	17.0	距河约 2.5 km 范围内为村庄和农田,之外为半固定沙丘、开发用地和村庄	半固定沙丘长 9 km,开发用地和村庄长 8 km
海勃湾枢纽—巴音木仁苏木南	35.0	该河段有大堤,大堤以外为农田和流动沙丘	大堤外农田段长 15 km,流动沙丘段长 20 km
巴音木仁苏木南—磴口水文站	3.97	该河段有大堤,大堤以外 1.2 km 为固定沙丘	
磴口水文站—中滩嘎查	9.10	该河段路堤右侧 1~3 km 为村庄和农田,路堤左侧为半固定沙丘和农田	以三盛公库区 19—22 断面左顶点为边界,边界处为一条穿过村庄的路堤(长 10 km)。路堤以外农田段长 6 km,半固定沙丘段长 3.1 km
中滩嘎查—阎王背南	10.40	距河道 1~1.5 km 为滩地,之外为流动沙丘	无大堤
阎王背沙窝	1.50	流动沙丘临河	无大堤
阎王背沙窝—刘拐沙头	11.90	距河 1~2 km 为农田,之外为流动沙丘	无大堤
刘拐沙头	2.55	流动沙丘临河	无大堤
刘拐沙头—三盛公枢纽	21.40	三盛公库区围堤内 1.5 km 范围内为农田,围堤外为村庄和农田	无大堤,有三盛公库区围堤 16 km 和导流堤 3.2 km
合计	162.82		

(1)石嘴山水文站—海勃湾库区末端,长 50.0 km。河道左侧 5~10 km 范围内为城市、村庄和农田,再向西为贺兰山脉。

(2)海勃湾库区段(乌兰淖尔镇—海勃湾枢纽),长 17.0 km。左侧 2.5 km 范围内为村庄和农田,再向左为半固定沙丘、开发用地和村庄,其中半固定沙丘段长 9 km,开发用地和村庄段长 8 km。

(3)海勃湾枢纽—巴音木仁苏木南,长 35.0 km。该河段有大堤,大堤以内 2 km 范围内为农田和滩地,大堤以外为农田和流动沙丘,农田沿河段长 15 km,流动沙丘沿河段长 20 km。

(4)巴音木仁苏木南—磴口水文站,长 3.97 km。该河段有大堤,大堤外 1.2 km 为固定沙丘。

(5)磴口水文站—中滩嘎查,长 9.10 km。该河段无大堤,但有路堤,路堤右侧靠近河道 1~3 km 范围内为村庄和农田,路堤以外为半固定沙丘和农田,其中半固定沙丘沿河段长 3.1 km,农田沿河段长 6 km。

(6)中滩嘎查—阎王背南,长 10.40 km。该河段无大堤,河道左侧 1~1.5 km 范围内为滩地,之外为流动沙丘。

(7)阎王背沙窝,附近 1.50 km 长范围内流动沙丘靠河。

(8)阎王背沙窝—刘拐沙头,长 11.90 km。该河段无大堤,河道左侧 1~2 km 范围内为农田,之外为流动沙丘。

(9)刘拐沙头风沙观测站,附近 2.55 km 为临河流动沙丘。

(10)刘拐沙头—三盛公枢纽,长 21.40 km。有三盛公库区围堤 16 km 和坝前导流堤 3.2 km。三盛公库区围堤内 1.5 km 范围内为农田,围堤外为村庄和农田。

沿河流动沙丘段长 46.35 km,其中流动沙丘临河段长 4.05 km,分布在阎王背沙窝和刘拐沙头风沙观测站附近。半固定沙丘段长 12.1 km,分布在海勃湾库区(乌兰淖尔镇—海勃湾枢纽)河段以及磴口水文站—中滩嘎查河段。固定沙丘段长 3.97 km,分布在巴音木仁苏木南—磴口水文站这一河段。村庄、农田段和开发用地长 100.4 km。

二、研究河段水沙变化特征

石嘴山与巴彦高勒的年径流量、年输沙量以及含沙量变化过程见表 2-3 和图 2-1。两水文站的年径流量和年输沙量总体上呈同步减少趋势,自 20 世纪 70 年代起,两站的年径流量和输沙量差值较为显著,且径流量的差值大于输沙量的差值。1952—1968 年,石嘴山的平均年径流量为 317.4 亿 m^3,巴彦高勒站的平均年径流量为 283.4 亿 m^3,较石嘴山偏少了 10.71%;石嘴山平均年输沙量 2.13 亿 t,巴彦高勒平均年输沙量 1.94 亿 t,较石嘴山偏少了 8.92%。1970—2012 年石嘴山的平均年径流量为 257.4 亿 m^3,巴彦高勒的平均年径流量为 192.5 亿 m^3,较石嘴山减少了 25.21%;石嘴山平均年输沙量为 0.86 亿 t,巴彦高勒平均年输沙量为 0.71 亿 t,较石嘴山站减少了 17.44%。

表 2-3　石嘴山—巴彦高勒不同时期年径流量与输沙量

水文站	水沙参数	时段			
		1952—1968 年	1969—1986 年	1987—1999 年	2000—2012 年
石嘴山	径流量(亿 m^3)	317.4	295.5	229.1	226.9
	输沙量(亿 t)	2.13	0.97	0.91	0.60
	含沙量(kg/m^3)	6.71	3.28	3.97	2.64
巴彦高勒	径流量(亿 m^3)	283.4	234.3	159.0	163.3
	输沙量(亿 t)	1.94	0.83	0.71	0.49
	含沙量(kg/m^3)	6.85	3.54	4.47	3.00

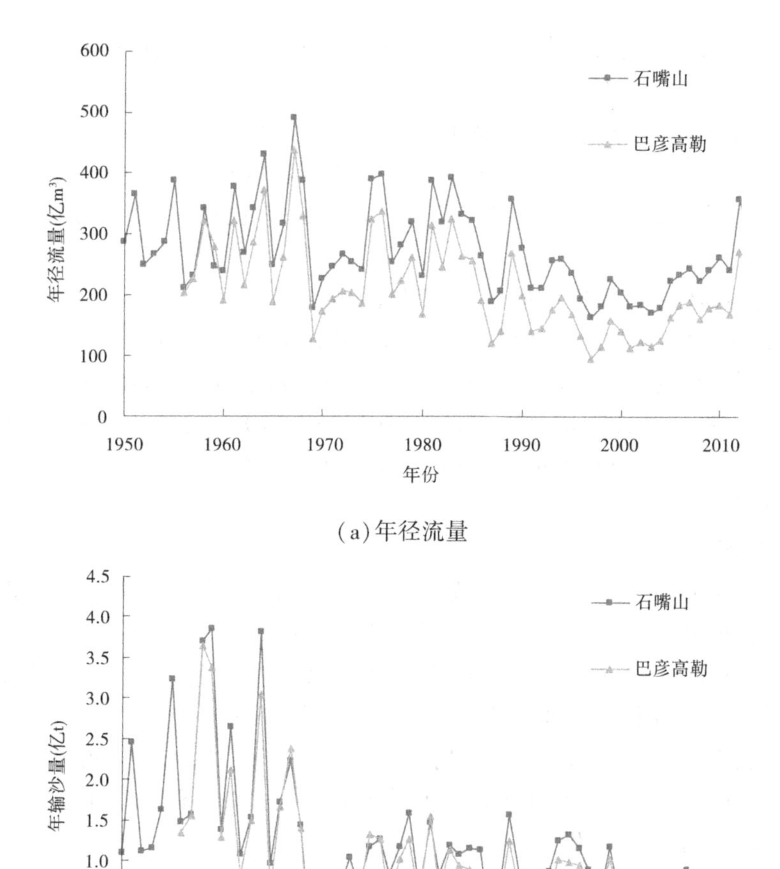

(a)年径流量

(b)年输沙量

图 2-1　石嘴山与巴彦高勒站水沙过程

三、前期研究成果综述

(一)杨根生等 20 世纪 80 年代研究成果

野外和室内观测表明,风沙流强度和实际风速与沙粒开始运动的起动风速之差的三次方成正比,杨根生等根据 1∶10 万地形图,对沙坡头—河曲段的沙漠(沙地)类型、风力特点以及风沙入黄长度等进行了统计,对风沙入黄量进行了估算。计算过程以沙坡头水文站的风速代表沙坡头段、磴口水文站的风速代表陶乐段和磴口段、准格尔水文站代表三盛公—河曲段。其中,磴口段代表了刘拐沙头至海勃湾地区的河段,可以代表石嘴山—巴彦高勒河段的风沙流入黄量,该河段年均风沙流入黄量约为 1 779.5 万 t。

以坍塌形式入黄的风沙量取决于坍塌体的长度、厚度以及年平均坍塌速度,杨根生等通过两个时期的航空影像对比,测量得到河岸变化的幅度,得到石嘴山—巴彦高勒河段坍塌入黄量为 128.96 万 t。

因此，根据杨根生等的研究成果，石嘴山—巴彦高勒河段风沙入黄量为 1 908.46 万 t。

（二）黄土高原第 2 次考察成果

1984 年 5 月，中国科学院成立了黄土高原综合科学考察队，于 1985 年正式开始对黄土高原地区进行考察，对黄土高原的资源状况、土地类型以及水土流失等各方面进行了综合考察，计算了沿黄沙漠区域的入黄沙量。认为石嘴山—巴彦高勒河段风沙入黄量为每年 1 985.7 万 t。

（三）中国科学院寒区旱区环境与工程研究所成果

2009 年 2 月，中国科学院寒区旱区环境与工程研究所完成的《黄河宁蒙河道泥沙来源与淤积变化过程研究》报告成果为，宁蒙河段入黄风积沙量为 3 710 万 t，其中宁夏河东沙地河段（青铜峡—石嘴山河段）的入黄风积沙量为 1 540 万 t，乌兰布和沙漠河段（石嘴山—三盛公河段）的入黄风积沙量为 1 800 万 t，库布齐沙漠河段（三盛公—毛不拉孔兑）的入黄风积沙量为 370 万 t。

（四）其他研究成果

（1）杨根生等在《河道淤积泥沙来源分析及治理对策（黄河石嘴山—河口镇段）》一书中介绍，参照 2000 年 TM 遥感影像以及野外测量，受乌兰布和沙漠影响的河段由 20 世纪 80 年代中期的 40.4 km 增加为 60 km，计算得到 2000 年左右乌兰布和沙漠年入黄沙量约 0.286 25 亿 t。该结果与前期研究成果基本与河段长度成正比。

（2）张永亮在其相关论文中提到，乌兰布和沙漠年入黄沙量在 20 世纪 80 年代为 6 000 多万 t，2008 年左右为 9 000 多万 t，但并未提及数据来源和计算方法。

（五）风沙在河道内的淤积

杨根生等通过分析乌兰布和沙漠泥沙粒径得出，大于 0.1 mm 的颗粒含量为 83.3%，小于 0.1 mm 的颗粒含量为 16.7%。河道钻孔资料表明，河道 1.4 m 厚度淤沙与乌兰布和沙漠的粒度组成相一致，约 81%大于 0.1 mm。对钻孔样随机抽取 90 个沙粒组成 10 个观察样本，应用 JSM-5600LV 低真空扫描电子显微镜观测沙粒表面形貌，发现大于 0.1 mm 的风成沙在河床 1.4 m 厚度内的淤沙平均占 85.88%，其中 0~40 cm 占 91.7%、40~60 cm 占 88.7%、60~80 cm 占 85.8%、80~100 cm 占 85.2%、100~120 cm 占 81.4%、120~140 cm 占 76.7%。

采用电子低空扫描电镜对河道淤积泥沙样品进行表面形态结构测试，并与沙漠泥沙进行对比分析，得到 1951—2000 年石嘴山—巴彦高勒河段共淤积泥沙 6.67 亿 t，其中大于 0.1 mm 的粗泥沙淤积 7.868 7 亿 t，小于 0.1 mm 的泥沙冲刷 1.198 6 亿 t。根据电镜统计测量和计算，大于 0.1 mm 的粗泥沙中风成沙为 6.757 6 亿 t，占大于 0.1 mm 粗泥沙总量的 85.88%，据此可推算 1951—2000 年期间（50 a），风沙中的粗泥沙在河道内年均淤积 0.135 亿 t。

根据杨根生等的研究成果，石嘴山—巴彦高勒河段年均风沙入黄 1 908.5 万 t，淤积 1 350 万 t，约占风沙入黄总量的 70.74%。

四、对现有研究河段入黄风沙量的合理性分析

(一)河段进出口输沙量特征

石嘴山水文站与巴彦高勒水文站不同时期大于 0.1 mm 的粗泥沙输沙量见图 2-2 和表 2-4。两个水文站大于 0.1 mm 的泥沙含量与输沙量相似,1956—2012 年石嘴山大于 0.1 mm 泥沙输沙量为 4.89 亿 t,巴彦高勒为 4.25 亿 t,相差 0.64 亿 t,年均相差 110 万 t。不同时期进口水文站与出口水文站的粗泥沙输沙量年均差值在 0.008 亿~0.015 亿 t,即 80 万~150 万 t。

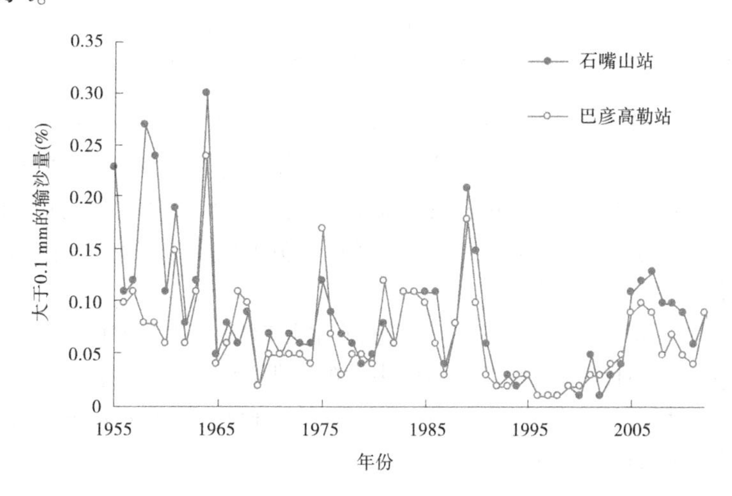

图 2-2　石嘴山与巴彦高勒站大于 0.1 mm 泥沙输沙量变化过程

表 2-4　不同时期石嘴山、巴彦高勒水文站大于 0.1 mm 的输沙量

时期	石嘴山输沙量(亿 t)	巴彦高勒输沙量(亿 t)	石嘴山与巴彦高勒输沙量差值	年均输沙量差值(亿 t)
1956—1968 年	1.92	1.73	0.19	0.015
1969—1986 年	1.34	1.20	0.14	0.008
1987—1999 年	0.69	0.57	0.12	0.009
2000—2012 年	0.94	0.75	0.19	0.015
1956—2012 年	4.89	4.25	0.64	0.011

三盛公水利枢纽库区引沙粒径有实测资料的年份为 1966 年、1974—1990 年,按照有实测资料的年份将 1966—2011 年分为三个时期,没有粒径实测资料的时期,其大于 0.1 mm 的引沙比例取 1974—1990 年的平均值,据此计算研究河段进出口大于 0.1 mm 泥沙的差值及年均差值(见表 2-5)。考虑三盛公水利枢纽库区的引沙影响后,研究河段进出口大于 0.1 mm 的粗泥沙输沙量年均差值为 0.069 亿~0.346 亿 t。

表 2-5 研究河段进出口及引沙大于 0.1 mm 的沙量

时期	石嘴山 沙量(亿 t)	巴彦高勒 沙量(亿 t)	引沙量 (亿 t)	输沙量差值 (亿 t)
1966—1973 年	0. 58	0. 49	0. 021	0. 069
1974—1990 年	1. 55	1. 40	0. 035	0. 115
1991—2011 年	1. 06	0. 84	0. 058	0. 162
1966—2011 年	3. 19	2. 73	0. 114	0. 346

风沙的粒径主要分布在 0. 1～0. 25 mm，占风沙的 83%左右，因此进入黄河的风沙也以大于 0. 1 mm 的粗泥沙为主。从研究河段进出口水文站大于 0. 1 mm 的粗泥沙输沙量及变化过程来看，河段出口水文站的粗泥沙输沙量与进口水文站相似，且差值很小，考虑三盛公水利枢纽库区引沙，年均差值约为 80 万 t，表明主要受进口水文站的影响。

(二) 河段泥沙粒径沿程变化

石嘴山与巴彦高勒大于 0. 1 mm 以及三盛公水利枢纽库区大于 0. 05 mm 的粗泥沙含量见图 2-3 和图 2-4。河段进出口以及河段中间的粗泥沙含量变化过程相似，表明河段出口以及区间河道的粗泥沙含量主要受河段进口粗泥沙影响，风沙对河段的粗泥沙含量影响不大，即说明风沙入黄量不大。

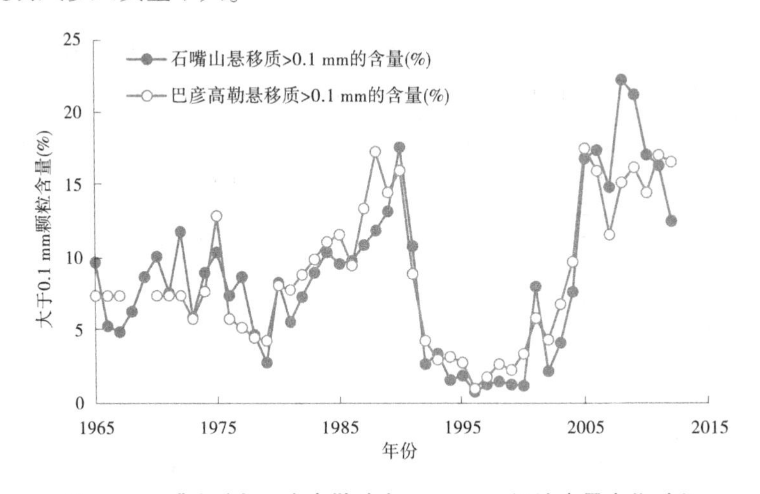

图 2-3 石嘴山站与巴彦高勒站大于 0. 1 mm 泥沙含量变化过程

(三) 同流量水位变化

石嘴山—巴彦高勒河段风沙入黄严重的河段为刘拐沙头—海勃湾，该河段有磴口水文站。以磴口 2 000 m^3/s 流量时的水位来反映河道的冲淤状况，评价前期研究成果中风沙入黄量的大小。

假设风沙在河宽范围内平均分配，则当风沙入黄量为 M 时，则河道的淤积厚度 H 应为

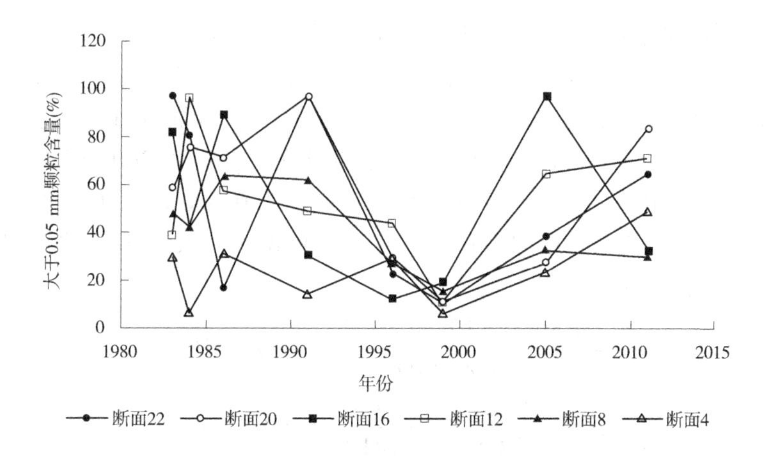

图 2-4 三盛公水利枢纽库区淤积物河床质中大于 0.05 mm 泥沙含量

$$H = \frac{\mu M}{\gamma LB} \tag{2-1}$$

式中:M 为入黄风沙量,kg;γ 为河道内泥沙湿密度,kg/m^3;L 为受风沙影响的河段长度,m;B 为受风沙影响河段的河宽,m;μ 为风沙在河道内的淤积比例。

1. 1985—1989 年入黄风沙量

如前所述,海勃湾—磴口河段的平均河宽为 1 800 m,统计该河段受风沙影响河长为 40. 4 km,淤积在河道内的泥沙湿密度按 1. 4×10^3 kg/m^3 计算,则当入黄风沙分别为 1 908. 5 万 t 和 1 985. 7 万 t 时,按照 70. 74%淤积在河道内,则淤积厚度 H 应为

$$H = \frac{1\ 908.5 \times 10\ 000 \times 0.707\ 4}{1.4 \times 40.4 \times 1\ 000 \times 1\ 800} = 0.133(\mathrm{m})$$

或

$$H = \frac{1\ 985.7 \times 10\ 000 \times 0.707\ 4}{1.4 \times 40.4 \times 1\ 000 \times 1\ 800} = 0.138(\mathrm{m})$$

根据以上计算结果,磴口同流量水位在 1985—1989 年平均抬升高度应为 0. 133~0. 138 m。实际上,1985—1989 年磴口站的同流量水位仅抬升了 0. 086 m,年均抬升 0. 022 m。而该时段石嘴山输沙量大于巴彦高勒的输沙量,表明石嘴山—巴彦高勒河段呈淤积状态,风沙淤积引起的水位抬升幅度要小于 0. 086 m。

此外,从 20 世纪 80 年代磴口的同流量水位来看,1980—1989 年同流量水位抬升了 0. 148 m,年均抬升了 0. 016 m。同样,该时期石嘴山—巴彦高勒河段亦呈淤积状态,风沙淤积引起的水位抬升要小于 0. 016 m,因此可初步判断年入黄风沙量 1 908. 5 万 t 或 1 985. 7 万 t 是偏大的。

2. 2000 年和 2008 年入黄风沙量

2000 年受乌兰布和沙漠影响的河段为 60 km,年入黄沙量约 0. 286 25 亿 t,2008 年为 9 000 多万 t。同样可以利用磴口 2000 年及以后的同流量水位对入黄风沙量进行初步评估。但由于缺少磴口 1990 年以后的水位资料(仅有 2013 年的水位数据),暂用 1990 年 2 000 m^3/s 流量下的水位来代替。由于宁蒙河道于 20 世纪 90 年代呈淤积状态,即磴口

2000 年左右的同流量水位应较 1990 年高。因此，用磴口 1990 年水位代替 2000 年水位，并和 2013 年的同流量水位来进行比较，计算得到的水位增幅应大于实际水位增幅，如果通过风沙量计算得到的同流量水位抬升幅度比该值还大，则说明前期研究成果中的风沙入黄量远远偏大。以 1990 年磴口 2 000 m^3/s 流量下的水位代替 2000 年 2 000 m^3/s 流量下的水位，则 2000—2013 年磴口同流量水位抬升幅度为 0.506 m，年均抬升 0.039 m，3—5 月同流量水位抬升 0.39 m，年均抬升 0.03 m。而根据入黄风沙量 2 862.5 万 t 和 9 000 万 t 计算得到的同流量水位抬升幅度为

$$H=\frac{2\ 862.5\times10\ 000\times0.707\ 4}{1.4\times60\times1\ 000\times1\ 800}=0.134(\mathrm{m})$$

$$H=\frac{9\ 000\times10\ 000\times0.707\ 4}{1.4\times60\times1\ 000\times1\ 800}=0.42(\mathrm{m})$$

该数值远大于 2000—2013 年磴口同流量水位增幅，因此可以判断，前期研究得到的年入黄风沙量 2 862.5 万 t 和 9 000 万 t 均偏大。

五、风沙入黄影响因子变化

（一）堤防情况

黄河内蒙古河段保护城镇的防洪工程，最早是托克托县城—河口镇的顺水坝，在道光三十年（1850 年）前就已修成。20 世纪 30 年代前后，进行了一系列的整修和新修。1951—1954 年以及 1964—1974 年，内蒙古河段的堤防经历了两次大修，至 1985 年，内蒙古共有黄河堤防 895 km。20 世纪 90 年代后半期，加速进行了内蒙古黄河防洪工程的建设，除加高培厚已有堤防外，根据设计洪水位新修了部分堤防。目前，内蒙古境内黄河干流堤防较连续的河段主要分布在三盛公以下的平原河道，石嘴山—三盛公两岸堤防为不连续分布。

1. 1991 年堤防分布

根据黄河上游石嘴山—托克托 1:50 000 地形图（1991 年绘制），1991 年除三盛公水利枢纽库区围堤和导流堤外，整个河段基本上没有堤防，仅在个别河段有一些零星路堤。

2. 现状堤防分布

研究区域内的现状堤防工程见表 2-6。左岸堤防主要分布在海勃湾水利枢纽—三盛公水利枢纽区间，属于阿拉善盟阿拉善左旗，堤防长度 33.806 km。右岸堤防主要分布在乌海市和鄂尔多斯市，在乌海市海勃湾区的下海勃湾分布有堤防 9.438 km，鄂尔多斯市鄂托克旗那林套海和阿尔巴斯境内分布有堤防 12.403 km。此外，海勃湾库区内还有堤防 22.244 km，其中左岸有堤防 17.961 km，右岸有堤防 4.283 km，已被淹没。

与 1991 年相比，阿尔巴斯附近（右岸）、那林套海附近（右岸）以及海勃湾水利枢纽至磴口水文站（三盛公水库库尾）河段新建了大堤。在大堤修建之前，风沙进入河漫滩地即视为进入河道，大堤修建之后，则进入或降落在大堤以外区域的风沙不计在入黄风沙量之内。因此，即使按照 20 世纪 80 年代的风沙流特征，在现状边界条件下，入黄风沙量也应小于当时计算的风沙量。

表 2-6　石嘴山—巴彦高勒河段堤防情况

河岸	河段	所在地区	所在县(市)	堤段起止桩号	堤防长度(km)
左岸	海勃湾水利枢纽—三盛公水利枢纽	阿拉善盟	阿拉善左旗	0+000~33+806	33.806
			合计		33.806
右岸	乌达公路桥—三盛公水利枢纽	乌海市	海勃湾	下海勃湾 0+000~9+438	9.438
		鄂尔多斯市	鄂托克旗	那林套海	4.279
				阿尔巴斯 0+000~3+409	3.409
				阿尔巴斯 3+548~4+731	1.183
				阿尔巴斯 4+830~6+254	1.424
				阿尔巴斯 6+554~7+992	1.438
				阿尔巴斯 8+078~8+748	0.67
	合计				21.841

(二)土地利用

自20世纪50年代初,巴彦淖尔市在乌兰布和沙漠北部边缘陆续建起了5个农场,开始了大规模的垦荒种地。地处沙漠东缘的阿拉善左旗,则以全面发展畜牧业为主,同时进行开荒造田。乌海市自1976年建市以来,对沙化、荒漠化进行了大规模治理,森林覆盖率已由建市初期的0.3%增加到13.76%。从20世纪90年代末期开始,特别是进入21世纪后,国家多项林业重点工程相继启动,对乌兰布和沙漠的治理逐步正规化,在沙区从限制载畜头数发展到完全实施禁牧,加强了对天然植被的保护。在沙漠边缘地区累计围栏封育、退牧还草24万hm^2,并辅以人工增加植被,在一定程度上减缓了沙化的扩展速度,部分沙地向内收缩,植被盖度从20世纪90年代的8%增加到目前的11.29%。

现状条件下,沿河流动沙丘段长50.85 km,其中流动沙丘临河段长4.05 km,半固定沙丘段长10.1 km,固定沙丘段长3.97 km,居住地、农田段和开发地长97.9 km。土地利用类型的变化也将引起入黄风沙量的减少。

(三)风速和降水量

石嘴山—巴彦高勒河段及邻近区域分布有陶乐、惠农、吉兰泰和阿拉善左旗等4个国家基本气象站,其分布见图2-5。除国家气象站外,研究河段还有乌海、磴口等地方气象站,利用这些气象站的气象数据,分析该河段长期以来的风速、降水等(见图2-6~图2-11)。

各气象站的降水量过程无明显变化。陶乐站、惠农站和阿拉善左旗站各站年平均风速和极大风速自20世纪90年代初期开始显著下降,陶乐站极大风速自25 m/s左右降至19 m/s左右,年平均风速由2.8 m/s左右下降至1.5 m/s。惠农站极大风速自34 m/s左右降至24 m/s左右,年平均风速由3.5 m/s左右下降至2.1 m/s。阿拉善左旗站年平均风速由3.0 m/s左右下降至2.0 m/s。吉兰泰站极大风速在23 m/s左右,年平均风速自20世纪50年代持续下降,由3.0 m/s左右下降至2.0 m/s。磴口和乌海气象站的最大风速和年平均风速自2000年以来也呈显著下降趋势。

从风速变化情况来看,自20世纪50年代至今,尤其是20世纪90年代至今,石嘴山—巴彦高勒河段的风沙入黄量应该呈减少趋势。

图 2-5　研究河段邻近区域的国家基本气象站

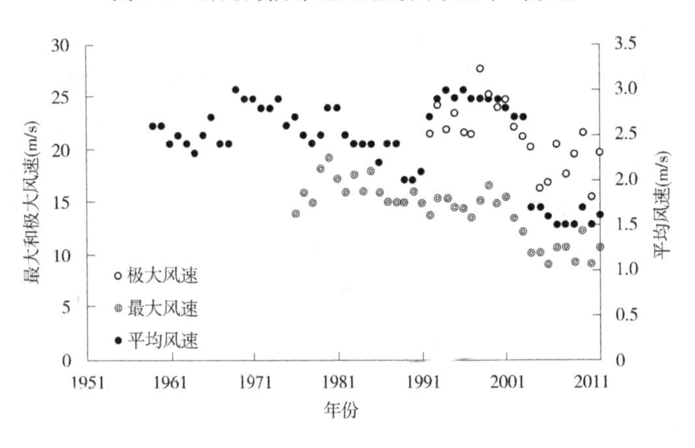

(a)风速特征

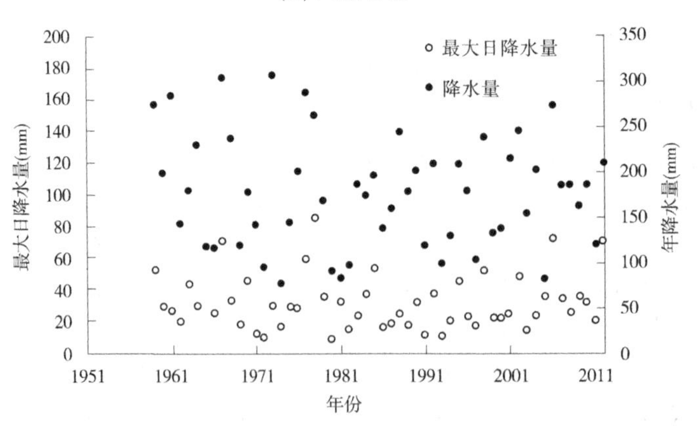

(b)降水量特征

图 2-6　陶乐站风速和降水量特征

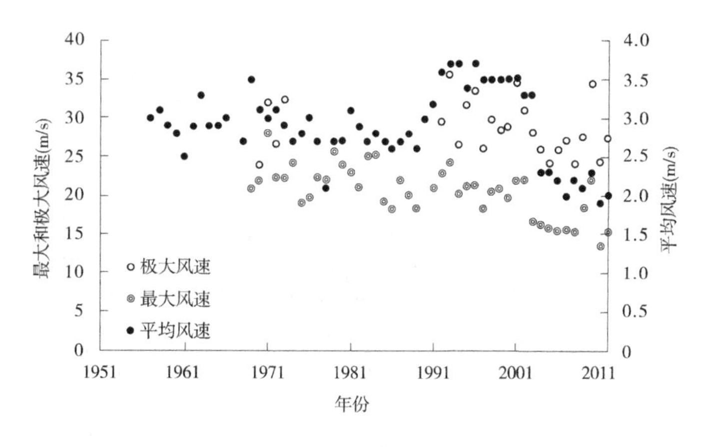

(a)风速特征

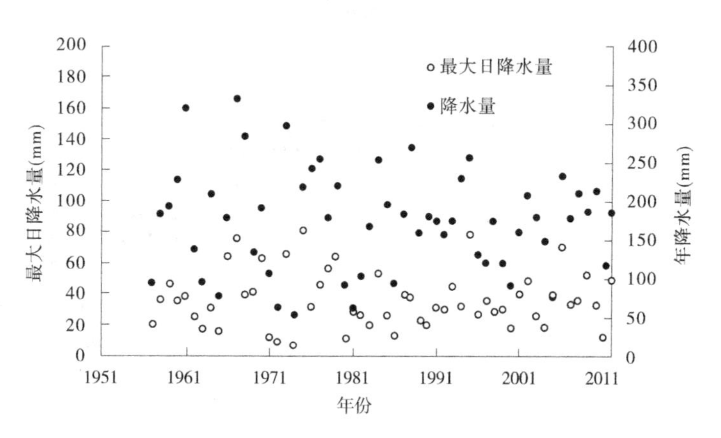

(b)降水量特征

图 2-7 惠农站风速和降水量特征

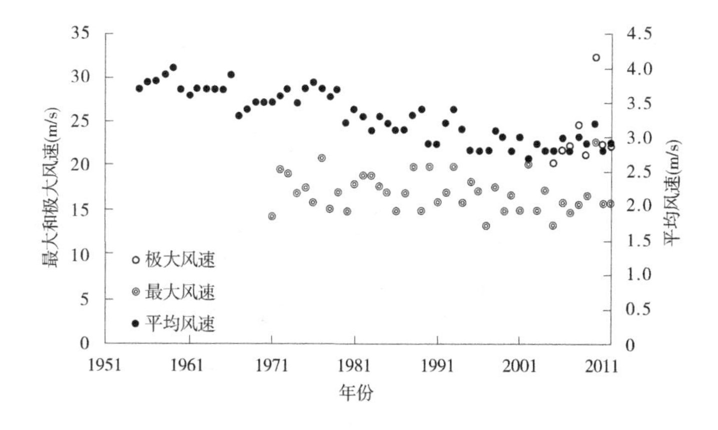

(a)风速特征

图 2-8 吉兰泰站风速和降水量特征

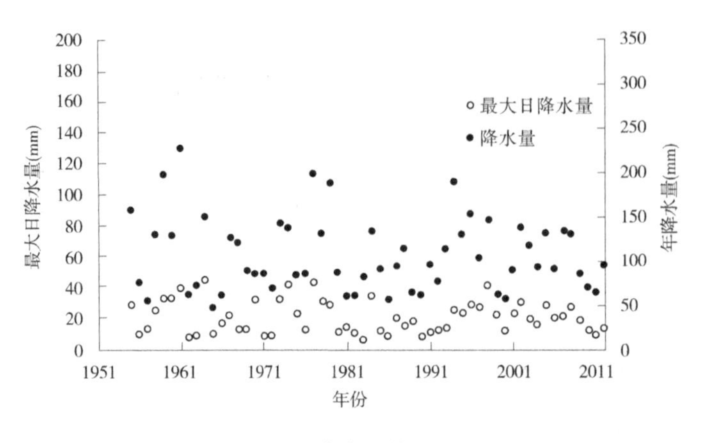

(b)降水量特征

续图 2-8

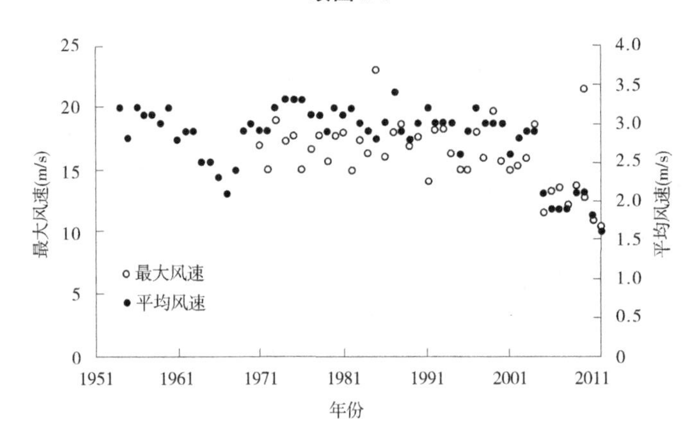

(a)风速特征

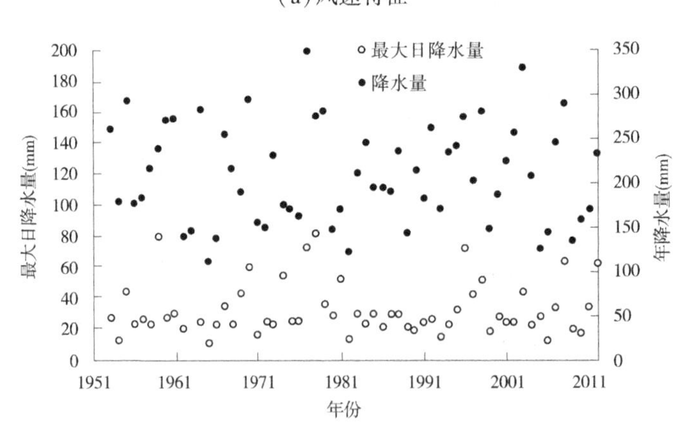

(b)降水量特征

图 2-9　阿拉善盟左旗站风速和降水量特征

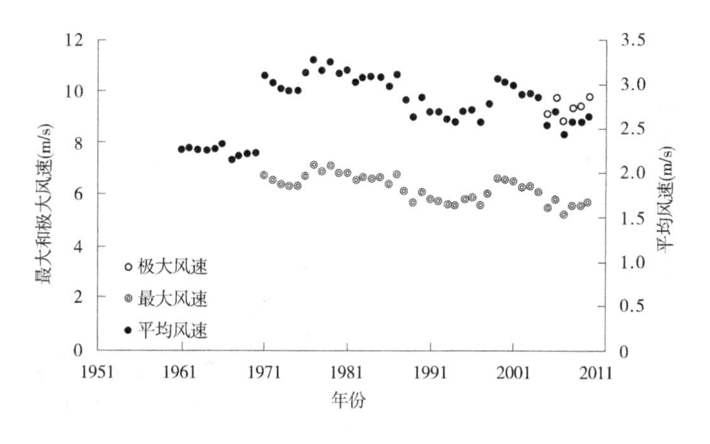

图 2-10 磴口站风速特征

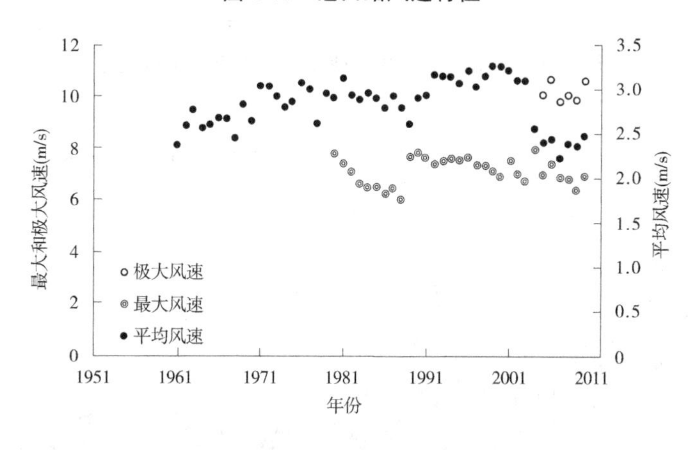

图 2-11 乌海站风速特征

(四)沙尘暴

根据气象观测规范定义,扬沙是指风力较大,将地面尘沙吹起,使空气相当混浊,水平能见度在 1~10 km 的天气现象。沙尘暴是指强风把地面大量沙尘卷入空中,使空气特别混浊,水平能见度低于 1 m 的天气现象。石嘴山—巴彦高勒扬沙、沙尘暴及大风天气在春季和冬初较多,在每年 4 月和 5 月达到最高值,8~10 月最少。研究河段内磴口地区历年沙尘暴次数见图 2-12。自 20 世纪 50 年代以来,扬沙天气、沙尘暴天气及大风日数均呈减少趋势,特别是 2000 年以后,分别减少到多年均值的 1/7、1/6. 5 和 1/4。磴口地区风沙天气的变化,一方面和全球气候变化背景下西北季风与东亚季风进退的影响有关,另一方面也有人认为和三北防护林以及人工治沙工程的建设有关。

研究河段附近区域的历年沙尘暴次数见图 2-13。20 世纪 70 年代中期尤其是 90 年代中期以后,研究区域附近地区的沙尘暴次数也呈明显减少趋势,这和我国北方大部分地区扬沙和沙尘暴发生频次下降的总趋势是一致的。沙尘暴频率的降低也将导致每年入黄的风沙量减少。

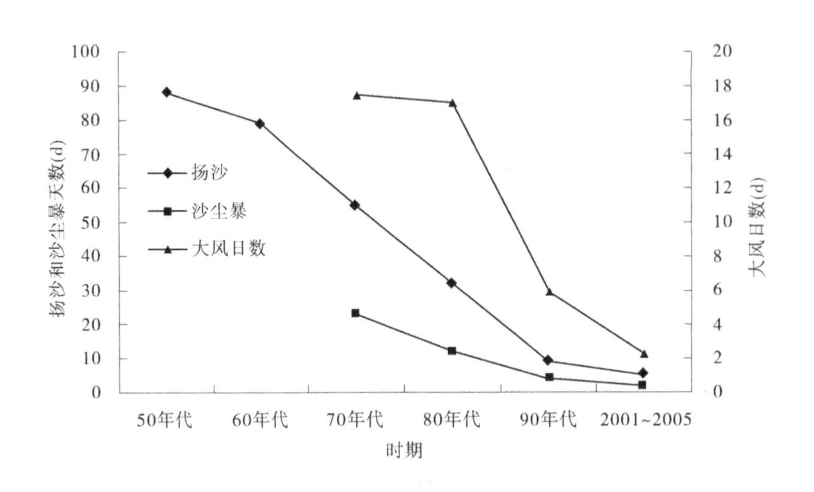

注:图中年代系指20世纪时期

图2-12 磴口地区不同时期年均沙尘天气出现次数

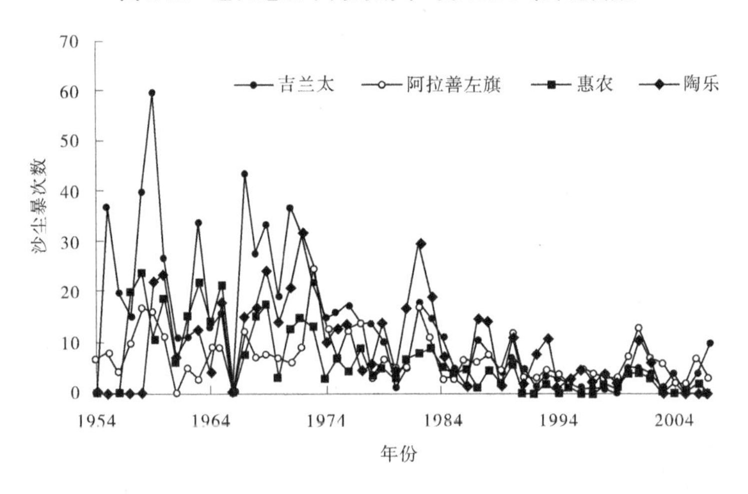

图2-13 研究河段附近区域历年沙尘暴次数

六、2012—2014年风沙入黄量分析

(一)典型沙丘长期监测

根据对黄河乌兰布和沙漠黄河段沿岸48个沙丘的调查,研究区沙丘平均高度5.2 m,基于此,在黄河乌兰布和沙漠段刘拐沙头选取了2个与沙丘平均高度相近的典型沙丘进行测量。1#沙丘走向为5°,沙丘宽度64 m,沙丘高度4.8 m;2#沙丘走向为20°,沙丘宽度72 m,沙丘高度5.4 m,风沙密度为1.60 g/m^3。利用全站仪于2012—2015年两次对1#沙丘、2#沙丘测量了1∶200的地形图,为二等水准闭合测量,全站仪测距精度为1 mm+2×10^{-6}×D,每个沙丘的边界用木头桩严格控制,以便使每次测定的典型沙丘边界线准确无误。将测量数据使用南方CASS7.1软件计算。经计算,1#沙丘2012—2015年移动量为897.56 m^3,输沙量为22.44 t/(m·a);2#沙丘2012—2015年移动量为1 305.29 m^3,输沙量为29.01 t/(m·a)。

石嘴山—巴彦高勒流动沙丘紧邻黄河的长度为 4. 05 km,分布在刘拐沙头和阎王背沙窝附近,且均无大堤,因此沙丘移动进入滩地,移动量可计入风沙入黄量。取 2 个沙丘输沙量的平均值 25. 73 t/(m · a),则每年由于沙丘移动引起的入黄沙量为 10. 42 万 t。

(二)不同土地类型条件下输沙量观测

针对研究区流动沙丘、半流动沙丘、半固定沙丘、固定沙丘 4 种不同的土地利用类型,选择地形相近的典型区域建立标准观测小区,利用 1 m 高的旋转梯度集沙仪进行观测。研究表明,研究区流动沙丘的年平均输沙量为 28. 79 t/(m · a),半流动沙丘为 12. 16 t/(m · a),半固定沙丘为 4. 07 t/(m · a)、固定沙丘为 0. 58 t/(m · a)。

石嘴山—巴彦高勒河段流动沙丘长度为 46. 35 km、半固定(半流动)沙丘长度为 12. 1 km、固定沙丘长度为 3. 97 km,据此可计算年风沙入黄量为

流动沙丘:46. 35×1 000×28. 79/10 000=133. 44(万 t);

半固定(半流动)沙丘:12. 1×1 000×12. 16/10 000=14. 71 万 t;

固定沙丘:3. 97×1 000×0. 58/10 000=0. 23(万 t);

可见,石嘴山—巴彦高勒年风沙入黄量为 148. 38 万 t。

七、小结

(1)根据不同立地条件下的小区观测资料推算,石嘴山—巴彦高勒河段乌兰布和沙漠 2012—2014 年平均风沙入黄量约 148. 38 万 t。

(2)造成风沙入黄量较历史时期减少的主要因素是风速的降低、大堤的修建以及地表植被覆盖度的提高。

第三章 黄河上游宁蒙河段风沙入黄量估算

一、研究背景

黄河流域的风沙问题最早是由黄河水利委员会牛占(1983)提出的,他根据 Landsat MSS 卫星影像,认为风沙进入黄河流域主要有三条通道:第一条在青海南山和鄂拉山之间,第二条在祁连山和贺兰山之间,第三条在贺兰山和狼山之间(宁蒙河段)。之后,杨根生等(1987)通过气象数据、地貌条件等自然因素对黄河宁夏北长滩—山西河曲段沿程风沙活动强弱变化进行了分析,得到此区间内风沙入黄严重河段约 151.4 km,次严重河段 112 km,轻微河段 208.6 km。

以上研究均为黄河流域风沙活动的定性研究,真正关于黄河宁蒙河段风沙入黄的定量研究始于杨根生等(1988),利用经验公式测算得到黄河沙坡头—河曲段的年风沙入黄量超过 1 亿 t(包括支流挟带量),其中直接进入黄河的风沙量约占 50%。同时期,中国科学院兰州沙漠研究所黄土高原考察队对黄河沙坡头—河曲段的沙丘移动、风沙流过程和塌岸过程进行了实地观测,根据实测数据估算得到该河段年均风沙入黄量约 5 320 万 t。之后,不同学者对黄河宁蒙河段的风沙入黄量进行了大量的研究工作,估算方法主要有实地观测法、输沙平衡法、模型模拟法等。比较有代表性的主要有:杨根生和拓万全(2004)通过输沙平衡法估算得到 1954—2000 年间,黄河内蒙古段的年均风沙入黄量约 2 500 万 t,其中乌兰布和沙漠约占 54%,库布齐沙漠约占 46%。2010—2015 年,拓万全等(2013)通过实地观测,发现黄河乌兰布和沙漠段的风沙入黄量约 2 863 万 t。杜鹤强等(2015)利用 IWEMS 模型与 RWEQ 模型,估算得到 1986—2013 年间,黄河下河沿—头道拐段年均风沙入黄量约 1 514 万 t,其中石嘴山—巴彦高勒年均风沙入黄量为 742 万 t。黄河水利科学研究院与水利部牧区水利科学研究所在黄河乌兰布和段的观测数据表明,乌兰布和沙漠年均风沙入黄量约 160 万 t;与按上一章计算的 148.38 万 t 相接近。

以上研究结果表明,由于研究方法和观测手段不同,所获得的风沙入黄量差异很大。针对以上争议,本研究参考国际先进的风蚀模型,构建风沙入黄模型,并利用实测数据对模型进行率定和验证。应用通过验证的模型,对黄河宁蒙河段 1986—2014 年的风沙入黄量进行逐日估算,从而获得具有较高时空分辨率和可信度的风沙入黄过程。

二、研究方法

根据风蚀模型的计算特点,分别利用 IWEMS 模型和 RWEQ 模型对黄河宁蒙河段流域内的非农业用地和农业用地的风蚀模数和风沙入黄(河)量进行估算。

(一)IWEMS 模型

IWEMS(Integrate Wind Erosion Modelling System)模型是由澳大利亚南威尔士大学的

Shao(2001)提出的,用于预测区域尺度风蚀量的模型。在本研究中,主要采用 IWEMS 模型对黄河宁蒙河段非耕地区域的风蚀量和风沙入黄量进行计算,模型共包括三个关键的计算步骤:①摩阻起动风速 u_{*t} 计算环节;②跃移风蚀量的计算;③风沙入黄量的计算。

IWEMS 模型主要考虑植被、土壤湿度和土壤粒径对摩阻起动风速的影响:

$$u_{*t} = u_{*t}(d_s)f_\lambda(\lambda)f_w(\theta) \tag{3-1}$$

式中:u_{*t} 为粒径为 d_s 的沙粒在植被和土壤湿度条件影响下的摩阻起动风速,m/s;λ 为植被的迎风面积指数;$f_\lambda(\lambda)$ 为植被对摩阻起动风速的影响函数;θ 为土壤湿度,m^3/m^3;$f_w(\theta)$ 为土壤湿度对摩阻起动风速的影响函数;$u_{*t}(d_s)$ 为粒径为 d_s 的沙粒在理想条件下(无植被和土壤影响的松散沙地)的摩阻起动风速,m/s。

$u_{*t}(d_s)$ 可根据 Shao(2001)提出的公式计算:

$$u_{*t}(d_s) = \sqrt{a_1\left(\frac{\rho_p}{\rho_a}gd_s + \frac{a_2}{\rho_a d_s}\right)} \tag{3-2}$$

式中:ρ_a 和 ρ_p 分别为空气与沙粒的密度,分别取 1.29 kg/m^3 和 2 600 kg/m^3;g 为重力加速度,取 9.8 m/s^2;a_1 为无量纲参数;a_2 为量纲参数。

Shao(2008)根据实验结果,建议 a_1 和 a_2 的取值分别为 0.012 3 和 3×10^{-4} kg/s^2。

植被迎风面积指数对摩阻起动风速的影响函数 $f_\lambda(\lambda)$ 可通过 Raupach 等(1993)提供的方法计算:

$$f_l(l) = \frac{u_{*t}(l)}{u_{*t}} = (1 - m_r s_r l)^{1/2}(1 + m_r b_r l)^{1/2} \tag{3-3}$$

其中,σ_r 表示植被基部面积与迎风面积的比值;$\beta_r = C_r / C_s$ 为作用于单株植被上的阻力与作用于地表的阻力的比值;m_r 为一个调整参数,其值小于 1,其大小主要由作用于地表不均一的应力决定。

植被的迎风面积指数可根据 SPOT-VGT 数据进行计算(Shao, 2001; Du et al., 2015)。

土壤湿度对摩阻起动风速的影响函数 $f_w(\theta)$ 可以根据 Feccan 等(1999)提出的公式计算:

$$f_w(\theta) = [1 + A(\theta - \theta_r)^b]^{1/2} \tag{3-4}$$

式中:θ_r 为风干土壤湿度,m^3/m^3;A 和 b 均为无量纲参数。

日均土壤湿度 θ 根据 BEACH(Bridge Event And Continuous Hydrological)模型计算(Sheikh et al., 2009; Du et al., 2014)。

均一地表条件下沙粒的跃移通量 $Q(d_s)$ 可根据 Owen(1961)提出的方法计算:

$$Q(d_s) = \begin{cases} \dfrac{c_o A_c \rho_a u_*^3}{g}\left[1 - \left(\dfrac{u_{*t}(d_s)}{u_*}\right)^2\right] & (u_* \geq u_{*t}) \\ 0 & (u_* < u_{*t}) \end{cases} \tag{3-5}$$

式中:A_c 为可蚀性土壤所占比例,其值由迎风面积指数 λ 决定;u_* 为摩阻风速,m/s,可利用气象站风速和风速廓线公式求得;c_o 为 Owen 系数,在理论上是由跃移沙粒的冲击速度 ω_t 与摩阻风速 u_* 来决定的(Owen, 1961),实验结果表明其值在 1 左右,因此在模型率定时将其作为常数考虑。

自然地表覆盖有不同粒径的土壤颗粒，IWEMS 模型针对不同粒径的土壤颗粒提出了独立起动的概念，即各粒径组的颗粒在起动过程中互不影响（Shao，2008）。因此，自然地表的跃移通量可表示为

$$Q = \sum_{d_1}^{d_2} Q(d_s)p(d_s) \tag{3-6}$$

式中：d_1 和 d_2 分别为土壤粒径的下限和上限，m；$p(d_s)$ 为粒径为 d_s 的沙粒在自然地表所占比例。

风沙入黄量 q_d 可根据风沙传输风向与河流的夹角进行计算：

$$q_d = q_s \sum_{i=1}^{16} f_{qi} \left| \sin\alpha \right| \tag{3-7}$$

式中：q_s 为输沙量，为风沙跃移通量和持续时间的乘积，t；f_{qi} 为风沙在第 i 方向上的传输比例；α 为河流与风沙传输方向（风向）的夹角。

（二）RWEQ 模型

RWEQ（Revised Wind Erosion Equation）模型是由美国农业部（USDA）开发的用于预测耕地土壤风蚀量的模型（Fryrear et al.，1998）。该模型的设计模拟范围为地块尺度。近年来，有学者尝试将该模型的模拟范围扩展到区域尺度（Zobeck et al.，2000；Youssef et al.，2012）。本研究参考前人的研究结果，应用该模型针对宁蒙河段耕地区的风蚀量和风沙入黄量估算。RWEQ 模型应用 2 m 高度的风速估算风蚀量。下风向风沙的实际传输量可根据最大沙粒释放量 Q_{max} 和传输距离 x 计算：

$$Q(x) = Q_{max}\left[1 - \exp\left(\frac{x}{S}\right)^2\right] \tag{3-8}$$

式中：S 为模拟地块的关键长度，RWEQ 模型将其定义为风沙传输最大距离的 63%（Fryrear et al.，1998）。

风沙的最大释放量 Q_{max} 为

$$Q_{max} = \mu_q WF \times EF \times SCF \times K \times COG \tag{3-9}$$

式中：μ_q 为无量纲参数，用于调节风沙的最大释放量 Q_{max}；WF 为气象因子，kg/m；EF 为土壤可蚀性碎屑物因子；SCF 为结皮因子；K 为土壤粗糙度因子；COG 为农作物的残茬因子。

气象因子 WF 可根据 2 m 高度风速计算：

$$WF = \frac{SW \times SD \sum_{i=1}^{N} u_2(u_2 - u_t)^2 N_d \rho}{Ng} \tag{3-10}$$

式中：u_2 为 2 m 高度处风速，m/s；u_t 为土壤颗粒的临界起动风速，m/s；N_d 为模拟天数，d，一般为 15 d；N 为模拟期间风速的观测次数，Skidmove 和 Tatarko（1990）建议 N 值最小为 500；SW 为无量纲参数，表示土壤湿度因子；SD 为积雪因子，无量纲。

土壤可蚀性碎屑物因子 EF 可根据土壤结构计算：

$$EF = \frac{\mu EF + 0.31S_a + 0.17S_i + 0.33S_a/S_i - 2.59OM - 0.95C_{CaCO_3}}{100} \tag{3-11}$$

式中：μEF 为土壤可蚀性因子的调节参数（%）；S_a 为沙子含量（%）；S_i 为粉粒含量（%）；OM 为有机质含量（%）；C_{CaCO_3} 表示碳酸钙的含量（%）。

土壤结皮因子 SCF 由土壤中黏土和有机质含量决定：

$$SCF = \frac{1}{1 + 0.006\,6Cl^2 + 0.021OM^2} \tag{3-12}$$

式中：Cl 为黏土含量（%）。

农作物残茬因子 COG 为三个残茬因子的乘积，分别为平铺残茬 SLR_f、直立残茬 SLR_s 和植被盖度 SLR_c。平铺残茬因子表示有平铺残茬时地表与无平铺残茬时风蚀量的比值。其计算方法为

$$SLR_f = e^{-0.043\,8SC} \tag{3-13}$$

式中：SC 为平铺残茬的盖度（%）。

直立残茬是指单位面积上植被侧向投影的面积，在 IWEMS 模型中，将其称为不可蚀物体的迎风面积指数。直立残茬因子表征的是直立残茬影响下地表风蚀量与直立残茬时风蚀量的比例。在 RWEQ 模型中，直立残茬因子 SLR_s 的计算方法为

$$SLR_s = e^{-0.034\,4SA^{0.641\,3}} \tag{3-14}$$

式中：SA 为单位面积上（1 m^2）直立残茬的侧向投影面积，cm^2，相当于 IWEMS 模型中的迎风面积指数 λ 的 10 000 倍。

植被盖度是指植被冠层面积与所占土地面积的比例。植被盖度因子 SLR_c 的计算方法为

$$SLR_c = e^{-5.614c^{0.736\,6}} \tag{3-15}$$

式中：c 为植被盖度。

土壤粗糙度因子 K 由耕地链状随机粗糙度 C_{rr} 和田埂粗糙度 K_r 决定：

$$K = e^{(1.86K_{rmod} - 2.41K_{rmod}^{0.934} - 0.124C_{rr})} \tag{3-16}$$

式中：K_{rmod} 为粗糙度调整因子，其值为田埂粗糙度 K_r 与转动系数 R_c 的乘积。

其中 K_r 与 R_c 的计算方法为：

$$K_r = 4\frac{RH^2}{RS} \tag{3-17}$$

$$R_c = 1 - 0.000\,32A - 0.000\,349A^2 + 0.000\,025\,8A^3 \tag{3-18}$$

式中：RH 为田坎高度；RS 为垄间距；A 为风向与田埂的夹角，当风向与田埂垂直时，$A = 0°$，当风向与田埂平行时，$A = 90°$。

（三）数据

为计算 1986—2014 年间黄河宁蒙河段的风沙入黄量，需要利用该河段的气象数据、土壤数据、植被数据、DEM（数字高程模型）数据、TM 卫星影像和不同时期的土地利用数据（见表 3-1）。

表 3-1　模型所需数据

数据类型	数据格式	时间分辨率	空间分辨率
气象数据	Text	d	N/A
土壤数据	Raster	N/A	1 000 m
植被数据	Raster	10 d	1 000 m
DEM 数据	Raster	N/A	90 m
TM 影像数据	Raster	N/A	30 m
土地利用数据	Raster	5~10 a	30 m

气象数据包括 1986—2014 年中卫、中宁、同心、固原、银川、陶乐、盐池、惠农、鄂托克旗、乌海、吉兰泰、磴口、杭锦后旗、临河、乌拉特前旗、乌拉特中旗、包头、托克托、呼和浩特、杭锦旗、东胜、达拉特旗和准格尔旗等 23 个气象站的观测要素。气象要素包括平均风速、最大风速、风向、降水量、平均气温、最高气温、最低气温、平均相对湿度、日照时数等。气象数据用于计算 IWEMS 模型的摩阻风速 u_* 和土壤湿度 θ，以及 RWEQ 模型的气象因子 WF。

宁蒙河段土壤数据根据流域边界从中国 1∶100 万土壤数据库裁切而来，用于计算土壤粒径 d、土壤可蚀性碎屑物因子 EF 和土壤结皮因子 SCF。植被数据采用的是 SPOT-VGT 的 NDVI 数据，不足部分采用 NOAA-AVHRR 数据补全，用于计算植被的迎风面积指数 λ、植被盖度 c。DEM 数据根据航天飞机雷达地形测绘使命(SRTM)数据集裁切而来，用于计算土壤湿度 θ。

土地利用数据采用的是 1990 年、2000 年和 2010 年根据 TM 影像人机交互解译的数据，用于计算 1986—1995 年、1996—2005 年以及 2006—2014 年的风沙入黄量。同时，采用同期 TM 影像提取耕地的田埂。

利用 Kriging 插值方法将离散的气象数据插值为空间分辨率为 1 km × 1 km 的栅格数据，同时将所有的栅格数据重采样为空间分辨率为 1 km × 1 km 的栅格数据，投影信息为 UTM (横轴墨卡托)-N48 带。

(四)模型参数率定与验证

为了对以上模型参数进行率定，需对模型的各参数做敏感性分析。敏感性分析是指在各参数可接受范围内分别取最大值和最小值，将其代入模型进行计算，得到不同的模型计算值，计算值变化大说明参数比较敏感(McCuen & Snyder, 1986)。参数敏感性的计算方法为

$$sen = \frac{(Y_2 - Y_1)/\overline{Y}}{(X_1 - X_2)\overline{X}} \tag{3-19}$$

式中：X_1 和 X_2 分别为输入参数的最小值与最大值，$\overline{X}$ 为 X_1 和 X_2 的平均值，Y_1 和 Y_2 分别为输入 X_1 和 X_2 后得到的模型计算值，$\overline{Y}$ 为 Y_1 和 Y_2 的平均值。

通过敏感性分析，列出模型最敏感的参数(见表 3-2)，对其进行调节，使模型达到一

定的精度，该过程称为模型参数率定。在本次研究中，利用 2011 年和 2012 年在黄河宁蒙河段风沙活动的实测数据对模型进行率定，并采用两个统计参数均方根误差（*RMSE*）和离差绝对值（$|R_e|$）来表示模型的模拟精度（见表 3-3）。由表 3-3 可得，*IWEMS* 模型和 *RWEQ* 模型的均方根误差 *RMSE* 均小于 0.05，离差绝对值 $|R_e|$ 均小于 17%，说明模型模拟精度令人满意，可以应用模型预测黄河宁蒙河段的风蚀模数。

表 3-2 模型主要参数敏感性顺序及取值范围

模型	参数	敏感性顺序	参数描述	取值范围
IWEMS	c_o	1	Owen 系数	0.8～1
	a_1	2	计算摩阻起动风速的无量纲系数	0.01～0.012 5
	a_2	3	计算摩阻起动风速的量纲系数	0.000 02～0.000 04 kg/s^2
	c_r	4	植被盖度与迎风面积指数之间的经验系数	0.3～0.4
	m_r	5	迎风面积指数的调整参数	0.2～0.8
	σ_r	6	植被基部面积与迎风面积的比值	0.5～1
	β_r	7	作用于单株植被上的阻力与作用于地表的阻力的比值	60～150
	b	8	土壤湿度函数的调整系数	0.4～0.8
	A	9	土壤湿度函数的调整系数	1～1.5
RWEQ	μ_q	1	最大风沙释放量的调整系数	100～120
	μ_{sb}	2	关键地块长度的调整参数	-0.4～-0.2
	μ_{sa}	3	关键地块长度的调整参数	150～160
	μEF	4	土壤可蚀性碎屑物含量的调整系数	25～35
	C_{rr}	5	土壤随机粗糙度	0.55～5
	RH	6	田埂高度	10～20 cm
	RS	7	垄间距	40～50 cm

表 3-3 IWEMS 模型和 RWEQ 模型在黄河宁蒙河段的率定结果

观测点序号	观测次数	土地利用类型	均方根误差（*RMSE*）	平均离差绝对值（$|R_e|$（%））
Gr-1	8	草地	0.032	11.199
Gr-2	9	草地	0.040	12.603
Gr-3	7	草地	0.035	12.091
Gr-4	5	草地	0.043	15.814
Gr-5	6	草地	0.020	9.477
Gr-6	5	草地	0.037	12.059

续表 3-3

观测点序号	观测次数	土地利用类型	均方根误差(*RMSE*)	平均离差绝对值($\|R_e\|$(%))
Sh-1	7	灌木林地	0.028	10.738
Sh-2	5	灌木林地	0.048	16.774
Sh-3	8	灌木林地	0.022	11.903
Sh-4	9	灌木林地	0.038	13.725
Sh-5	6	灌木林地	0.038	13.251
A-1	9	耕地	0.015	12.435
A-2	7	耕地	0.019	13.365
A-3	6	耕地	0.009	12.725
A-4	8	耕地	0.023	13.767
A-5	9	耕地	0.019	5.742
S-1	8	沙地	0.034	14.542
S-2	8	沙地	0.036	15.654
S-3	8	沙地	0.015	14.56
S-4	6	沙地	0.023	15.64
F-1	9	林地	0.019	16.723
F-2	7	林地	0.035	15.65

利用 2013 年 11 月至 2014 年 12 月在乌兰布和沙漠刘拐沙头的实测风沙入黄数据对模型进行验证,发现在该河段模拟结果的相对误差在 20%以内,说明风沙入黄模型模拟结果较好,可以应用该模型模拟和预测风沙入黄过程。

三、结果分析

(一)各河段风沙入黄量

利用上述模型计算得到 1986—2014 年下河沿—头道拐 5 个河段的风沙入黄量(见图 3-1)。总体而言,宁夏河段的风沙入黄量要远小于内蒙古河段的风沙入黄量。在此期间,宁夏河段大部分年份的风沙入黄量均在 100 万 t 以下,其中青铜峡—石嘴山的风沙入黄量要略大于下河沿—青铜峡,且年际变化要大于下河沿—青铜峡。这主要是由于青铜峡—石嘴山流经河东沙地,且河东沙地的多年主风向为西北风和南风。因此,河东沙地的沙子很少能够直接吹入黄河。但是,在个别年份,会有较多的偏东风发生,在这些年份,青铜峡—石嘴山的风沙入黄量就会突然增大。

石嘴山—巴彦高勒的风沙入黄量最大,年均风沙入黄量超过 350 万 t。这主要是因为乌兰布和沙漠位于该河段的左岸,且该区域盛行偏西风,在盛行风向的作用下,大量风沙可直接贯入黄河。巴彦高勒—三湖河口的风沙入黄量仅次于石嘴山—巴彦高勒,年均接近 200 万 t,这主要是因为该河段右岸(东岸和南岸)毗邻库布齐沙漠的西部地区,多分布流动性沙丘。虽然该区域盛行偏西风,但该区域偏东风所占的比例也较大,临河气象站的风向数据显示,该区域偏东风所占比例约为 23%。因此,其直接风沙入黄量也比较大。

三湖河口—头道拐的风沙入黄量最小，主要是库布齐沙漠并没有直接毗邻黄河，十大孔兑的下游区域主要为耕地。

图 3-1 还显示，宁蒙河段均呈不同程度的减小趋势，尤其是自 2005 年以来，宁夏河段（下河沿—石嘴山）的年均风沙入黄量不足 74 万 t，其中青铜峡—石嘴山的降幅最大，高达 32.79%；内蒙古河段（石嘴山—头道拐）的年均风沙入黄量由原来的 750 万 t（1986—2004 年）减少到 450 万 t；整个宁蒙河段 2005 年以后的年均风沙入黄量只有 523 万 t。

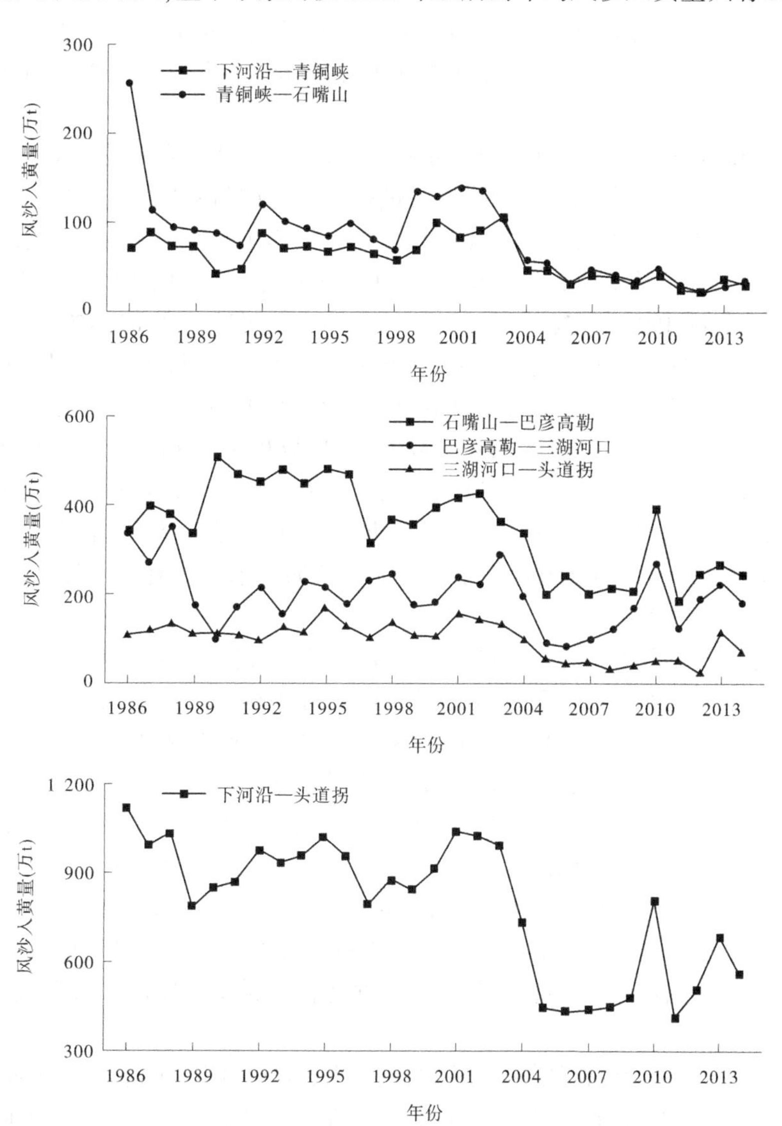

图 3-1　黄河宁蒙河段各区间风沙入黄量

（二）气候变化对风沙入黄量的影响

自 2005 年之后，黄河宁蒙河段的风沙入黄量有明显减小趋势。为探明其减小的原因，对 1986—2014 年主导风蚀过程的气候因子进行了分析。对于风蚀过程而言，风力（尤其是大风)是风蚀过程的驱动力;植被和土壤湿度为影响风蚀量大小的外在因素,主要受降水量的影响。根据杜鹤强等(2013)的研究结果,黄河宁蒙河段最小的风沙起动风速为8 m/s,因此本次研究统计各年日最大风速大于 8 m/s 的日数。全河段总的风沙入黄量与平均大风日数的 Pearson 相关系数高达 0. 876,说明风速的变化能够显著影响风沙入黄量。但是年均降水量与风沙入黄量的相关系数仅为-0. 014,说明年降水量对年风沙入黄量的影响不大,这主要是由于风沙活动主要受地表植被条件制约,而植被对降水量的响应有一定的滞后性。因此,对当年的降水量与次年的风沙入黄量的相关性进行分析发现,当年的降雨量与次年风沙入黄量的相关系数为-0. 195,相关性明显高于当年降水量与当年风沙入黄量的相关性。

为了进一步研究气候变化对风沙入黄量的影响,对黄河宁蒙河段气象数据最为完整的 14 个国家级标准站的大风日数和降水量进行了分析(见图 3-2)。除同心站和临河站之外,宁蒙河段大部分气象站的大风日数均有不同程度的减小趋势,而年降水量总的变化则比较混乱,没有明显的变化趋势。在各河段中,青铜峡—石嘴山的风沙入黄量减小幅度最大,相对于 1986—1995 年,2006—2014 年的风沙入黄量减小了 67. 4%(以下所说的减小幅度均指 2006—2014 年相对于 1986—1995 年的减小幅度,除非有特别说明),该河段附近有 3 个气象站,分别为陶乐站、银川站和盐池站,其中银川站位于黄河左岸,其余两站位于河道右岸。3 个气象站 2006—2014 年的大风日数相对 1986—1995 年的大风日数均有明显的减小趋势,其中陶乐站和盐池站的减幅尤为明显。而该河段的入黄风沙主要来自河东沙地,河道右岸 2 个气象站大风日数的明显减小正好解释了该河段风沙入黄量大幅度减小的原因之一。图 3-2 显示陶乐和盐池两站的降水量还有了小幅度增加,说明降水量对风沙入黄量的影响不大。

仅次于青铜峡—石嘴山的是三湖河口—头道拐段,其减小趋势为 55. 2%,位于该河段附近的包头站和东胜站大风日数的明显减小,解释了该河段风沙入黄量大幅度减小的原因之一。其余中宁站对应下河沿—青铜峡,吉兰泰站、惠农站和鄂托克旗站对应石嘴山—巴彦高勒,这些气象站大风日数的变化均能很好地解释其风沙入黄量的变化。

在各河段中,巴彦高勒—三湖河口的风沙入黄量减小趋势不明显(仅为 27. 3%),临河站与乌拉特中旗站分布在该河段附近,其中临河站的大风日数呈明显减小趋势,而乌拉特中旗则呈明显的减小趋势。另外临河站同时期的大风日数要远小于乌拉特中旗站的大风日数,虽然临河站的大风日数有所增大,但 2006—2014 年段的大风日数依然小于该时段乌拉特中旗的大风日数。因此,该河段的风况变化也说明了风沙入黄量减小的原因之一。

以上分析中,风速的变化能够显著影响风沙入黄量的变化,但降水量与风沙入黄量的相关性不明显,除植被对降水相应有一定的滞后性外,大气降水转化为土壤水还受温度、蒸散发、土壤持水性等因素的影响,因此其相关性不甚明显。

(三)土地利用方式转变对风沙入黄量的影响

采用三期土地利用数据作为下垫面背景,对土地利用变化对风沙入黄量的影响展开讨论。根据前期的研究结果(Du et al., 2015),列出了不同土地利用方式下平均风蚀量的比例矩阵(见表 3-4)。根据比例矩阵,发现未利用土地(主要为沙地)的平均风蚀量最

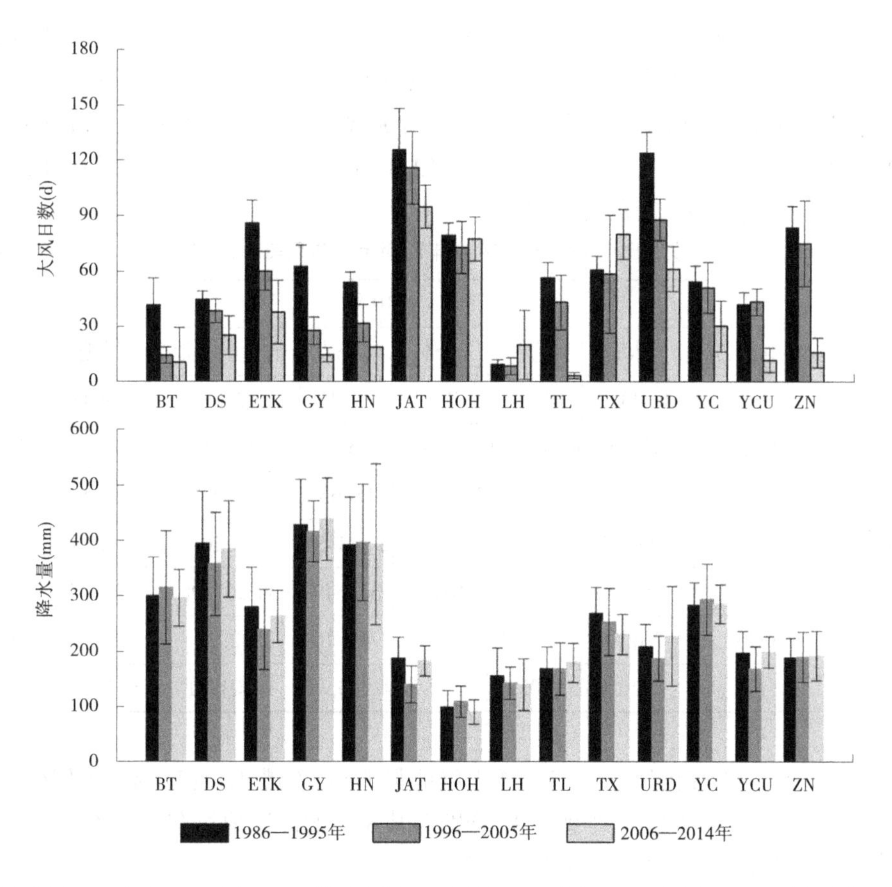

注:图中 BT=包头,DS=东胜,ETK=鄂托克旗,GY=固原,HN=惠农,JAT=吉兰泰,HOH=呼和浩特,LH=临河,TL=陶乐,TX=同心,URD=乌拉特中旗,YC=盐池,YCU=银川,ZN=中宁

图 3-2　1986—2014 年宁蒙河段周边标准气象站年均大风日数和降水量

大,其次是草地、林地和耕地。水体和居民点基本不发生风蚀过程。

表 3-4　不同土地利用方式下平均风蚀量的比例矩阵

比例(分子/分母)		分子(不同土地利用方式下的平均风蚀量)					
		林地	草地	水体	居民点	未利用土地	耕地
分母(不同土地利用方式下的平均风蚀量)	林地	1	1.35	0	0	1.77	0.11
	草地	0.74	1	0	0	1.31	0.08
	水体	—	—	1	—	—	—
	居民点	—	—	—	1	—	—
	未利用土地	0.56	0.76	0	0	1	0.06
	耕地	9.44	12.76	0	0	16.71	1

由于自 2005 年以来风沙入黄量有明显减小,因此仅对 1990 年(对应 1986—1995 年的风沙入黄量)和 2010 年(对应 2006—2014 年的风沙入黄量)土地利用方式的转变进行

分析，构建两期土地利用的转移矩阵（见表3-5）。表3-5显示，宁蒙河段流域内易发生风蚀的土地利用类型（未利用土地和草地）分别减少了724.3 km^2 和1 406.4 km^2；不易发生风蚀的土地利用类型（居民点、耕地和林地）分别增加了1 273 km^2、715.8 km^2 和603 km^2；基本不发生风蚀过程的水体却减小了462.1 km^2。总体而言，全流域内土地利用方式的转变均朝抑制风蚀过程的方向发展。

表3-5　1990年与2010年两期土地利用转移矩阵　　（单位：km^2）

年份	2010年							
	土地利用方式	林地	草地	水体	居民点	未利用土地	耕地	合计
1990年	林地	4 843.96	91.14	17.33	26.76	97.06	149.80	5 226.05
	草地	332.52	48 703.12	99.61	235.19	2 813.07	1 325.34	53 508.85
	水体	58.69	90.99	2 882.53	18.63	275.57	491.50	3 817.91
	居民点	11.27	50.69	2.50	2 973.89	13.20	19.63	3 071.18
	未利用土地	381.59	2 347.70	203.91	321.49	34 267.98	1 250.75	38 773.42
	耕地	201.02	818.88	149.96	769.10	582.22	28 935.377	31 456.56
	合计	5 829.05	52 102.52	3 355.84	4 345.06	38 049.1	32 172.397	135 853.97

由于青铜峡—石嘴山风沙入黄量减小趋势最明显，石嘴山—巴彦高勒的风沙入黄量最大，因此将这两个河段作为典型区域，分别对其风沙的沙源地河东沙地和乌兰布和沙漠的土地利用方式的转变进行分析（见图3-3）。

图3-3显示，乌兰布和沙漠林地和耕地面积增加，未利用土地所占比例减少，这些变化都会减小该河段的风蚀量与风沙入黄量。但是该区域存在草地面积略有增加，水体面积大幅度减小的现象。居民点所占比例及其变化微小。乌兰布和沙漠2006—2014年的风沙入黄量较1986—1995年的风沙入黄量减小约43.1%。该区域土地利用变化率为4.1%，其中1.9%的土地利用变化有利于减少风沙入黄量，2.2%的土地利用变化则会增加风沙入黄量。假定耕地风蚀量系数为1，按表3-4不同土地利用方式风蚀量比例矩阵计算（风蚀量系数×土地利用方式所占比例），得到1990年乌兰布和沙漠总的风蚀量系数为255.08，2010年风蚀量系数则为256.94，风蚀量系数有所增加，说明在不考虑气候因素的条件下，乌兰布和沙漠土地利用的变化会增加该河段的风沙入黄量。这说明乌兰布和沙漠土地利用的变化对风沙入黄量会有一定的影响，但其作用可能不大。

河东沙地的土地利用变化显示，林地和居民点面积增加，未利用土地面积减少，这些变化有利于减小风沙入黄量；但是其耕地面积显著减小，则有利于风沙活动的加剧；草地和水体所占比例变化不大。河东沙地总的土地利用变化率与乌兰布和沙漠相当，约为4.2%，其中2.4%的土地利用变化有利于减少风沙入黄量，1.8%的土地利用变化有利于增加风沙入黄量。按照风蚀量系数的计算方法，得到河东沙地1990年总的风蚀量系数为1 230.54，2010年总的风蚀量系数为1 238.49。河东沙地的土地利用变化依然会增加风沙入黄量，但河东沙地在两个时期风沙入黄量的减小幅度最大。

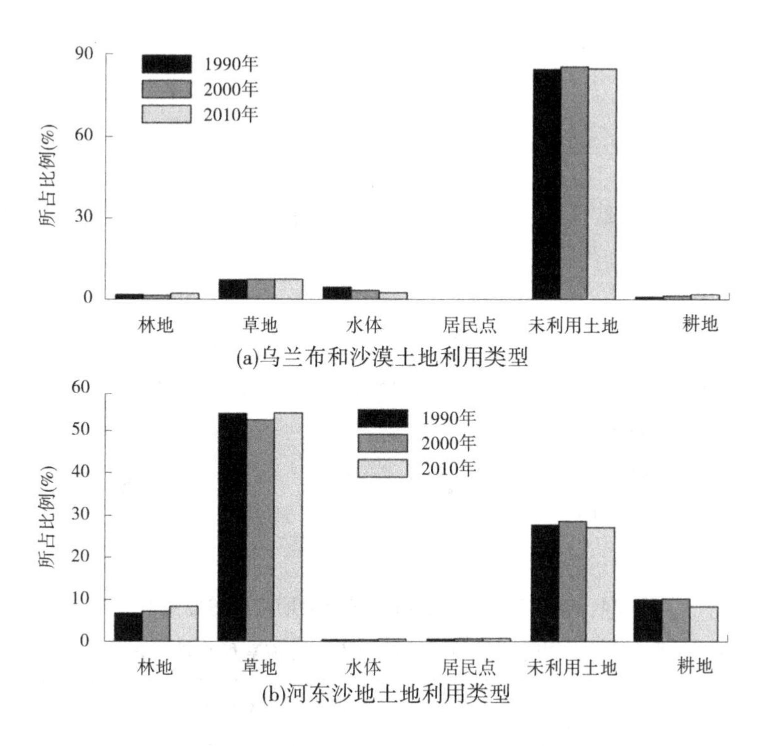

图 3-3　黄河宁蒙河段典型区土地利用变化

根据以上分析,得到宁蒙河段风沙入黄量的减小主要受气候变化影响,土地利用变化对风沙入黄量的影响很小。

(四)宁蒙河段植被的变化

风速和降水的变化属于气候变化的范畴,土地利用的变化则主要受人类活动的主导。以上分析说明,宁蒙河段风沙入黄量的减小主要受气候变化的影响。但土地利用变化只能宏观地表达在一定区域上增加或削弱风蚀量。一些细微的变化,如低盖度草地向高盖度草地的增加,条带作物改种为密植作物,植被防沙工程的构建,很难通过 1 级土地利用分类方式表达出来,这些变化具体表现在植被盖度的增加与减小。植被盖度的变化可能是气候变化与人类活动共同作用的结果,能够直接而显著地影响风蚀量和风沙入黄量的变化。因此,利用遥感数据(SPOT-NDVI 数据集和 NOAA-AVHRR 数据集)对宁蒙河段植被盖度的变化进行了分析。图 3-4 为 1986 年以来三个时段宁蒙河段植被盖度的空间变化。三个时期石嘴山—巴彦高勒的植被盖度最小,其次是巴彦高勒—三湖河口的右岸,而这两个河段的风沙入黄量在三个时期均大于其他河段。三个时期宁蒙河段平均植被盖度逐时段增加,分别为 0.109、0.131 和 0.165,与宁蒙河段风沙入黄量逐渐降低趋势恰好相反。

按照植被盖度的分类标准,植被盖度小于 0.1 属于裸地,0.1~0.3 为低覆盖度植被,0.3~0.45 属于中低覆盖度植被,0.45~0.6 属于中覆盖度植被,大于 0.6 属于高覆盖度植被。三个时期植被盖度的变化见表 3-6。裸地所占比例随时间的变化逐渐减小,低覆盖度植被、中低覆盖度植被和中覆盖度植被所占比例逐渐增大,1996—2005 年,黄河宁蒙河段流域内才出现中覆盖度植被,其所占比例在 2006—2014 年时段增大到 0.3%,说明黄河宁蒙河段植被条件是逐渐好转的。

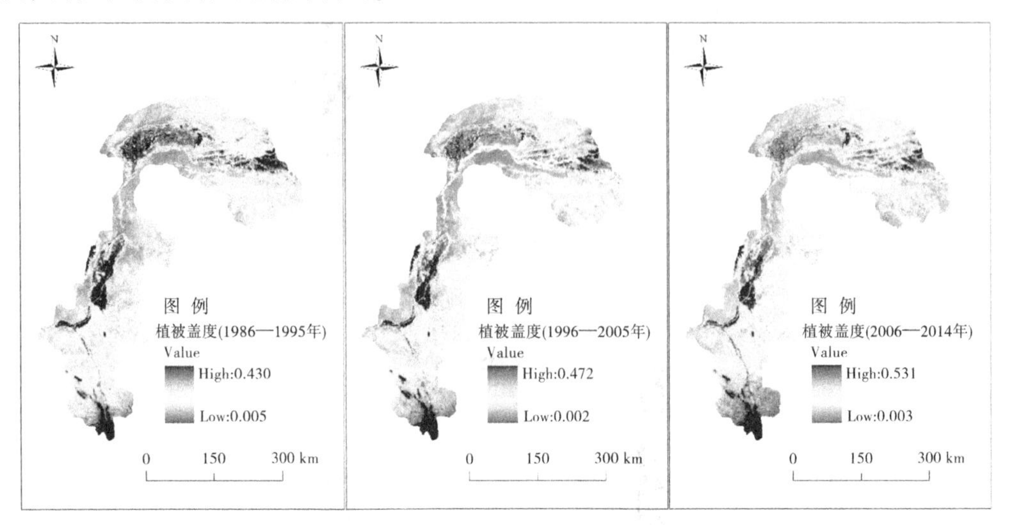

图 3-4　黄河宁蒙河段流域内三个时期植被盖度空间分布

表 3-6　不同时期黄河宁蒙河段不同植被盖度土地所占比例

植被类型	不同时期植被所占比例(%)		
	1986—1995 年	1996—2005 年	2006—2014 年
裸地	55.64	34.16	18.41
低覆盖度植被	43.70	63.04	77.27
中低覆盖度植被	0.66	1.21	4.01
中覆盖度植被	0	0.03	0.30

利用 SPOT-NDVI 数据集和 NOAA-AVHRR 数据集统计得到 1986—2014 年黄河宁蒙河段平均植被盖度的年际变化(见图 3-5)。随年份的变化植被盖度呈显著增加。利用相关性分析得到,宁蒙河段平均植被盖度与全河段的风沙入黄量的相关系数高达-0.62,呈比较显著的负相关,说明植被盖度的增加能够有效地减少风沙入黄量。

(五)风沙入黄量减小的可持续性初析

经以上分析可知,宁蒙河段气候变化与植被变化均有效地减小了宁蒙河段的风沙入黄量,尤其是风速的变化,显著地降低了宁蒙河段的风沙入黄量。但是否气候的变化有利于长时期内风沙入黄量的减小呢?尤其是近年来,国际上很多专家认为气候变化使温度增高,干旱度增加,植被盖度降低,将会大幅度增加地表风蚀量(Lee et al., 1996; Lemmen et al., 1997; Gao et al., 2002; Ashkenazy et al., 2011; Munson et al., 2011; Liddicoat et al., 2012; European Environment Agency, 2012)。为此,对近 30 a 来空气干旱度的变化进行了分析,利用标准作物的潜在蒸散率 ET_0 来表征气候的干旱度。利用 Penman-Monteith 公式计算 ET_0(Allen, 1998)。图 3-6 绘出了黄河宁蒙河段 14 个标准站不同时期的 ET_0。图 3-6 显示除包头、鄂托克旗、惠农、陶乐、盐池和中宁站外,其余各站蒸散率均有不同程

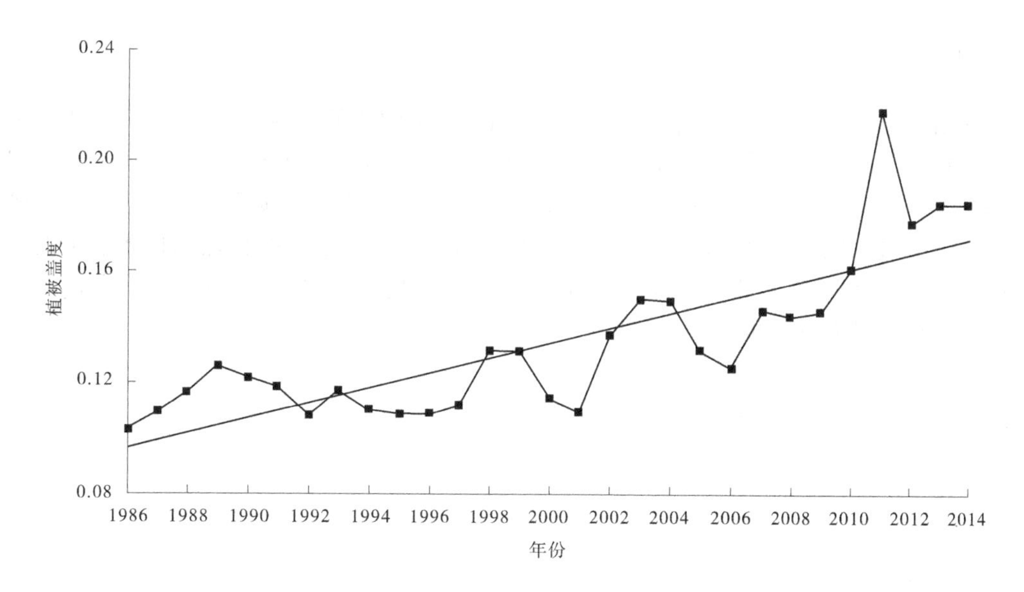

图 3-5　黄河宁蒙河段平均植被盖度年际变化

度的增高,说明宁蒙河段大部分区域气候逐渐变干。但是,从空间位置上看,包头、鄂托克旗、惠农、陶乐、盐池和中宁位于库布齐沙漠、乌兰布和沙漠和河东沙地附近,而这几个区域则是入黄风沙最主要的几个沙源地。其潜在蒸散率下降,说明宁蒙河段各沙地气候区域湿润,有利于植被的进一步增加,因此在未来一段时间内,其入黄风沙量有可能进一步减小。

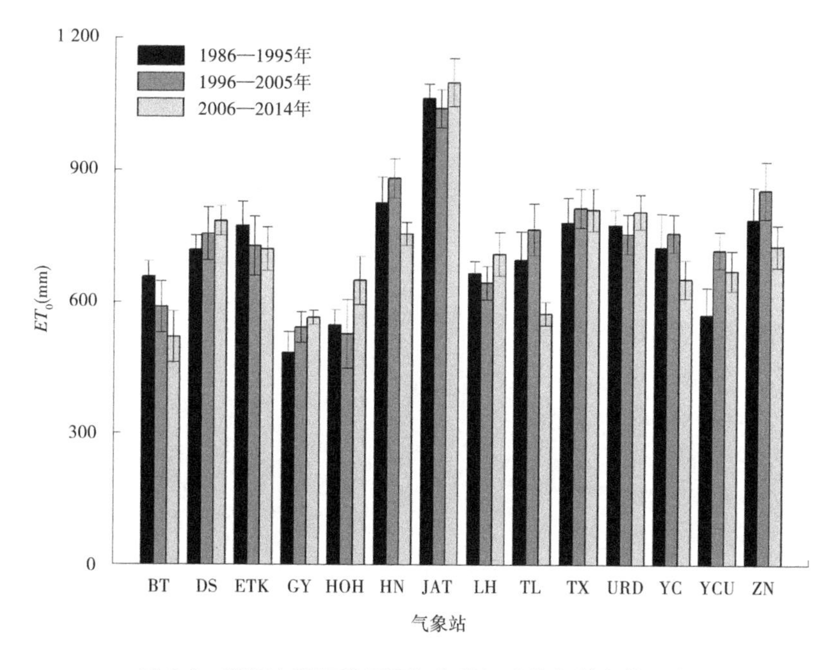

图 3-6　黄河宁蒙河段不同气象站标准作物潜在蒸散率

四、小结

利用 IWEMS 模型与 RWEQ 模型,计算了黄河宁蒙河段的风沙入黄量,发现石嘴山—巴彦高勒的风沙入黄量最大,其次是巴彦高勒—三湖河口。自 2005 年以来,黄河宁蒙河段的风沙入黄量有了显著降低,经分析主要是由于该河段风速的显著降低和植被盖度的明显增高所致。虽然宁蒙河段近 30 a 来大部分区域的干旱度增大,但流域内各沙地的干旱度反而有所降低,有利于植被盖度的进一步增大,因此在未来一段时间内,宁蒙河段的风沙入黄量有可能进一步减小。

第四章　认识与建议

一、主要认识

(1)宁蒙河道细泥沙是来沙的主体,细泥沙中90%以上来源于下河沿以上和清水河等支流,特粗泥沙的79%来源于风沙和十大孔兑。

(2)宁蒙河道淤积的大部分是粗泥沙,其中又以特粗泥沙为主。1959—2012年巴彦高勒—头道拐淤积物中粗泥沙和特粗泥沙分别占20%和50%以上,细泥沙和中泥沙分别仅占10%左右。

(3)龙刘水库运用后分组泥沙冲淤特点发生显著变化,细泥沙和中泥沙由冲转淤,成为淤积的主体。

(4)上游泥沙治理需要多种措施综合,粗泥沙尤其是特粗泥沙以"拦"为主,细泥沙和中泥沙以水流调节"排和调"为主。

任何一种单项治理措施都不能够将河道变为不淤积,减淤效果都是有限的,只有"调"和"拦"综合治理,才能达到不淤积的目标。恢复7—8月2 000 m^3/s流量过程可增加水量28亿m^3,再加上面上治理减沙0.716亿t,可维持宁蒙河道微冲状态。

调节大流量过程对三湖河口—头道拐减淤更为有利。

(5)根据沙丘移动推算,石嘴山—巴彦高勒河段乌兰布和沙漠近3 a平均入黄风沙量约160万t,与按不同立地条件小区观测资料估算的148.38万t较为接近。

1986—2014年宁蒙河道干流年均入黄风沙量694万t,风沙量随时间呈显著减少的特点,2010年以来年均仅532万t。

造成风沙入黄量减少的主要因素是风速的降低、大堤的修建以及地表植被覆盖度的提高。

二、建议

(1)宁蒙河道淤积最严重、防洪防凌问题最突出的是1987—2005年。随着流域来沙量减少以及上游来水量的增加,尤其是2012年大漫滩洪水的淤滩刷槽作用,河道淤积形势有所转好,年均淤积量降低,近期连续几年出现全河道总量冲刷,甚至冲刷非常困难的三湖河口—头道拐河段也在个别年份出现了冲刷。因此,对宁蒙河道泥沙治理应进一步研究两个问题:一是治理目标,因为一定的治理目标需要配合不同的治理措施和规模。宁蒙河道尤其内蒙古河道历史上是微淤的,那么,其治理的目标是达到不淤状态,还是允许一定的淤积水平,需要确定。二是如何看待未来水沙变化情势,来沙减少的影响因素一部分是可以长期维持的,另一部分(如水库拦沙)是在一定时间段内起作用的,近期上游来沙减少有很大一部分是上游干支流新增了许多水库，那么在一定时间过后拦沙作用减弱，上游来沙形势会如何，也关系到治理措施和规模，需要进一步研究。

(2)风沙入黄量确定涉及多方面因素，对其定量评估是困难的，因此建议长期支持相关研究，搞清楚风沙入黄量的时间变化过程，为上游开发治理提供基础支撑。

参考文献

[1] 黄河勘测规划设计有限公司,内蒙古自治区水利水电勘测设计院. 黄河内蒙古段二期防洪工程可行性研究报告[R]. 2014.

[2] Bagnold R. 风沙和荒漠沙丘物理学[M]. 林秉南,译. 北京:科学出版社, 1959.

[3] 杨根生,刘阳宣,史培军. 黄河沿岸风成沙入黄沙量估算[J]. 科学通报,1988(13):1017-1021.

[4] 杨根生. 河道淤积泥沙来源分析及治理对策(黄河石嘴山—河口镇段)[M]. 北京:海洋出版社,2002.

[5] 中国科学院黄土高原综合科学考察队. 黄土高原地区北部风沙区土地沙漠化综合治理[M]. 北京:科学出版社, 1991.

[6] 杨根生,拓万全,戴丰年,等. 风沙对黄河内蒙古河段河道泥沙淤积的影响[J]. 中国沙漠, 2003(2):54-61.

[7] 张永亮. 从乌海风口入手加速乌兰布和沙漠治理步伐[J]. 林业经济,2008(12):38-40.

[8] 王万民,胡一三,宋玉洁,等. 黄河堤防[M]. 郑州:黄河水利出版社, 2012.

[9] 中央气象局. 地面气象观测规范[M]. 北京:气象出版社, 1979.

[10] 李昕. 黄河三盛公水利枢纽河段近50年来气候水沙变化分析[J]. 内蒙古水利,2012(2):4-6.

[11] 周自江. 近45年中国扬沙和沙尘暴天气[J]. 第四纪研究,2001(1):9-18.

[12] Allen, R G, Pereira, L S, Raes D, et al. Crop Evapotranspiration-Guidelines for Computing Crop Water Requirements. FAO. Rome,1998.

[13] Du H Q, Xue X, Wang T. Estimation of the quantity of aeolian saltation sediments blown into the Yellow River from the Ulanbuh Desert, China[J]. Journal of Arid Land,2014,6(2):205-218.

[14] Du H Q, Xue X, Wang T,et al. Assessment of wind-erosion risk in the watershed of the Ningxia-Inner Mongolia Reach of the Yellow River, northern China[J]. Aeolian Research, 2015,17:193-204.

[15] Fecan F, Marticorena B, Bergametti G. Parameterization of the increase of the aeolian erosion threshold wind friction velocity due to soil moisture for arid and semi-arid areas[J]. Annales Geophysicae, 1999, 17:149-157.

[16] Fister W, Ries J B. Wind erosion in the central Ebro Basin under changing land use management. Field experiments with a portable wind tunnel[J]. Journal of Arid Environments,2009,73:996-1004.

[17] Fryrear D W, Saleh A, Bilbro J D, et al. Revised Wind Erosion Equation. USDA, ARS, Technical Bulletin No. 1, June 1998.

[18] Liu L, Wang J, Li X, et al. Wind tunnel measured for wind erodible sand particles of arable lands[J]. Chinese Science Bulletin, 1998(43):1163-1166.

[19] Oldeman L R. The global extent of soil degradation. In:Greenland, D. J. , Szabolcs, I. (Eds.), Soil Resilience and SustainableLand Use. CAB International, 1994:99-118.

[20] Owen R P. Saltation of uniform grains in air[J]. Journal of Fluid Mechanics, 1964,20:225-242.

[21] Raupach M R, Gillette D A, Leys J F. The effect ofroughness elements on wind erosion threshold[J]. Journal of Geophysical Research, 1993,98 (D2):3023-3029.

[22] Ravi, S. , D'Odorico, P. , Breshears, et al. Aeolian processes and the biosphere, Reviews of Geophysics, 49, RG3001, doi:10. 1029/2010RG000328,2011.

[23] Shao Y P. A model for mineral dust emission[J]. Journal of Geophysical Research, 2001,106(20): 239-254.

[24] Shao Y P. Physical and Modeling of Wind Erosion[M]. Berlin of Germany, Springer Press, 2008.

[25] Sheikh V, Visser S, Stroosnijder L. A simple model to predict soil moisture: Bridging Event and Continuous Hydrological (BEACH) modeling[J]. Environmental Modelling & Software, 2009,24: 542-556.

[26] Skidmore E L, Tatarko J. Stochastic wind simulation for erosion modeling[J]. Transaction of ASAE, 1990, 33(6): 1893-1899.

[27] Soranno P A, Hubler S L, Carpenter S R, et al. Phosphorus loads to surface waters: A simple model to account for spatial pattern of land use[J]. Ecological Applications, 1996(6): 865-878.

[28] Ta W, Jia X, Wang H. Channel deposition induced by bank erosion in response to decreased flows in the sand-banked reach of the upstream Yellow River[J]. Catena, 2013,105: 62-68.

[29] Sterk G, Raats P A C. Comparison of models describing the vertical distribution of wind-eroded sediment [J]. Soil Science Society of America Journal,1996, 60(6): 1914-1919.

[30] Stroosnijder L. Rainfall and land degradation in Sivakumar[C] // In: M. V. K. , N. Ndiang'ui (Eds.), Climate and land degradation. Springer,2007: 167-195.

[31] Wang X, Chen F, Hasi E. Desertification in China: An assessment[J]. Earth-Science Reviews, 2008, 88: 188-206.

[32] Yao Z Y, Ta W Q, Jia X P, et al. Bank erosion and accretion along the Ningxia-Inner Mongolia reach of the Yellow River from 1958 to 2008[J]. Geomorphology, 2011,127: 99-106.

[33] Youssef F, Visser S, Karssenberg D,et al. Calibration of RWEQ in a patchy landscape: a first step towards a regional scale wind erosion model[J]. Aeolian Research, 2012,3: 467-476.

[34] Zobeck T M, Parker N C, Haskell S,et al. Scaling up from field to region for wind erosion prediction using a field-scale wind erosion model and GIS[J]. Agriculture Ecosystems & Environment, 2000,82: 247-259.

[35] 杜鹤强,薛娴,王涛,等. 1986—2013 年黄河宁蒙河段风蚀模数与风沙入河量估算[J]. 农业工程学报,2015(10):142-151.

[36] 牛占. 黄河流域的风沙活动[J]. 水文,1983(4):20-25.

[37] 杨根生,刘阳宣,史培军. 黄河沿岸(北长滩—河曲段)风沙问题的初步探讨[J]. 中国沙漠,1987(1):43-55.

[38] 杨根生,拓万全. 风沙对黄河内蒙古段河道淤积泥沙的影响[J]. 西北水电,2004(3):44-49.

[39] 中国科学院兰州沙漠所黄土高原考察队. 黄河沙坡头—河曲段风成沙入黄沙量的估算[J]. 人民黄河,1988(1):14-20.